大學辭典系列 (8)

環境科學辭典

蓋瑞・瓊斯　艾倫・羅伯遜
珍・福布斯　葛拉漢・霍利爾　著
陳蔭民　宋偉良　譯

大學辭典系列 (8)

環境科學辭典

總策畫	郭重興
編輯總監	謝宜英
譯者	陳蔭民　宋偉良
修文	鄒珮珊　王原賢
系列主編	張恭啟
執行編輯	王原賢
美術編輯	李曉青
封面設計	林敏煌　謝自富
排版	順清文化事業有限公司
發行人	郭重興
出版	貓頭鷹出版社股份有限公司
登記證	行政院新聞局局版台業字第 5248 號
發行	城邦文化事業股份有限公司 台北市信義路二段 213 號 11 樓 電話：(02) 396-5698　傳真：(02) 357-0954
劃撥帳號	18966004　城邦文化事業股份有限公司
地址	台北市信義路二段 213 號 11 樓
香港發行所	城邦（香港）出版集團 香港北角英皇道 310 號雲華大廈 4/F, 504 室 電話： 25086231　傳真： 25789337
印製	凌晨企業有限公司
初版	1998 年 2 月

Original Title: HarperCollins Dictionary of Environmental Science
Author: Gareth Jones, Alan Robertson, Jean Forbes and Graham Hollier

ISBN 957-9684-14-6

定價： 400 元

（如有缺頁或破損請寄回本社更換）

序

有史以來，從來沒有像今日這般迫切需要了解環境。改變生物圈的方式越來越複雜多樣，規模越來越大，造成的副作用經常超出我們處理的能力。生物工程新生動植物品系、大量砍伐雨林、密集使用合成的農化產品，還有各式各樣的污染效應等，都在改變地球生命的運作方式。

當改變的步調增快，研究的腳步也隨之加快。過去二十年來，大家有目共睹，人們已經覺醒到對地球的影響；環境科學也同時發展成跨領域的學門，從事人和環境交互作用的研究。在中學和大學課程中，提供了一些廣泛的論述，還介紹環境科學常用術語：環境規劃，生態學，保育政策等。然而，關切我們生活的世界並不是學術界的特權，就連媒體都越來越重視生態議題，原本是環境科學家所用的專業術語，近年來卻變成每日社論的主題。例如氟氯碳化物，溫室效應，反應器核心融毀等。

這本辭典考慮到各種讀者的使用需求，尤其是針對環境科學的學生和大學高年級的相關課程。幫助讀者跳脫環境論戰之類、太過技術性而對一般人沒什麼用處的著述。本書包括四個主要的研究領域：自然界、生物界、人為環境、農經基礎設施，每個研究領域的目標，以標題來論證人和環境的交互作用加以強調，也儘可能將每個術語國際化。在編撰過程中，作者特別注意減少國際間對泛用術語解讀差異的問題，也儘可能包括最新的環境專門術語。在學術論文中常見的術語，設定為詞條，還做了密集的交叉索引，即是文中以粗體字所表示的。讀者可以藉此將相關詞條的知識一併吸收消化。（編按：中文版特別製作名詞對照表，將中文詞條加以整理，以方便讀者查尋）

這本書是多方協助之下才告完成。感謝格拉斯哥大學的泰維教授，以及利物浦大學的巴提博士，提供許多寶貴的意見，潤飾原稿。文書處理的重擔則由地理系的尼爾森先生負責，令我們十分感佩。也要感謝HarperCollins公司的卡耐先生，在這辭典編撰時長期的協助和鼓勵。最後，作者謹向所有體諒我們、容忍我們，使我們能全力投入工作的親人和同事致以最大的謝忱。

蓋瑞 · 瓊斯

英國，格拉斯哥

作者

蓋瑞·瓊斯(Gareth Jones)
英國環境科學學會成員，現為英國斯特拉克來德大學地理學系資深講師，曾在英國伯發斯特、紐西蘭、南非等地任教。著作有：《植被生產力》，《生態系統及物種的保育》等書。目前研究方向為保育及地理資訊系統。

艾倫·羅伯遜(Alan Robertson)
在蘇格蘭城鎮規劃的地方主管機關工作。現任愛丁堡經濟、規劃、交通諮詢顧問。

珍·福布斯(Jean Forbes)
蘇格蘭環境教育委員會的創始會員，並曾任副主席。於1974–84年間，任蘇格蘭地方政府諮詢委員。現任斯特拉克來德大學計畫中心資深講師。有多篇討論環境教育在促進公共參與城鎮規劃所扮演的角色。

葛拉漢·霍利爾(Graham Hollier)
經濟地理學者，鑽研非洲的農村發展、農業及市場機制，乃至第三世界的發展課題。在專業期刊上發表文章，並寫作教科書。現任英國斯特拉克來德大學地理學系講師，曾任教於索塞克斯和里茲兩所大學。

A

abiota　非生物相　參見ECOLOGY。

abiotic　非生物的　生態系統的非生物單元，包括氣候、地質和土壤等部分組成。多為低能量、高熵值的材料，以此為基礎將能量和物質，轉變為生態系統生物的部分（見圖30）。

abrasion　磨蝕　參見FLUVIAL EROSION，WIND EROSION。

absolute drought　絕對乾旱　參見DROUGHT。

absolute humidity　絕對溼度　一定體積的空氣中所含之水蒸汽量，以克每立方公尺來度量。溫度、壓力不變的話，空氣的絕對溼度是固定的。絕對溼度隨溫度變化成正比，空氣溫度越高絕對溼度越大（見圖1）。對照RELATIVE HUMIDITY，參見HUMIDITY。

absorbed dose　吸收劑量　參見RADIATION DOSE。

abstraction　河流襲奪　參見RIVER CAPTURE。

abyssal benthic zone　深海底區　參見BENTHIC ZONE。

abyssal deposit　深海沈積　參見DEEP-SEA DEPOSIT。

abyssal environment　深海環境　海深2000公尺以下的深海環境。代表一種生物羣系：溫度通常在0℃到2℃，鹽度幾乎維持在3.5%左右。參見DEEP-SEA PLAIN。

abyssal plain　深海平原　參見DEEP-SEA PLAIN。

abyssal rock　深成岩　參見INTRUSIVE ROCK。

acceptable daily intake（ADI）　每日容許攝取量　生物體於生命期中，在不損及健康的情況下，每日所攝取物質的量。每

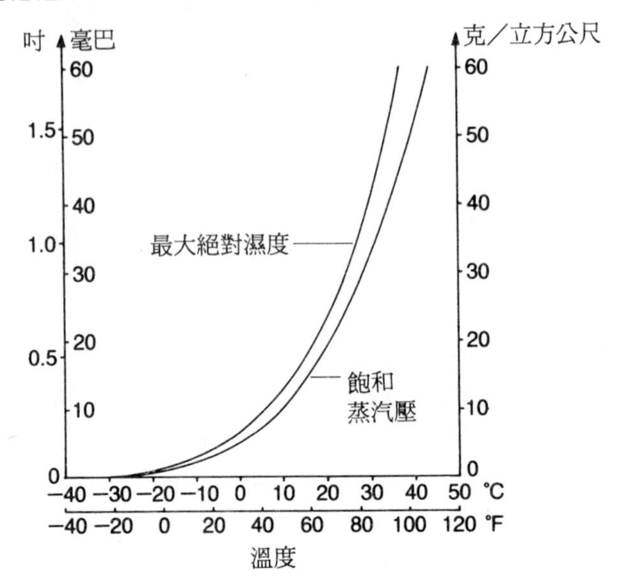

圖1　**絕對濕度**　最大絕對蒸汽壓和絕對濕度。

日容許攝取量一般是計算人對營養素或維生素的需要量，同理亦可計算有毒物質的攝取量，如**重金屬**和空氣污染物。密集飼養的家畜也有特殊的每日容許攝取量。這個量一般表示法為每公斤生物體重，允許攝取的化學物質毫克數。

accessibility　可及性　從一個特定地點到達某一公共設施或機關的方便程度。如購物、教育、公共運輸和銀行等特定服務的便利性，會影響一地點的發展潛力。可及性分為：

(a)物質可及性：如運輸工具、道路，讓使用者在容許的時間與價格條件下到達服務點。這種程度因旅行者個人的活動性而變，也就是因個人的健康條件、收入情況和對服務的需求程度而定。

(b)心理可及性：購物者對服務的滿意程度，會影響購物者的信任度和處理現有業務的能力，而兩者均由其教育程度和社會背景所決定。

accidental species 附屬物種 在林分中，數量少於25%的植物物種。

acid deposition, acid rain 酸雨 溶有強無機酸的大氣降水。這些酸溶液是由大氣中各種工業污染物（如二氧化硫、氮氧化物、氯化氫及其他微量化合物）和自然產生的氧與水蒸汽混合形成的，並在下雨、雪、霧時降落下來。純雨水的酸鹼值約為6.5，而酸雨常低於4.5，最低可達2.5。大氣的酸化，嚴重威脅北半球的環境，估計大城市和工業區每年產生9000萬噸的二氧化硫污染，其中大部分是直接釋放到大氣中。使用**化石燃料**的發電廠和工業是產生二氧化硫的主要來源。汽機車的廢氣是氮氧化物的主要來源。從高煙囪快速（大於每秒5公尺）排出的高溫（高於50℃）廢氣，也是重要的污染來源，這些氣體被盛行風送到數百公里以外，直至這些污染物在大氣中經沖洗而沈降。瑞典南部、挪威、中歐部分地區以及北美東岸的酸雨濃度最高。一般認為酸雨是造成淡水魚死亡，樹木死亡的直接原因。

高濃度的酸雨會引起：

(a)從樹葉中直接淋溶出鉀、鈣、鎂。

(b)植物的根系變弱，不能從土壤中吸收營養。這是由於酸性增強，使土壤中的鋁遷移所致，而高含量的鋁毀壞了植物的支根。大雨過後，大量的鋁和其他的金屬會從土壤中被沖刷到水中，使得水生動物因金屬中毒和窒息而死亡。

關於酸雨對環境的實際危害，引起科學界的許多爭議。這些問題有些是由於現場和實驗室的證據有所衝突而引起。酸雨的影響似乎與土壤的緩衝能力有緊密關係：有些土壤像是石灰岩和砂岩地區，可以中和酸雨的影響，而冰川土壤或在斯堪地納維亞和加拿大的厚層花崗岩，則沒有足夠的緩衝作用以防止酸度增長。

各地的防治措施，因酸雨所產生破壞的程度而定。例如西德過去每年由於酸雨造成木材工業的財政損失合計達8億美元，同時由於土壤酸化的農業損失6億美元。這些酸雨估計有50%來自鄰近國家。

除非嚴格採取降低污染排放的行動，預計2000年酸雨造成的損失會比現今嚴重10倍。絕大多數歐洲政府都參加入「百分之三十俱樂部」，其會員保證在1989年含硫霧的排放數量至少要降低30%，到本世紀末將減少60%。

acid mine drainage　酸性礦水　礦山和棄置地面的礦渣中，流出的硫酸溶液（酸鹼值2.0−4.5）。這些礦水是由**地下水**或是滲漏下來的降水，進入礦渣和開礦暴露的硫化礦物交互作用產生的溶液。

acid rain　酸雨　參見ACID DEPOSITION。

acid rock　酸性岩　石英含量高的火成岩，如花崗岩。

action area　執行區　在英國，選為優先處理的城鎮地區，制定有大型的改進計畫。這個地區由於自然條件，或因為社會環境問題，如**擁擠**而需要全部更新或重建，政府會給予優先考慮。參見LOCAL PLAN。

activated sludge process　活性污泥法　利用生物的**污水**處理法，讓微生物（主要是**細菌**）在適合的氧化作用和營養物的條件下繁殖，以污水中溶解或懸浮之有機物作為營養基。微生物就以有機污染物為食，並分泌酶去消化和氧化被吸收的物質，這樣就淨化了污水。

從液體中有效地排除污染物和活性污泥吸收作用，發生在污水與活性污泥接觸的幾分鐘之內。吸收物質氧化要用比較長的時間，吸收和氧化的程序發生於同一淤泥槽中。參見TRICKLE FILTER。

active layer　融凍層　**永凍土**區域的上層土壤，通常在夏季解凍。融凍層的深度，隨著夏季的長短、氣溫、植被的廣度和種類、土壤的含水量和其本身有機與無機物的成份等因素而有不同。融凍層的深度很少超過5公尺，由於下層長久凍結，所以排水不佳。

人類在永凍土區的活動，特別是在夏天，會破壞融凍層脆弱的生態平衡，將它變為沼澤，並因為**熱侵蝕**使表層凍土移動。

activity node　活動點　人們聚集從事活動的地方，如娛樂或購物地點。

adaptive radiation　適應輻射　參見RADIATION。

additive　添加物　加入產品中以改變其化學或物理性質。添加物一般用在食物中以美化外觀，延長食用期限。另外在汽油中加入添加物，是為了改良高壓引擎中的燃燒過程。參見ANTI-KNOCK ADDITIVE，GRAS。

ADI　每日容許攝取量　參見ACCEPTABLE DAILY INTAKE。

adiabatic process　絕熱過程　氣體發生溫度變化時，和周圍環境沒有熱量轉移的熱力學過程。在其中發生溫度的變化率稱作**直減率**。空氣的絕熱膨脹和壓縮，會造成空氣上升時冷卻，以及下降時增溫的現象。參見ADIABATIC WIND，DRY ADIABATIC LAPSE RATE，SATURATED ADIABATIC LAPSE RATE。

adiabatic wind　絕熱風　由於空氣上升冷卻的膨脹（絕熱冷卻），或下降升溫的壓縮（絕熱加溫）而引起的空氣運動。一些山區地帶的地方性風如：焚風、欽諾克風及南風，都是與絕熱風現象相關的。參見ADIABATIC PROCESS。

advanced gas-cooled reactor（AGR）　改良型氣冷式反應器　**核反應器**的型式，燃料是濃縮的二氧化鈾，冷卻劑是氣態二氧化碳。石墨**控制棒**用來限制核反應速度。改良型氣冷式反應器的操作溫度比早期的**鎂諾克斯反應器**高，達675℃。改良型氣冷式反應器可以在反應器連續發電時裝填燃料。英國的改良型氣冷式反應器有332根垂直燃料棒，平均每月要換5根棒。參見NUCLEAR WASTE。

advection fog　平流霧　由於溫暖潮溼的氣團，流經較冷的海面或陸地表面，引起水蒸汽的凝結而形成的**霧**。加拿大紐芬蘭外海周遭的海霧，就是隨同**北大西洋洋流**北移的溫暖潮溼空氣，與向南流動的拉布拉多冷洋流上方的空氣會聚而形成的。對照RADIATION FOG，STEAM FOG。（編按：1997年2月25日起，大霧封閉桃園中正機場兩日，是因為在寒流過後，從南中國海移入的暖溼氣團，在較冷的台灣陸地和近海形成平流霧所造成）

aeolian process, eolian process　風成作用　和風有關的侵蝕作用，多限於乾燥區和半乾燥區。這也是**集約農業**區的難題，因為耕作讓土壤於早春時沒有遮蔽，無法抗拒風的侵襲。

aerobe　好氧生物　呼吸需要游離氧或者空氣的生物，特指微生物。對照ANAEROBE。

aerolite　石質隕石　參見METEORITE。

aerosol　氣溶膠　油漆、農藥，清潔液等的微細顆粒物質，又稱噴霧劑，靠推進劑從罐中向外噴出。這些推進劑或稱載溶劑，多是無味易燃的氟氯碳化物，對哺乳動物毒害低。然而，由於連續使用**氟氯碳化物**，在**高層大氣**累積，會改變游離層的**臭氧**含量，對**生物圈**的熱平衡發生不利的變化，就有日益增長的環境問題的顧慮。現在有許多替代式載溶劑用在氣溶膠中。

afforestation　造林　在原為其他用途的土地上植樹。與**跡地造林**有別，跡地造林是在已衰退的林地中再種上樹木。

近十年來除了美國，造林和跡地造林已經超過森林消耗的速率，在北半球幾世紀以來木材供應短缺的都市化的國家更是如此。圖2表示包括歐洲25個國家的森林增長百分數，其中只有西班牙的數值是負的。土耳其自1970年代每年植樹15萬公頃，英國在1972～1981國營和私營林業每年總計造新林3～4萬公頃。1984年歐洲共同體的關貿總協組織報告中，在林業方面推動大型的造林計畫，著重在地中海國家重新造林。而由於糧食的過剩，歐洲共同體傾向鼓勵更多的土地轉耕為林。

世界其他地區，造林還沒有超過木材消耗的速度。如在美國，1963年至1968年間林地由3.07億公頃下降到2.9億公頃。近年來在熱帶地區，**濫伐**的速度超過跡地造林10～20倍。參見TRO-

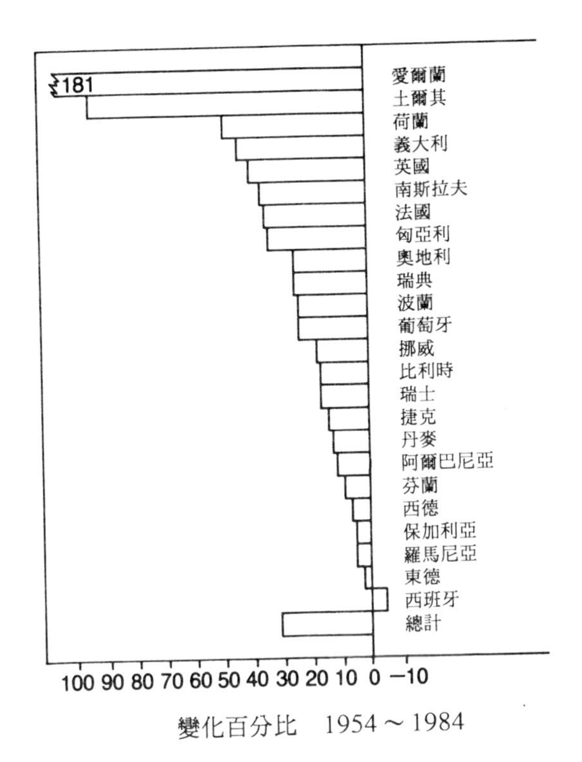

圖2　**造林**　歐洲25個國家森林覆蓋增長率。

PICAL RAIN FOREST。

afro−alpine　非洲高山植被　參見PARAMO。

afterburner　後燃器　固定在鍋爐和汽機車排氣系統上的裝置，經此燃燒以除掉有害氣體。參見CATALYTIC CONVERTER，AUTOMOBILE EMISSIONS，PHOTOCHEMICAL SMOG。

Agent Orange　橙色劑　在越戰（1962～73）中被美軍廣泛使用，以使落葉和毀壞作物的複合**除草劑**，由**二氯苯氧基乙酸**和**三氯苯氧基乙酸**組成。覆蓋雨林的大量落葉改變了**反照率**，因此混亂了自然的**生物羣系**。橙色劑在越南每公頃施放33.7公升，這個量是美國使用的10倍。當作物被毀壞時，吸入卡可基酸的一種鈉鹽（含砷約47％的有機砷製劑），這種添加物不是**生物可分解的**，砷就保留在**食物鏈**中。橙色劑受到雙方老兵們譴責，認為是導致病變和後代畸型的禍首。

橙色劑是在越戰中廣泛使用的三種除草劑之一。另二種是白色劑（二氯苯氧基乙酸加毒莠劑）用於使森林落葉；藍色劑（卡可基酸與其鈉鹽）用於毀壞稻子和其他作物。這些名稱源於除草劑罐裝容器上編碼條紋的顏色。

年份	森林落葉（公頃）	作物破壞（公頃）
1962	2000	300
1963	9995	100
1964	33785	4198
1965	62972	26688
1966	299967	42081
1967	601534	89560
1968	617676	68795
1969	568305	46632
總計	2196234	278354

圖3 **橙色劑** 在越南使用橙色劑而受影響的面積。

age structure 年齡結構 參見ZERO POPULATION GROWTH。

aggregate 聚合體 1. 在土壤學中，是指土壤顆粒結合成團塊，其力學性質像單體一樣，參見PED，FLOCCULATION。

2. 砂、礫石、水泥和水混合成的凝塊，聚合體具有穩定、抗侵蝕的性質。

AGR 改良型氣冷式反應器 參見ADVANCED GAS-COOLED

REACTOR。

agrarianreform 土地改革 地區或國家農業部門完成大規模的重大改變，包括結構和制度的改革或發展：涵蓋**農業推廣服務**、借貸、**農業合作社**、勞動立法、銷售方式的改進、價格補貼機制、公共服務部門（如健保、教育）等措施。但若沒有將財富權力分散以維持增進生產力，土地改革還是會失敗。

土地改革的英文也可用land reform。在拉丁美洲，土地改革（西班牙文為reforma agraria）一直是本世紀最突出的政治問題。

agribusiness 農業企業 一種農耕企業，把現代工商業管理下的道德、原則、極度追求利潤的目標、會計學等運用於農業生產。農業企業通常是高度集中的控制，來決定企業方向、前進計畫、投資等事務，這和農田的日常管理是不同的。

由於**灌溉**、種植技術、**選擇育種**和**遺傳工程**上的技術革新與生產革新；**農化藥品**使用的增加；以及**飼養場**和**工廠化飼養**系統的發展，使得現代農業發展的特點是經營資金密度提高。這些進步是由於精明的投資者介入生產流程，而**農用工業**亟欲控制土地之故。參見AGRICULTURAL INDUSTRILIZATION。

agrichemical 農化藥品 用於農業的生產過程中，任何無機的、人造的化學藥品。最主要的農化藥品包括**肥料**、**除草劑**、**農藥**和**殺蟲劑**，都是化學工業和石化工業產品及副產品。

agricultural cooperative 農業合作社 個別農民基於共同利益所組成的團體，因應生產、儲藏、銷售、服務、農民需求等，包括信貸、市場資訊，以及專業知識和技術的應用等方面的互利而組成。

合作的主要優點在於增進安全、提高收入和增加新的市場銷路，以及節約時間和精力。由於資源統籌，合作社也能使小農戶享受與大地主相當的大批購買和銷售的利益。缺點有：失去一些獨立性和靈活性，特別是在開放市場參與交易和訓練個人在交易中的判斷能力的機會。

在許多開發中國家，合作社由政府建立，以促進**農業機械化**，便於信用交易，並促進商品作物和商業化生產。例如在奈及利亞和坦尚尼亞地區，田地和鄉村住宅區規畫按照以色列的**莫夏夫**模式的合作化結構，那裡所有者保留了個人利益的獨立性和權力，但也經由有力的功能合作，負責出售產品、購買田地和家用物品、以及提供信貸和其他服務。

agricultural cycle　農業周期　在一年中從事農業活動的順序和時間，特別是農作物生產期間。農業中主要活動周期是依據**作物**的生長數量及多樣性，以及每種作物的特殊耕作要求來調整的。在農業周期中認為有四個主要階段：土地準備（包括清理土地和準備苗床，參見TILLAGE）、種植、除草、收割。在**已開發國家**的現代化農業系統中，一般使用**農化藥品**代替除草。農業周期隨勞力需求和資金投入，而有季節性的尖峯，例如，在許多熱帶農業中，若要豐收，勞力密集的除草工作是關鍵的一環。

agricultural extension services　農業推廣服務　向農民或農民團體提供的各種服務，內容是規畫教育推廣、傳播發明，以推動農業的進步和促進**農村發展**。農業推廣服務包括農業代表視察農田、鄉村會議、地方訓練中心的講課和宣傳媒體介紹等。推廣服務可能是由政府部門組織，或者包括關心推廣的商業企業和**承包農業**企業，如生產**農化藥品**的企業。農業推廣服務在許多**開發中國家**受到批評，認為都集中在大型先進的農場上，而犧牲了小型偏僻的農場。

agricultural hearth　農業發源地　最先出現農業的12個地區。大多數的農業發源地位於非洲、亞洲、地中海盆地、美洲等地，位在南緯10度到北緯40度之間的多山區域。肥沃的低地因細心管理水源，作物**生產力**因而大大的提高。主要的穀類生產區是亞洲西南部（那裡大約在一萬年前左右就有小麥和大麥）、中國北部（小米）、東南亞（稻米）、以及墨西哥南部（玉米），非洲東北部（指狀粟和高粱）。由於而不必播種種子的作物出現於熱帶，如：西非洲的森林草地邊緣（薯類），東南亞（芋頭，香蕉），以及美洲（馬鈴薯，木薯，甘薯）。然而，散佈最寬廣的優越區域是處於地理上顯著多樣性的西南亞，以**肥沃月彎**為基礎並向西伸展到埃及的尼羅河谷，向東則到現今巴基斯坦的印度河谷。

關於農業起源各自發展出來的現象有各種爭論，現在尚不清楚：舉例說，穀類栽培是單獨出現於祕魯，還是由中美洲擴展的結果；或者在**下撒哈拉**是獨立馴化植物，還是由埃及和東北非擴展而來等等都有疑問。至於中國北部和東南亞，公認是以自身的條件而成為農業發源地，而不是靠西南亞種子農業的擴展而來。參見DOMESTICATION OF PLANTS AND ANIMALS。

agricultural industrialization　農業工業化　生物技術的發明、日益增加的機械化、工業管理，在傳統的小規模農業系統的應用。自19世紀中葉以來，因為**承包農業**、**工廠化飼養**、**飼養場**、**農業企業**等，許多傳統的**家庭農場**已轉變成大規模，高投資和專業化生產單位。此外，由於**遺傳工程**和**農化藥品**的利用，和農業自動化的日益增加，已克服了農業生產的自然束縛。事實證明，農業的工業化形成重大的**農業革命**，在大多數已開發國家是現代農業的主要影響因素。

agricultural region　農業區　明顯界定主要農業的結構，並廣泛地進行農業生產的地理區域。如地中海區、加拿大的草原區、以及東南亞的水稻耕作區。農業區的定界與**農作制度分類**是緊密相關。

agricultural revolution　農業革命　農業或農業技術上基本的變化或改革。這個名詞普遍用於發生在18世紀歐洲和美國農業的根本變化，但也可用於其他幾個階段。在世界上，確認出4次農業革命：

(a)大約1萬年前，最初**馴化動植物**的農業起始時期，從幾個**農業發源地**擴展到全球，改變了以狩獵和採集維生的社會。參見HUNTER-GATHERER。

(b)發生於歐洲中世紀6～9世紀之間以及8～12世紀之間的革命，其中重大的變化是**田地制度**和耕地技術，包括用馬代替牛。

(c)17世紀中葉之後，由主要維持生計的耕作變成更商業化的耕作系統，包括**圈地**運動、**輪作**和農業方面的進步技術、**混作**的發展和增加**糞肥**的使用。

(d)**農業工業化**過程，農業按工業組織模式來管理（參見AGRO-INDUSTRY）而日益增加。一些研究者認為這個革命時期從1920年代開始，而另一些研究者認為早於一個世紀前因增加使用工業加工農產品和採用了節省勞力的機械（參見MECHANIZATION）開始並延伸到現代。

歷史學家認為這些變化與其說是革命不如說是演進。通常農業革命決定於產生變化的時間範圍，以及改革和推廣使用之間的時滯範圍。

agricultural typology　農業分類學　各種農業類型的辨識、分類、分區的方法。農業分類學的主要目的是把所有不同種類的農業系統，納入適當的調查地理範圍。最初的農業分類學對**農業區**的劃界基本上是描述式的，之後趨向選擇性和定性方面，而另一些探討方法是著重在耕作系統的區別。國際地理協會在1964年建立的農業分類學委員會，對世界農業系統的分類標準進行研究，認定有100種以上不同類型的農業，是由社會、生產、執行、結構等特性，分三個層次所組成的體系。參見CROP COMBINATION ANALYSIS。

agriculture　農業　耕地栽種**作物**和畜牧的科學。農業系統是複雜多樣的，從簡單的**移墾**和**遊牧**到牽涉歐美複雜技術並日益工業化的農業系統，多變形式由以下因素決定：**土地使用權**和**農場規模**土地財產的使用方法、以及勞力或資金的投入密度；**生產力**和商業化程度；農田的結構特性；以及土地用於特殊作物或各種作業的比例。

農業對世界經濟活動是極其重要的，世界上大約35%的陸地面積（不包括南極）是用於農業活動，這裡包括栽作固定作物和**牧場**的土地，但不包括森林區。

在1980年從事農業者佔世界從事經濟活動人口的45%，其比例範圍由工業市場經濟**已開發國家**的7%到**開發中國家**的62%，在**下撒哈拉**則高達75%。1986年歐洲共同體8.3%的勞動力從事農業，其比例範圍是由英國的2.6%到希臘的29%。農業持續地對國內生產總量有重要貢獻，在下撒哈拉佔36%，在整個開發中國家中佔19%，但在工業化市場經濟中所佔比重小於3%。參見INTENSIVE AGRICULTURE，EXTENSIVE AGRICULTURE，COMMERCIAL FARMING，ANIMAL HUSBANDRY，GREEN-HOUSE CULTIVATION，AGRONOMY，FERTILIZER，IRRIGATION，TILLAGE。

agriforestry, farm forestry, social forestry 農業林政，社會林政 一種土地管理政策，鼓勵農民栽培林木和灌木之外，還從事**作物**生產和**畜牧業**。農業林政並不限於**開發中國家**，也廣泛應用於熱帶地區，把科學的管理技術與傳統的土地利用結合起來。**移墾**可以視為農業林政的形式，也可以是林木作物、放牧、地中海區間作的可耕地的形式。再者，農業林政包括有意栽種一些特殊性質的林木，如生長快速、具經濟價值的薪柴材或增進**固氮作用**。

農業林政包括了住屋附近種植喬灌木，沿著農田邊界的**防護林帶**，在一般農田中農林**混作**有助於**土壤保育**。土地閒置一個季節甚至更長時間，會有助於土地更新。實行交替種植時，可使土地連續利用而不必**休耕**，並且在保證薪柴供給的同時，還能提高土地生產力。

agro-industry 農用工業 提供農業投資，或從事農業產品加工和分配的工業部門。農用工業常常是大規模公司企業，控制著農田投資和農田生產程序；同時還控制著運輸、市場銷售和分配，和產品批發點及零售市場。這種工業在美國和第三世界比歐洲更為普遍。在美國，幾乎三分之一農產是直接由**農業企業**或期貨**承包農業**出口，而且幾乎所有的加工蔬菜產品，馬鈴薯，水果和烤雞是銷往封閉市場。

由於社會高度城市化，日益增多的**農化藥品**會影響環境，**農業機械化**、以及專業化**單作**，使得現代的農用工業系統受到大眾的注意。

agronomy　農藝學　涉及到土地耕作，作物生產和土壤管理的科學，包括有作物遺傳、生理學、生物學，以及土壤的特徵、性質、分類、使用和土壤保育等方面。植物農藝以作物利用的方式來分類，例如**穀類作物**、**飼料作物**、**間隔作物**，**填閒作物**等，和**林奈分類法**是不同的。

A－horizon, E－horizon　A層，E層　**土壤**的最上層（見圖56）。礦物及有機物質（包括地下動物和植物的根）聚集於表土層，同時由於**淋濾**的結果，移去了可溶的鹽類及黏土，而成為E層。對農業耕作而言這一層是最重要的土層。對照B-HORIZON，C-HORIZON，參見H-HORIZON。

aid　援助　由**已開發國家**的政府、公共機關、國際機構，向**開發中國家**提供資源，用於促進經濟發展和福利事業。

以前，這個名詞包括與**第三世界**的民間交易，例如私人公司投資、出口借貸、銀行貸款等。今天經濟合作發展組織的開發援助委員會，把援助或對外開發援助歸類為會員國官方機構許可的貸款及技術合作和援助。包括世界銀行國際發展援助協會的低息長期貸款，但世界銀行和其他國際機構已經聲明對近期商業項目不供給貸款。

官方援助的總額一般比較少，對外開發援助從開發援助委員會在1970年的規定項目得到70億美元，1980年273億美元，1986年是367億元。以1980年的不變價格計算，從1965年到1985年間援助款項由207億美元上升到288億美元。作為國民生產總值來算，對外開發援助由1965年的0.48%下降到1986年的0.35%。只有斯堪坎地那維亞國家和荷蘭超過0.8%，以美國貢獻最大，其貨幣總值在1986年為96億美元，只佔其國民生產總值的0.24%。近年**石油輸出國組織**成員提供援助的款項也相當大，在1980年超過96億美元，沙烏地阿拉伯的發展援款達到國民生產總值5%。自1981年以來來自石油輸出國組織的援助急驟下降，在1986年為46億美元。

對外開發援助的近四分之一是通過多重的管道，如世界銀行，歐洲開發基金，幾個地區性銀行，以及聯合國的專門機構如**糧食及農業組織**和**世界糧食計畫**等。大筆的援助多是雙向的，即直接從政府到政府，有一半以上是援助計畫，其基金可用於金融或部分金融的特殊發展計畫。計畫項目的開始、撥款執行長期低息貸款多半要通過協商，但不考慮以後的經營和維護。雙向援助的餘額是用於區域的援助，地區發展銀行的金融，或者用一個小的地區或部門的小項目、糧食援助以及一般非項目援助。

美國和英國對外開發援助的一半以上是有附帶條件的，就是必須把援助用於向援款國進口貨物和服務。這樣就有可觀的資金流回援款國。例如，考慮到用於法國援助技術的工資，至少有一半的援助款項返回法國政府。具附帶條件的援助，並非是完全慈善的性質，甚至比向開放市場借款還昂貴，因為集中於高利潤的項目，依賴進口技術和材料，而不是靠本地的企業和貨物，可能加入非競爭性契約募集資金，這樣可長期依靠援款對設備進行維護和更新。大量的雙向援助，是針對被**世界銀行**確定的幾個中等收入的開發中國家，而在1980年代，低收入國家從經濟合作發展組織得到的純雙邊援助，還不到捐款國的國民生產總值0.1%。

air corridor　空中走廊　商用飛機和軍用飛機遵照空中交通指揮系統的引導，所飛行的規定路線。

air frost　氣霜　參見FROST。

air mass 氣團 溫度和溼度大致均勻的一大團空氣。**鋒**氣團，覆蓋面積可達數萬平方公里。

氣團根據其發源於大陸區或海洋區的特性來分類（見圖4）。當氣團隨著**大氣環流**而移動時，其特性以及伴生的氣候隨之改變。有4種主要類型的氣團：

(a)熱帶大陸氣團：源於**副熱帶無風帶**，如撒哈拉和美國乾旱區。這些氣團既乾熱又**不穩定**，特別是在夏天，但溼度過低無法發展大片雲層形成降雨。

(b)熱帶海洋氣團：產生於副熱帶海洋上面的高壓系統。這種氣團的特性是高溼度，溫暖且不穩定，特別在夏天。以上兩種熱帶氣團都是向極地流動。

(c)極地大陸氣團：在冬季發源於南、北極，西伯利亞和加拿大北部的上方，這些地區的氣團一般的特性是冷、極度乾燥、穩定。在夏天，這些氣團的下層是溫暖的，可能產生一些雲。

(d)極地海洋氣團：起源於高緯度的太平洋和大西洋的上方，下層冷、溼、不穩定，這些氣團常形成陰雨的天氣。參見STABILITY。

air pollution 空氣污染 因人類活動將有毒、帶放射性的氣體或**顆粒物質**等加入大氣中。城市和工業區的空氣污染常與汽車廢氣、發電廠、工廠、焚燒樹木、家庭燃燒**化石燃料**等的排放有關，亦源於鄉間的農藥噴射，採礦及農業產生的塵土。但是，空氣污染也可能來自於自然界，例如由大風經過沙漠，將砂礫、灰燼吹起來；火山爆發產生的灰塵；以及大風吹上陸地的海水鹽沫等。自然界氣體污染產生於火山爆發、**噴氣孔**、沼澤、溼沼、物質的分解等。

污染物隨風和上升氣流轉移，其中的較大粒子在引力的作用下很快返回地面（**落塵**），而較小的粒子由於雨水作用從大氣中被清除掉（沖塵）。空氣污染程度一般會因污染物被風吹散而減

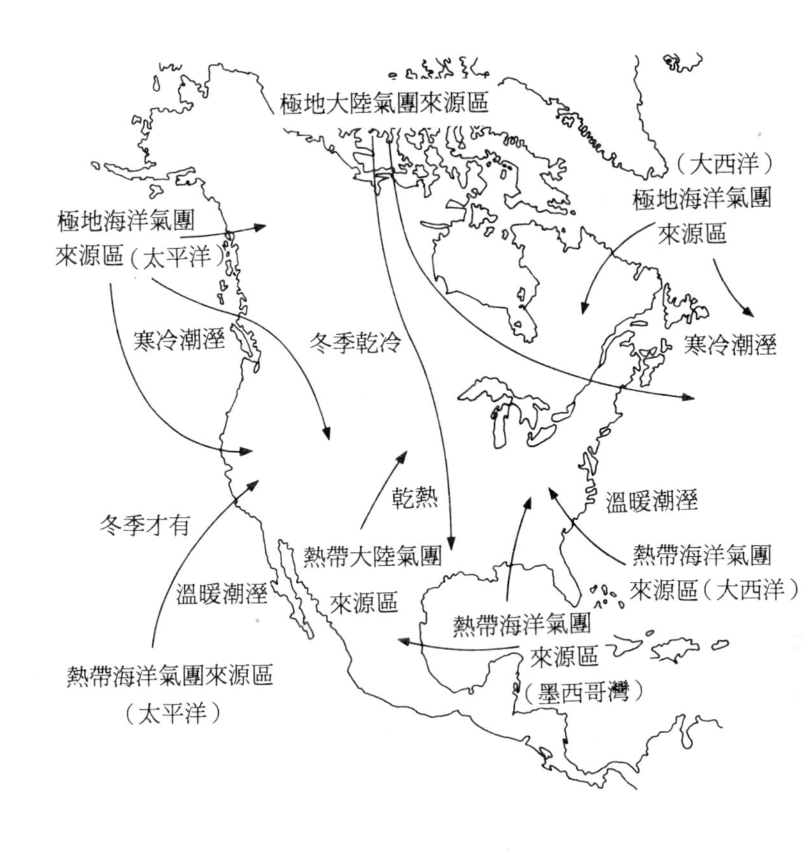

圖4　**氣團**　北美洲氣團的來源區。

低，然而在穩定天氣時形成**反氣旋**會造成污染物的聚集，或是出現低空**逆溫層**時，使污染物沈降在大氣層下方，讓污染程度更加嚴重。

空氣污染對環境會產生嚴重後果。城市的空氣污染物會因污染的酸度使建築材料損壞和金屬生鏽；而在鄉村，酸雨會讓穀物和蔬菜受損。許多健康問題與空氣污染有密切關係，小從眼部發炎，大到複雜的肺部疾病。城市中由於**汽車廢氣**，使大氣中的含鉛量增高，會導致大腦受損，降低兒童的智力。

國際間正努力減少空氣污染造成重大的環境問題。許多已開發國家正在制定法律以限制空氣污染，例如：工廠、發電廠、焚化爐必須配置清除設備，鼓勵使用無煙的家用燃料，汽車增加使用**無鉛汽油**並裝置**觸媒轉化器**，以限制廢氣的排放。雖然開發中國家也在進行類似措施，但尚未達到同樣的規模。

空氣污染對地球的影響很大，如二氧化碳和其他氣體污染物質的含量日益增加，產生**溫室效應**，抵消大氣原有逐漸變冷的部份現象。這種變冷是由於雲對太陽輻射的反射增加而降低**入日射**，這種漫射是大氣中的顆粒物質聚集的結果。有甚於此，大氣中**氟氯碳化物**快速的累積，造成國際行動限制這種空氣污染物的使用。參見SMOKE CONTROL ZONE，CLEAR AIR ACT，BACKGROUND CONCENTRATION。

airport　飛機場　可以容許商用飛機起落，設有輸送旅客、貨物專門設備的大型區域。跑道的建造，通常要和所在地經常出現的風向一致。

air pressure, atmospheric pressure　氣壓，大氣壓力　大氣重量在所有方向上施加的壓力。大氣壓力以毫巴度量，隨海拔升高而降低（見圖5）。標準海平面的大氣壓力為1013.2毫巴；在海拔5639公尺處的大氣壓力只有海平面的一半。參見PRESSURE GRADIENT，BAROMETER。

Air Quality Act（1967）　空氣品質法案　美國制定控制空氣品質的法律，對**空氣品質標準**做出建議，並規定達到要求的時間表。這個法規於1970年修正，包括新舊工廠、汽機車和飛機等排放的國內標準。不過並沒有允許人民對違反排放標準的人提出訴訟的條款。

air quality standard　空氣品質標準　在一特殊地區，指定時間內所允許空氣污染物的濃度。空氣品質標準一般由地區的公共衛生部門制定，由檢查員執行定期監視煙囪排放的氣體。由於氣

高度範圍（公尺）	大氣壓力遞減率（每300公尺）
0～ 600	4%
600～1500	3%
1500～3000	2.5%

圖5 **大氣壓力** 氣壓隨高度的變化。

體污染經常是不可見的，不是連續的排放，還有氣象條件影響，一般公眾對污染環境的容忍程度也有不同，因此空氣品質標準的限制也隨地區不同，並且執行有困難。空氣品質標準通常是在一個特定的污染事件發生後而制定，例如，著名的1952年倫敦煙霧事件，產生了英國**清淨空氣法案**（1956）；而在美國加州的**光化學煙霧**問題，引起公眾和行政部門的關切，因而通過**空氣品質法案**（1967）。參見AIR POLLUTION，SMOKE CONTROL ZONE。

albedo 反照率 照射到地表的太陽輻射，立即反射回到大氣的比率。地球的平均反照率為40%，這個數值隨地表的性質有很大差異。例如剛下過雪的地表反照率為80%，而森林和溼地的反照率在5%至10%之間。參見INSOLATION。

aldrin 艾氏劑 主要成份為氯代二甲橋萘的一種氯化烴，是針對土壤害蟲的強力接觸**殺蟲劑**。施用之後，艾氏劑會很快從地面消失，這種特點表示它是種安全的殺蟲劑。但艾氏劑會很快地轉變成非常穩定的狄氏劑，聚集在動物身體中（特別是食肉鳥類），也就是複雜**食物鏈**的頂端，引起這些動物數量大為減少。

在1960年代中葉，許多國家提出嚴格限制使用艾氏劑，例如，在英國的農藥安全性質保護計畫規定，除非在特定環境下，禁用艾氏劑。此後大多數受害物種的數量就逐漸恢復。

algae 藻類 一種簡單植物，沒有真正的根，莖，葉；具有葉綠素和其他色素，能起**光合作用**；有許多完全不同的生命形態，從單細胞到複雜的羣體和絲狀形態。藻類存在於整個**生物圈**，不過多半和水緊密相關。

藻類在許多高級植物無法繁殖的環境中有極大的數量。藻類可與地衣共生，並以此形式可以在極少量的土壤，甚至在石頭上繁殖。藻類是植物在土地上羣集的先鋒，增多有機物質、以及高級植物生長維持生命所必需的微量元素。

雖然藻類光合作用產物所形成的低級能源，大部分並不適於人類；但間接來說，藻類對人類仍是非常重要的，把空氣中大量的氮固定於土壤中，改善土壤肥力並維持高等植物（如農作物）的生長。

algal bloom　藻花　在淡水中短暫又快速增長的**藻類**。在生長季初期，水表營養物質和水溫升高使藻類和其他水生植物繁殖，直至其中一種營養物（常為氮和磷）不足為止。這種高速生長的現象繼之以大量的藻類突然死亡，浮到水表，造成一層綠垢。藻類的分解消耗大量溶於水中的氧氣，使水變為缺氧，殺死大多數水棲生物，主要是魚。當含氧的濃度回復，水體經歷了自淨作用之後，在合宜的秋季條件下可能發生第二次藻花。

由於近年來越來越多的氧和磷從農田中瀝入水中，藻花的產生也與日俱增。農業密集區容易發生藻花，池塘必須不時的排水，管道工程和濾水池要細心的清洗，才得以去掉由藻花產生的綠色黏泥。

algorithm　演算法　一組步驟的程序或序列。多半用在電腦程式的計算步驟，如果程序正確，就會得到問題的最佳解。在生態學中，演算法普遍用於依靠原始資料建立的植物或動物狀態**模型**的**模擬研究**和線性規畫技術。

alkalization　鹼化　鈉鹽在土壤中聚集，結果使土壤的酸鹼值大於7.0。鹼化一般發生於乾燥或半乾燥地區，特別是海岸地帶和下面有高鈉成份**母質**的區域。在這些地方易溶解的鉀和鎂被選擇性地**淋溶**掉，而不易溶解的鈉鹽逐漸集聚。通過**毛細作用**向上運動的鹽化地下水引起鹼化作用大大地加速。高溫的空氣和大地引起蒸發，也會使鈉鹽從地下水中沈澱出來，造成鹼性土壤。參見SALINIZATION，CALCIFICATION。

alluvial fan　沖積扇　扇形的岩屑堆，山區快速的逕流，進入寬闊的谷地或緩坡平原而形成的。流速的突然降低使得大量碎石沈積下來，緊接著使水流分開並變化其路徑形成錐形扇。發育良好的沖積扇普遍地出現在乾燥或半乾燥地帶，快速蒸發和**滲漏**是形成的因素之一。從山區流向**山麓**的水流，可能沈積、集聚成山麓沖積平原或稱之為沙漠沖積原，如印度恆河平原。沖積扇上的土壤可能有很大的農業價值，儘管在半乾燥地區，突發的洪水可能引起快速嚴重的**土壤侵蝕**。洪水對於靠近**暫時河**建造的住宅區和交通線，也會是嚴重的威脅。

alluvial plain　沖積平原　參見ALLUVIAL FAN。

alluvial soil, fluvent, fluvisol　沖積土　性質多變的土壤類型，出現於河道或在**泛濫平原**新近沈積的**沖積層**上。由於洪水帶著養分定期沖刷，使許多沖積土中營養物質的含量很高，因而十分富饒。大河較低的地段常有沖積土。

alluvium　沖積層　經河流搬運沈積的碎片和鬆散物質。主要由黏土、淤泥、砂土和礫石組成，常形成諸如三角洲、**沖積扇**和**泛濫平原**等部分。世界上最肥沃和土壤都來自於沖積層。參見FLUVIAL TRANSPORTATION，FLUVIAL DEPOSITION，ALLUVIAL SOIL。

alp　山地牧場　陡峭的**U形谷**邊上的緩坡。這個名詞往往特指歐洲阿爾卑斯山地區。阿爾卑斯山是冰川的源頭，經常覆蓋著冰積物。在夏季，由於高地得到長時間的日照，而谷底又沒有昆蟲寄生蟲，所以用於家畜放牧；在冬季，大雪封山，利用纜車和升降椅來維繫交通，適於做冬季運動場。

alpha emitters　α發射源　參見ALPHA PARTICLE。

alpha particle　α粒子　氦4的原子核，由兩個質子和兩個中子組成。放出α粒子的放射性物質，稱作α發射源。α輻射只能穿透幾公分的空氣，用一張紙就能擋住。因此，除非直接由身體吸收，α粒子一般對人體無害。

alpine　高山的　一種生態系統，其特點是**生長季**極短（10到12周）。高山環境的條件一般出現於中緯度和高緯度的山區，但也出現於熱帶高海拔（4000公尺以上）地區，例如委內瑞拉的玻利瓦爾峯地區。參見ALPINE COMMUNITY。

alpine community　高山羣落　出現於緊靠山區的永久**雪原**之下的動植物羣體。高山羣落出現的高度隨著緯度的降低而逐漸升高。以美國為例，在阿拉斯加州南部（北緯60度）高山區，其下限為海拔1200公尺。在內華達州的塞拉山脈（北緯40度）其下限為3000公尺，在科羅拉多州和新墨西哥州（北緯35度）其下限為3650公尺。

高山的植物具有環帶狀分佈的特性，其變化是隨山坡的方向、角度變換，和隨地形所造成的隱蔽程度而形成的。這些自然特徵決定了晚春雪融到初秋再生的速度。無雪期為16周到24周。夏日平均溫度很少超過10℃，即使仲夏夜也常有霜凍。在夏季很長的白晝**入日射**很高，葉子表面溫度可達到45℃。**永凍土**不常有（參見TUNDRA），不過凍融作用引起較大的土壤擾動（參見PHYSICAL WEATHERING）。

高山的**初級生產力**低，一般淨初級生產力的數值每年每平方公尺只有10至400克。

植物羣落以草木植物佔優勢，由於入日射很高大部分是**旱生植物**。除了匍匐的柳樹、樺樹和杜鵑花屬外無樹木。高山植物是非常鮮豔和多樣的，在短暫的夏季高山草地會變成一片的鮮豔顏色。到處有昆蟲和小哺乳動物，猛禽（鷹，禿鷹，隼）能找到充足食物。山羊羣和鹿吃夏季的牧草，牛和綿羊從山谷被趕到比較近的高山草地吃草（參見TRANSHUMANCE）。

高山羣落出現的地區，常吸引了許多徒步登山和滑雪的人。然而，高山羣落是易受人類破壞的**脆弱生態系統**，這些區域中的薄層土壤和稀疏的植被因為人類活動而破壞的話，就需要很多年來恢復。因此，許多高山地區已定為**國家公園**或**保育區**。

alpine farming　高山農業　一種**粗放農業**系統，主要是在高山**牧場**飼養牲畜，常常是在森林線以上飼養。由於海拔高度影響，**生長季**短，每年只有三個月有足夠的牧草，導致形成**季節遷徙**的形式。在歐洲共同體，這些地區有資格獲得經濟援助。參見HILL FARMING。

alternative energy　替代能源　不是來自**核能**或傳統的**化石燃料**（如煤、石油、天然氣）的能源。替代能源一般是可更新、無污染的，主要的替代能源是潮汐和**波浪能**、**太陽能**、**地熱能**、生物燃料（如沼氣和酒精）。

尋求替代能源的供應反映了：

(a)傳統燃料的大幅度漲價；

(b)對化石和核燃料造成的**污染**日益關心；

(c)由於傳統能源消耗造成的能源短缺，以及由於政治因素造成的不足。

(d)除了最貧窮的國家，所有國家能源的消耗都呈**指數增長**。

現在，**開發中國家**非常依賴替代能源的供應，有將近一半的世界人口依賴生物能源，主要用薪柴來加熱（見圖6）。在缺少樹木的國家，如孟加拉和中國農村，作物殘渣和動物糞便提供了90％的家用能源（參見DUNG FUEL）。

在**已開發國家**，替代能源設施的特點是使用高科技工程，如太陽能板、熱泵或是在建築設計上利用採光和通風馬達的餘熱作為取暖。由於能源管理的成果，目前工商業使用能源比1970年代平均降低了10％到15％。證明能源管理比投資於替代能源的效果更有價值，替代能源在西方國家僅提供了能源需要量的3％。

altocumulus　高積雲　一種中等高度的**雲**，羊毛狀、球形白色

國家	年度	生物能源 %
布基納法索	1980	94
馬拉威	1980	94
莫三比克	1980	89
斯里蘭卡	1981	75
肯亞	1981	68
印度	1979	42
菲律賓	1981	38
哥倫比亞	1978	24
葡萄牙	1981	7

圖6 **替代能源** 在某些國家生物能源佔消耗能源的比例。

或灰色雲塊。高積雲伴隨著好天氣出現。

altostratus 高層雲 一種中等高度暗灰色連續的**雲**層，出現於**低壓**的**暖鋒**接近時。

amenity, environmental quality 舒適環境；環境品質

1. 任何增進生活品質的大建築物或設施。教堂就是舒適環境，既是美學快感的來源又是精神安慰的處所。有效率的鐵路服務也是社會的一個舒適環境，環境優美的公園或是保養良好的歷史建築。評估舒適環境的公共標準正在提高，因為護衛或促進地方舒適環境團體人數日益增長。參見CONSERVATION AREA。

2. 愉快或舒適的現狀或條件。城鎮規畫的一個重要目標，即維持現有的環境品質，並保證良好的設計施工以繼續強化。**發展控制**，是以阻止破壞性發展，保護現存環境的手段，使**發展規畫**積極促進實現更好的環境品質。環境品質衡量方式包括美學判斷、設計的流行樣式、當地生活品質的最低水準和公共安全等許多主觀評價。

amphibian　兩生類　屬兩生綱的冷血四足的脊椎動物，特點是生活在旱地但在水中繁殖。兩生綱分3個目：無足目（無足兩生類，160個物種）、無尾目（蛙和蟾蜍，2500個物種）、和有尾目（水螈和蠑螈，300個物種）。兩生綱最普遍的特點是皮膚裸露、透水性強，分泌黏液的腺體豐富，黏液常帶有毒性。兩生類的特有生活方式產生了特別的呼吸系統，即通過外部和內部的鰓，簡單的肺，溼皮膚覆蓋口部和黏膜等來吸收氧氣。大多數兩生類生殖是體外受精，產小球形卵，外有一層膠狀物質保護。有些種是卵生的，即從母體排卵後幼蟲便孵化後發育。成熟的兩生類一般是**食肉動物**，吃昆蟲和甲蟲，再被大型**爬蟲類**和一些鳥類所攝食。許多兩生類有劇毒，通常身上的顏色鮮豔。

anabatic wind, valley wind　上昇風，谷風　沿山谷向上流動的局部風，多發生在夏天午後的山區。上昇風是山谷斜坡上的空氣由於對流而加熱，隨後上升空氣被谷底的冷空氣取代而形成的。比起下降風來，上昇風較不常發生。

anaerobe　厭氧生物　呼吸不需要游離的氧或空氣的生物。行**無氧呼吸**分解葡萄糖而得到能量。對照AEROBE。

anaerobic respiration　無氧呼吸　**厭氧生物**進行的一種細胞的呼吸。食物儲存的葡萄糖在缺氧的狀況下分解，並釋放出能量，可以是短暫的幾小時或長久的缺氧。

angiosperm　被子植物　屬於被子植物綱的植物，是高度進化的一類維管束植物，真花是被子植物的特徵，經授粉後形成有良好防護的種子。被子植物像簡單植物一樣是許多細胞的聚集，但其細胞經歷了複雜的分化，形成不同類型的組織。成熟的被子植物可分為4部分：莖、根、葉和花。

被子植物可分為：**單子葉植物**和種類繁多的**雙子葉植物**，主要根據花的結構差異來區別。單子葉植物包括蘆葦、馬蘭和禾草，對人類是非常重要的，繁衍出所有的穀類作物。雙子葉植物則包括所有開花的草木植物，還有**硬木**，如橡木、山毛櫸、柚木等等。

anhydrite　硬石膏　由海水蒸發沈積的硫酸鈣**沈積岩**。硬石膏可用於製造肥料和水泥。

animal husbandry　畜牧業　家畜的飼養和管理，使**牧場**和飼料轉化為人類需要的產品。飼養方法依據飼養家畜的常識和自然環境的性質、文化背景，以及在**放牧經營**的農民個人的偏愛和技巧而有不同。

　　畜牧業範圍有數量小、品種少，主要供家庭用的**混合農業**或綜合畜牧業，也有大如**商品農業**和**工廠化飼養**。在比較偏遠土地上，畜牧業絕大部分是多種型式的**遊牧**和**放牧**，需要各種技術和**天然牧場管理**的方法。

animal realm, faunal region　動物區　地球上8個生物分區，每個區包含當地的動物品種，特別是脊椎動物和昆蟲（見圖7）。這些生物由於不同的自然障礙，如沙漠、山地、海洋等，而無法移往其他地區。各動物區共有的動物物種很少，只有小的原生動物，是由於風、水，或人類的活動來散佈，能夠很容易地越過自然的阻礙而遷移，通常是家畜的寄生蟲。現在普遍認為，動物區在1億7000萬年前**大陸漂移**之前，就因地塊不同的地理位置而有分別。參見WALLACE LINE。

anion　陰離子　參見ION。

annual　一年生　從種子到種子的生命周期是在一年之內完成的植物。農田中許多雜草就是一年生植物。在雜草授粉之前，施用選擇性**除草劑**，就能夠很輕易阻止它們蔓延。對照BIENNIEL，PERENNIAL。

annual work units　年勞動單位　參見MAN-DAY。

Antarctic Treaty　南極條約　由紐西蘭、挪威、南非、英國、美國、前蘇聯、阿根廷、澳洲、比利時、智利、法國、日本等12國在1959年簽訂的協定，認定南極大陸是和平的地區。南極

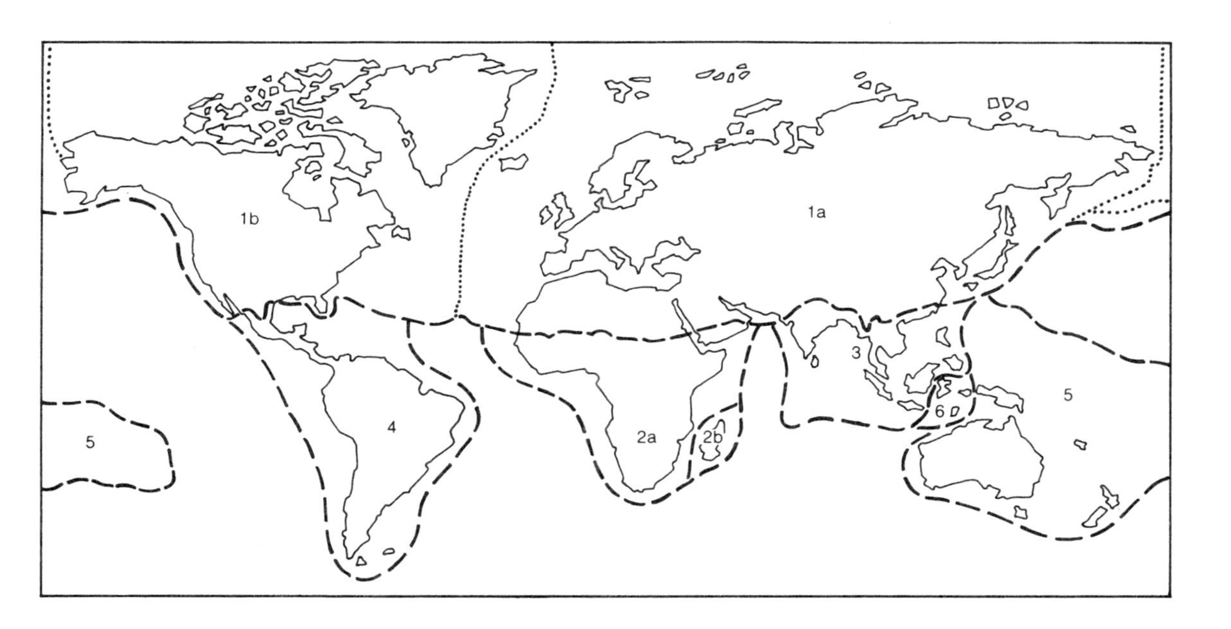

圖7 **動物區** 世界的動物區：1a.舊北區；1b.新北區；2a.埃塞俄比亞區；2b.馬達加斯加區；3.東方區；4.新熱帶區；5.南界區；6.華萊士區

將近地球陸地十分之一，非軍事化、無核、並從事於科學研究。繼創始的12國之後，又有波蘭（1977）、西德（1979）、巴西和印度（1983）等4國加入條約。

南極條件代表世界超級大國與主要工業國國際間合作的成功嘗試。另外又有12個國家以「加入國身份」參加南極條約，但不能參與決議。

由於有些國家要求有限度開發南極地區存在的大量礦產（石油、煤、鐵礦）和生物資源（特別是**磷蝦**），因此南極條約不斷受到壓力。

antecedent drainage　先成河系　在已經形成的河流系統，當此地區的地殼向上隆起和褶曲，河流也以相同的程度向下切蝕，仍保持了原來的水流方向。例如印度河、喜馬拉雅山的雅魯藏布江和美國的科羅拉多河。參見SUPERIMPOSED DRAINAGE，DRAINAGE PATTERN。

anthracite　無煙煤　高級、堅硬、黑亮的煤，含碳量高達98%。在所有煤中，無煙煤發出的熱值最高，煙最少。無煙煤的高含碳量是因**煤化作用**時的**變質作用**而形成。無煙煤特別適用於家庭取暖。但是開採無煙煤花費較大，因為煤層缺乏裂隙，不易開採。對照LIGNITE，BITUMINOUS COAL。

anthropogenic climax　人為頂極　參見CLIMAX COMMUNITY。

anthropogenic factor　人為因素　人類對**棲息地**和環境施加的影響。人為因素涉及把地區內所有自然的或半自然的植物，轉變成經營的景觀。還包括了**焚燒**、**濫伐**、放牧、割草、排水、**灌溉**和飼養。

在創造有組織的地形方面，人為因素是極重要的因素，在許多地區已取代了氣候、地形、地質和生物等因素，而成為造成地區內植物和動物的特性的主要原因。對照BIOTIC FACTOR。

anticline　背斜　岩層中向上凸起的**褶皺**部分，往往是在地殼構造運動施加巨大的橫向壓力所形成。對照SYNCLINE。

anticyclone, high **反氣旋，高氣壓** 一種比周圍空氣氣壓高的氣團，氣壓由中心向外逐漸降低。反氣旋是大氣的上層空氣聚集然後下沈，在下層逐漸散開。反氣旋的特性是**穩定性**，通常是緩慢移動，甚或靜止的天氣系統。在北半球風以反時針方向繞氣旋中心流動，在南半球則沿順時針方向。夏季乾燥的天氣與暫時的反氣旋產生有關。在冬季天氣冷而晴朗，偶而有霧。由於相對溼度低的空氣由高層大氣下沈造成高氣壓，常限制了降雨。

半永久性的反氣旋產生於大約北緯30度**副熱帶無風帶**的海上；在冬季，西伯利亞上空產生一個季節性的反氣旋。

在天氣圖上，反氣旋用疏密間隔不同的圓形或橢圓形的**等壓線**表示。

antiknock additive **防爆添加物** 為避免內燃機中過早引燃（爆震或爆鳴）而加進汽油中的物質，四乙基鉛是最廣泛使用的添加物。研究證明：絕大部分防爆添加物在**汽車廢氣**中還保持原狀。空氣、水及土壤中的鉛對人類有很大損害，特別是青年人、老年人及慢性病人，鉛在血液中的含量增高會引起腦的損傷。國際行動反對防爆添加物，因而制定以最終禁用含鉛汽油為目標的法律。參見UNLEAD GASOLINE。

antinuclear **反核** 指以反對使用**核能**作為民用或戰爭用途的人、組織、議論。參見GREEN POLITICS。

anvil cloud **砧狀雲** 參見CUMULONIMBUS。

appropriate technology **適用技術** 盡量利用當地富產的自然資源、資本和勞力，而少用缺乏的物質和生產要素的技術。適用技術應能判別在可控制和自力更生和條件下，合理運用有限有效的資金和技術經驗管理的項目。

適用技術對**開發中國家**可能是中間技術，比較昂貴，但比起土法和傳統方法更為有效、規模小、勞動密集、很小依賴進口材料，比傳統貿易途徑向**已開發國家**要求轉讓技術簡單得多。然而並非所有中間技術都是必然合理的，為了競爭，許多工業加工程序，例如煉鋼和糖的加工，還是要依賴複雜的機械和資金密集的技術。在開發中國家，適用技術來自在社會允許情況下，最有效地利用資源，特別是勞動力，來增加了就業機會和生產量。

aquaculture　水產養殖　管理和使用水生環境，以培養和收穫動植物產品。**捕魚**和**捕鯨**基本上算是狩獵行為，水產養殖則很類似**放牧**和**農業**，把魚類、甲殼類飼養於封閉的池塘、水槽、籠或有防護的水層。

水產養殖僅限於內陸和河口灣海岸的水域，目前試驗向外發展到**大陸棚**。用水池繁殖養殖魚類，如鯉魚，在中國和東南亞，其年代可回溯至數千年前；但把水產養殖擴展到海洋地區是近年的發展。淡水和海水的養殖通常是獨立發展的。海洋水產養殖企業集中養育貝類，特別是軟體動物如牡蠣、貽貝、青蛤，可取得很高的市場價值。對甲殼類（如蝦）和鮭魚的漁場需要先捕捉野生的，在圍欄中養育，以達到商品標準。

aquiclude　微水層　孔隙率大的岩層，如頁岩，緩慢地吸收水分但不讓水自由通過。這個名詞普遍用於北美而有時把**阻水層**錯用為它的同義語。對照AQUIFER。（編按：微水層在1950年之後漸為aquitard所取代，譯為滯水層，以跟阻水層aquifuge分別。不過，現在於水文地質界的用法，並不區分滯水層和阻水層，而總稱為confining beds，譯作隔水層）

aquifer　含水層　可透水的岩石、砂或礫石層，吸收的水分可自由通過岩石縫隙。如果下層岩石是不透水的，含水層就好像**地下水**庫，可以由井抽出水來供家庭、農業或工業上使用，含水層的污染在許多國家是一個嚴重的環境問題，污染來自廢棄物垃圾中有毒物質，或污水的滲漏。沿海地區超量使用地下水，會引起鹽水侵入含水層。參見ARTESIAN WELL，對照AQUICLUDE，AQUIFUGE。

aquifuge　阻水層　不透水的岩層，既不吸收水也不讓水自由通過，俗稱不透水層。這個名詞在北美洲普遍使用。對照AQUI-

CLUDE，AQUIFER。

aquitard　滯水層　見AQUICLUDE。

arable farming　作物栽培　耕地生長**作物**的做法。可耕地是每年耕作或至少是可耕的，與牧場和永久植樹及灌木用地是不同的。在**混作**制中，每年作物的栽培在林木間進行（參見AGROFORESTRY）。

作物栽培的地理邊界，主要是由氣候條件、土壤類型和地形等方面決定。邊界可伸展至北緯70度左右，由於**生長季**短的限制只能播種大麥和馬鈴薯。在南美安地斯山地部分區域馬鈴薯可在4300公尺高處生長，而在**薩赫勒**地區，小米生長的地方，僅僅只有250公釐的年降雨量。任何耕作制至少部分依靠**經濟作物**，作物栽培分佈的另一限制因子是農場與市場之間的距離。參見TILLAGE，CROPLAND。

arcade　拱廊　城市中心區的拱形通道，一般由許多具有特色或銷售高價商品的小店鋪所組成。

Archeozoic era　元古代　參見PRECAMBRIAN ERA。

archibenthic zone　半深海底區　參見BENTHIC ZONE。

arcuate delta　弧形三角洲　參見DELTA。

arenaceous rock　砂質岩　參見SEDIMENTARY ROCK。

arete　刃嶺　兩側陡峭、邊緣尖銳的窄山脊，位於相鄰**冰斗**之間。刃嶺山谷是通過**冰川侵蝕**、岩石脫落、冰凍融解等作用溯源延伸而形成（參見PHYSICAL WEATHERING）。詳見圖67。

argillaceous rock　泥質岩　參見SEDIMENTARY ROCK。

arid climate　乾燥氣候　含水量非常低的氣候，原因有：

(a)潛在的蒸發量大於降水量；

(b)由於處在**雨影**帶或遠離海洋，致使降雨量很低。

乾燥地區通常只有稀少的植被，如果沒有**灌溉**，農業的潛力很有限。在美國乾燥氣候規定為每年降雨量少於250公釐，例如加州的死谷，還有北非和澳洲內陸的許多地區也是。按照以上乾燥氣候的嚴格定義，估計乾燥氣候地區佔地球陸地面積15%到30%。參見SEMIARID CLIMATE，MEDITERRANEAN，SAVANNA，DUST BOWL。

arid region　乾燥區　參看DESERT。

artesian basin　自流盆地　有**含水層**的盆地，底下是不透水層。在自流盆地的邊緣，降雨透過暴露的含水層在重力的作用下沈形成**地下水**庫。如果在自流盆地鑽井，水壓力使地下水升到地表面而不必用水泵（參見ARTESIAN WELL）。

自流盆地的水可用於農業和工業，對乾燥或半乾燥區特別重要。這種水源作為生活用之前，需要徹底處理以去除來自含水層岩石的殘餘化合物。

自流盆地廣泛出現在北美洲，撒哈拉及澳洲的許多地區。

artesian well　自流井　垂直鑽孔打入傾斜岩層，從一個相對不透水岩層之下的**含水層**引出水來。如果含水層邊界的**地下水**高於井的出口，水在壓力作用下會流出鑽孔。為了調節用於**灌溉**的水量，必須在井上加封蓋。如果井口高於含水層的水位則必須用水泵抽水，稱之為半自流井。

arthropod　節肢動物　無脊椎的節肢動物門動物的統稱。節肢動物的身體是分節的，為幾丁質，每節帶有一對附屬物（觸角、足、或顎部）。節肢動物門包括**甲殼類**、昆蟲、蜘蛛和蜈蚣，節肢動物佔地球上動物物種的75%。

節肢動物門對人類有重大的影響，如蒼蠅和蜜蜂完成植物異花授粉的工作；有些物種還會引起嚴重的疾病和饑荒等災難，如蝗蟲自古以來造成不可勝數的農作損失。

artificial fertilizer　人造肥料　參見FERTILIZER。

asbestos　石棉　一種從前廣泛用於建築業的物質，作隔熱、隔音、蓋屋頂、電絕緣和防止電氣失火之用。主要有三類：

(a)藍石棉，或稱青石棉，有劇毒，在許多國家被禁止使用；

(b)白石棉，可製成線或帶，並可安全地使用；

(c)棕石棉，用處很少。

石棉由纖維狀的矽酸鎂礦物組成，其粉末常被吸入人體，對呼吸系統有害。早在1931年就確認石棉有毒性，但直到1970年代才證實是一種**致癌物**。經過許多年的漠視之後，目前實施嚴格的石棉立法。在拆除舊房子、船、潛水艇、火車時，會有很多由石棉帶來的困擾。

association　羣叢　生長於相同環境中的一羣類似植物，包括一個或多個佔優勢的物種。這個名詞用於最廣泛公認的自然植物羣。參見FORMATION。

asthenosphere　軟流圈　地函以下的岩石部分融化區，位於地下100公里至250公里的深度，此區的**岩石圈板塊**可以緩慢地移動。參見PLATE TECTONICS。

atmosphere　大氣　圍繞地球的空氣，通稱為大氣，由多層無色無臭的空氣組合而成，厚度為500公里。由於地心引力作用，空氣能保持在適當的位置，多數在**低層大氣**的氣體，其成分是較為穩定的（見圖8）。水蒸汽不算作氣體，通常與空氣的氣體成分聚集在一起，其含量變化很大。

大氣垂直分帶的構造，每個帶有不同的溫度範圍（見圖9）。與人類有關的氣象變化多發生於最低的**對流層**內，在熱帶可厚達16公里，而兩極地區則為8公里。

大氣吸收了近50％射入地球的太陽能量，特別是有效地濾掉可能有害的短波輻射，例如紫外線。大氣同樣保護地球避開外太空的固體物質破壞，由於與空氣的摩擦，使進入大氣的大多數粒子在到達地面就燒盡。參見STRATOSPHERE，MESOSPHERE，THERMOSPHERE，EXOSPHERE。

atmospheric cell　大氣環流胞　**大氣環流**系統的熱力驅動單元，可消除赤道與極間水平方向的溫度梯度。一般認為位於南北半球各有三個主要的大氣環流胞。

哈得萊環流胞在低緯度運作，同時高緯度的環流胞作用在**極**

氣體	所佔體積百分比
氮	78.08
氧	20.95
氬	0.93
二氧化碳	0.03
微量氣體（氦、氫、氙、甲烷）	0.01

圖8　**大氣**　乾空氣的組成。

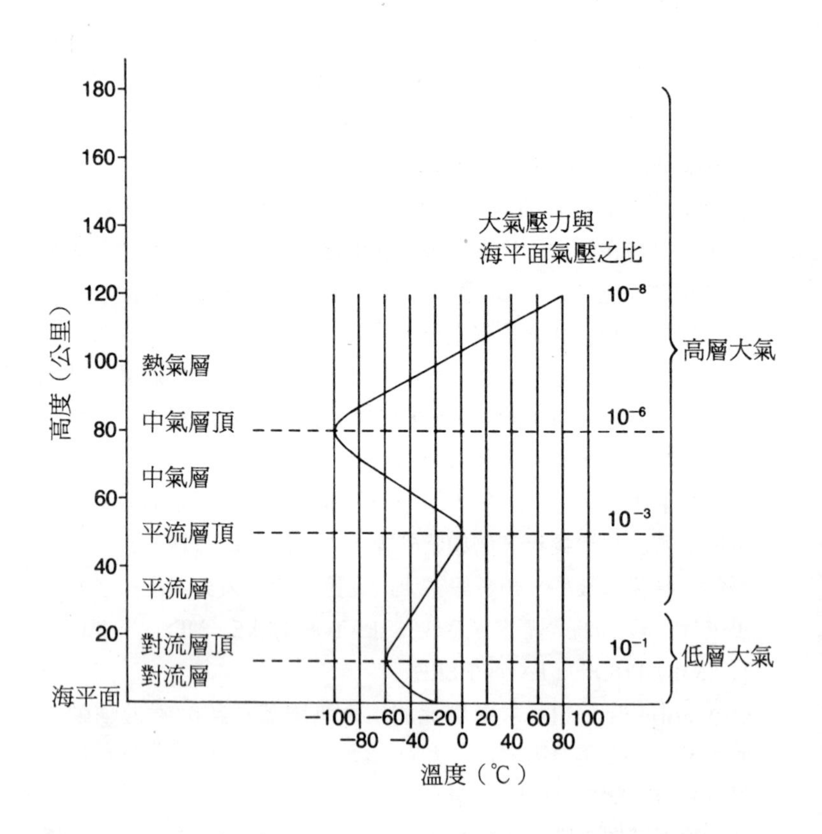

圖9　**大氣**　大氣分帶。

地反氣旋和**極鋒**之間（見圖10）。在高緯度環流胞中有個往赤道的低層氣流和流向極地的高層補償氣流。中緯度環流胞比較弱，處在副熱帶反氣旋區和極鋒間，可能靠哈得萊環流胞和高緯度環流胞來維持。中緯度環流胞的底層氣流是極向的，並有補償的高層返回氣流。出現**噴流**、**低壓**或移動性反氣旋通過時，都會改變大氣環流胞的運作。

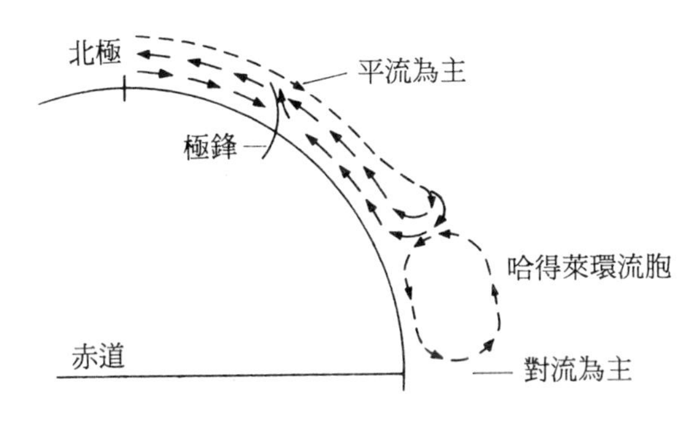

圖10　**大氣環流胞**　一個理想化的地球大氣環流胞圖。

atmospheric circulation　大氣環流　行星大氣的運動和循環。大氣環流是由赤道和兩極之間的水平溫度梯度差異所驅動的系統，主要表現為幾個**大氣環流胞**和一些不同的風帶。

atmospheric pressure　大氣壓力　參見AIR PRESSURE。

atoll　環礁　參見CORAL REEF。

atom　原子　**物質**的極小顆粒。原子構成所有物質的基本結構單元，是元素參與化學反應的最小單位。所有原子由一個帶正電的原子核和一些帶負電的電子組成，電子在一定的軌域上繞原子核轉動。

atomic power　原子能　參見NUCLEAR POWER。

ATP　三磷酸腺苷　亦稱腺嘌呤核苷三磷酸，英文adenosine

triphosphate的縮寫，大多數生物系統的能量儲存和轉移的化合物。三磷酸腺苷為一種含磷物質能轉移其磷酸基團至其他分子，並釋放能量，這樣當轉移發生時，其能量被生活細胞所利用。在轉移同時形成了二磷酸腺苷，而當二磷酸腺苷加上一個磷酸基團時就再形成三磷酸腺苷。這種化學循環的重要性在於它起了有機代謝作用，即將太陽和燃料（如碳水化合物）的能量，用來進行化學、滲透和機械作用。

attrition　磨損　參見FLUVIAL EROSION。

aurora australis, southern lights　南極光　一種在南半球上空出現的彩光的景象，通常在南緯70度以南的上方觀察到。南極光是由太陽光中的X射線和紫外線輻射，電離**熱氣層**的空氣分子所致。對照AURORA BOREALIS。

aurora borealis, northern lights　北極光　在夏季經常在北緯70度以北，所觀察到的彩光的景象。此現象是由於太陽光中的X射線和紫外線輻射，電離**熱氣層**的空氣分子所致。對照AURORA AUSTRALIS。

autecology　個體生態學　研究個體物種的**生態學**。對照SYNECOLOGY。

autobahn　高速公路　參見HIGHWAY。

automobile emissions　汽車廢氣　汽車排氣的總稱，包括氮氧化物、一氧化碳、鉛、未燃的碳氫化物、水蒸汽、二氧化碳和乙醛。前二種污染物主要集聚於城市。交通擁擠的地區，大氣的一氧化碳濃度可高達100ppm；而相對的，清潔的空氣一氧化碳濃度只有0.1ppm。

世界上許多大城市，如洛杉磯，汽車廢氣、汽車輪胎摩擦路面的瀝青分子，在強烈的陽光作用下，形成高毒性的污染煙霧，稱之為**光化學煙霧**。

汽車排放廢氣的問題因受到強大壓力，而歐洲的汽車製造商為研究改進汽車性能，促成高壓縮汽油機（壓縮比為10：1）。

汽油添加劑如**防爆添加物**，對引擎的運作是必須的，但當它們釋放於環境時卻是特別有害的。

大多數工業化國家現在已利用立法來降低汽車廢氣水準，**無鉛汽油**、廢氣淨化器（後燃器或**觸媒轉化器**）、以及**燃油噴射引擎**，是現今用於減低高污染排放水準的主要方法。美國加州有一些反對排放廢氣的嚴格法律，自從推行**空氣品質法案**（1967）以來，一氧化碳已降低了87%，碳氫化物降低了95%，氮氧化物降低了75%。瑞典、西德、加拿大等國也嚴格執行汽車廢氣標準。

autostrada　高速公路　參見HIGHWAY。

autotroph　自營生物　能自行把太陽能與土壤中的簡單無機鹽結合起來，以**光合作用**形成糖類的有機綠色細胞或植物。自營生物形成**食物鏈**中的初級**營養級**，因此對所有**異營生物**是很重要的食物來源。

avalanche　雪崩　陡峭山區的雪和冰，順著山坡快速下滑的運動。未壓實的新雪和正在融化的舊雪，在地心引力的影響下導致雪崩。觸發方式有很多種：地震、槍擊、以及動物或滑雪者的運動等。在冬季或春季雪崩是很常見的，但在夏季冰川運動也可能引起冰雪崩。雪崩會使許多人失去生命，並會毀壞住房、道路和森林。某些地區可辨認出規律的雪崩徑跡，從而能採取預防措施以減少損失。譬如，在這些地區開展預防工作，在現有公路上建立雪崩棚，以及在新公路和鐵路的線路開鑿隧道。由於雪崩其路徑不可預知，所以對當地造成極大威脅，並可能對滑雪者及登山者造成很大傷害。此術語有時表示為岩石碎片沿陡峭山坡滑落。

azonal soil　原生土　一種**不成熟土壤**，又稱泛域土。少有分層特性，這是由於沒有足夠的時間發育成土壤。原生土一般沒有明確的**B層**，**A層**緊貼在**C層**的母質上。參見INTRAZONAL SOIL。

B

background concentration　背景濃度　1. 在地區內一般情況下的**空氣污染**濃度，不包括當地污染源。例如，某地有座燃煤發電廠，其背景濃度就是該區總污染濃度減去發電廠產生的污染。

2. 一個地區背景放射性總量。此數值包括**圍岩**的放射量加上太陽的短波輻射。

backwash　回流　波浪上岸破碎後，在地心引力的影響下大部分海水退回大海。回流一般比**掃浪**弱，因為許多水滲入海岸沙灘，但仍會把一些沈積物掃入大海。

bacteria　細菌　一大羣各種不同的單細胞微生物，能單獨存在，也可以成鍊或叢集。細菌是最小的生物（大小為1～10微米），與**真菌**形成有機物的**分解者**羣體。細菌可再分為兩類：一為非光合作用的絲狀滑動形態，如黏絲菌是活躍的分解者；二為真細菌含有細菌葉綠素，能進行無氧的光合作用。

細菌存在於土壤，水和空氣中，作為人、動物、植物和其他微生物的共生體、寄生體和病原體。腐生的細菌對生物圈物質的轉移是很重要的，例如，氮和硫的循環。某些種與高等植物形成共生關係（參見ROOT NODULES），而一些細菌是人類延續生命所必需，另一些細菌則會使人類引起很危險的疾病，如炭疽、破傷風和結核病。

badland　惡地　有許多的溝豁切割、地形崎嶇不平的地區。惡地的起因是嚴重的**土壤侵蝕**，為暴雨作用於植被稀少的坡地，而下層又為不透水岩石的結果。過度放牧會使表面植被損失，往往導致惡地的發展。在降雨量很少的地區，惡地沒有農業價值，只能用於粗放的放牧。

bahada　沙漠沖積原　參見ALLUVIAL FAN。

bar－built estuary　沙洲河口灣　參見ESTUARY。

barchan　新月丘　參見DUNE。

barometer　氣壓計　測量**氣壓**的儀器。原理可以用水銀氣壓計說明：在海平面，標準氣壓假定是1大氣壓，相當於760公釐高的水銀柱，為1013.3毫巴。水銀柱高度反映氣壓的變化。

　　空盒氣壓計現已大量地代替水銀氣壓計。空盒氣壓計是用真空封閉的小金屬盒連接彈簧，彈簧隨大氣壓力的變化而伸張和壓縮，並牽引指針在有毫巴指示的度盤上旋轉。

barometric gradient　氣壓梯度　參見PRESSURE GRADIENT。

barrier island　堰洲島　參見OFFSHORE BAR。

barrier reef　堡礁　參見CORAL REEF。

basalt　玄武岩　深色細紋的基性**噴出岩**，由火山**熔岩**凝固而成，熔岩多由裂縫、火山噴出。玄武岩是最普遍的火山岩，常呈六角柱狀，如在蘇格蘭海布里羣島的斯塔法島中的芬格爾洞窟和北愛爾蘭的巨型堤道就是這種火山岩。廣闊的熔岩可能淹沒周圍的地面，形成洪流玄武岩，例如印度的德干高原，和美國的哥倫比亞蛇河高原。玄武岩的抗蝕性很高，所以常作為建材。

base level　基準面　河流沖刷河床理論上的最低水準面，一般認為是**海平面**。區域的暫時基準面可能是河流水道遇到**湖泊**或**瀑布**的地方。

base status　鹼性狀態　土壤中存在的帶正電的離子（正離子）量，特別重要的是鈣、鎂、鉀和鈉等離子。鹼因弱鍵結合而含於土壤中。鹼帶正電，而**黏土腐植質錯合物**帶負電。膠體表面帶正電強度的變化，按其強度的降序排列如下：

氫 ＞ 鈣 ＞ 鎂 ＞ 鉀 ＞ 氮 ＞ 鈉

basic rock　基性岩　二氧化矽含量比鐵、鎂金屬成分少的**火成**

岩，如**玄武岩**。參見ULTRABASIC ROCK。對照ACID ROCK。

basin bog　盆地沼澤　參見BOG。

batholith　岩基　大圓頂形的**侵入岩**體，多為花崗岩，在地殼深處由於**侵位作用**或**花崗岩化**而形成。岩基範圍為幾百至幾千平方公里，深度可達30公里。岩基多形成在主要山脈（如阿爾卑斯山）的中心部分，常與**造山運動**相關。岩基形成時會引起**圍岩**的熱**變質作用**。經過長時間的侵蝕，岩基會暴露於地表，形成廣闊的高原，如英格蘭的波德民荒原和美國的愛達荷岩基。

bauxite　鋁土礦　內含大量的氧化鋁和氫氧化物的黏土礦物，通常由熱帶地區的火成岩經**化學風化**而形成。鋁土礦是主要的鋁礦石，也是熱帶國家經濟上重要的出口物品。澳洲是鋁土礦的最大生產國，1983年為2萬4500噸；其次是幾內亞，同年產量1萬1080噸。

beach　海灘　高低潮線之間的緩坡區。海灘堆積著不同類型和大小的物質，包括卵石、沙、泥和貝殼碎片。這些物質是由於波浪和水流的作用沈積下來，其來源有受侵蝕的懸崖岩石碎屑，河流入海的沈積物，以及從其他海灘返回的碎片。海灘的形狀一般為凹形，粗粒的物質在海灘上端。

海灘，特別是沙灘對人類非常重要。海岸地區沙石的開發，提供了建築業寶貴的原料。海岸也是主要的旅遊和娛樂資源。全世界旅遊業的發展特別強調日光浴和水上運動。海灘的污染來自民生污水排放、石油污染、以及工業污水，不僅破壞生態，也威脅旅遊業（參見MARINE POLLUTION）。

Beaufort scale　蒲福風級　一種國際認可的風力級別，有十三個標準等級（見圖11）。這個等級最初由英國海軍上將蒲福在1806年創造出來用於海上，後來被修正用於陸地。蒲福風級術語普遍用於航運天氣預報中，以表示風的強度。

becquerel　貝克勒　放射性的國際單位，等於放射性物質每秒蛻變的原子數。符號為Bq。貝克勒比先前的標準單位**居里**要小得

蒲福風級	名稱	平均風速（時速公里）	地面上看到的現象
0	無風	小於1	煙直升
1	軟風	1～5	可由煙的方向指示風向；不能轉動風標
2	輕風	6～11	拂面有感覺；樹葉搖動；風標轉動
3	微風	12～19	枝葉搖動不息；旗子飄展
4	和風	20～29	塵土飛起；小樹枝晃動
5	清風	30～39	小樹擺動；湖中起浪
6	強風	40～50	大樹枝晃動；電線發生呼嘯聲
7	疾風	51～61	整棵樹撼動
8	大風	62～74	小樹枝折斷
9	烈風	75～87	建築物輕微損壞；煙囪、屋瓦、盆罐被吹落
10	狂風	88～101	樹連根拔起；建築物有明顯的結構損壞
11	暴風	102～117	大規模損壞
12	颶風	大於119	一片廢墟

圖11　**蒲福風級**　蒲福風級用於陸地的修正等級。

多。所以可用來度量很小的放射劑量。

bedding plane　層面　**沈積岩**中每**層**的界面。

bedload, bottom load, traction load　河床負荷，底移負荷，推移負荷　沿著或緊貼著溪流底部被河流搬運的固體顆粒。這些顆粒大部分是卵石、礫石和圓石，無法懸浮，所以靠推、滾、搖動向前運動，參見FLUVIAL TRANSPORTATION，TURBIDITY CURRENT。

bedrock　基岩　**風化層**下面未風化的岩層，又稱底岩。基岩的深度主要依賴上面風化層的成分、性質、以及其**風化**和**侵蝕**的程度。

before present（BP）　距今　由地質學家、考石學家和古生態學家訂定的時間標度，對**更新世**到現在的事件定出年代。選定代表現在的起始年代定為1950年。這個名詞常用於古代環境重建的研究，例如**花粉分析**、冰川地形學、以及古土壤研究。

beheading　河流襲奪　參見RIVER CAPTURE。

belt transect　樣帶　參見TRANSECT SAMPLING。

benefit−cost analysis　收益成本分析　參見COST-BENEFIT ANALYSIS。

benthic zone　底棲區　海洋底部。底棲區可分為三區：

(a)沿岸區，由高潮和低潮線之間的海岸地區。

(b)淺海區，從低潮線擴展到**大陸棚**邊緣的地區。

(c)深海區，可分為由大陸棚低端伸展到約1000公尺深的半深海底區和深度超過1000公尺的深海底區。

由於洋底的水壓力、鹽分很高，除了深海捕魚之外，迄今底棲區對人類用途很小（參見BENTHOS），超過75%的光線進入10公尺深的海水就被吸收，使絕大部分的底棲區又暗又冷（參見EUPHOTIC ZONE）。即使在赤道地區，深海底的溫度也不會超過4℃。

底棲區現在已成為放射性物質和含**重金屬**成分**污水**的匯聚區，管道和電話電纜也沿著海底佈線。

benthos　底棲生物　海底的動植物羣體。底棲生物是多樣化的動植物羣集，其中大多數動植物出現於深度不到200公尺的淺海中。底棲生物的生命形式依**底棲區**的特性而異，例如，砂和岩石的比例，光的強度，水溫等。生物通過極度的分化，已經能夠在海底極荒涼的地區繁衍。在淺水域可以見到海藻（團藻）、軟體動物（牡蠣和貽貝）、**甲殼類**（蟹和蝦）、螺、海星、**底棲魚**（比目魚、鱈魚）等，是人類重要的食物資源。然而，除了捕魚之外，人類很少嘗試去開發底棲生物的生產力。

beta emitters　β輻射源　參見BETA PARTICLE。

beta particle　β粒子　在放射性**同位素**（稱為β輻射源）的衰變過程中所發射出的高能電子，如鈷60。β輻射能穿透3～4公分厚的空氣，也可穿透1公分厚的生物組織，造成腫瘤或破壞去氧核糖核酸的重建，引起細胞異常，對人類有很大危害。

B-horizon　B層　位於**A層**和**C層**間的礦物質土壤層（見圖56）。因**澱積作用**而形成，是從A層沖刷來的礦物和黏土顆粒積聚而成。B層所含的有機物質較少，因此生物活動少。對農業來說，B層有時被當作底土。

biennial　二年生　生命周期延續為兩年的植物。參見CROP。

biochore　生態域　由植被類型所標出的氣候邊界。1916年最早用這個名詞是界定主要植物集羣的氣候分界，有四個類型：

(a)高位芽植物氣候，在熱帶降雨量不足的地區。

(b)一年生植物氣候，在副熱帶的冬雨地區。

(c)半隱芽植物氣候，遍佈於寒溫帶。

(d)寒帶的地表芽植物氣候。

一些研究者把這些術語用於描述森林、稀樹草原、草地和沙漠這四種主要植被，使其意義出現了混淆。

bioconversion　生物轉化　通過微生物（常為**細菌**）作用把一些有機的廢棄物轉化為能源，例如，有機植物殘渣會分解產生**甲烷**。這是用化學方法把複雜的有機化合物還原為更簡單、更穩定的形式。參見BIOGAS，BIOGAS DIGESTER，BIODEGRADABLE。

biodegradable　生物可分解的　指廢料能被**細菌**或其他生物分解的。這個名詞一般含義是：分解的殘渣是無毒的，且不在**食物鏈**中聚集。許多有機廢料如紙、毛衣、皮革、木料等是生物可分解的；而大多數塑膠不是生物可分解的。

bioecology　生物生態學　研究動植物與生存環境之間的關係。生物生態學與**生態學**不同的是，更著重於人類對**生態系統**和物種的影響。參見ANTHROPOGENIC FACTOR。

biofertilizers　生物肥料　任何用於土壤，以保持或改善其肥力的天然有機物質。其中包括動物**糞肥**、**水肥**、豆科作物、堆肥等。參見FERTILIZER。

biogas　生物氣　甲烷含量很高的氣體，由動物糞便、人類排洩物或作物殘渣在密閉的空間內發酵產生。這種氣體可用於火爐、照明燈、啓動小機器和發電。生物氣燃料通常無污染，並取自**可更新資源**。因此，生物氣的潛在功用遠大於目前的價值。生物氣能量已極廣泛地用於開發中國家。例如在中國高達40%的公社電力可以靠生物氣轉化器產生。為了達到80%的目標，考慮種植速生植物如鳳眼蘭和紫狼尾草。其他適於產生生物氣的植物包括桉樹、甘蔗、高粱、木薯、放射松。生物氣生產剩下的殘渣，可用作低度的有機肥料。

biogas digester　生物氣發生器　密閉容器，有機廢料在其中進行厭氧消化，可以從中引出**甲烷**。（見圖12）。參見BIOGAS。

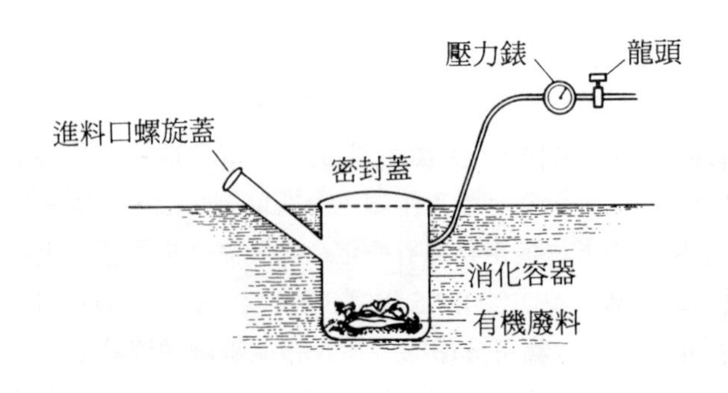

圖12　**生物氣發生器**。

biogeochemical cycle 生物地球化學循環 參見NUTRIENT CYCLE。

biogeography 生物地理學 研究關於**生物圈**棲息地的地理學分支。研究植物、動物、土壤、水、氣候等，與人類的相互關係。生物地理學研究項目涵括地理學和生物學：地理學關係到分佈形式，生物學則是探討生物體所不可缺少的。參見ZOOGEOGRAPHY。

biological benchmark 生物基準 植物或動物物種，用於指示：(a)一個地區的污染總值；

(b)環境中特定類型污染物的出現。

地衣和苔蘚廣泛用於指示二氧化硫的出現，北美洲的美國喬柏(*Thuja plicata*)，經證實可作為**空氣污染**程度的指示物。

biological control 生物防治 用天然的捕食者、寄生物、帶病細菌或病毒，防治害蟲和雜草。與化學防治不同的是，生物防治實施以後，即使不是非常成功地消滅掉其寄生，它也會自生自存。生物防治的其他益處是：

(a)**食物鏈**中無化學藥品集聚；

(b)比化學防治的成本要低；

(c)此法針對特殊物種，不會對其他物種產生副作用。

有種非常有效的生物防治，把黏液瘤病毒用於兔子。從1960年代，這種廣泛使用的病毒，至今仍然有效，除了有些兔子產生一點抵抗力。參見PESTICIDE，HERBICIDE。

biological monitoring 生物監測 比較物種數量、再生的能力、以及一般由人類活動引起**生物量**隨環境的變化。理想的情況是：於環境變化前後對生物進行監測，以便使環境變化的全部數值可以確定。生物監測常用於**環境影響評估**。

biological oxygen demand (BOD) 生物需氧量 微生物分解污水中有機物所消耗溶解氧的總量。測量被吸收的氧量，可作為檢測污水污染物含量的測試標準。生物需氧量的值越大，則消耗氧的微生物越多，污染物的量就越大。測量方法是把樣品放在25℃的暗室中培養5天後，測量每公升水中溶解氧消耗量（以克為單位）。生物需氧量值（以克每立方公尺為單位）的標準一般如下：

家庭污水	350
釀造廢水	550
餾出物	7000
紙漿廠廢水	25000

（編按：BOD的另一個說法是biochemical oxygen demand，意義並無不同。中文稱作生化需氧量）

biological weathering, organic weathering　生物風化，有機風化　由於植物和動物的作用，因而對岩石和其中礦物成分造成破壞。生物風化的物理因素包括樹根生長插入岩石中、或動物（兔子、蚯蚓和螞蟻）的打洞活動，把土和石頭搬到土表面，而引起其他的風化作用。生物風化的化學因素是由於有機物腐爛而產生**腐植酸**，促進了岩石的**化學風化**，以及因植物呼吸產生的二氧化碳和土壤中的水引起碳酸化。生物風化也與人類活動造成的岩石破碎有關，例如修路，採礦和採石。

biomass　生物量　某一地區現生的動植物總量。生物量一般以公噸每公頃或公斤每平方公尺的乾重表示，不過也可以根據碳或鮮綠重量，或以熱量來計算。生物量的數值表示生態系統內，集聚有機物質的總量。一般地說，較高的生物量與較合適的環境條件相聯繫，例如溫暖潮溼的環境較乾冷環境的生物量高（參見圖13）。

從各種資源中求得生物量時，應該很謹慎，比如系統的分類方法不同，就可能引起相當大的變化，生物量值理論上應該包括全部地上以及地下的動植物資源，但是，因為在捕捉動物方面以及在收集地下生物量時有困難，所以大部分公佈的生物量是指地上的植物生物量。

進行生物量值的計算，同時也會對樣品進行破壞性的抽樣調查，所以人們通常選擇較小的樣品地區來進行生物量的估計，然後再乘上一個按比例放大的因數。因此，生物量值只是近似值的。對於每個生態系統給出一個或高或低的生物量的估計值是慣例。（編按：在環境工程的計算中，biomass的中文常被稱作基質，也就是該地的生物總量，以區別外加的事物）

生態系統	生物量值 （乾重 公斤每平方公尺）
不毛之地	0.02
苔原和高山區	0.6
沙漠灌叢	0.7
藻類和河口灣	1.0
農田	1.0
溫帶草地	1.5
熱帶稀樹草原	4.0
林地和灌叢	6.0
北方森林	20.0
溫帶森林	30.0
熱帶森林	45.0

圖13　**生物量**　世界主要生態系統的植物量。

biome　生物羣域　生物體的主要生態羣落，無論動物或植物，通常都由其主要的植被類型來定性的，如**苔原**生物羣域，**熱帶雨林**生物羣域等等。生物羣域一般都是由活的有機物體羣落以及和周圍環境的關係來命名，而不只是按植物環境來命名的。生物羣域可拓展成很廣大的地區，而且與氣候帶有關。特有的生物羣域一般是由其所在的主要氣候區所確定的，強調生物對環境變化的適應力。

biosphere　生物圈　地球表面和大氣層的一部分，為生物所居住的地方。生物圈為動植物提供了三個基本功能：

(a)為生物個體的自身生命循環提供了安全的棲息地；

(b)為物種進化提供了一個穩定的環境；

(c)形成了一個自我再生系統，其中能源來自太陽，為生命中不可少的物質，並可循環利用。

生物圈代表土壤、岩石、水、大氣和其中所包含生物之間一系列複雜的關係。生物圈內可找到無數不同的**生態系統**，每個生態系統都與鄰近系統相關，變化會互相影響。參見GAIA CONCEPT。

biosphere reserve　生物圈保留區　國際認可的陸地或海洋環境，供保育研究、永續發展，而不能進行掠奪性開發。保留區由國際文教委員會核准，因該委員會執行**聯合國教科文組織**的**人類生物圈計畫**，並藉此對生物圈形成保護區域的國際網路。連同**瀕危物種國際貿易公約**，總計194個不同的生物地理領域也已經確定，其中每個領域認為至少要有一個生物圈保留區。1985年12月在65個不同國家中已經建立了243個生物圈保護區，覆蓋了100個生物地理範圍。儘管如此，海洋領域還是顯得不足。

每個保留區，必須包括一個**生態系統**，即按其特性、多樣性及效果如同保育單位的典型的生物地理領域。每個保留區受到的擾動必須最小；至少有一個核心區域，不允許對自然生態系統有任何擾動，而周圍應該有允許實驗研究的過渡區。這以外還有緩衝區保護整個生物圈保留區以防止來自農業、工業以及城市土地利用壓力的緩衝區。有一些**國家公園**是按生物圈保留區計畫設計的，例如，法國東南的埃克蘭國家公園。

biota　生物相　參見ECOLOGY。

biotechnology　生物技術　1. 在長期的動用科學和技術的知識，以持續地解決**生物圈**的問題之學科。例如，1973至1979年的石油危機，促進大量研究石油代用品，如甲烷發生器和鹼性電池。生物技術的進步賴於對自然生態系統的了解，例如：因為對河流集水區濫伐和再造森林效果的研究，河谷規畫已經獲益，洪水防治也同樣受益。在其他領域利用了生物技術之方法，包括用細菌清除運輸船的石油洩漏，以及用細菌來吃掉沈澱在金屬上的鏽。

2. 在工業上利用活微生物，如細菌和其他生物媒介，對垃圾和水進行化學處理、或產生其他物質如動物食料。參見GENETIC ENGINEERING。

biotic 生物的 生態系統中和活生物體有關的。生態系統的生物成分由其中的植物和動物組成。（見圖30）對照ABIOTIC。

biotic climax 生物頂極 參見PLAGIOCLIMAX。

biotic factor 生物因素 在某一地區生長的動植物對**棲息地**的影響，生物影響包括放牧、踐踏、施肥、捕食、寄生、遷移以及動物的領域行為模式。

人類作為生物因素的作用有所變化。在最初，人類的影響受到狩獵和採集食物的限制；因此對環境的衝擊是含在整體生物影響內。在人們逐漸發現了**焚燒**、伐木、耕作、**馴化動植物**、建築等技能之後，人類變成特殊的生物因素（稱為**人為因素**）。

biotype 生物型 任何基因結構與其母體相同的植物。這些植物只能由無性繁殖獲得。在自然植被中，無性繁殖一般是通過球根、地下莖、塊莖、根莖、吸根、長匍莖和不定根的擴展來完成。生物型的植物數目在穩定的環境，如水環境中可能特別多。許多農田中的雜草都是無性系列繁殖，例如小麥草（*Agropyron repens*）和蕨鈎（*Pteridium aqrilinum*）。

無性繁殖產生了有恆定型的羣體。在某個變化的環境中，表現這種特性的植物，因缺乏適應環境變化的遺傳能力而受到損害。參見CLONE。

bird's foot delta 鳥足狀三角洲 參見DELTA。

birth rate 出生率 在某一特定地區，出生數與該地區人口總數的之比。通常都用每年、每千人的出生數表示粗出生率。粗出生率一般不考慮總數內年齡與性別的分佈狀況。粗出生率最容易統計，但通常都高於比較精確的標準出生率或生育率。標準出生率採用100人達生育年齡的雌性生產的數量來算。對於人類，生育年齡範圍通常認為在15～44歲之間，標準出生率必須和繁殖力相區別。例如，雖然人口數的生育率是每個育齡女性每7年生育一次，而人類的繁殖力是每個育齡女性每9～11個月生產一次。在同種生物間作標準出生率的比較是可以的，但因為數目組間的不同，對粗出生率作比較通常是沒有意義的。對照DEATH RATE。

bituminous coal　煙煤　中級、質軟、有黑色光澤的**煤**，約含有80％的碳，和20％的氧。煙煤比**褐煤**放熱多、煙少。煙煤是最常見的煤，廣泛應用於發電、煉製焦炭和家庭供熱。由於主要用途是產生蒸汽，有時也稱作蒸汽煤。對照ANTHRACITE。

black earth　黑土　參見CHERNOZEM。

black ice　黑冰　參見GLAZED FROST。

blanket bog　平伏沼澤　參見BOG。

blizzard　雪暴　猛烈的暴風雪，其特徵是能見度低。雪暴通常出現在高緯度地區和山區，但偶爾在中緯度地區也會形成。

Blueprint for Survival, A　求生藍圖　在1972年1月的生態學家雜誌上刊登的一篇關於人類環境問題的激烈評論。藍圖探討了建立社會，必須靠穩定性以及物質的再利用，以代替增長和發展。這份文件由34個卓越的科學家所支持，他們指責所有已開發國家政府拒絕面對環境惡化的現實，還盡可能用粉飾太平的方式告知科學家。

藍圖中的論點造成科學家和政治家之間的爭論。雖然遭受許多批評，但它無疑地提醒了政治家、經濟學家、工業家需要更大環境經營的共識。回顧過去，求生藍圖因其空想的論述與幼稚的觀點而受到批評，但這份文件確實為社會面對生物圈、環境和自然保育的態度做了貢獻，因此在環境科學史上應佔有一席之地。

BOD 生物需氧量 參見BIOLOGICAL OXYGEN DEMAND。

bog 沼澤 供養著主要由苔蘚、蘆葦、灌木組成的封閉潮溼不排水的區域。沼澤有許多特殊的名稱，例如：泥炭沼澤、林木沼澤、泥沼、淹水沼澤、森林沼澤。沼澤通常是特殊物理條件產生的結果。比如，在水聚集餘地表低窪處就形成盆地沼澤，而平伏沼澤在雨量多和蒸發慢的地區形成。所有的沼澤在早期階段，經常是池塘和稀疏的植物羣交互出現。在晚期，植物擴展成與小池塘分開的廣闊圓丘表面。當腐敗的植物累積到了相當的厚度，通常在10公尺以上，升到**地下水面**以上的時候，就形成沼澤。當沼澤的表面變乾，新的物種，像掃帚樹(*Calluna vulgaris*)和石南屬，將代替在早期階段起主要作用的泥炭蘚，另外如樺樹、柳樹和一些松樹也可能出現。

沼澤廣佈於南北緯50度以上的沿海區域，那裡的大雨和寒冬會阻止有機物腐爛。高緯度和高海拔的沼澤通常都是呈酸性（酸鹼值3.5～5.0）和**寡養的**（缺乏養分）。窪地和河口處的沼澤在高緯度或低緯度的地區都會出現，經常呈鹼性（酸鹼值大於7.0）和富養的（富集養分）。紅樹林沼澤是低緯度地區的特殊形式。

在北歐，將沼澤放乾用於農業的由來已久。在愛爾蘭和蘇格蘭部份地區，泥炭沼澤是家庭燃料的重要來源，並為發電廠提供了燃料。另外，沼澤一直是不被承認、低度利用的**莽原區**。（編按：英文中可代表沼澤的詞彙有bog、marsh、swamp，意義略有區別。bog是帶有厚層泥炭，散佈浮萍的沼澤地；marsh則是長有低矮草本植物的淤泥地；swamp指長有樹木的泥濘積水地。儘管如此定義，這些名詞還是常被混用，中文則通稱沼澤）

bogburst 沼澤脹破 **沼澤**遭受破壞後，釋放出水和黑色有機物，遍佈於廣大的地區。沼澤會因為植物傾倒、大量的降雨，引起沼澤邊緣崩潰並溢出內含物。參見MUDFLOW。

boiling water reactor 沸水式反應器 參見WATER-COOLED

REACTOR。

boreal forest, taiga　北方針葉林，泰加林　在北緯50度和70度之間的主要植被羣系。最大的泰加林區是從斯堪地那維亞橫跨前蘇聯北部的地區。北美洲的北方針葉林比前蘇聯的範圍要小一些，但卻有更多的物種。

在這兩個區域的森林都深受寒冬影響因此又稱寒林。一年中最少有六個月的平均氣溫低於0℃。降雪量大，持續時間又長，因而土壤受**永凍土**嚴重地影響。儘管在白晝很長的夏季，生長季很短，一年中只有50～100天。

優勢的植物羣系的有四種：雲杉(*Picea*屬)，松(*Pinus* 屬)，落葉松(*Larix*屬)和冷杉(*Abies*屬)。此外，在針葉林的邊緣還可以出現一小部分闊葉樹，主要是赤楊(*Alnus*屬)，樺樹(*Betula*屬)和柳樹(*Salix*屬)。凡是北方針葉林被燃燒或砍伐所破壞之處，常由**硬木林**取而代之。

北方針葉林是個重要的**軟木**材資源(參見圖14)。

除了木材的供應外，還是狩獵、捕獵(海貍、黑貂、水貂、狐狸)和工業的資源(煤、天然氣、石油、金屬和非金屬礦)。因為北方針葉林的範圍遼闊，在穩定大氣中氧、二氧化碳與水蒸汽的平衡方面，也扮演重要的角色。

因為經濟潛力，北方針葉林受到嚴格控制與保護，以作為下個世紀的木材供應。

bottom load　底移負荷　參見BEDLOAD。

bottom－up approach　下而上的方略　以領土的完整觀念為基礎的發展策略，就是讓某一地區的居民利用其所在地的資源，來滿足他們的需要。相反的，在**上而下的方略**中，地方潛力的開發，不過是因其在國家和國際的經濟環境中有重要的作用。下而上的方略，或稱自下發展，強調地區或地域的自治，發展程序應針對貧困問題，而且應當自下推動。計畫是對基本需要、勞動密集、使用**適用技術**的小地區資源為基礎，例如以農村為中心。

國家	1980年森林和林地面積（千公頃）		1980年代再造林（千公頃每年）	經營封閉林（千公頃）	保護林區（千公頃）
	開放的	封閉的			
蘇聯	13700	79160	4540	79160	20000
芬蘭	3340	19885	158	10578	294
瑞典	3442	24400	207	14301	230
挪威	1066	7635	79	1130	60
加拿大	172300	264100	720	缺	4870
美國*	102820	195356	1775	102362	31198

*包括所有森林類型

圖14　**北方針葉林**　北方針葉林資源。

最近數十年大多數**開發中國家**的民族或地區多實行上而下的方略，並沒有解決大多數人口的需求與渴望；下而上的方略於1970年代中葉出現，但是至今沒有幾個國家願意去實行。

boulder clay　冰礫泥　參見GLACIAL DEPOSITION。

BP　距今　參見BEFORE PRESENT。

brackish water　半鹹水　含鹽量太多而不能飲用，但卻不足以歸入海水的水，平均含鹽量範圍大約在0.5～1.7％之間。

Brandt Commission　布蘭特委員會　參見NEW INTERNATIONAL ECONOMIC ORDER。

break crop　間隔作物　主要用來斷絕在連續耕作或穀類**永久性種植**中可能形成的疾病的**多葉作物**。

在溫帶**輪作**區，常以馬鈴薯、甜菜作為間隔作物。在多數情況下，一年一次的間隔就足夠了；若採用**休耕**，用覆蓋作物有時對於抑制耕地中的雜草，是更有效的方法。

耕地中的間隔作物，與覆蓋作物比較起來，對土壤結構條件及其化學肥力都有顯著的影響。例如甜菜和馬鈴薯的收穫，能使土壤密實，而且二者收穫時皆不會留下太多殘渣，而降低有機物或造成營養的損失。

breakwater 防波堤 延伸到海中的人工障礙，通常是用大礫石或混凝土建的，以消散破碎海浪中的破壞能量，保護港灣和海岸線。防波堤可以建成與海岸平行或成角度，有時也用來限制沿岸漂砂作用。參見COASTAL PROTECTION。

breccia 角礫岩 含有角礫狀岩石碎片的**沈積岩**，其中充填有細粒物質。從其來源可分辨出斷層角礫岩，火山角礫岩和冰川角礫岩。

breeder reactor 滋生反應器 一種**核反應器**，把鈾238轉換成鈽239，產生的核燃料比消耗多，滋生效益通常在1.2～1.4之間。原型快中子滋生反應器在法國、英國、前蘇聯已經開始運轉。由於自然界的鈾238有限，早期的反應器機型會很快就會耗盡鈾燃料，所以需要滋生反應器。參見WATER-COOLED REACTOR，MAGNOX REACTOR，ADVANCED GAS-COOLED REACTOR。

brown earth, brown forest soil, sol brun, cambisol, inceptisol 棕壤、棕色森林土、棕土、始成土 一種中等結構、高有機物含量的棕色土壤，多出現在潮溼溫時的**落葉林**下。這種土壤的特點是包含了一個**B層**，含有高有機成分的鐵化合物。用簡單的目測難以檢測分帶。

由於棕壤上層的**腐植質**成分很肥沃，歐洲從中世紀以來一直應用於農業。

brown forest soil 棕色森林土 參見BROWN EARTH。

bryophyte 苔蘚植物 苔蘚植物門的植物，一羣原始簡單的植物，包括蘚類和苔蘚。和**藻類**和**真菌**一樣，都是無維管的植物，不用特殊的內部生理機能，就能將物質輸送到其他部分。苔蘚都限於像**沼澤**的潮溼地區。其生命史由複雜的兩階段循環組成，在水中行有性繁殖的葉狀體階段，以及在艱難環境生長的無性繁殖階段。苔蘚植物形成了原始植物羣體的一個重要分支，在北極圈北部的夏季，是北美馴鹿的主要飼料。跟**地衣**一樣，苔蘚非常容易因空氣污染而死亡。

buffer zone　緩衝區　參見BIOSPHERE RESERVE。

built environment　人工環境　人類活動所創造和組織的物理環境。此名詞主要用在城市住宅區中建築物的關係，以及諸如道路、橋樑、碼頭或運動場等與其功能相聯繫的其他建築結構。人類造成的鄉村地貌（如農場）是否也可認為人工環境中的一部分仍有爭議的。參見CITY FORM，INFRASTRUCTURE TRANSPORT NETWORK，TOWNSCAPE。

bush　未開墾地　未開墾或少有人居住的土地，特別是因自然條件變動的森林地帶，如在非洲、澳洲，和紐西蘭等地所發現。未開墾地包括開闊的灌木叢到密集的雨林。

bus lane　公車專用道　在多車道的路面，在人行道旁，早晚交通尖峯時期，公車載運乘客的專用車道。參見TRAFFIC LANE，TRAFFIC MANAGEMENT。（編按：台北市實施之公車專用道，除凌晨無公車時段外皆為公車專用，而且不在人行道旁）

butte　孤山　孤立的平頂小山，是高原長時期受**河流侵蝕**或**斜坡後退**的結果。孤山受到嚴重的侵蝕，因此沒有**方山**廣闊。

C

caatinga　卡丁加羣落　一種在巴西東北部的多刺林地或灌叢，甚至在委內瑞拉和哥倫比亞都有。卡丁加羣落，主要是常綠矮喬木和高的灌木，多半是常綠小葉，是對長旱季的適應。也有樹幹直徑約5公尺，可用做儲水器的巴西瓶樹（*Cavanillesia arborea*）。卡丁加羣落下面的土壤通常含沙量高，透水性佳，常經過清理，變成乾燥的肉牛牧場。

CAI　當年增長量　參見CURRENT ANNUAL INCREMENT。

Cainozoic era　新生代　參見CENOZOIC ERA。

calcareous　石灰質的　含有鈣的化合物，特別是碳酸鈣。

calcareous rego black soil　黑色石灰土　一種在加拿大土壤分類系統中，近似**黑色石灰土**的土壤。

calcimorphic soil　鈣成土　一種在富鈣**母質**上的土壤。典型的例子包括**黑色石灰土**和**紅色石灰土**。

calcification　鈣化　在土壤B層中累積碳酸鈣。鈣化通常出現在雨量少的大陸內地，像英國新南威爾斯草地，**北美大草原**，和前蘇聯**乾草原**。有限的**淋濾作用**導致碳酸鈣向下運動至B層，形成鈣質結核或鈣質層等**硬殼**。含鈣豐富的**地下水**因**毛細作用**而向上運動，更加速了鈣化。空氣和地面的高溫會導致地下水中鈣鹽的蒸發和沈澱。參見ALKALIZATION, SALINIZATION。

calcrete　鈣質結核　參見CALCIFICATION。

caliche　鈣質層　參見CALCIFICATION。

cambisol　始成土　此名詞用於聯合國**糧食及農業組織**的土壤

分類系統中，代表**棕壤**。

Cambrian period　寒武紀　**古生代**最早的地質紀，大約從6億年前開始，結束於5億年前，之後為奧陶紀。在寒武紀，有大量的海洋無脊椎物種，這些化石可用來測定和對比岩層的年代。寒武紀這個名稱是首先在英國威爾斯的寒武山進行此時期岩石的研究而命名。多年來寒武紀的板岩廣泛用作屋瓦，**石英岩**則當作築路碎石。參見EARTH HISTORY。

canyon　峽谷　參見GORGE。

CAP　共同農業政策　參見COMMON AGRICULTURAL POLICY。

capillarity　毛細作用　由於水的表面張力作用，在土壤微粒周圍和細孔中保持水膜的能力。**土壤剖面**中，毛細作用抵消水受重力的影響。在半乾燥地區的土壤中，毛細作用把水吸附上來，而溶解的化學物質在上層澱積成**硬殼**。參見SOIL WATER，WILTING POINT。

capillary water　毛細水　參見SOIL WATER。

capitalized value　核實資本值　參見LAND VALUE。

carbon cycle　碳循環　生物圈內碳的自然循環。陸地和海洋有各自的碳循環，而在海陸交界處及透過大氣來相聯繫。碳循環始於植物的**光合作用**，固定大氣中的二氧化碳。此後循環進入到動物界，動物吃植物，呼吸並放出的二氧化碳回到大氣。

　　1860年前，循環中的碳含量穩定，然而隨著工業革命和**化石燃料**燃燒的驚人增長，使得大氣中碳的含量遽增（參見GREENHOUSE EFFECT）。對照HYDROLOGICAL CYCLE，NITROGEN CYCLE。

carbon fixation　固碳　植物行**光合作用**時，大氣中的二氧化碳與水分子中的氫化合，固碳形成一種高能三碳化合物，稱為碳酸甘油醛，再重新排列形成光合作用的產物葡萄糖。

carbon－14　碳14　參見RADIOCARBON DATING。

carbonaceous　碳質的　含碳的物質。

carbonation　碳酸鹽化　參見CHEMICAL WEATHERING。

Carboniferous period　石炭紀　泥盆紀之後的地質**紀**，距今3億4500萬到2億8000萬年前。在美國，石炭紀被分成密西西比紀和賓夕法尼亞紀。這個年代中有大量的火山活動；在晚期階段，南半球廣佈冰川。在石炭紀時期，世界許多地區，都是沼澤，形成了許多石炭煤系，是重要的經濟地質沈積，石炭這個詞本身就意味著**煤**的誕生。在石炭紀岩石中發現的其他經濟資源，包括**石油**、油頁岩、鐵、**耐火黏土**、白堊和石灰石等。利用幾種無脊椎海洋化石，可以測定和對比石炭紀岩石的年齡。參見EARTH HISTORY。

carcinogen　致癌物　在動物組織中會引發癌症的物質。在活組織裡發生癌症的機制還不完全清楚；然而，對於那些物質是致癌物，了解比較多。首先發現的致癌物質是砷，從1930年代以來，鈹、鎘、鈷、鉻和**石棉**等先後列為致癌物，還有橡膠輪胎、碎石和合成的多氯聯苯、液壓油等200多種日常生活中的物品也在懷疑之列。另外在工業生產中使用的許多合成化合物，如環氧樹脂和黏合劑也是致癌物。

美國國家癌症研究中心估計，全美國在74歲以前因致癌物質的輻射、接觸和吸入，佔癌症死亡的人數30%以上。

carnivore　食肉動物　以其他動物為食物的動物，包括貓、狗、熊、浣熊、鬣狗和鼬等。哺乳類的食肉動物，為撕咬、咀嚼肉的攝食習慣，導致其特殊的牙齒結構，犬牙大而尖。食肉動物是食物鏈上的第三**營養級**，同時也是第二級消費者。

carrier solvent　載溶劑　參見AEROSOL。

carrying capacity　容納量　在生態學中，在一組特定環境條件的**棲息地**，能夠無限期地養育羣體的最佳數量。容納量的概念可以一種簡單生物來闡明（參見圖15）：水蚤（*Daphnia*）的數量逐步增長到環境中的限制因子發揮**環境阻力**，限制數量繼續增長，增長率變低，直到數量在一個理論最佳值上下波動，波動幅

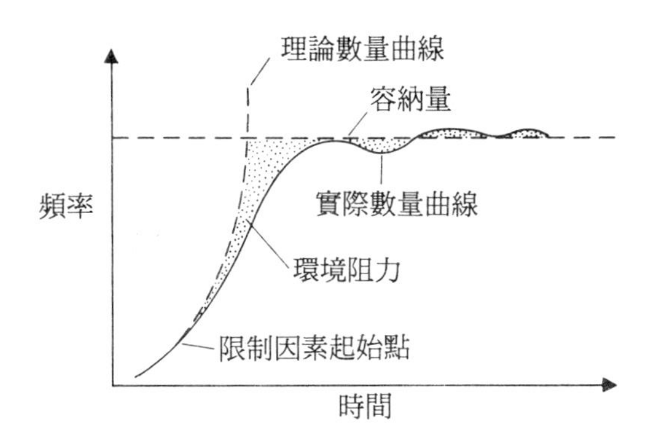

圖15 **容納量。**

度則隨環境而變化。參見POPULATION CRASH。

cash crop 經濟作物 為直接銷售得到現金收入而種植的作物。在那些**商品農業**已佔顯著地位的已開發國家中，幾乎所有農產品都外售。這個名詞通常用以區別銷售的作物和用來餵農場裡家畜的作物。在開發中國家裡，農民家庭所直接消費的農產品比例要大得多，經濟作物表示用在家用以外的作物。

catalytic converter 觸媒轉化器 安裝在交通工具排氣系統上的裝置，能夠將有害碳氫化合物和一氧化碳，轉化為二氧化碳和水蒸汽。由於鉛會毀壞觸媒轉化器的關係，只能使用**無鉛汽油**。自從1976年以來，美國很多州已經規定必須採用這種裝置，日本、德國、瑞士等國家也普遍使用了。歐洲共同體1993年開始銷售的新型小汽車中，觸媒轉化器為必要配備。安裝和更新轉化器需額外費用，並會降低車子的效能，所以不受小汽車製造商和車主的歡迎。而且，觸媒轉化器不能過濾氮氧化合物，限制其在減少機動車輛污染方面的作用。**燃油噴射引擎**是個很有效的替換產品。參見PHOTOCHEMICAL SMOG。

catch crop 填閒作物 在同一年中緊接在主要作物之後種植次

要的作物，以獲取殘留的土壤溼度和養分。填閒作物是一種**複作**的形式。在溫帶地區，**多葉作物**可在晚夏或秋天播種，在當年後期或第二年的春天餵羊。在一些熱帶地區，經常以木薯作為填閒作物，種植四年後收成，然後以**移墾**方式來除去。

catchment area　受託區，集水區　1. 包圍或相關於一個特殊的服務點（如商業中心或學校）的地區，部分居民經常享用其服務。在人口密度大的地區，匯集區很可能重疊。

2. 在地質學上，集水區也被稱作**流域**，是向一條河、盆地或水庫集水的區域。

catena, hydrologic sequence　土鍊，水文系列　特定地區的土壤系列，起源於同樣的**母質**，但由於地形與排水系統的不同，土壤有不同的特性。土鍊從一個山坡的橫斷面可以看見（參見圖16）。（編按：越往下坡越缺乏排水能力）

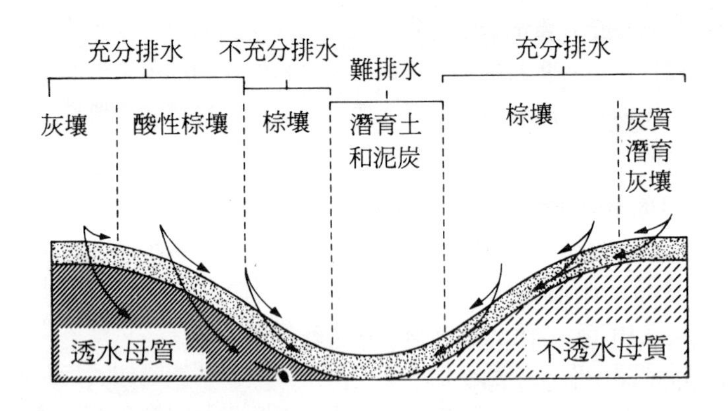

圖16　**土鍊**　按照排水形態表示土壤種類的橫剖面。

cation　陽離子　參見ION。

cation exchange capacity　陽離子交換容量　參見CLAY-HUMUS COMPLEX。

cave 洞穴 有口通往地面的天然地下室。形成的原因有：海邊懸崖的海洋侵蝕；喀斯特、白堊地區石灰岩受碳酸作用或溶解風化；偶爾是人類挖掘的結果（參見CHEMICAL WEATHERING）。

洞穴現在應用於各種方面，包括**洞穴學**研究、葡萄酒的貯藏、吸引旅遊者（如馬六甲島德拉洞穴）、堆積民用和工業垃圾等。也有的儲存具爭議性放射性廢棄物和軍用武器用品等。

cavernous weathering 孔狀風化 參見PHYSICAL WEATHERING。

cavitation 空化 參見FLUVIAL EROSION。

cementation 膠結 未固結的沈積物由矽質、鈣質或者鐵質的礦物質黏合形成**沈積岩**的過程。因而，礦物膠結成為**沈積岩**不可或缺的部分。

Cenozoic era, Cainozoic era, Kainozoic era 新生代 最近的一個地質**代**，大約在6500萬年前開始，緊接在**中生代**之後，劃分為**第三紀**和**第四紀**。新生代時期進化的生物型式大部分類似於今天所存在的生物型式。參見EARTH HISTORY。

CEQ 環境品質委員會 參見COUNCIL ON ENVIRONMENTAL QUALITY。

CFC 氟氯碳化物 參見CHLOROFLUOROCARBONS。

chamaeophyte 地表芽植物 參見RAUNKIAER'S LIFEFORM CLASSIFICATION。

chamaeophyte climate 地表芽植物氣候 參見BIOCHORE。

chaparral 查帕拉羣落 在美國加州南部沿海和聖路西亞山脈的常青、**硬葉**植被。海岸查帕拉羣落，和常綠高灌木叢林**馬基**羣集非常近似。這種植物對夏季那漫長的夏季乾燥特性表現了許多的適應。最乾燥的地區年降水量可能會低於380公釐，植物罕有超過3公尺高的。在那些年降雨量能達到1000公釐的潮溼地區，查帕拉羣落主要為高度能達到20公尺的常青櫟樹（如塞浦路斯大櫟*Quercus agrifolia*）。植物羣的多樣性是顯著的，並且還附有種類繁多的次要物種。查帕拉羣落因為能從地下根系中長出強有力的新芽，所以特別抗火災的損害。美國加州的許多查帕拉羣落因為農業灌溉而處於商業開拓之中。

chemical fertilizer　化學肥料　參見FERTILIZER。

chemical sedimentary rock　化學沈積岩　參見SEDIMENTARY ROCK。

chemical weathering　化學風化　岩石和其組成的礦物經水分、氧、二氧化碳、有機酸的化學作用而鬆散、溶化或分解。化學風化分為六種：

(a)氧化作用：當大氣中溶解於雨或土壤水分中的氧與岩石礦物質化合時形成氧化物。含有鐵化合物的岩石或礦物質特別易於氧化，使許多土壤、岩石帶有黃、紅、棕等顏色。

(b)水解作用：水和岩石之間引起複雜化學反應，這種風化在矽酸鹽礦物中特別重要，火成岩常在水解之後形成多種黏土礦物。

(c)水合作用：涉及岩石礦物化學結構內水的結合。礦物質經水合作用體積增加，因而會促進岩石的**物理風化**。水合作用的一個例子就是硬石膏轉變為石膏。

(d)碳酸鹽化：岩石或土壤被碳酸所分解。碳酸是在生物釋放出的二氧化碳溶解於**土壤水**，或大氣中二氧化碳溶解於雨水中形成的。在石灰岩地區，碳酸鹽礦物特別會受影響。

(e)動植物腐敗產生的有機酸：可以導致岩石的化學風化。

(f)溶解風化：主要限於在幾種高溶性的礦物質中。這個程序可能會溶解膠結了很多沈積岩微粒的礦物質，而且在碳酸和有機酸存在的情況下會加速作用。

化學風化在所有氣候條件下都會發生，以潮溼的地帶最普遍，高溫多雨易導致岩石風化，甚至可達45公尺深（參見VAN'T HOFF'S LAW）。化學風化常常伴有**物理風化**和**生物風化**發生。岩石的風化形成的新礦物有些也很重要，例如，**鋁土礦**和**高嶺**

石。很多建築物的混凝土受到腐蝕，就是化學風化的一種形式。

chernozem, prairie soil, black earth, mollisol　黑鈣土，草原土，黑土，鬆軟土　在北美洲、前蘇聯、中國北部、澳洲東南部和阿根延等中緯度的乾燥草原上，所發現的黑色或棕黑色、富含腐植質的土壤。黑鈣土有結構發展深厚的**A層**（深度達到1.5公尺）和碳酸鈣豐富的**B層**，由於有限的雨量限制**淋溶**的產生。黑鈣土裡沒有石頭，位於平坦廣闊，或傾斜微緩的地帶，是優良的農業土壤，廣泛應用於穀物耕作上。經營上最大的問題是不正確的耕作方法，致使風吹造成**土壤侵蝕**。參見STEPPE。

Chinook　欽諾克風　在落磯山東邊吹過的一種溫暖、乾燥的**絕熱風**。欽諾克風伴隨空氣溫度的急速上升，導致迅速融雪，增加了雪崩發生的可能性。

chlorofluorocarbons（CFC）　氟氯碳化物　不活潑、無毒的氣體，主要應用於已開發國家中**氣溶膠**噴霧罐中的推進劑、冷媒、清洗溶劑等，還當成泡沫塑料，大量用作快餐包裝。當氟氯碳化物在1930年由美國化學家米奇利製出時，因其不易燃、無毒、不具腐蝕性，並有穩定的熱力學性能等特性，而受到歡迎。

氟氯碳化物主要由甲基氯仿和四氯化碳組成。在工業化以前，自然界中大氣的氯含量為十億分之二。到1988年，這個數字已經上升到十億分之三，足以毀壞南極洲上空大氣中保護地球防止太陽紫外線輻射的**臭氧**層。

根據1987年由世界上幾個主要工業國家所通過的蒙特利爾條約草案，到1990年之前氟氯碳化物要維持在1986年的水準。此後計畫到1999年降低50％的消耗量，1989年3月歐洲共同體成員決定，到2000年要達到100％。但除非鼓勵**第三世界**國家在將來工業化程序中不再使用氟氯碳化物，否則到2000年大氣中氯含量還要加倍為十億分之六。像印度，在1989年世界所產氟氯碳化物總量的100萬噸之中，就消耗了5000噸。到1999年，印度的消耗量將達到1萬8000噸。（編按：目前主要的消耗量仍為工業先進國

家，這裡並沒有提到這些國家，因為他們正在致力減量）

氟氯碳化物的代用品很貴，也很難找，在美國和英國的研究以HFC 134a，來代替大量使用的CFC 12。到1989年為止，在英國的兩條試驗生產線上已經投入了6000萬英鎊。HFC 134a不含氯，不會使臭氧層枯竭，但可能會給**生物圈**帶來其他未知的副作用。因此在使用得到批准前，必須進行廣泛的測試。如果廣泛採用，價格將是氟氯碳化物的五倍。若要使電冰箱的壓縮機使用新材料運轉，還要合成新的潤滑劑。參見GREENHOUSE EFFECT。

C－horizon　C層　位於B層之下，**母質**材料之上，僅見於發展良好的礦物土壤中（表56）。C層是**A層**和B層風化物質與下面母質材料之間的過渡，C層土壤中動植物的出現率是很低的。

chronosequence　年代順序　由於年齡不同所形成一系列有關的土壤。在沙丘、**沙嘴**、連續的**冰磧丘**橫斷面上，常可以發現發展良好的年代順序，參見CLIMOSEQUENCE，LITHOSEQUENCE，TOPOSEQUENCE。

cinder cone　火山渣錐　參見VOLCANO。

circum－Pacific zone　環太平洋區　參見EARTHQUAKE。

cirque, corrie, cwm　冰斗　在冰川地區形成，有陡壁、半圓形的山坑（見圖67）。因為雪的累積，因**物理風化**作用而加大，特別是由於邊緣和地下岩石上的冰融作用。剩下的碎片都被岩石的塌落、**雪崩**、**土壤潛移**、熔融水等移走，假以時日，冰川在山谷形成、加大。冰斗上常有湖泊，稱作冰斗湖。對於滑雪的發展來說，冰斗的位置，提供冬天暴風雪的屏障，同時在周邊山坡的雪融化很久之後，冰斗還能保存雪而延長滑雪季節。

cirrostratus　卷層雲　薄且白的高空**雲**層，會產生日暈或月暈現象。卷層雲與**低壓**的**暖鋒**接近相關。

cirrus　卷雲　白色、稀疏與晴天相聯繫的高空**雲**。

CITES　瀕危物種國際貿易公約　參見CONVENTION ON INTERNATIONAL TRADE IN ENDANGERED SPECIES。

city　城市　大規模的居住地。城市並沒有嚴格規定人口數量多寡，而是在於市區的社會政治功能。在歐洲，大型或重要教堂的存在，是城市地位的標誌。但這會產生反常的情況。例如，英國威爾斯達費德的聖大衛，人口才1800人，也叫城市；而人口超過300萬的義大利首都羅馬，也是城市。小城人數在2～20萬之間，提供服務區域人數達100萬。大城人數在20～50萬之間，提供服務區域人數達300萬。當人口數量夠大時，相互鄰接處會出現幾個城市的共同地帶，形成大都會。例如，美國東海岸的城市。參見CONURBATION。

city center　市中心　城市的中心地區。是大商店和政府機關集中之處，和公共運輸線的終點。其他還有商業核心區和一般商業區。市中心周圍大道的鋪設，促使商店和企業轉移離開市中心，並且從商業區購物街中移除交通，鼓勵發展**步行街**。

city climate　城市氣候　參見URBAN CLIMATE。

city form　市貌　城市的立體外貌。市貌由其空間佈局和結構組成。空間佈局由道路網和運輸網組成，影響地形和流經城市河流的佈局。建築物的聚集、高度和外部特徵，與建築物為基礎的美化空間，共同呈現城市結構特徵。參見BUILT ENVIRONMENT。

class　綱　由**門**分成的分類羣，包括一個以上的**目**。例如，兩生綱、爬蟲綱和哺乳綱是脊索動物門的3個綱。參見CLASSIFICATION HIERARCHY，LINNEAN CLASSIFICATION。

classification hierarchy　分級分類系統　生物體在限定範圍的組或類中的排列次序。由於結構、起源等相似，能表明一種聯繫性。主要是界、**門**、**綱**、**目**、**科**、**屬**和**種**。每個分類單位是包含分級分類系統中一個以上的下層，從而物種按其進化史以邏輯方式分類。已把100萬種以上的動物，和32萬5000種植物納入這個分級分類系統。

所有植物和動物的名稱有兩部分組成，第一部分是物種屬的名稱，第二部分表示特定物種。新物種命名或現有物種更名，按國際植物學術語命名規則、國際動物學術語命名規則和國際細菌學術語命名規則來進行。

儘管各個植物或動物是利用許多不同的地方名詞加以識別，但適用於全世界的學名只有一個。參見LINNEAN CLASSIFICATION。

classification of farming system 農作制度分類 根據組織和生產方法把農業區分羣。傳統上分類基於以下標準：作物和牲畜、採用的耕作方法、耕作密度、給養程度或商業傾向以及與農業企業相關的農場結構聯合企業。其他制度還涉及外部環境狀況、技術水準和人口密度。還沒有一種制度，能把**土地使用權**、**農場規模**、佈局等重要變數，成功地整合起來。以農業活動為例：包括**蔬菜農業**、**混合農業**、大規模穀物生產、**人工林場**、**水稻種植**和牲畜放牧等。

現在，農作制度分類基於更嚴格的統計估價，包括從平均百分率推出的**作物組合分析**，採用以**人日**為計數單位。參見AGRICULTURAL REGION。

clastic sedimentary rock 碎屑沈積岩 參見SEDIMENTARY ROCK。

clay 黏土 由極細的礦物質所組成的沈積物。主要來自含長石的岩石受化學風化作用的產物。在大部分土壤分類系統中，黏土顆粒的直徑小於0.002公釐（參見圖58），能吸收較多的水分。在乾燥狀態，黏土硬，容易產生不規則破裂，但溼黏土可塑；由於顆粒的膨脹，雖然黏土乾燥時**孔隙**大，還是幾乎不透水的，因顆粒的表面張力而把水滯留在孔隙中。在富黏土的土壤內常出現嚴重的積水。因**黏土腐植質錯合物**陽離子的交換能力，將影響**土壤肥力**。在春天土壤升溫緩慢、栽培艱難，黏土含量高的土壤難以用在農業使用上。

黏土是有價值的經濟資源，可用於製造紙、磚瓦、油氈、陶器、水泥等。下伏黏土的地區，因黏土的不透水性限制污染物進入地下水面，適合建造**掩埋場**。水庫常建在富黏土的地層上，以防止水滲漏到地下水面而降低貯水能力。

clay-humus complex 黏土腐植質錯合物 土壤的化學活性部分，由風化的**黏土**質礦物及植物和動物腐爛遺體（特別是**腐熟腐植質**）之間的緊密締合而形成。每個黏土腐植質顆粒或微膠粒，具有帶弱電陰離子。通過負電荷將許多鹽基或陽**離子**（如鈣和鎂離子）吸引到微膠粒周圍。這些被吸收的陽離子能在微膠粒之間及微膠粒和植物小根之間交換。交換離子的總量被稱為土壤的鹽基交換容量或總交換容量。

陽離子易於被氫離子（本身是腐蝕性陽離子）的累積所取代。下雨過後，土壤水中的氫離子使陽離子淋溶，導致微膠粒酸性暫時增加。當土壤排出水時，流去一些氫離子，就會使土壤酸性降低。

claypan 黏磐 參見HARDPAN。

Clean Air Act 清淨空氣法案 英國於1956年授權地方當局建立**煙霧管制區**的法規。在煙霧管制區內，煙囪若在一小時內排放黑煙超過5分鐘就是違法。1953年的比弗報告指出，家庭燃燒是顆粒物**空氣污染**的主要來源。1950年代英國每年消耗煤2億噸，家庭消耗的佔其總量的25%，而產生的煙霧、灰分和砂粒則佔50%。自從1956年以來，煙霧控制命令影響的範圍已穩定地增長，現已涵蓋大部分城鎮。產生的乾淨空氣已顯著影響到公共衛生和人工環境，讓建築物外部有更新的可能。美國國會也通過了與英國相似的空氣污染法規，這些不同的法令都稱為清淨空氣法案。參見SMOG，PARTICULATE MATTER。

clear cutting 皆伐 在森林經營中，指的是完全伐除和除去樹木的**林分**。皆伐後通常迅速再種植單一樹種，這是**單作**的實例。在管理的森林中，皆伐一般是在**平均年增長量**和**當年增長量**兩曲線相交時出現，但在天然林內的皆伐，於任何階段都可能出現。

cleavage 劈理；解理 某些岩石（如板岩）沿結合力弱的平面裂開，而與原始層面無關的性質。

climate 氣候 地區內長時間平均的天氣特徵。氣候主要由緯度、地形、陸地和海洋的分佈、洋流、以及植被和土壤的性質與影響來決定。氣候可以用平均溫度、降水、風向和風速以及雲遮蓋的性質和範圍來描述。參見ARID CLIMATE，SEMIARID CLIMATE，MEDITERRANEAN CLIMATE。

climate change 氣候變化 主要指氣候特徵的短期和長期的自然變動。地質學證據表明在地球歷史上有幾次重大的氣候變化。末次**冰期**以來，氣候變化十分顯著：在西元4000年前全世界溫度達到最高；在1550～1800年間，歐洲由於年平均溫度顯著下降，稱為小冰期。一月的平均溫度較現在低2.5℃。溫度下降嚴重影響農業生產力，因而放棄北歐的土地。

近年來，非洲**薩赫勒**地區總雨量的減少，已使沙漠化擴張，作物歉收和饑荒出現率增加。

氣候變化的原因還不清楚，但認為短期變化起因於：太陽輻射的變化、地球大氣環流系統的自然變化、大氣化學成分的變化等，像**氟氯碳化物**的**空氣污染**減少臭氧層。長期變化可能起因於：地球自轉、公轉以及地質現象（如**板塊構造**和**大陸漂移**）。對照CLIMATIC MODIFICATION。

climatic classification 氣候分類 將氣候按照溫度、降水、風型等因子來分類。目前雖有許多分類系統，還沒有一種讓人完全滿意。

(a)科本氏氣候分類：基於月平均溫度，年平均溫度以及降水的分佈而歸納成5種主要類型。

(b)索恩思韋特分類系統：基於水分分佈而確定5種類型。

(c)夫勒恩分類：通常認為是比較好的分類系統。基於降水特徵和全球**風帶**而分成6種類型。

climatic climax **氣候頂極** 受氣候支配的**頂極羣落**，對立於土壤、焚燒等其他因子。

climatic modification **氣候改變** 因人類活動而引起的氣候改變。**空氣污染**、**熱島**和**播雲**能引起氣候改變。對照CLIMATIC CHANGE。

climatic region **氣候區** 所有主要氣候特徵相同的地理區域，如地中海地區。

climax community **頂極羣落** **原生演替**的最終階段，此時充分發育的成熟**生態系統**與環境平衡。**生物量**增至最大值，**食物鏈**較複雜，動植物種類多樣性達到極值。又稱顛峯羣落。

頂極羣落模型在1920年代最初提出時，認為是植物演替必然的穩定終點，氣候是影響發展速率和茂盛程度的主要支配因子。這一過分簡單的模型後來被稱為單頂極論，認為其植物演替達到一個**氣候頂極**。然而，在某些地區，氣候不能形成支配因子，而土壤的限制能形成一個土壤頂極，或放牧的壓力能形成生物頂極。因此，植被可在若干變數的支配下發展，多頂極論可用於這些情況。

幾世紀以來，人類活動是影響植物的主要因子。由於焚燒、放牧、濫伐、都市化和污染的結果，形成人為頂極。氣候理論不再考慮演替頂極論來闡明植物羣落的發展。植物羣落是複雜的隨機系統，因此其演替不能遵循預期的型式。

climosequence **氣候序列** 因地區氣候變化使土壤層依其特性發育的相關土壤序列。參見CHRONOSEQUENCE，LITHOSEQUENCE，TOPOSEQUENCE。

clone **無性繁殖系** 與母體完全相同的新植物個體。無性繁殖系可利用根出條、不定根、壓條、長匐莖等天然無性繁殖產生，或在實驗室中利用培養基中分生組織的培養而人工產生。

無性繁殖系產生的新個體，有以下4個特殊的優點：

(a)若母體植物與其環境適應理想，則無性繁殖系會呈現相同的優點。

(b)若母體植物具有商業上合乎需要的特性：尺寸、生長速度、顏色、形狀等，則無性繁殖系也呈現這一特徵。

(c)天然產生的無性繁殖系得到母體植物的保護，有時從母體植物獲得養料。

(d)人工產生的無性繁殖系可以全年大量複製，與生長季無關。

無性繁殖系的主要缺點，是不具備有性繁殖產生個體的遺傳變異，難以適應環境的變化。

現在，商業物種的無性繁殖十分普遍。花、蔬菜甚至樹木都可以用此法繁殖。英國的研究證明：對取自快速生產的夕卡雲杉組織而產生的無性繁殖系，其生產力較有性繁殖產生的種子高出20%。

完全依靠無性繁殖生產是不必要的，如此遺傳源將受到限制，疾病流行和天然捕食者出現時，使全部作物損失掉。

無性繁殖是人類在致力於增加農業產量、降低不適合人食用品種數量的研究結果。參見GENETIC ENGINEERING。

closed community　密閉羣落　地面完全被植物佔有的**羣落**。老的密閉羣落呈現最多的物種數量和種類，常可見到**分層**。除了極嚴苛的氣候狀況，和極貧脊的土地狀況佔優勢時期外，一般密閉羣落狀況是正常的。

人類因為反覆除去有經濟價值的植物，也會破壞密閉羣落。在某些情況下，如在**熱帶雨林**中，移去羣落的主要植物，會破壞這一體系，發生大量的土壤侵蝕，使密閉羣落的恢復成不穩定的狀態。對照OPEN COMMUNITY。

cloud　雲　懸浮在大氣中的微小水滴和冰晶，由**吸水核**吸附**水蒸汽**凝結而成。氣團上升運動和快速冷卻、**對流**、地形作用或鋒經過都會引發這種凝結。

雲常以高度分類，再按形狀細分，共有3個高度10種雲：

(a)低雲族有**積雲**、**積雨雲**、**層雲**、**雨層雲**、**層積雲**。

(b)中雲族有**高層雲**、**高積雲**。

(c)高雲族有**卷雲**、**卷層雲**、**卷積雲**。

各族雲出現的高度隨緯度顯著變化（參見圖17）。在地面附近形成的雲，稱為霧。持續的雲層急遽降低地面上的太陽輻射量，對自然界的植物和農業有有害的影響。

雲族	熱帶地區（公尺）	中緯度地區（公尺）	高緯度地區（公尺）
低	2000以下	2000以下	2000以下
中	2000～7500	2000～7000	2000～4000
高	6000以上	5000以上	3000以上

圖17　**雲**　雲出現的高度會隨緯度變化。

cloudburst　暴雨　伴隨強對流和**雷暴**的短促大雨。暴雨會引起嚴重的**土壤侵蝕**和氾濫，並造成作物毀壞和家畜的流失。

cloud seeding　播雲　人為在大氣中散播化學物質（常用飛機和火箭），誘發降水雲的形成，成功比率不一定。乾冰（固態二氧化碳）、碘化銀和鹽等催化劑作為**吸水核**，在其周圍能形成雨滴。播雲常為減輕乾旱，但只有大量出現充滿水分的不穩定大氣團時才能成功。也有人指出：通過水蒸汽凝結時吸收大量能量，可以減輕颶風的破壞力。

Club of Rome　羅馬俱樂部　由義大利企業家貝切伊於1968年所創立的跨國團體，該機構研究在資源有限的世界中，對人類的困境提出另一種意見。其成員來自企業界、政治界以及社會和環境科學家。

羅馬俱樂部的基金由各公司和財團提供，委託研究污染、城市規畫、通貨膨脹、失業以及已開發國家和開發中國家差距擴大等問題。該機構也為**國際經濟新秩序**的號召作出貢獻。參見LIMITS TO GROWTH。

CND　裁減核武運動　英文Campaign for Nuclear disarmament的縮寫。1958年由哲學家羅素和科林斯在英國建立的**壓力團體**，旨在反對發展和使用核武。在1960年代早期曾吸引民眾支援，之後陷入低潮，直到1979年北大西洋公約組織決定在歐洲部署中程巡航導彈，才有了新的動力，一直持續整個80年代。

coal　煤　褐色或黑色碳質**沈積岩**，是植物經由無氧分解而形成。煤由泥炭經**成岩作用**而形成。視壓密作用和加熱程度，變成**褐煤**、**煙煤**或**無煙煤**形式出現。

煤層厚度的範圍可以從幾公分到幾十公尺。煤偶爾可在泥盆紀的岩石中出現，但最大的礦床在石炭紀、二疊紀和白堊紀的岩石中。煤礦遍於全世界，儲量最多的是美國、西歐、前蘇聯、日本、中國、印度和澳洲等。在所有不可更新的**化石燃料**中，煤的儲量最多。視煤層出現的深度，採用**深井開採**或**露天開採**技術。

煤的古代歷史早已煙滅難尋，考古學的證據顯示在青銅時代就用作燃料。北美洲的印第安人也用煤，中世紀歐洲煤是常見的家庭燃料，工業革命後才出現煤礦的大規模開發。現在，煤不僅用來發電和作家庭燃料，而且也是用來提煉石油、煤焦油和焦炭等產品的原料。與同為化石燃料的石油和天然氣比起來，煤不夠純淨，近30年普及性也比石油和天然氣低。由於全世界煤儲量豐富，若採用先進技術來增加燃燒效率，使污染物降至最低，並因石油產品不夠經濟可能促使改變趨向。

在許多國家中，廢棄的地下礦井的塌陷引起下沈，導致財產、道路和鐵路的大量損壞，**酸性礦水**污染地下水。煤層和爐渣堆的自燃、釋放有毒氣體，也是污染問題。然而最大的污染問題是大量煤燃燒產生的**空氣污染**。

coalification　煤化作用　富含有機物的沈積物經岩化形成**煤**。

coal measures　石炭煤系　**石炭紀**岩層序中，常含有具開採價值厚度的煤層。

coal tar　煤焦油　由**煙煤**分餾所得的黑色黏性物質，用於製造塑膠、農藥、藥品和染料。

coast　海岸　不確定的術語，指與**海濱**毗連的陸地。還包括所有波浪作用近年來所影響的陸地表面。參見SHORELINE。

coastal chaparral　海岸查帕拉羣落　參見CHAPARRAL。

coastal classification　海岸分類　**海岸**和其起源特徵的分類。有許多分類系統，但沒有一個分類系統能被大家完全接受，這是因為海岸形成的原因不斷變化。常用的分類有3種：

(a)約翰遜分類（1919），有4種岸線：上升岸線；下沈岸線；由非陸地運動或海平面變化因子所造成的中性岸線；起源複雜的複合岸線。

(b)謝潑德分類（1937）。提出海岸線可分為原有的而由非海洋力形成，或是受海洋作用的成熟型。這一分類多應用於冰川侵蝕海岸，包括擁有廣闊海岸平原的地區、擁有在全新世地質時期形成的幼年山脈的海岸，和擁有老年山脈的海岸。

(c)戴維斯分類。主要基於在對海岸的**海洋侵蝕**和**海洋堆積**的影響。

coastal climate　海岸氣候　沿海地區形成的**微氣候**。其特徵是風速較大，溫度較內陸地區低。**陸風**和**海風**是沿海地區的海洋效應。

coastal protection　海岸保護　保護海岸線阻止**海洋侵蝕**和沿岸漂流輸運沈積物。常採用的海岸保護措施只是防止海港和居住地的毀壞以及海灘沙的流失。海岸也可以採用，包括利用海牆、**防波堤**和**丁壩**加以保護。

coastal reclamation　海濱填築　傾倒碎石和廢渣，或建造**防波堤**和**海牆**，抽吸包圍區域的排水來開拓大陸棚的淺水區域。

填築工程在全世界都出現，填築的土地可作各種用途，包括住宅區、農業和工業。荷蘭須得海工程是最著名的填築工程，得到2300平方公里的新生地。然而填築後，低窪的沿海陸地容易淹水，造成農田暫時失去生產能力。此外，海水淹沒後土壤中的氯化鈉需5年時間沖洗。海濱填築會失去介殼類所需的海床和沿海漁場，破壞局部**生態系統**。參見POLDER。

coastline　海岸線　參見SHORELINE。

coke　焦炭　約含碳80％的固體燃料產品，把煤乾餾逸出揮發性雜質而得。焦炭用於煉鋼。

col, saddle, pass　山脊口，山鞍，通道　成行丘陵或山脈中的凹陷或山口。山脊口可以若干方式形成，包括**河流襲奪**和**冰川侵蝕**。交通線常利用山脊口，比其他丘陵地區較易進出。

cold desert　寒漠　參見DESERT。

cold front　冷鋒　較冷氣團向前推進下切暖氣團，兩者的界面稱為冷鋒（參見圖18）。常出現在**低壓**中**暖區**的尾段。冷鋒的坡度比**暖鋒**陡，溼空氣沿冷鋒快速上升導致**積雨雲**的形成。短時間的大雨與冷鋒經過有關，而且使溫度下降、氣壓上升。在北半球的風從西南轉向西北，而在南半球則由西北轉向西南。參見FRONT，OCCLUDED FRONT。

cold occlusion　冷囚錮　參見OCCLUDED FRONT。

collective effective dose equivalent　總有效劑當量　參見

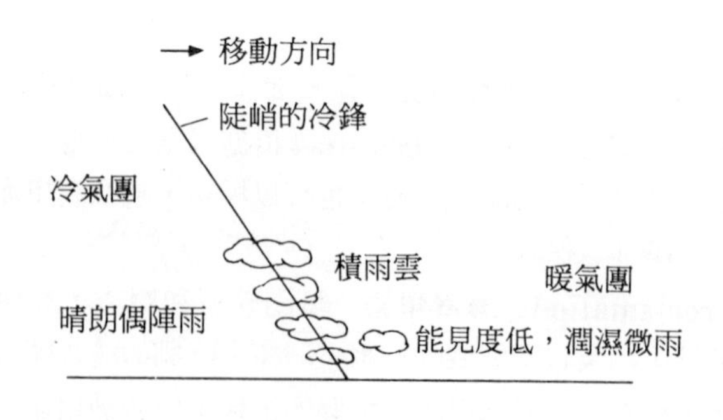

圖18　**冷鋒**　冷鋒剖面。

RADIATION DOSE。

collective farm　集體農場　出現在前蘇聯的國有農場。與以色列的**基布茲**不同，基布茲是在無國家干預下經營，而前蘇聯的集體農場則土地為國有，久租給農場。1966年以前，在繳交國家的徵收後，工人根據其勞動的貢獻獲得集體農場留下的一部分產品。以後由固定工資制取代，這是使集體農場越來越與**國營農場**相似的若干變化之一。

collectivist tenure　集體使用權　參見LAND TENURE。

commensalism　片利共生　不同物種的緊密結合體。其中一種得益於彼種，而對彼種無害。對照PARASITISM，SYMBIOSIS。

commercial farming　商品農業　農業形式，把**作物**和**畜牧業**之生產出售求現，而非用於滿足家庭生存需要。

　　商品農業在**已開發國家**相當普遍，大部分農產品是供銷售的，農場主人明白利潤虧損，另一個特徵是增加雇傭勞動者和**農化藥品**和機械化等。在許多**第三世界**國家中，商品農業不易定位。農場主人除了銷售剩餘的主要食品外，還從事**生存農業**，這就不能認為是商品農業。參見AGRIBUSINESS，AGROINDUSTRY。

commodity　商品　主要在國際市場上用來交換的資源。商品按其是否更新，而分為耐用和非耐用兩類。非耐用商品包括喬木及灌木的永久性作物、耕作的**穀類作物**及**多葉作物**等，具有較短的生產周期，可以適應快速的商品價格變化。耐用商品可以按其稀有和價值分成為含鐵和非鐵金屬、非金屬礦物、能源礦物以及貴重礦物。非金屬礦物可再分為普遍和量少的商品。不論是哪一種商品，如果在**已開發國家**的經濟、國防上佔有重要地位，或是因為產地集中在**第三世界**、南非、前蘇聯等政治敏感地區，可能都會進一步被列為戰略物資。

Common Agricultural Policy（CAP）　共同農業政策　歐洲共同體成員國在共同體內，進行調整農業市場和促進**結構改**

革的措施。1962年訂立，之後陸續修正。共同農業政策為：提高農業生產力；保證農業地區相當的生活水準，特別是增加農場收入；穩定市場；保證物資具備；保證物資以合理的價格到達消費者。市場支援的程度非常高，在1986年佔歐洲共同體總額預算的63%，在1970年代高達75%。

資金的絕大部分用於複雜廣泛價格補貼機制的保證部分，而旨在改進農業結構的指導部分政策則顯得不太重要。對於大多數產品，價格每年調整。若開放市場上的價格低於此價格，則共同體干預購買，作為以後銷售，而購買和儲存產品來支援市場。歐洲共同體的農場主人可利用設置臨界價格，使低於此價格的外國產品不能進口以保護自己。干預剩餘的產品，在出口補貼（稱為賠償付款）的協助下，可以在國際市場上銷售，而商人可以得到歐洲共同體購買價和世界市場價之差額的好處。

共同農業政策的保證部分和指導部分有所矛盾：在對農場收入的支援，使得許多在小型分散土地上，沒有效率的農場主人仍能繼續從事生產。更難處理的問題是：由於干預購買而使農場的剩餘產品堆積，這體系又無法區別對大農場和小農場的援助。堆積如山的剩餘產品如何處置，以及改進共同農業政策防止生產過剩，乃是目前歐洲共同體面臨的最關鍵問題。

communication network 交通網 參見TRANSPORT NETWORK。

community 羣落；社區 1. 生活和生長在一起的植物和動物。羣落含有由各羣體經一段時間相互影響後，而形成的典型物種。參見OPEN COMMUNITY，CLOSED COMMUNITY。

2. 通過某些共同利益、忠誠或提供服務所聯繫在一起的人。通常指某地理區域的居民，但是這些居民通過對本地共有的忠誠，或分擔當地問題，而被吸引在一起。參見CITY，GHETTO，RESIDENTIAL SEGREGATION。

commuter 通勤者 規律地在家庭和工作場所之間往返的人。

持月票等通勤票券，不論乘坐火車、**地下鐵**、公共汽車、汽車往返，都稱為通勤（每天往返上班）。參見JOURNEY TO WORK，PARK-AND-RIDE SYSTEM，DORMITORY SUBURB。

compaction　壓密　沈積物因地體運動或上覆物質的壓縮而固結形成**沈積岩**的過程。

composite cone　複式火山錐　參見VOLCANO。

condensation　凝結　氣體釋放能量後變成液體的過程。大氣中水蒸汽的凝結是**水文循環**的重要過程，是當空氣冷卻到低於其露點時形成的。凝結導致**雲**、**降水**、**霧**和**白霜**的形成。參見HYGROSCOPIC NUCLEI。

conducting tissue, vascular tissue　輸導組織，維管束組織　在**裸子植物**和**被子植物**等高等植物內，作為導管運送水和溶解的養分、糖，到植物的各部分的細胞。有兩種輸導組織：木質部，運送從根部吸收的水和鹽類到植物上部；韌皮部，能向上或向下移動流體。韌皮部是分配養分到植物的各個部分的組織。

conduction　傳導　熱在介質間的直接傳遞。儘管空氣是不良導體，地球表面的大部分熱量還是通過長波輻射來傳導，散失在大氣中。參見INSOLATION，ALBEDO。

conformer organism　適應生物　其內部新陳代謝速率受外部環境狀況支配的生物。除了溫血動物之外，大部分動植物都是適應生物。外在溫度主控著適應生物，大多數只在相當小的溫度範圍（0～36℃）內活動。對照REGULATOR ORGANISM。

conglomerate　礫岩　含較圓的岩石碎片和細粒岩基，由海岸和河流沈積物經**成岩作用**形成的**沈積岩**。

coniferous tree　針葉樹　參見GYMNOSPERM。

connate water, fossil water　原生水　**沈積岩**形成同時所截留的水。原生水是重要的**地下水**資源，可開井使其流出，以供家庭、工業和農業用，在乾燥地區尤為重要。

conservation　保育　地球上自然資源和環境的管理、保護和保存。目前認為整體保育政策必須將保育道德，落實到人類社會的日常生活中（參見LAND ETHIC）。這樣的措施涉及利用**生物圈**資源，以使這些資源對社會的美學、教學、娛樂和經濟利益達到最大。成功的保育政策，有助於保證生物圈物質和能流循環的**擾動**達到最小。植物和動物的多樣性會增加，土壤的物理侵蝕降到最低，而且物質的再循環會延長現有和未來資源的使用期限。

目前沒有一個國家執行完整的保育政策，而僅僅用在生物圈有退化跡象的情況。例如，歐洲國家的百分之三十俱樂部，只是致力於在1990年代以前，把大氣中的二氧化硫至少減少30%。各國政府在不同程度上認識到保育的重要性，從而資助建立科學團體，像英國的**自然保育協會**，美國在1970年訂定**國家環境政策法**。參見GREEN POLITICS。

conservation area　保育區　具有多采多姿、寶貴的**城鎮景色**，必須加以保護以阻止人為目的取代的城市區域。在美國，由於1966年歷史保護法的通過，多種建築物甚至整個街道都可設置界標，以保護其最初的地位。在英國，也有相似的法規如1967年都市環境品質法，迫使當局建立保育區，因而在保育區內開發或申請建築物的改建受到特別注意，並在許可前，特別注意內部和外部改建的環境。參見AMENITY，HISTORIC BUILDING。

conservative boundary　存留邊界　參見PLATE TECTONICS。

consistency　黏度　1.土壤的黏附及黏聚程度。

2.土壤對機械形變阻力的量度。

consolidation　合併　在一些農業地區內，有些田地的邊界是連接的，將分散的土地打破邊界再分配，稱為合併。進行合併，可以更合理有效地耕作，促進**農業機械化**，改進道路和其他基礎設施的利用，降低勞動成本和形成有利於土地改進的環境。

合併可以通過自願互換部分土地進行，如比利時；用國家財政援助，如法國；或進行大規模區域合理化和再安置規畫，如荷蘭和西德。歐洲土地合併的過程各不相同。值得注意的是肯亞、印度和台灣，這三個國家跟一般開發中國家不大一樣，**分割**的缺點並不顯著。

合併對農村地貌和居住地分佈的影響是相當大的，如此將形成少數更大的規則田地，使農場更為分散。由於合併會移去田地邊界和小塊林地，對局部**棲息地**將產生不利的影響。

constructive boundary　建設性邊界　參見PLATE TECTONICS。

constructive wave　建設性波浪　參見WAVE。

contact metamorphism　接觸變質　參見METAMORPHISM。

container port　貨櫃港　靠近鐵路網，或在深水港灘岸旁的陸地，將貨櫃集中，以便裝上火車或船上。在卸貨碼頭，移動式大起重機操縱貨櫃或直接放入運輸車內，或臨時貯存等待轉運。貨櫃港使用當地道路系統，長而重貨櫃車在城市街道上行駛，通常會干擾當地的交通。參見FREEPORT。

continental divide　大陸分水界　參見WATERSHED。

continental drift　大陸漂移　石炭紀之後**聯合古陸**分裂，大片陸地逐漸漂移到現今的位置（參見圖19）。**板塊構造**學說支持此說法，通常認為大陸漂移是在**地函**內累積放射能，而形成對流，使**岩石圈板塊**在部分熔融的**軟流圈**上運動。支持大陸漂移理論的證據包括：非洲西海岸和南美洲東海岸似乎可吻合，南半球石炭—二疊紀冰川地形的分佈，和某些現生與化石動植物種類的分佈。

continental glacier　大陸冰川　參見GLACIER。

continental shelf　大陸棚　陸地周圍坡度平緩的海底。和**大陸坡**的交界深度約在120至370公尺之間（參見圖20）。有些大陸棚非常狹窄，如南美洲的西海岸；有的則延伸到1200公里，如美國佛羅里達州的外海。多數大陸棚經河流和冰川沈積的堆積可視為海洋的**均夷面**。大陸棚的淺水區常是重要的漁場，並可以開發許多經濟資源，包括沙、礫石、錫、金、鉑、石油和天然氣。

continental slope　大陸坡　大陸棚外緣坡度陡峭處，下伸到

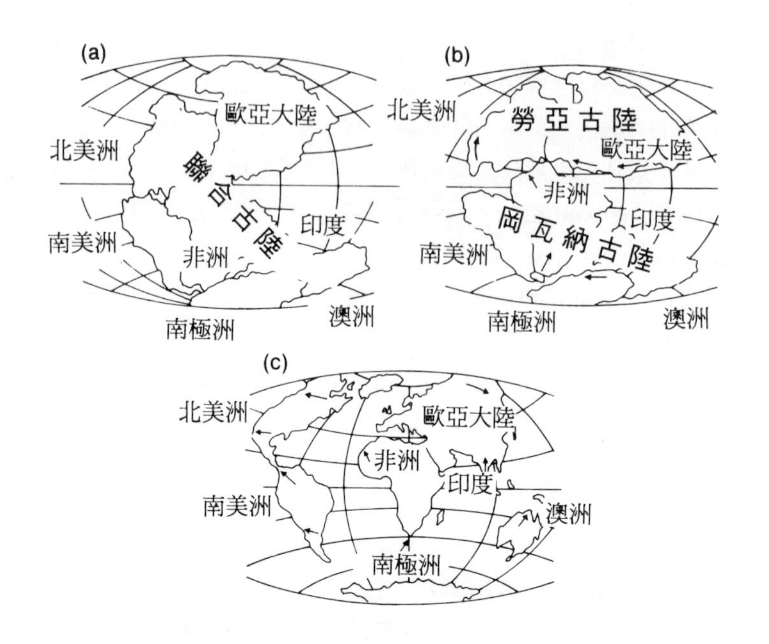

圖19　**大陸漂移**　大陸位置：(a) 2億年以前 (b) 1.8億年以前 (c) 現今。

深海平原（參見圖20）。坡角在2度到45度之間變化，例如在斯里蘭卡和古巴海岸處。大陸坡不規則的地形，認為起因於水下**斷層**、**濁流**的沖洗作用，以及冰期海平面下降時**海洋侵蝕**的結果。

continuous cropping　連作　在若干季節內，在一種作物生長後又種植另一作物，而不依靠季節**休耕**的種植方式。之後該土地再休耕許多年。有熱帶耕作方式採用的**移墾**或**灌叢輪休制**。

連作可用順序種植或套作（參見MULTIPLE CROPPING）來實現。在西非稀樹草原，在8個季節內交替種植穀類作物（如粟）和高粱，與根莖作物（如薯蕷屬植物和木薯）。

continuum　連續體　參見VEGETATION CLASSIFICATION。

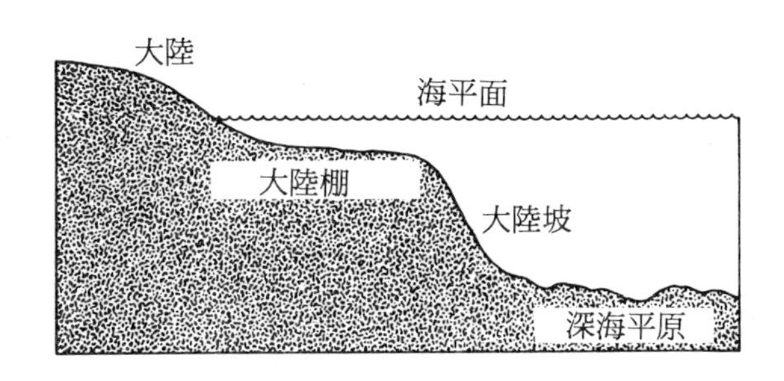

圖20 **大陸棚**。

contour plowing 等高耕作 沿土地自然等高線而不穿過土地犁溝的**整地**形式，可以減少雨水逕流引起的**土壤侵蝕**（參見STRIP FARMING）。

美國許多乾燥地區和熱帶需要**土壤保育**的地區，特別提倡等高耕作。參見CONTOUR RIDGING。

contour ridging 等高築壟 沿土地的自然等高線築壟，以阻止雨水逕流的土壤侵蝕。此法常見於採用手工農具而不用犁的熱帶耕作方式。參見CONTOUR PLOWING，MOUND CULTIVATION。

contract farming 承包農業 按期貨契約生產和供給農產品的一種體制。按契約農場主人依約定按目標提供一定數量特定品種的產品。

自從19世紀以來，英國就存在畜牧場主人和屠宰商之間的契約畜牧業方式，但美國在20世紀早期畜牧場主人向肉類罐類公司簽約，提供各種肉種肉類時，再將體制加以改良。以後美國和歐洲畜牧業者首先採用家禽、蛋和家畜的契約生產。承包農業也常見於水果、蔬菜、穀類、油料作物和棉花等的銷售中；促使農場專業化，在更大的土地上集中生產，增加資本密集程度。對於農場主人而言，具有降低不確定性和經濟風險的作用，但在生產決策上失去獨立性和支配作用。參見FACTORY FARMING，AGRIBUSINESS。

contract rent 契約租借 參見FARM RENT。

contraflow 逆流 在雙向道或高速公路修路的時後，因應需要臨時封閉一條或一條以上的車道，所採用的**交通管理**辦法。利用活動劃印器沿其中線將相鄰車道分開，來自封閉車道的交通流量引入其一側，並按該車道正常交通方向相反行駛。在逆流系統運作期間，此車道成為普通單行道。

control rods, safety rods 控制棒，安全棒 插入**核反應器**控制**核分裂**速率的棒。反應器正常運轉時不放置此棒，在出現緊急事件時，將控制棒棒插入反應器的活性區，以降低分裂連鎖式反應速率。控制棒常用石墨、硼、鉿或鎘製成，具有較高的中子俘獲能力。參見ADVANCED GAS-COOLED REACTOR。

conurbation 組合城市 連續的聚集區，通常包含一個中心城市和許多相鄰的城鎮。城鎮原先和中心城市可能是分開的，因區域外緣的擴張而使之聚集。在某些國家，組合城市傳統上以一羣自治地方當局的形式進行管理。還有些地方，組合城市以大都會管理形式，職權範圍寬，包括對土地利用和運輸規畫。

convection 對流 熱經由**傳導**轉移熱量時，致使空氣或水所作的垂直運動。

地面因**入日射**而加熱空氣，使密度降低，在大氣中形成對流胞。於是熱氣團上升，而密度較大的冷空氣下降取代；冷空氣又被加熱，如此循環。對流胞會引起大氣的**不穩定**而形成**雲**，伴生對流雨。**雷暴**是由急遽的對流所引起。

convectional rain 對流雨 參見RAIN。

convection cell 對流胞 參見CONVECTION。

Convention on International Trade in Endangered Species (CITES) 瀕危物種國際貿易公約 由80多個國家共同簽字的條約。其主旨是1973年後禁止約600種最稀有動植物物種進行國際貿易，還有200種的其他物種的出品，除非具有產地國的許可證。瀕危物種國際貿易公約在阻止瀕危物種貿易方面無疑是成功的，但諸如南美鸚鵡、非洲大獵物、鳥蛋和稀有蘭花仍出現大量非法貿易，絕大部分在遠東，估計在1986年有1億美元。

convergent boundary　聚合型邊界　參見PLATE TECTONICS。

coppicing　萌生　周期性地砍伐成熟樹而從殘餘樹幹上萌芽。1500～1800年間，萌生是最適合於中型木材（原木直徑10～20公分）的**森林經營**技術，在歐洲廣為採用。諸如柳、赤楊、楊和樺木等快速生長的樹種每15～30年萌生。偶而會留下未修剪的樹（保殘木），以為新林區提供種子。由於其勞動密集性，在經濟收益方面已被其他森林經營技術所取代，現在已開發國家很少採用。現在萌生作為製造**生物量**燃料的方法。在熱帶地區，每3～5年萌生的森林經營方式，能提供豐富的薪柴來源。

coral　珊瑚　具有碳酸鈣骨骼的海洋動物。出現於熱帶和赤道附近的水域。珊瑚可以是單體或羣體，只生長在清潔、光線充足的海水中，深度多在50公尺以內，水溫超過20℃。珊瑚羣體可形成廣延的結構，稱為**珊瑚礁**。

coral reef　珊瑚礁　位於海面附近的石灰岩脊，由造礁**珊瑚**和其他海洋生物體的鈣質骨骼形成。珊瑚礁出現於北緯30度和南緯25度之間熱帶和赤道地區，尤其是大片陸地的東側，因為有暖流經過。同一緯度地區的西海岸，因冷流流過而無法形成礁。有三類珊瑚礁：

(a)裙礁。依附於海岸的珊瑚台地組成，只在低潮位時可見。淺**潟湖**可位於海岸和礁的外緣之間。裙礁可以向海延伸到2公里並常出現在河口附近。河道可使船隻在珊瑚礁海岸內航行。

(b)堡礁。離海岸可達300公里，並由潟湖與海岸分開。礁中的缺口或通道可航行船隻。堡礁內有時會有裙礁形成。澳洲東北海岸外的大堡礁是世界上最大的珊瑚礁。

(c)環礁。圍繞潟湖的環形島。

末次冰期，海平面的變化和大片陸地的下沈，造成了各種珊瑚礁的形成和發育。

core 地核 地球內部**古騰堡不連續面**以下的中心部分。主要由鎳和鐵組成的，直徑約3475公里。地核的外部是密度較低的流體，內部是直徑1200公里的高密度固體。核內溫度約3000℃，處於150～300萬大氣壓的圍壓下。

core area 核心區域 參見BIOSPHERE RESERVE。

Coriolis force 科氏力 地球自轉產生的偏向力。此力在北半球產生向右偏的風，南半球產生向左偏的風。以法國土木工程師科里奧利的姓氏命名。

corrasion 刻蝕 參見FLUVIAL EROSION。

corrie 冰斗 參見CIRQUE。

corrosion 溶蝕 參見FLUVIAL EROSION。

Cosmos 1870 宇宙號1870 18噸重的前蘇聯太空平台。比早先的地球資源衛星大8倍以上。1987年7月發射，每90分鐘環繞地球一次，提供迄今為止所有民用衛星無法獲得的地表土地利用的資訊，可識別小至5平方公尺的目標。與早先的美國和法國地球資源衛星不同，宇宙號不用數位信號把資訊送到地球，代之以攝影，在返回艙中把底片送回地球。底片每個月都會修正和處理，同級的美國民用地球觀察衛星要到1996年才能部署。參見LANDSAT，EARTH RESOURCES TECHNOLOGY SATELLITE，SPOT。

cost-benefit analysis 成本收益分析 用於評定和判斷可供選擇的投資方案的技術。與許多其他形式的財政估計不同的是：將商業、社會和環境等因素計算在成本中，而不考慮成本和收益誰屬。人們很少正確地稱之為收益成本分析。

成本收益分析可按下列步驟進行：

(a)確定可供選擇方案的建議。

(b)確定每一種可供選擇方案的收益額，和虧損或成本額。

(c)對收益和成本貼現以獲得代表所有現在和未來收益現值的

一筆金額和代表所有現在和未來成本的另一筆金額。

(d)用這些金額計算益本比。比率大於1就是值得進行的。

(e)選擇淨利得最大的計畫，即收益和成本之間差距最大者。

成本收益分析已用於基礎設施的抉擇中。例如，新機場或水壩位置的選擇和新公路的選線。此技術在其政治目的相當簡單的情況下被**世界銀行**廣泛用於**第三世界**，然而卻還有許多根本問題存在。實際上，因洪水控制所挽救的人命，莽原區或特定**舒適環境**的損失，野生生物改變的效應，精神和身體的得失，都是無法金錢衡量。至於由誰決定哪些成本和收益是該考慮的，以及是否代表特殊的利益這兩個方面，還有有爭議的主觀因素。例如，水壩工程能為遠處的城市地區提供廉價的電力，並增加工業就業機會，但卻導致居民區的重新安置、耕地的減少和使當地居民引起與水有關的疾病增加。因解決這許多問題的困難，導致許多國家對工程估價採取更為全面的方法，例如，使用美國**國家環境政策法**（1969）所支持的**環境影響評估**。

Council on Environmental Quality（CEQ） 環境品質委員會 在**國家環境政策法**（1960）條款指導下建立的美國總統委員會，負責指導環境保護費用以及對經濟活動影響的細部分析。根據計算，在1972～82這10年間要想維持環境品質水準，需耗資2740億美元。這個數字大約是美國國民生產總值的2%。然而，不保護環境耗費就會更大。1968年，美國僅空氣污染造成的損失就達160億美元，這主要是由於農業減產，污染引起的疾病造成勞動力的喪失，醫療費用，低能見度造成飛機誤點等引起的。而英國在1970年代早期，每年因空氣污染造成的直接損失就達3億6000萬英磅。

country rock, host rock 圍岩 被**火成岩**體或礦脈侵入的岩石。

crater 火山口；隕石坑 1. 在**火山**上方噴出口處的盆形凹地。
2. **隕石**衝擊地球表面形成的凹地。

crater lake　火山口湖　參見LAKE。

creep　潛移　在重力影響下土壤和岩屑順坡向下以緩慢、幾乎難以覺察的速度運動，又稱蠕動。潛移對上層土壤影響最大，通常不發生在深度90公分以下部分。運動速度很少能超過每年2.5公分。有若干作用可以引發潛移，包括降雨的衝擊、土壤乾溼交替、凍融作用（參見PHYSICAL WEATHERING）、土壤和岩石的冷熱交替、植物根系的生長、動物在山坡的活動。潛移的經濟損失相當大，這是因為需要對諸如電線桿的歪斜、牆壁的不平和斷裂、路面的受力破裂等進行修復。參見SOLIFLUCTION，對照MUDFLOW，SLUMP，EARTHFLOW。

Cretaceous period　白堊紀　距今1億3600萬年至6500萬年前的地質**紀**。前為**侏羅紀**，後為**第三紀**。白堊紀是**中生代**最後一個紀。在美洲有造山運動，並伴隨火山活動。在這個時期，恐龍迅速消失，被顯著進化的哺乳動物所取代。植物界在這一時期也有顯著的進化，首次出現了為數可觀的**被子植物**。在本紀末，現代動植物區系已完全建立起來了。參見EARTH HISTORY。

critical factor　臨界因素　參見TRIGGER FACTOR。

crofting　小農制　擁有小塊土地為基礎的土地利用方法和生活方式。產生於19世紀早期的蘇格蘭高地和島嶼，隨後由法律規範的私人小地塊。在農業上，小農制就是在農田連續耕作和在**牧場**共同放牧，與其他小農共有鎮區。小農制的主要特徵是其具有**兼職農業**的性質，在過去和現在，大多數小農的大部分生計都依賴其他經濟活動，有些個人經營一些提供旅遊住宿、手工業生產、漁業，或是從事有工資的兼職工作。

crop　作物　除了**牧場**外，在農場內播種的有用植物的統稱。作物可按下列幾種方式分類：

(a)植物學上的科：80%以上的作物是禾本科植物（禾本科）、豆科植物（豆科）和十字花科植物（十字花科）。

(b)土壤中的時間：一年生作物就是那些播種、開花、結籽、死亡都在一個生長季中的植物。例如，**穀類作物**可以在哪些季節變化不太明顯的熱帶地區的土壤中，幾個星期或長達18個月。如果生長季很長，**複作**是可能的。**兩年生**作物的生長周期為18～30個月，在一季中生長，在下一季中開花，例如，甜菜和蕪菁。**多年生**作物在土壤中要停留30個月以上，保持數年每年都收穫。它們還可以進一步被區分為需要栽培的而且一般3～12年之後就要更新的多年生草本或多年生田野作物，例如，香蕉、劍麻和甘蔗；及木質莖多年生作物如喬木和灌木等**永久作物**。並不是所有的多年生作物都是根據其自然生產周期的方式加以利用，馬鈴薯就是多年生草本植物，但在一般農業實作中，春天種下的塊莖到秋天就要掘出。木薯是木質莖灌木，但要在種下4年8個月以後，才能收穫隆起的塊狀根。

(c)主要用途：**食用作物**、**飼料作物**或用於工業的非食用作物，如棉花和橡膠。一種作物在某個地區主要作為食用作物來栽培，在別處也可能作為青飼料作物或為工業用而栽培。例如，玉米在非洲是一種重要的食用作物，但在北溫帶地區則用其未成熟作物餵動物或者製成**青貯飼料**。其工業上的重要性則體現在諸如澱粉生產和威士忌酒蒸餾等活動中。

(d)對栽培者的主要經濟功能：作為**生存農業**的基礎或作為收入來源或**經濟作物**。

(e)其在農藝學上的特殊功能：例如**間隔作物**和**填閒作物**。

(f)農業上廣泛分類：如喬灌木**永久作物**、**穀類作物**或**多葉作物**。

crop combination analysis　作物組合分析　基於不同作物面積的統計比較，確定**農業區**間界線的技術。傳統的**農業分類學**傾向於以突出某一地區的主要作物來定名，如玉米帶或棉花帶，而實踐時這些作物和其他作物一起栽培。按照美國地理學家韋弗在1950年代中期的研究成果，採用不同的統計技術鑑別地區最有代表性的作物組合。利用對每個組著色或者對主要作物著色並加印字每以代表組合中的其他作物，將它們在地圖上標出。這種面積的對比並未考慮到生產密度和**畜牧業**使用的土地，由於這一缺點已導致**農場企業組合分析**的發展。

cropland　耕地　用來栽培**作物**的土地統稱。作物可以定期變更，或**單作**。在農田結構中除了短期農作制度和喬灌木**永久作物**的土地外，慣於把農田或適合耕作的可耕地與牧場分開。

世界上可耕地為14億公頃，佔農業用地（不包括林地）的30%。1986年，在歐洲共同體的12個成員國中，可耕地佔農業用地的百分比，在愛爾蘭為19%，丹麥為90%，其餘國家在這範圍內，平均值是53%。歐洲以外的國家為：美國44%、加拿大60%、澳洲10%、紐西蘭3%和前蘇聯38%。

cropland share　耕地分配　以佔全部**耕地**百分數表示特種作物面積的範圍。例如，在英國1986年，小麥的耕地分配是29%。

crop rotation　輪作　在一塊田地上的短期耕作順序，其中輪作周期是一年中輪作時間的長短。雖然有些地區小麥、大麥或玉米採用**單作**，但大多數耕地農作制度都使用一些輪作方式。輪作可用來保持土壤肥力，引進**間隔作物**，生產高價值高成本作物以增加收入，擴展農場企業的經濟基礎並使全年的勞動需求較均勻。經濟上較重要作物或種植在農舍附近的作物的輪作是主要輪作，而經濟上不太重要或偏遠田地作物的輪作是次要輪作。（編按：台灣四季如春，耕地全年均可栽培作物，過去多以輪作密集生產，常見的方式有：

1. 水田一年輪作制：水稻－水稻－蔬菜或小麥。
2. 水田二年輪作制：水稻－甘藷－水稻－豆類。
3. 水田三年輪作制：綠肥－水稻－甘藷－綠肥－甘蔗。
4. 旱田一年輪作制：落花生－甘藷。
5. 旱田二年輪作制：甘藷－甘蔗。
6. 旱田三年輪作制：落花生－甘藷－陸稻－甘蔗。）

cross section　橫斷面　河道橫向切開的河谷斷面。其形狀取決於河谷兩側**風化**和**塊體運動**的速率、下伏基岩的特性和強度、

河流侵蝕和**河流沈積**的程度，以及這些因素作用時間的長短。參見RIVER PROFILE。

crowding, overcrowding　擁擠，過度擁擠　人口密度超過臨界值時所出現的情況。建築規畫工作者昂溫在題名為《過度擁擠一無是處》的前瞻性論文中指出，人口過度擁擠的弊端。在這篇文章中他提出：住房密度應為到每英畝12所（每公頃30所），這是遵循兩次世界大戰之間，英國許多市郊的標準。參見RESIDENTIAL DENSITY，ROOM OCCUPANCY，OVERSPILL，PERIPHERAL ESTATE。

crude birth rate　粗出生率　參見BIRTH RATE。

crude oil　原油　**石油**在提煉前的自然狀態。

crustacean　甲殼動物　水生類為主的甲殼綱成員之統稱，多半具有石灰質硬殼和發達的附肢，像上顎和螯。例如龍蝦、蟹、小蝦、藤壺、橈足動物、**磷蝦**和水蚤。甲殼動物約有3萬5000種，其中少數的種已適應淡水，而有一個亞目（木虱）生活在陸地上。

甲殼動物在海洋**食物鏈**中起重要作用，是海洋上層**浮游生物**的一部分，為其他海洋生物和人類的重要食物來源。現在每年捕捉大約250萬噸甲殼動物供人類消費，主要來自太平洋、大西洋中西部和印度洋西部。

cryptophyte　隱芽植物　參見RAUNKIAER'S LIFEFORM CLASSIFICATION。

cultigen　栽培種　栽培生長的植物之通稱，以別於起源不明的野生植物，例如芸薹。

cultivar　栽培變種　栽培出來的植物變種，和其餘**物種**有許多不同。大多數作物的栽培變種是**選擇育種**的產物，而且因農藝遺傳特徵（如：抗病性和高產量）而不同。

cultivation　耕作　為種植**作物**對土地進行準備和利用。全世界各式各樣的農作制度，可以按八種不同特徵加以分類，包括：

(a)田地輪作型。即不同土地的使用之間長期變換，包括**休耕**。由於北半球的**農業工業化**，田地輪作已不必要，而現在是與開發中國家農業的關係較密切；

(b)**休耕制**（特別是在熱帶地區）的**輪作**密集度。在一個土地利用循環內，作物栽培和休耕的關係把粗放的**移墾**、**灌叢輪休制**，及導致**永久性種植**和**複作**的制度區分開來；

(c)供水性，特別是**旱作**和依靠**灌溉**的制度之間主要差別（參見WET-RICE CULTIVATION）；

(d)農場據種植類型和地上動物活動的組合（參見ALPINE FARMING，MEDITERRANEAN FARMING），進行分類；

(e)耕作所用工具（參見MECHANIZATION OF AGRICULTURE）；

(f)商業化程度（參見SUBSISTENCE FARMING，COMMERCIAL FARMING）；

(g)國家或多國的農業政策（參見COMMON AGRICULTURAL POLICY）。

culvert **涵洞** 在道路或公路下的地下河或排水溝的管道。在某些城市的中心，在城市發展時扮演重要角色的小河，經常蓋起來並在其上蓋房子。

cumulonimbus, anvil cloud, thunderhead **積雨雲，砧狀雲，積亂雲** 一種濃密的灰色**積雲**，通常在垂直方向擴展。積雨雲的頂部常向外擴展形成砧狀，常與**雷暴**的形成相關聯。

cumulus **積雲** 底部平坦、圓拱形、在垂直方向顯著擴展的雲。白色孤立的積雲常伴隨著暖和、反氣旋的夏季天氣出現，而灰色濃積雲經常發展成**積雨雲**。

curie **居里** 放射性強度的單位，等於每1克放射性物質每秒有370億個原子發生衰變。符號為Ci。這個值是根據早期對1克鐳226的放射性強度的測量。直到最近，居里仍是放射性強度的標準單位，由波蘭出生的法國物理學家和化學家瑪麗．居里所命名。目前這個單位已被**貝克勒**所取代。

current annual increment（CAI） **當年增長量** 樹幹內木材體積的年增長速率。一些森林工作者測量相同年齡的針葉樹**林分**的成長速度時，最常用這一術語。對照MEAN ANNUAL INCREMENT。圖21表示當年增長量和平均年增長量之間的關係。

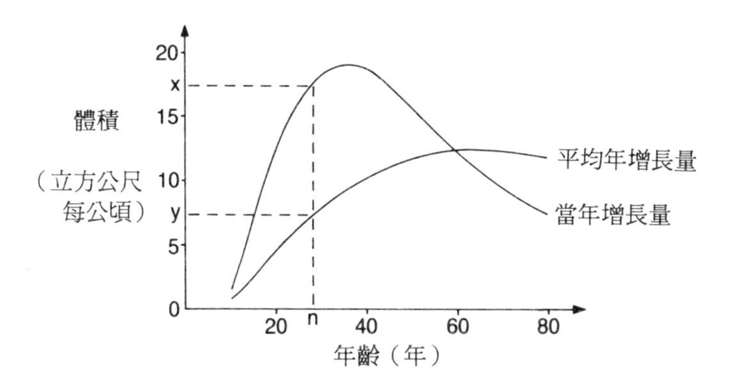

圖21 **當年增長量** 相同年齡森林的木材體積增長曲線。在種植n年之後，當年增長量為x，而平均年增長量為y。

current ground cover **現行的土地覆蓋** 參見LAND USE。

cuspate delta **尖頭三角洲** 參見DELTA。

cutoff **牛軛湖** 參見OXBOW LAKE。

cwm **冰斗** 參見CIRQUE。

cyclone **氣旋** 參見DEPRESSION。

cyclone dust scrubber **旋風除塵器** 一種於工業廢氣中除去塵粒的裝置。除塵器為倒圓錐狀，廢氣從頂部以切線方向進入，氣體沿著螺線形的通道向下推進，塵埃微粒靠離心力沈積在除塵器的器壁上。微粒落入除塵器底部的漏鬥中，而淨化的空氣從錐體的頂部的小口處逸出。旋風除塵器能有效地除去95%的微粒物質，最適用於除去大於85微米的粗粒子。參見ELECTROSTATIC PRECIPITATION，SCRUBBER。

cyclonic rain　氣旋雨　參見RAIN。

D

DALR　乾絕熱直減率　參見DRY ADIABATIC LAPSE RATE。

dating techniques　定年技術　在可接受的精度下，確定物體、自然現象或系列事件年代的各種方法。定年技術可分為兩類：

(a)絕對定年法。確定指出特定的時間。絕對定年法包括**放射性碳定年**、**鉀氬定年**和**樹輪年代學**。因為絕對精確幾乎是不可能的，需加一個誤差值，因此年代是這樣給定的：5000±38年，即距今4962～5038年範圍內。

(b)相對定年法。能為一事件訂定時間順序。**花粉分析**、矽藻和甲蟲類分析以及紋泥沈積，是廣泛應用的相對定年法。

day center　日間中心　通常為老人或殘疾人提供非住宅的集會場所，按要求提供教育或娛樂的設施，促進社會接觸。日間中心由當地政府或非政府組織來開辦，並利用容易到達的合適房屋。

DDT　滴滴涕　商標名稱，於1940至1960年代之間，廣泛使用的有機氯**殺蟲劑**，成份為二氯二苯基三氯乙烷。首先由德國化學家蔡德勒於1874年合成，但未發現有任何用途。這種物質被閒置了65年之後，1939年發現對跳蚤、虱、科羅拉多甲蟲、蚊子和蒼蠅都有良好的毒殺效果。就像許多其他化學藥品用於對有害植物和害蟲的鬥爭一樣，滴滴涕的確切作用還不清楚，會影響昆蟲的外部神經系統，引起特有的震顫和痙攣。

滴滴涕廣泛用作土壤**農藥**，或對種子進行處理以毒殺蝗蟲和棉花害蟲。當噴灑到食用作物上時，會產生一種特殊的污染。滴滴涕早先用於防治乳品工廠裡的蒼蠅，但其殘留會進入牛奶。

1950年代後期，滴滴涕成為世界上應用最廣的殺蟲劑，年產量為100萬噸，之後產量降為30%。在滴滴涕使用的頭10年內，估計挽救了500萬人的生命，並避免1億次瘧疾、斑疹傷寒、痢疾以及其他20多種鮮為人知的蟲致疾病。

到1960年，對殘留在土壤和水中的滴滴涕進行新的研究，尤其是加拿大和斯堪地那維亞半島上的國家。研究結果表明，這種有機氯不但貯存於脊椎動物和無脊椎動物的組織內，而且也集中在**食物鏈**的上層**營養級**。到1965年，歐洲和北美洲嚴格限制或完全禁止使用滴滴涕。

現在所有的有機物組織都含有微量滴滴涕，若有些國家置禁令於不顧的話，生物羣和自然環境中滴滴涕的含量，到下個世紀還會繼續增加。

滴滴涕使多種野生動植物的數量急遽下降，在陸地和水域中所產生的影響比殺蟲劑大。特別是對水生生物如**浮游生物**、**磷蝦**和**甲殼動物**，影響最大。

death rate, mortality rate　死亡率　在一特定地區、羣體等內部，死亡數與該地區人口（羣體）數的比值，通常用每年的千分數表示。對照BIRTH RATE。

death zone, zone of intolerance　死亡帶，不可耐受帶　**環境變化率**極端的區域，物種在此不能生存，例如魚在脫氧的水中，或是植物在沒有水分的土壤。參見TOLERANCE。

deceleration lane　減速道　高速公路上加寬的車道，讓車輛流暢地從高速行駛車流中分離出來，離開高速公路。減速道也稱為駛出坡道，這些車道通常升降到普通公路系統上，從上或從下穿過高速公路。

decibel　分貝　每平方公尺瓦特的聲音強度單位，符號為dB。1分貝是人耳所能聽到的最小聲音。有幾種不同的分貝標度，例如，低音或C標度（20赫茲到1萬赫茲）不加權；A標度，對高頻音調增大加權，因為高頻非常擾人。

分貝標度是以對數表示的，所以每升高10分貝代表聲音增加10倍強度。這樣，從50分貝（一般對話）增加到100分貝（地鐵列車），相當於噪聲升高了10萬倍（參見圖22）。參見NOISE POLLUTION。

例子	分貝（dBA）	相對聲音強度	長時間暴露影響
噴射機（起飛時）	150	10^{15}	耳膜破裂
雷聲	120	10^{12}	痛閾
現場演出的搖滾樂	110	10^{11}	
摩托車	100	10^{10}	嚴重損傷聽覺
曳引機			（暴露8小時後）
攪拌機			
洗碗機	80	10^{8}	
吵鬧的辦公室			
一般市郊	60	10^{6}	干擾
安靜市郊	50	10^{5}	安靜
圖書館	40	10^{4}	
耳語	20	10^{2}	非常安靜
呼吸	10	10	

圖22 **分貝** 噪音的強度。

deciduous forest 落葉林 在秋天開始，當光度和溫度成為生長的**限制因子**時，脫落葉子或針葉的樹林。落葉林普遍生長於歐洲的北部、西部、中部和東部，美國的東部，中國、日本、朝鮮半島北部和前蘇聯的遠東地區，大部分出現在北半球的中緯度地區（40度～55度）。

早在1500年，落葉林有許多不同的品種：櫟、柃、榆、山毛櫸、槭、山核桃、樺和赤楊等，其品種高達每公頃40種，**初級生產力**值平均每年每平方公尺1200克。自從15世紀以來，開採了許多有價值的**硬木**，現在幾乎沒有原始落葉林留下來了。

在落葉林之下每年落葉的堆積為土壤提供了豐富的腐植質，形成了肥沃的**棕壤**。這是一種能使農業高產而肥力損失很小，和抗侵蝕性的土壤。比較EVERGREEN FOREST。

decommissioning　除役　永久關閉、拆除運轉中的核電廠。許多美國和英國的**鎂諾克斯反應器**，在1990年代早期就達到使用期限，但迄今還沒有一個核電廠完全除役。前蘇聯車諾比事件中，人們獲得不少關於核電廠安全問題的知識。

除役過程可分為3個不同的階段：

(a)封存。暫時的階段，讓核電廠內的**輻射**自然地衰減；

(b)掩埋。以鋼筋混凝土，再加不鏽鋼、鉛、沙及黏土襯裡，長久地掩蓋核電廠的所有放射性部分。

(c)拆除。全部清除反應器的所有污染零件，使用水、蒸汽或化學方法，大範圍徹底地清洗各個部件。清洗液的處置必須小心謹慎。

參見NUCLEAR REACTOR，NUCLEAR POWER，NUCLEAR WASTE。

decomposer, detrivore　分解者　生態系統中以植物和動物的原生質為食物，將其分解導致腐爛的生物體。這種作用會釋放能量，並使土壤的養分達到高熵態。

所有的生物體都可稱為分解者，不過這個用詞多限於**腐生生物**。腐生生物引起生態系統內高達90％的能量和養分轉換。其作用是土壤肥力的自然更新，和保持礦物質**養分循環**時所必需。參見DETRITAL FOOD CHAIN。

deep mining　深井開採　用地下作業開採埋藏很深的礦物資源。通常由地表垂直向下打豎井到礦藏位置，然後靠水平坑道挖取礦物。

許多種礦物資源都靠深井來開採，包括金屬礦石、建築石料、煤、寶石、硫黃、鉀和岩鹽。南非的金礦和鑽石礦屬於世界上最深的礦，深達數千公尺。

雖然多數國家採取嚴密的安全措施，深井開採還是相當危險的職業。地下火災、爆炸以及毒氣的產生是許多礦場中經常發生的威脅，會引起生命、昂貴機械和生產作業上的損失。礦工常因大量灰塵而引起肺部疾病，包括肺塵病、矽肺病和石棉肺。在鈾礦工作的人們，常常發現有很高的癌症發生率。

深井開採的廢石，稱為礦渣，通常傾倒在地表。降水和地下水通過礦渣堆滲透出，會導致**酸性礦水**問題。

在廢棄的深井開採地區，因地下坑道的倒塌而常常出現地面沈陷。這會對現有的工程建築造成嚴重的破壞，若將混凝土注入早先的坑道，就可以減少沈陷。如果早先坑道的記錄存在，細心地規畫土地利用，可以避免易於沈陷土地的惡化，省得耗費不貲來作補救措施。採完的廢坑有時可作其他用途，如倉庫。比較STRIP MINING。

deep-sea deposit, abyssal deposit, ooze　深海沈積，軟泥
在**深海平原**上的沈積物。可分為兩類：

(a)生物沈積。由海洋生物的殘骸和懸浮物質沈積物所組成，如**黏土**。深度3900公尺以內，生物沈積主要是含鈣的骨骼。在3900公尺至5000公尺之間，碳酸鈣在高壓下溶解，而出現含矽的海洋微生物的殘骸。生物軟泥一般按含量多的生物體來命名。

(b)非生物沈積。出現於5000公尺深度以下，在此深度連矽都會溶解。這些紅黏土沈積物，其顏色是鐵和錳的化合物所致，是由大氣中的顆粒物質，如火山灰和塵土沈積產生。錳核常發現於深海沈積中，會在未來的經濟上起重要作用。

deep-sea plain, abyssal plain　深海平原　由**大陸坡**底伸展出來的廣闊平坦的地區。平均深度為海平面以下4000公尺，並被其他海底地形，如**深海溝**、**海底山**和**海桌山**所切斷。海底探測發現大量沈積物資源，特別是錳核，具有開發的潛力。參見ABYSSAL ENVIRONMENT。

deep-sea trench　深海溝　狹長V形溝，邊緣陡峭，將**深海平原**切斷。目前發現有至少57條海溝，最深者為馬里亞納海溝：位於西太平洋關島附近，深達1萬1033公尺。與**中洋脊**和**島弧**一樣，深海溝造成強烈的火山活動，其起因與**岩石圈板塊**的移動緊密相關。

deep-sea zone　深海區　參見BENTHIC ZONE。

deferred grazing　延期放牧　參見GRAZING MANAGEMENT。

deflation　吹蝕　參見WIND EROSION。

defoliant　脫葉劑　1.一種**除草劑**。可使植物提早落葉。新型脫葉劑（參見2, 4-D、2, 4, 5-T）是有系統的破壞植物賀爾蒙系統。而且可配製成破壞特種植物的脫葉劑，例如，除去貴重林木作物下的雜草。美軍在越南戰爭中也廣泛使用脫葉劑，破壞北越敵方的糧食來源和雨林覆蓋。脫葉劑中的**橙色劑**最是惡名昭彰，至今仍對人類和環境有影響。

2.攝食或感染植物葉子，使其落葉的動物、真菌或疾病。毛蟲和蝗蟲是有名的天然食葉蟲。

deforestation　濫伐　永久地清除林地，並轉變為非森林用地。**世界資源研究所**指出，濫伐是世界上最迫切的土地利用問題。由於許多清除森林的地方很遙遠，缺少濫伐的書面報告，以及**造林**的抵消作用，砍伐範圍不能精確的確定。

自有人類以來，森林不斷消失。估計距今約5000年以前，地球上森林覆蓋面積為60億公頃，但到1954年，下降到40億公頃。

許多已開發國家認識到森林是寶貴的**可更新資源**，樹木消失後一般會馬上**造林**。然而在**開發中國家**，出售熱帶硬木是主要的外匯來源。因此，在非洲和南美洲實現補種計畫充其量不過是少數的例子。1980年代早期熱帶地區國家濫伐的年平均速度估計為380萬公頃。聯合國**糧食及農業組織**估計，到2000年留下的封閉

熱帶雨林將被砍伐1億5000萬公頃，佔其面積的12%。主要出現在象牙海岸、尼日、利比亞、幾內亞和加納，損失速度是世界平均速度的7倍。

因人口增長而清理土地、土地買賣、商業性放牧和無情榨取經濟利潤，驅使濫伐。濫伐後就引起**土壤侵蝕**、**沙漠化**、湖泊水道及水壩的淤積等，破壞能量平衡和**水文循環**，使地球局部氣候變化，以及依賴森林生存的植物和動物大量**滅絕**。濫伐的結果改變了大氣中氧和二氧化碳的平衡，從而改變**反照率**，加速**溫室效應**。

deglaciation　冰川消退　冰原或冰川的後退和消蝕。在**更新世**後期，冰川消退導致幾個大陸冰原的消失，包括曾集聚於波羅的海的斯堪地納維亞冰原、和集聚於加拿大哈得遜灣的勞倫泰德冰原。

delta　三角洲　在河口，主流分為幾個支流，於海洋或湖泊堆積河流沈積物形成的平坦堆積區。海浪作用、水流和河流沈積同時作用形成三角洲。有三種主要類型：

(a)扇狀的弧形三角洲。尼羅河三角洲是其一例；

(b)葉狀的鳥足形三角洲。例如密西西比河三角洲。

(c)齒狀的尖頭三角洲。如義大利的台伯河三角洲。

三角洲會以很快的速度增長，其範圍從尼羅河的每年3公尺左右，到義大利波河的每年60公尺。一些城市從前位於河口，現在可能已進入內陸。由於快速的增長，形成平坦的三角洲平原，與**泛濫平原**相似。熱帶地區這種地形易受熱帶風暴的洪水損害。1887年中國北方的黃河三角洲，因洪水導致數十萬人死亡。即使在今日，人口稠密的孟加拉灣附近的三角洲地區，常因洪水造成大量生命財產的損失。

demersal fish　底棲魚　生活在海底（或湖底）或接近海底（或湖底）魚類的統稱。

demographic transition　人口轉換　人口出生和死亡方面的

變化，特別是那些高**出生率**和高**死亡率**轉變為低出生率和低死亡率的地方。人口統計的變遷可用4階段的人口模型表示，用以反映國家發展的經驗及城市化和工業化的經歷。4個階段如下：

(a)高穩定階段。此階段中疾病、饑荒和戰爭是常見的，出生率和死亡率高。總人口變化很小，並繼續保持低人口數；

(b)早期增長階段。在此階段由於政治穩定性的提高，以及醫藥和社會環境的改善，降低了死亡率，而出生率繼續保持在高水準，所以總人口快速增長。

(c)後期增長階段。此階段由於城市化和工業化的發展，使死亡率穩定但出生率降低。總人口以低速繼續增長。

(d)低穩定階段。在此期間，出生率和死亡率均穩定在低水準，總人口保持不變。

已開發國家經過長時間，已經完成了人口過渡程序；而在許多**開發中國家**，因死亡率快速降低，正處於重新調整的痛苦中。

dendritic drainage 樹枝狀水系 參見DRAINAGE PATTERN。

dendrochronology 樹輪年代學 通過研究樹幹每年的生長紋寬度變化，以再現和測定過去氣候事件年代的科學。溫帶森林的樹木在夏天和冬天形成可區別的**輸導組織**。依此可以確定組織生長速度和盛行氣候之間統計關係。樹木在其生長期間的生長順序和變化量便可以與氣候資料（平均溫度、溼度、乾度、風型等）相比較，建立生長速度和氣候之間的統計模型。這個模型可用生長在同一地區的其他同種樹木來驗證。如果證明是正確的，則此模型可用於同類古木或舊房子的木樑，其氣候環境可從已確定的關係中推出。

許多樹種已成功地用於樹輪年代學的研究，特別是那些樹齡很長的樹木，如橡樹和紫杉。生長在北美洲內華達山脈高處的老爺松最為有用，此樹樹齡達4660年，其死樹幹可追溯到8200年。利用老爺松(*Pinus aristata*)進行**放射性碳定年**，證明碳14進入活組織的速度不是先前認為的恆定。在**距今**6000年要加1000年的校正因子。參見圖51。

density dependence 密度制約 在動物生態學中，環境因子控制羣體規模，其有效性隨羣體密度改變。當達到高羣體密度時，環境因子會有效限制羣體的增長。在低羣體密度，環境因子影響很小。密度相關的因子，包括食物可獲量、生存空間、築巢位置、疾病影響和物種之間的競爭。幾個因子可以同時起作用，每個因子對羣體的調節起作用。參見LIMITING FACTOR。

denudation 剝蝕 經由**風化**、**塊體運動**、**侵蝕**和**搬運**等作用，使地表降低的過程。

deposition 沈積 把由河流、冰川、海洋和風的作用所搬運的砂子和碎石堆積下來。參見SEDIMENTATION，FLUVIAL DEPOSITION，GLACIAL DEPOSITION，WIND DEPOSITION，MARINE DEPOSITION。

depression, frontal depression, cyclone, low 低壓，鋒面低壓，氣旋 沿**極鋒**產生的低氣壓區。其氣壓一般在950至1020毫巴之間。當沿極鋒有小規模不穩定的變化，會引起局部氣壓降低，發展為低壓。這些不規則性是在極鋒南面的暖空氣向北推進時形成。冷空氣蔓延在**暖鋒**後方而產生**暖區**。低壓常在溫帶地區的海上產生並向東移，為陸地西部邊緣帶來雲和雨。低壓範圍為150～3000公里，移動速度達每日1000公里。

在北半球，風繞低壓中心以反時針方向旋轉，而在南半球則是順時針方向運動。

低壓用一組橢圓或同心封閉等壓線表示。強低壓有迅速向外遞減的**氣壓梯度**，可用許多間隔很小的等壓線表示。弱低壓表現為輕風、小氣壓梯度和很少的幾條等壓線。參見NON-FRONTAL DEPRESSION。

deprived area 貧困區 社會、經濟、環境問題叢生的人口集中區。定出這些地區，旨在改善貧困居民的生活條件，採取補救措施。在英國，教育當局首先在1960年代後期指定了貧困區，根據學校學生由於家庭貧困、健康情況不良、學習天賦不好等原因使學業不良而在學校附近規定了教育優先區，這就需要特殊的資源投入。城鎮規畫者在1970年代起採用貧困區的概念。基於包括高失業率，高嬰幼兒死亡率，高犯罪率，家庭貧困、低教育水準、慢性病的比率高，以及商店、診所和社會資助機構等服務部門的不可及性。此外，居住品質，擁擠程度、舒適標準（如老年家庭和單親家庭的比例）也常納入考慮之中。

在許多大城市內的這些貧困區已成為選擇輸入額外資源的焦點。以建設性區別政策按全城社區再建和更新規畫定出這些地區的先後次序。實現這些規畫是要犧牲其他享受較高生活品質的居民區的利益。參見PRIORITY TREATMENT AREA，INNER CITY，CROWDING。

derelict land　廢地　現在停著不用的土地的統稱，這是過去物質掠奪或美學破壞的結果。物質掠奪可能是過去採礦，特別是露天採礦的結果，而從前的化學工廠會使土壤污染或毒化，自然植被再生很慢，而過早再使用會對該地區的居住者造成健康上的損害。廢地的特點有時只是建築物的毀壞，而不是土地本身的破壞。

清除和**修復**廢地是在致力於促進新工業，以及城市更新的主要目標。參見LAND RECLAMATION。

derncarbonate soil　黑色石灰土　像**黑色石灰土**的土壤，列在前蘇聯土壤分類系統中。

derris　魚藤　一種天然**殺蟲劑**，1912年從南美洲塊根植物製得。此提取物首先由當地居民用作魚的毒藥。魚藤作為殺蟲劑的確切作用還不清楚，但會引起昆蟲呼吸系統和心臟痲痺。魚藤對哺乳動物毒害低，但施於食用作物時，食用和採收之間至少要隔1天。使用魚藤不能靠近水道，因為若進入水中會使魚類全部都死亡。

desert　沙漠　蒸發量超過降水量的地區。由於各地區的明顯差異，確切地從氣候上定義沙漠是不可能的，但年降水量小於250公釐的地區，一般會出現沙漠環境。

沙漠地區可分為：

(a)半乾燥區。降水量與蒸發量之比小於1。這些地區雖然常有短暫的溼季，但降雨不足。年降水量常在380～760公釐之間；

(b)乾燥區（或真沙漠）。年降水量在125～380公釐之間，完全乾旱數月後，會下一場短暫的傾盆大雨；

(c)極端乾燥區。降雨的間隔可能長達5年，但一旦降雨，其降雨量會超過50公釐。

氣候上的真沙漠為數很少，而半乾燥沙漠和人為沙漠則日益普遍。也可以將這些沙漠地區分為：熱沙漠，如撒哈拉沙漠；寒漠，如喜馬拉雅山背風面的崑崙沙漠。寒漠的冬季特別冷，白天氣溫可能不高於0℃。在熱沙漠地區，不顯示出冷季的特色，不過夜間氣溫可降至0℃以下。

由於沙漠無水，對動植物的生存極有害。在過渡區內植物和土壤顯示逐漸適應乾燥。土壤越來越受地下水上升運動的支配，即依賴蒸發超過降水量的情況。參見DESERT VEGETATION，DROUGHT，CLIMATE。

desertification　沙漠化　土地的生物生產力極低，以致於**沙漠**環境、乾燥和半乾燥地區擴展的過程。沙漠化的特徵包括植被貧瘠，土壤質地、結構、營養狀態和肥力的惡化，**土壤侵蝕**加速，水的可獲量和品質降低、沙子侵入土地。

沙漠化的成因複雜，不過有趨向長期乾旱的氣候變化跡象，而產生嚴重沙漠化的主要原因被認為是由於人類和短期極端的氣候波動而引起的環境壓力。這個觀點在1968到1974年**薩赫勒**地區的嚴重乾旱之後，被1977年召開的聯合國關於沙漠化會議所接受。確定沙漠化的原因大約有45種，其中38種是由於人類對土壤、水、能源、植物區系和動物區系的管理不當，包括超過土地

沙漠	面積（百萬平方公里）	佔世界沙漠面積的百分比
撒哈拉沙漠	9.07	41.7
澳洲沙漠	3.37	15.5
阿拉伯沙漠	2.60	11.9
土耳其沙漠	1.94	8.9
北美沙漠	1.29	5.9
塔克拉瑪沙漠和戈壁沙漠	0.77	3.6
巴塔哥尼亞沙漠	0.67	3.1
塔爾辛德沙漠	0.60	2.7
喀拉哈里／納米比亞沙漠	0.57	2.6
伊朗沙漠	0.39	1.8
阿塔卡馬沙漠	0.36	1.7
其他沙漠	0.13	0.6
總面積	21.76	100.0

圖23　**沙漠**　世界沙漠面積。

容納量的過度密集栽培和過度放牧、**灌溉**不良引起的土地**鹽化**、以及**濫伐**森林（特別是薪柴的採伐）。

雖然沙漠化常導致生態系統的惡化，但仍有補救的方法。沙漠的補救和預防措施可以是相當有效的，例如，灌溉、**造林**、**防護林帶**的利用、種樹和草、建立籬笆以穩固沙丘、保護現存植被、**土壤保育**、精心管理水資源、以及施行教育以啓發當地人民採用這些改造方法。

desert vegetation　沙漠植被　演變成適應極低年降雨量（參見DESERT）的植物。沙漠植被沿著沙漠邊緣溼地到乾旱的中心的斷面在外觀和特性上常常呈現明顯的過渡。一般說來，從木本植物變為多瘤節並呈現伸展形式。物種數目和單體數目下降，葉子越來越小最後退化成針狀或劍狀。除了真沙漠地區，常綠植物處於主要地位。在真沙漠地區，樹木被刺狀的**灌叢**和**一年生**（旱生）**草本植物**所取代。參見MIROPHYLLOUS FOREST, SEMI-DESERT SCRUB, TROPICAL DESERT VEGETATION。

desilication　脫矽　參見FERRALIZATION。

destructive boundary　破壞性邊界　參見PLATE TECTIONICS。

destructive wave　破壞性波浪　參見WAVE。

detergent　清潔劑　用於除去表面污垢和油脂的無機物質。最早的清潔劑是肥皂，它是由鹼、鹽和脂肪酸製成。自1918年起清潔劑有了變化，添加許多合成化學物質，增加除垢的效力。然而，諸如四丙烯磺酸苯等添加物含有複雜的多支碳鍊，不能在水中分解。含硬鍊清潔劑的污水大大地降低了污水處理廠的效率。而且，這種部分處理的污水排放入河內，硬鍊清潔劑會產生大量泡沫，這種泡沫有時稱為清潔劑天鵝。這種污水中的泡沫可被風吹散，擴散了病原菌和蟲卵，使人和動物感染。

1960年代，硬鍊添加物被更簡單的**生物可分解的**軟鍊物質所取代，避免形成泡沫問題。這種新的富含磷酸鹽物質導致水體**優養化**和局部造成**藻花**。

如果水中含0.1 ppm的清潔劑，會使水中的氧降低50％。一些淡水魚，特別是鱒魚，水中只要含有濃度1ppm的清潔劑，就會窒息。

detergent swan　清潔劑天鵝　參見DETERGENT。

detrital food chain　腐屑食物鏈　一種初級階段的覓食結構關係。其初級生產者（綠色植物）形成**腐屑**，**分解者**以此為食。對照GRAZING FOOD CHAIN，參見SAPROPHAGE，SAPROPHYTE。

detritus　腐屑　地面上集聚的生物碎屑的統稱。多來自於植物，也包括小動物的遺骸。參見DECOMPOSER，DETRITAL FOOD CHAIN。

detrivore　分解者　參見DECOMPOSER。

developed country　已開發國家　與**開發中國家**對比，有下列特點的國家的統稱：高生活標準和物質福利、高平均國民生產總值、高平均能源消耗、低出生率和死亡率、高平均預期壽命、良好的教育措施和衛生保健服務、高度文化水準以及高營養標準。發達的經濟，使參加經濟活動的人口中只有少量務農，有製造工業基礎和增長的第三產業（服務業）部門。

已開發國家包括西歐、北美、日本和澳洲等的工業市場經濟（參見圖24）及東歐和前蘇聯（現在正在走向工業市場經濟）的中央計畫經濟。已開發國家統稱為北方，相對地把開發中國家稱為南方。已開發國家在國際舞台上，具有強大的政治和經濟影響。工業市場經濟有明顯的差異，按1986年平均國民生產總值其範圍由西班牙的4860美元，到美國的16480美元。相較之下，開發中國家平均國民生產總值的平均僅為610美元。

developing country　開發中國家　與**已開發國家**對比，有下列特點的國家的統稱：低生活標準和物質福利、低平均國民生產總值、低平均能源消耗、高出生率和死亡率、低平均預期壽命、不良的教育和衛生保健措施以及低水準的人均食品消耗。開發中國家一般從初級產業（農業和採礦）中生產較多的粗製民用產品，並比已開發國家更依賴出口初級**商品**，來取得外匯。

開發中國家這個名詞意味社會經濟變化朝工業化經濟發達狀況運動的程序，而不管是中央計畫還是市場導向。雖然近幾十年內有了實際的進步，但某些開發中國家與已開發國家的差距增大了。其他名詞，如“發展中經濟”和“未開發國家”與“開發中國家”可互換使用。如南方和**第三世界**這些名詞，意味反對北方已開發國家可覺察的剝削，和新殖民主義計畫中的共同利益。未開發國家這一名詞取強調落後之意，而落後是被強制從屬的殖民化的一部分。

雖然開發中國家具有某些共同的特徵，但差異十分大。諸如

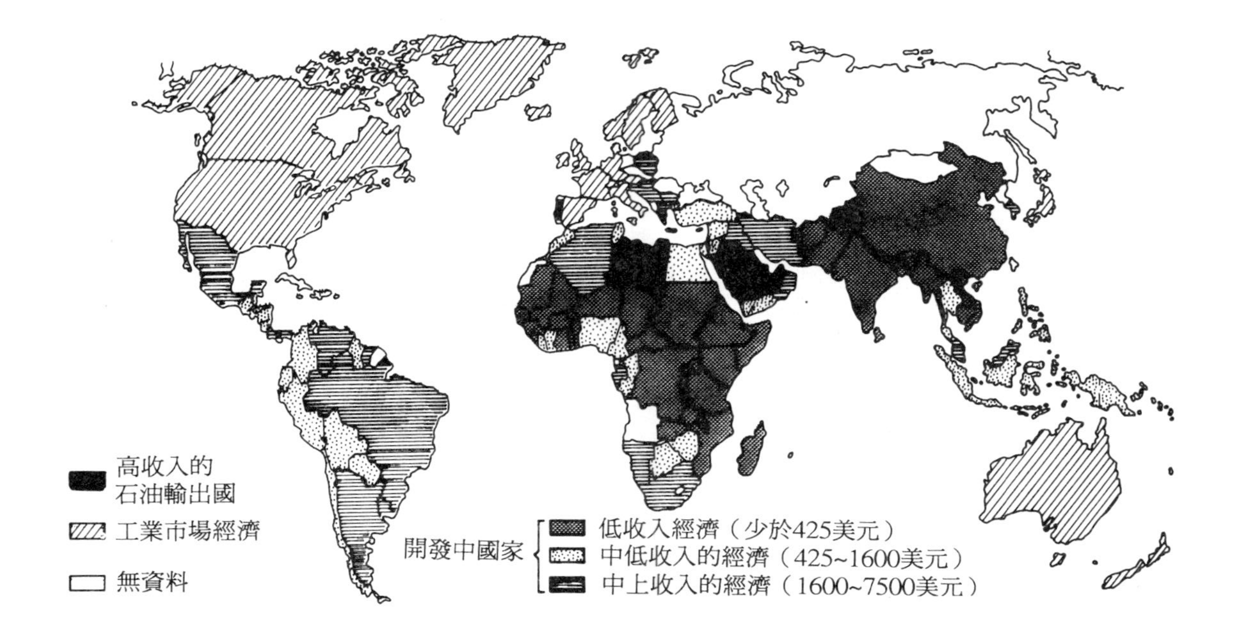

圖24 **開發中國家** 世界上的開發國家和開發中國家。

聯合國和**世界銀行**等國際團體試圖按主要發展指標，將這一廣大的國家集團再予以劃分。聯合國已確認31個國家為最不開發國家，而世界銀行在其年度世界發展報告中，利用平均國民生產總值，將開發中國家分為39個低收入經濟（低於425美元，1986）、35個中等收入的經濟（460～1600美元）和23個中等收入以上的經濟（1600～7500美元）。高收入的石油輸出國（如沙烏地阿拉伯）是單獨分類的，有35個國家，其人口低於100萬（參見圖24）。資源和經濟結構的顯著差別不僅存在於國家之間，例如非洲**下撒哈拉**附近的國家，和拉丁美洲較大的中等收入以上的國家，而且在國內也有顯著差異，常常大於國家間的差異。

development　發展　某些體制、地區、事物或人的情況轉變。這個名詞是指變化朝向增長或進步的方向。某些形式的發展是不可見的，如人認知能力的發展。但是大多數發展是最後通過環境變化而成為可見的，而環境變化是從不可見的社會或個人的變化而產生的。發展主要有3種：

(a)經濟發展。包括國家或地區經濟基礎的擴展、多樣化、居民勞動技能的進步，以及生產程序中技術革新。這一發展通過對新類型工廠的需求，以及居民收入提高後對社會設施的需求而成為有形的。工業、農業和商業的發展都包含於經濟發展中。

(b)社會發展。是由特定的地理區域或社會羣體人民生活品質（特別是衛生和教育方面）的進步，以及羣體對參與決定他們前途的信心和能力的增加所引起的。通過對社會和零售服務壓力的增長以及通過對居住品質期望的增長，使這種發展成為可見。社會公眾的發展是社會發展的組成部分。

(c)自然環境的發展。在自然環境的發展中，保證**人工環境**能適應新的期望，進行規畫和措施。改變現有的建築結構和提供新的結構，一起形成和諧的功能關係，達成**土地利用規畫**基本目標。參見DEVELOPMENT CONTROL，DEVELOPMENT PLAN。

development control **發展控制** 英國地方當局在改變土地時，所使用的控制流程。開發者向規畫當局申請更改變土地利用，規畫當局對申請進行技術研究之後，對符合該地區現行**發展規畫**者批准申請。被拒絕者，有權向中央政府有關部會提出上訴。參見LOCAL PLAN，DESIGN GUIDE。

development plan **發展規畫** 地方、區域或國家的政府制定的檔案，提出地區允許開發的原則。在英國，這個名詞用來描述地方當局制定的法定規畫，指導土地的開發利用。早期的發展規畫是以地圖為依據，由規畫可以確定土地利用的部署。後來，提出雙層發展規畫體系，包括結構規畫（提供一個戰略上的政策框架）和**地方規畫**。後者給出有關土地利用申請細則的更多資料。1986年，英格蘭和威爾斯大都會地區提出統一發展規畫體系。這個體系把策略和地方規畫方針組合在一起，作為統一規畫檔案的兩個部分最終將取代現在的結構規畫和地方規畫體系。在其他地區，結構規畫和地方規畫很可能被地方規畫當局制定的地方發展規畫所取代，而置於地方當局頒發的策略規畫指導的範圍之內。參見DEVELOPMENT CONTROL，LAND USE PLANNING。

Devonian period **泥盆紀** **志留紀**之後的地質紀，始於距今約3億9500萬年，終於約3億4500萬年前，後為**石炭紀**。種類繁多的海洋無脊椎動物和淡水魚的化石，可用測定泥盆紀的年代。**兩生類**首次出現於這個紀。參見EARTH HISTORY。

dew **露** 大氣中水蒸汽**凝結**，在地面、植物及其他冷的表面上形成水滴。露多由低層大氣，於夜間冷卻至**露點**以下形成的。也可能是暖溼空氣經過冷的地表時形成的。在靜止潮溼的環境下，露最多。在乾燥和半乾燥地區，露水可能是年降水量的重要部分，可收集以供家用和農用。

dewpoint **露點** 空氣冷卻讓蒸汽飽和並**凝結**成**露**的溫度。參見HYGROSCOPIC NUCLEI。

diagenesis **成岩作用** 參見LITHIFICATION。

diatrophism　地殼運動　參見TECTONISM。

dicotyledon　雙子葉植物　顯花植物（被子植物）兩個亞綱較大的一羣，其胚芽特徵是兩個子葉。葉子內葉脈排列成不規則的網狀，葉子的形狀多種多樣。花的排列能使花瓣、萼片和雄蕊一般排成4或5的倍數。內部**輸導組織**同樣按4或5的倍數聚成組。

雙子葉植物物種的數目超過24萬種，包括絕大多數**硬木**，以及灌木和草木植物。對照MONOCOTYLEDON。

dieldrin　狄氏劑　參見ALDRIN。

dietary energy supply　飲食能量供應　參見FOOD BALANCE SHEET。

dike　岩脈；堤防；溝渠　1. 一種片狀不整合**侵入岩**體。由**岩漿**沿著地殼薄弱處，如**斷層**，貫入並固化而成。其厚度從幾公分到幾百公尺。岩脈常以大量平行或輻射狀成羣出現，延伸可達數百公里，有時伴隨大的火成岩體，如**岩基**和**岩蓋**一起出現。差異侵蝕導致岩床出露，形成獨特的地形。經常從岩脈開採石塊用作築路碎石。

2. 人工建成的堤壩以保護低窪地，防止河流或海岸的泛濫。參見POLDER。

3. 河道或溝渠。

dilation　回脹　參見PHYSICAL WEATHERING。

direct drilling　直接鑽孔　參見TILLAGE。

direct recycling　直接再循環　參見RECYCLING。

discharge　流量　參見FLUVIAL TRANSPORTATION。

dismantlement　拆除　參見DECOMMISSIONING。

dissolved load　溶解負荷　參見FLUVIAL TRANSPORTATION。

district heating　區域暖氣　由處於中心位置的暖氣設備提供暖氣的系統。暖氣設備可按所需容量建造並可以使用任何能源：地熱、石油、電力、天然氣或煤。有時是利用電廠發電程序產生的多餘熱水。區域暖氣曾用於部分紐約市區已經好幾代，並普遍用於歐洲國家，特別是斯堪地那維亞國家。

disturbance　擾動　1. 在生態學中，指由環境變化而引起的**生態系統**的任何變化。例如，**高山**生態系統中雪覆蓋不足。某些生態系統，特別是**熱帶雨林**無法抗拒任何重大的擾動要素，而北方針葉林需要定期**焚燒**的擾動以促進其再生。現在，人類對生態系統的擾動已起主要作用，與自然擾動不同的之處，人為擾動更為頻繁、嚴重和常為有意施加的，如**濫伐**和**灌溉**的影響。

2. 在氣象學中，指的是小範圍的**低壓**。

divergent boundary　分離型邊界　參見PLATE TECTONICS。

diversity　多樣性　在**棲息地**內所包含各種物種的定性或定量的量度。可以指**植物區系**或**動物區系**。

divide　分水界　參見WATERSHED。

division　門　參見PHYLUM。

DNA　去氧核糖核酸　英文deoxyribonuclei acid的縮寫，長鍊分子，是除去病毒外所有生物染色體的主要組成部分，其中的遺傳密碼可使生物個體生長和活動。每個DNA分子由核苷酸（磷酸和脫氧核糖單糖的結合）和胸腺嘧啶、腺嘌呤、鳥嘌呤或胞嘧啶等四氮鹽基，相互盤繞組成的長鍊。1953年克里克和華生提出以單鍊由氫鍵相連，並排列成複雜的雙螺旋。在此螺旋中特定的鹽基成對出現：胸腺嘧啶只與腺嘌呤鍵；鳥嘌呤只與胞嘧啶成鍵。DNA能極精確地自我複製，保證遺傳密碼不變地代代相傳。然而核苷酸沿DNA鍊的組合數目很大，因而一個物種內可以有很大的變異。

DNOC　二硝基甲酚　1892年首先用作**殺蟲劑**的化學藥品，從1920年代起廣泛用作**除草劑**。在農業上的重要性是只會殺死一年生雜草，而不傷害作物本身。二硝基甲酚對持續生存的多年生雜草作用很小。因為此物質不通過植物移動，所以地下的植物器官能長新葉。二硝基甲酚化合物在土壤中很快分解而不留殘毒。因此，二硝基甲酚不通過**食物鏈**傳播。

二硝基甲酚是用於農業，毒性最強的噴霧劑，這是它最主要的缺點。對哺乳動物（包括人類）非常有害，由吸入或皮膚吸收引起。由於這個原因，二硝基甲酚已被其他選擇性除草劑（如二氯苯氧基乙酸）所取代。

doldrums　赤道無風帶　在海洋上形成的熱帶低壓區。特點是高溫潮溼、無風或微弱的不定風（參見圖71）。相反，由於強勁的**對流**胞作用，暴風氣候也出現於赤道無風帶。無風帶的確切位置和範圍主要決定於季節的變化。

doline　落水洞　在喀斯特地區由邊緣陡峭的圓形凹地。由溶解風化（參見CHEMICAL WEATHERING）或經地下洞窟塌陷而形成。古代的落水洞可能全部乾涸，而近期形成的可能處於**坡面漫流**而消失於地下之處。參見UVALA。

domestication of plants and animals　馴化動植物　野生動植物納入人類控制，並通過細心飼養和**選擇育種**，對**作物**和家畜進行改良，為人類所利用。馴化動植物使早期的**狩獵採集者**，進展為能控制食物生產，實現固定的**農業**、更高的人口密度和文明世界所必要的勞動部門；經技術和政治進一步發展後，就出現城市和有文化的社會。大約1萬年以前，在東南亞出現易發芽、成熟後種子不與植株分離，以及良好貯藏性質，適於栽培的植物，屬首次馴化之列。通過刻意的雜交授粉，形成了早期小麥和大麥的變種。動物開發方面的發展，補充了植物的栽培，從而綿羊、山羊、牛和豬的祖先從它們的野生羣體中分離開來，進行放牧以提供肉、奶和毛。其他動物如馬、驢、駱駝和水牛主要用作負重的牲畜，或拖拉用的動物，從而促進耕種的擴展。參見AGRICULTURAL HEARTH，CULTIGEN。

dominant　優勢種　在生態學中，指的是對生活的必要條件：食物、光、領地和配偶等，競爭十分成功，且對**棲息地**發揮實際影響，使居住在同一生活區的其他物種受到限制的植物或動物。

doomsday syndrome　末日徵候羣　某些環境保護主義者所持

的全部人類活動導致生態災難的信念。由於人口增長、污染、資源耗盡、物種滅絕、以及增加無機化學物的使用和土壤侵蝕的結果，**生物圈**的自然穩定性達到危險狀態。這種狀況被稱為黑暗末日悲觀論，而鼓吹者則稱為末日論者。對照TECHNOLOGICAL OPTIMISM，參見ECOCATASTROPHE。

doomster　末日論者　參見DOOMSDAY SYNDROME。

dormitory suburb　郊外住宅區　又稱郊外臥室區，多位於大城市邊緣居住區的統稱。那裡有一大部分是勞工，長途通勤去別處工作。參見COMMUTERS，COMMUNITY。

dose equivalent　劑當量　參見RADIATION DOSE。

doubling time　加倍時間　在人口（羣體）動力學中，**人口**或羣體數目增加1倍所需的時間。加倍時間取決於人口（羣體）中有生育能力的雌性數量、妊娠期、多產者的比例、生存率以及死亡率。由於這些變數，人口（羣體）可以增長或減少，以每年增減的百分數表示。加倍時間已廣泛用於人口增長（參見圖25）。在理想環境中，人口增長呈現**指數增長**模式（參見圖32）。

年增長率(%)	群體加倍 所需的年數
0.1	693
0.5	139
1.0	70
1.5	47
2.0	35
2.5	28
3.0	23
3.5	20
4.0	18

圖25　**加倍時間**　增長率與加倍時間的關係。

downtown　商業區　參見CITY CENTER。

drainage basin　流域　參見CATCHMENT AREA。

drainage basin management　流域管理　參見WATERSHED MANAGEMENT。

drainage pattern　水系型　集水區內河流及其支流的分佈。水系型受地表性質、下伏基岩的類型和結構，以及該地區的氣候狀況的影響。有3種主要水系型：

(a)樹枝狀水系。其特點是支流分支不規則。形成在地質結構對水道影響甚微的地區。

(b)格子狀水系。水道合流處近似直角的河網。其形成顯著受該區地質的控制。

(c)放射狀水系。河流在穹形山地（如火山錐）流向四周低地，呈放射狀分布。

先成水系和**疊置水系**則是保留原有的水系型，與目前的地表條件無關。

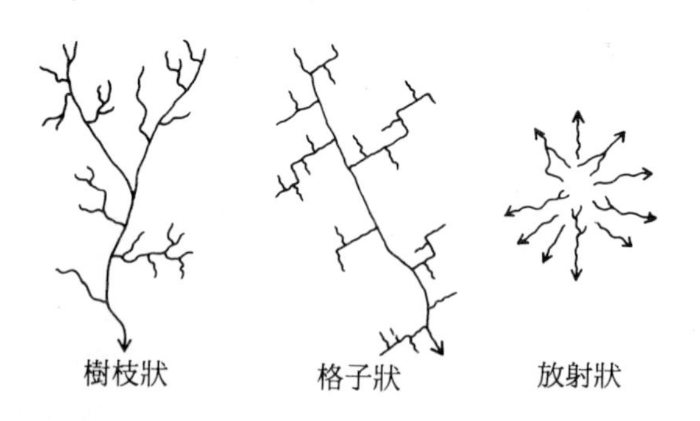

圖26　**水系型**　樹枝狀、格子狀、放射狀水系。

dredge　挖泥船　為清理河道和**河口灣**的沈積物，以保持航行通道而專門設計的船。

drizzle　毛毛雨　水滴直徑小於0.5公釐的細雨。

drought **乾旱** 1. 持久而連續的異常乾燥氣候的期間。而確切定義隨國家不同而異。在某些國家中，乾旱分為3種：

(a)絕對乾旱。連續15天或更長時間之降雨量小於0.2公釐。

(b)部分乾旱。連續29天平均日降雨量在0.2公釐以下。

(c)乾期。連續15天或更長時間平均日降雨量不超過1公釐。

在美國，是指14天內測不到降水。

2. 供水不能滿足一般家庭、農業和工業需要的一段時間。乾旱可在許多氣候狀況下出現，有局部、短暫的夏季，限制洗車和澆灌花園的小型乾旱，也有大型災難性乾旱，如1930年代美國中西部塵暴、1985～86年衣索比亞的歉收造成嚴重饑荒。

drowned river valley **溺谷** 參見ESTUARY。

drumlin **鼓丘** 一種非層狀冰磧物沈積的橢圓形小丘。形成於冰層之下，長可達3公里，高達60公尺，其方向與早先的冰體流動方向平行，陡的鈍端面對上游。鼓丘多成羣出現，形成雁行排列地形。常開採鼓丘的沙子和礫石為建築和工業用。參見GLACIAL DEPOSITION。

dry adiabatic lapse rate（DALR） **乾絕熱直減率** 不飽和氣團上升時的熱量損失率。乾絕熱直減率按每上升100公尺下降1℃計，但這個數值可能有小誤差。對照SATURATED ADIABATIC LAPSE RATE，ENVIRONMENTAL LAPSE RATE。參見LAPSE RATE。

dry farming **旱作** 一種**粗放農業**制度，其中**穀類作物**無需**灌溉**，生長在半乾燥的地區。地區年降雨量少於500公釐，土壤水分保持在臨界狀態。每兩年**休耕**一年。由於休耕地比生長植物的地表蒸發少，休耕期的部分降雨量便儲存在土壤中供來年的作物用。土壤表面暴露在自然環境，增加了土壤侵蝕的可能性，不過採用**覆蓋物**，如在西非的**稀樹草原**和**薩赫勒**的部分地區，或沿緩坡的等高線放置多排石塊，以阻止逕流，並使水分滲入土壤，就可以減少土壤侵蝕。經常耕耘休耕交替的土地或將土壤成細粒的耕地，也有助於水分的吸收和保持水分，不過有**風蝕**的危險。

dry spell　乾期　參見DROUGHT。

dune　沙丘　由風作用使沙粒堆積成的低墩或小丘。沙丘遍佈全世界，包括在沙質泛濫平原區，沿海岸或湖邊沙灘以及沙漠。當障礙物（如石塊和植被）使風速降低，在障礙物的背風面堆積風吹來的物質時，就形成沙丘。按風的性質、可獲得的沙量以及植被的類型和數量，沙丘的規模和形狀變化很大。已知的沙丘類型有：拋物線丘，兩尖角迎風的細長沙丘；縱丘，狹長的對稱沙丘，走向與盛行風方向一致；新月丘，尖角指向下風處。

大多數沙丘的形狀不固定，當風吹沙粒越過迎風緩坡之頂並堆積於背面陡坡，沙丘便緩慢地移動。沙丘移動趨勢是緩慢的，但曾有每年移動大於30公尺的記錄。在沙丘生長植物之前移動是連續的，植物可以是自然出現的或有意的種植。在法國的朗德地區和蘇格蘭東北部的農田、道路和住宅區因沙丘入侵而喪失。在這些地方已制定植樹計畫以穩定沙丘，避免進一步的損失。在美國和澳洲也需要類似的規畫。

在沿海地區，車輛和行人的往來使沙丘植被減少，侵蝕就開始。美國和荷蘭部分東北海岸沙丘保護低地防止海水泛濫，假如防護沙丘被海水沖失，生命和財產的損失會相當嚴重。

dung fuel　糞燃料　**開發中國家**用作替代燃料的乾獸糞。在缺少薪柴時，糞是主要的炊事能源。在非洲和亞洲每年至少燒掉4億噸糞。若將這一數量的有機物當作肥料放在土壤中，可使受嚴重食物短缺的地區每年增產穀物2000萬噸。參見FIREWOOD CRISIS，BIOGAS，ALTERNATIVE ENERGY。

duricrust　硬殼　一種位於某些土壤上層的緻密硬層。由礦物溶液蒸發而形成。沈積的礦物質集聚造成了該層的硬性。這些溶液常含鐵、矽、鈣、鋁或鎂，而這些高礦物含量有時可進行商業開採，如某些巴西的**磚紅壤**。硬殼厚度可達數公尺，在半乾燥地區最為常見。參見CEMENTATION，HARDPAN。

dust bowl　塵暴區　土壤正被風吹蝕（參見WIND EROSION）而移去的半乾燥地區。塵暴區與周期性乾旱相關，可能起因於集約耕作技術或牲畜的過度放牧。現在廣泛採用這個名詞，但特指1930年代早期美國中西部的塵暴區。諸如**等高耕作**、**綠色休耕地**和**防護林帶**等先進農業技術，可使該地區的風沙減小。參見SOIL CONSERVATION。

dust storm　塵暴　遠離地面，含塵沙的風。常見於乾燥和過度放牧地區。含塵多，顯著降低了能見度，並遮蔽了太陽。塵暴以前進的屏障或旋風的形式出現，一般是短暫的，也有持續長達12小時的。當塵暴伴隨強風時，可能對噴漆表面（特別是汽車）造成嚴重的磨蝕，並能使玻璃失去光澤。參見SANDSTORM。

dynamic metamorphism　動力變質　參見METAMORPHISM。

dynamic rejuvenation　動態回春　參見REJUVENATION。

E

earth flow　土流　局部飽和土壤和岩屑的快速下滑運動。土流比**泥流**黏滯，經常出現在春季解凍或大雨之後，範圍從幾平方公尺到幾千平方公里。

小的土流會阻塞公路和鐵路。挖掘斜坡地基、河流侵蝕和伴隨著挖掘施工和築路填方人為地使斜破陡峭，常常引起土流。

大的土流通常和薄弱的區域或不透水的下伏基岩相關，可能涉及百萬噸土壤和岩石的運動，而引起大量生命財產的損失，例如1955年加拿大魁北克省的尼科萊土流和1966年英國威爾斯南部阿伯範的災變。

在容易發生土流的地區，通過諸如坡地排水、植樹穩固土坡和建立擋牆等方法，可限制土流的運動。

earth history, geological column, stratigraphical column, geological time scale　地球歷史，地質柱，地層柱，地質年代表　過去地球的地質年代表。地球歷史可分為**代**、**紀**和**世**。世和更小的時間單位的使用常常受到限制。因為各國的定義可能不同。參見圖27。

earthquake　地震　自然發生並可偵測的快速地面振動。發生形變後沿著**斷層**和**岩石圈板塊**邊界的應力超過岩石強度時，而突然釋放能量所產生的地殼運動。這些運動產生的**地震波**從震源向外傳播，垂直向上至地表之處稱為**震央**。地震的規模按**芮氏震級**量度，規模取決於運動的位置和大小、地震波行進在震源和地表之間通過岩石的性質和類型、以及形變的持續時間。地震也隨地

代	紀	世	起始年代（百萬年前）
新生代	第四紀	全新世	0.01
		更新世	2
	第三紀	上新世	7
		中新世	26
		漸新世	38
		始新世	53
		古新世	65
中生代	白堊紀		136
	侏羅紀		195
	三疊紀		225
古生代	二疊紀		280
	石炭紀		345
	泥盆紀		395
	志留紀		440
	奧陶紀		500
	寒武紀		600
前寒武紀			4600?

圖27　**地球歷史**　地質年代表。

殼的**岩漿**急速移動和火山爆發而產生。地震可在深達700公里之處產生，不過大多數震源仍在地殼內。

大多數地震限於兩個主要地區：

(a)環太平洋區，因常與火山活動有關，亦稱為火環。幾乎環繞整個太平洋，從南北美洲的西海岸經阿留申羣島、日本、菲律賓、印尼到紐西蘭。

(b)地中海及橫跨亞洲帶。從西班牙通過地中海和中東到喜馬拉雅山。

全世界每年都有成千上萬次地震記錄，但只有幾次規模較大。大地震會引起災難，造成生命財產的損失。最嚴重的有1923年東京大地震，估計死亡30萬人，以及1990年伊朗的地震，估計約5萬人喪生。地震的破壞開始於地面劇烈振動，不過其後的效果同樣會造成巨大的災難；包括**山崩**、**泥流**、有毒氣體的釋放、沈陷、隆起、建築物倒塌、煤氣管斷裂，和電氣絕緣破壞引起的火災、以及堤壩潰決釀成洪水。海底地震則會引起**海嘯**。

在地震帶，細心的**土地利用規畫**和建造防震結構，試圖將地震的影響降至最小。在許多國家中，即使在地震帶以外的一些國家中，大型的工程項目如水壩和核電廠的建造要作抗震設計。

有時可以預報地震的發生。可採用的方法有幾種，包括使用地震儀，和其他靈敏儀器來監視應力的出現以及震前地殼岩石的化學和物理變化、主震頻率的確定、地形變化的測定以及動物行為的觀察。（編按：截至目前為止，所有的預報僅是作為參考的預警，並沒有可靠的長期預測方法）

利用爆炸引發頻繁的小震來阻止產生大地震的應力的形成，控制地震的可行性研究現正在進行中。其他兩種可能控制地震的方法是用核爆粉碎岩石，以降低震波的作用，和排出地下水以增加摩擦阻力。這些現行的控制方法的遠期效果還不清楚。因為限制一個地區的應力可能使其他地區的應力增加。地顫也可能由各種人為方式引起，如重載運輸、爆破作業和核試驗。

Earth Resources Technology Satellite（ERTS） 地球資源技術衛星 設計用來發送民間土地利用和森林、礦產、能源和水資源利用等資訊的軌道衛星系列。

最早的地球資源技術衛星有兩個高度在880～940公里之間位於近極軌道的衛星。衛星每103分鐘通過赤道1次，因此在24小時內能繞18圈。衛星在18天內幾乎行經整個地球表面。ERST－1是在1972年，由美國國家航空及太空總署發射，並在1978年1月停止工作，ERTS-2在1975年1月發射，其軌道與ERTS-1相同，但相隔9天的距離。地球資源技術衛星在1975年1月改名為**陸地衛星**，以區別探測世界海洋的海洋衛星。

earth's crust　地殼　**岩石圈**的外層，位於**莫荷不連續面**之上。在海洋的下面地殼可能只有5公里厚，而在陸地之下可達70公里。地殼可分為兩層：上層為**矽鋁帶**，僅僅出現於大塊陸地，下為**矽鎂帶**，出現於大陸和海洋的下面。參見圖28。

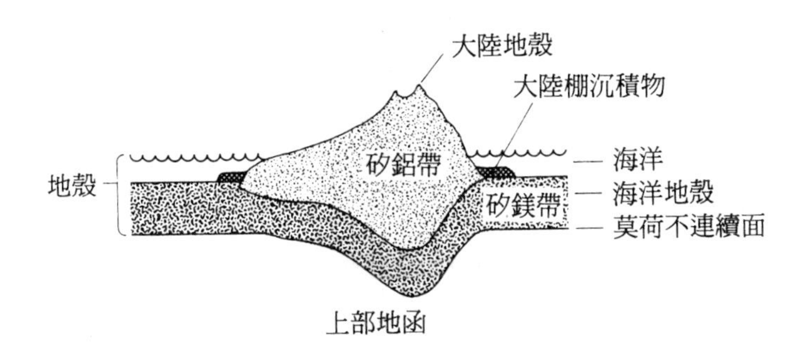

圖28　**地殼**　地殼和上部地函的剖面。

easement　地役權　個人的法律權力，以限定他人使用其土地或資源。實際上，地役權一般限於當地的問題，如**行路權**。國家也可能提出在某種程度上利用土地或資源，會造成第三方地區或國家的困難，因此必須作國家的或國際的地役權認可。

ecocatastrophe　生態大災難　導致生物圈品質和多樣性退化的大災難。雖然自然災害（如大型火山活動）會產生生態災難，但主要還是人類活動引起的。在農業中**除草劑**和**農藥**的使用、在空氣、土地、海洋內排放污染物、**核能**使用增加、人口的**指數增長**等，都是生態大災難的潛在可能因素。生態大災難的特殊例子可以從1986年車諾比核事故後拉普地區的馴鹿大量死亡，和1989

年埃克林·瓦爾德斯超級油輪洩漏原油後，對阿拉斯加灣的**脆弱生態系統**造成的影響看出來。環境保護人士對潛在的生態大災難提出**生態發展**的概念。參見DOOMSDAY SYNDROME。

ecodevelopment　生態發展　基於確保**生物圈**資源長期保育最適化的發展方略。生態發展概念來自1980年的**世界保育策略**檔案，是以**國際自然資源保育聯盟**、**世界自然基金會**、聯合國環境計畫署、聯合國**糧食及農業組織**和**聯合國教科文組織**的名義發表，有三個目標：

(a)幫助物種和羣體數量保持自我更新的能力。

(b)維持必要的土壤、氣候、養分、水文循環，讓生物能夠自我延續。

(c)維持遺傳的多樣性。

生態發展的概念的運用，應用於執行**國家保育策略**。

ecological backlash　生態後退　出於**生態系統**破壞，產生十分驚人的不良反應。有因為食物資源或**棲息地**的毀壞，致使動物羣體數量的快速衰退，或由於難以承受的農業經營，而造成的土壤侵蝕。參見ECOCATASTROPHE，DISTURBANCE，FRAGILE ECOSYSTEM。

ecological balance　生態平衡　**生態系統**的所有輸入等於該系統的輸出。在本世紀的初期，許多研究工作者假定大多數成熟的生態系統達到了平衡的系統。然而，科學家證明生態平衡在實際上是例外而不是典型，平衡的狀態只能在理論上達到。參見CLIMAX COMMUNITY，HOMEOSTASIS。

ecological equivalent　生態同位種　任何無關的或關係較遠的物種，在世界上不同部分佔有類似的**生態區位**。例如，1760年的北美草地放牧小棲息地中充滿野牛；而在紐西蘭，一種巨大而不能飛的恐鳥，處於同樣的角色。

ecological evaluation　生態評估　使用各別的植物或動物物種，用一羣相互依存的物種以指示**環境**品質。**生態系統**評估通常用指標物種鑑定，該物種可指示臨界的環境變化。例如，石南荒地中的石南屬類的出現，指示高土壤酸度（酸鹼值4.0或更低），土壤淺薄且缺乏營養，並且在土壤表面有泥炭物質累集。生態評估可以成為一個地方的環境影響評估的重要成分。

ecological niche 生態區位 1. 生物的羣落中植物或動物的位置和狀態，這就決定了活動以及和其他生物的關係，當兩種物種彼此同時存在時，兩個物種不能同時佔有同一個生態區位。

2. 功能區位，生物在羣落中所起的作用。

ecological pyramid 生態金字塔 圖解表示連續**營養級**之間的關係，可以繪製生態金字塔以表示初級生產者很大，如一棵樹（圖29a）；或顯示當初級生產者很小時，例如浮游植物，營養級往上，生物數目減少（圖29b）。還有反金字塔，例如寄生生物之間（圖29c）。參見FOOD CHAIN。

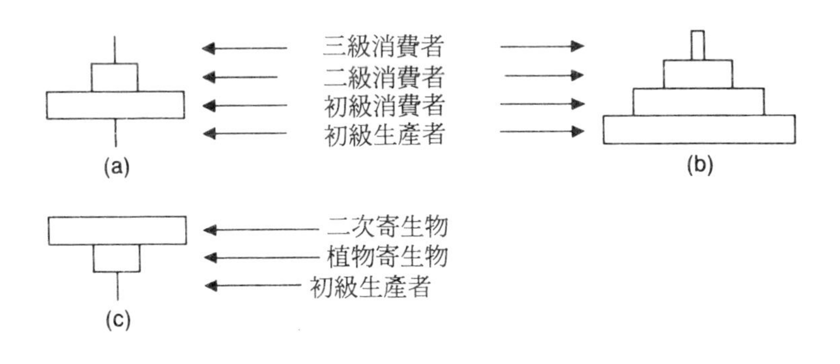

圖29 **生態金字塔** 不同類型的金字塔。

ecology 生態學 研究活的生物（生物相），與自然環境（非生物相）之間的關係。就廣義來說，生態學就是研究生物在其自然環境中的生存狀態。參見AUTECOLOGY，SYNECOLOGY。

economic rent 經濟租 1. 一種價值的度量，是超過目前充分使用所得收益的生產能力係數。經濟租不同於純收益。其輸入不僅包括實際承擔的費用，而且也包括估計由於變換使用可能獲得的收益。“租”這個名詞不要與一般所稱的租金相混淆，租金是為了使用別人財物所支付的錢財。關於生產能力因素的基本租，比如說，公司用地，可能是100美元。倘若對土地的需求增長，而後土地欠缺，使新的土地所有者由比較高的地租價格獲益，比如說150美元，而原有的土地所有者也會同樣獲益。那麼，第一個土地所有者把價格定為高於公司用地必需的基本數目則可獲益。這種過剩的或附加的價格就是經濟租，作為**土地利用競爭**的分配指示。由於農民渴望極力增加他們的報酬，選擇獲得最高經濟租的土地利用，因為這比其他所有可供選擇的使用獲益都高。

2. 在一個給定的土地利用中取得的報酬或純收入，這可以在邊緣耕作上實現。參見MARGINAL LAND。

ecosystem　生態系統　任何系統，在其中有相互依賴和相互作用的活生物羣，和與其緊接的物理、化學和生物環境（見圖30）。生態系統由**熱帶雨林**到小石坑，每個內部的養分和物質成分不同，常在限定的循環路徑中運動。參見TROPHIC LEVEL，FOOD CHAIN，NUTRIENT CYCLE，COMMUNITY。

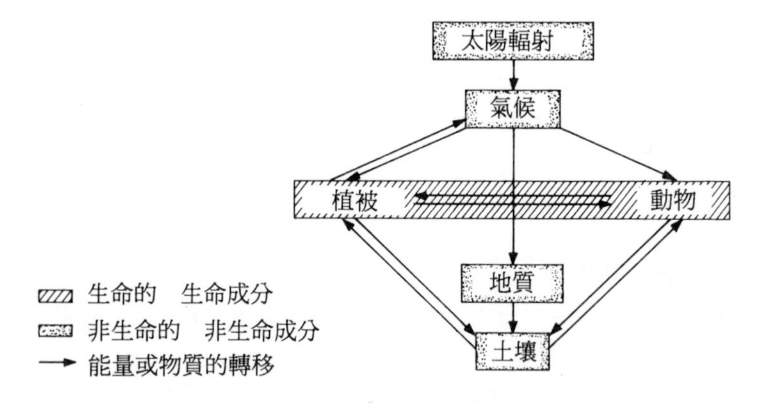

圖30　**生態系統**　生態系統中主要組成的關係。

ecotone 羣落交會帶 有明顯分界的生物羣或羣落的過渡區，如在湖邊水生植物與旱地植物之間。生存於交錯羣落區的物種間的競爭，往往十分激烈，常會導致較多的物種死亡。

ectoparasite 外寄生物 參見PARASITISM。

edaphic climax 土壤頂極 參見CLIMAX COMMUNITY。

EDF 環境辯護基金 參見ENVIRONMENTAL DEFENSE FUND。

educational priority area 教育優先區 參見DEPRIVED AREA。

effective dose equivalent 有效劑當量 參見RADIATION DOSE。

effluent 廢水 工業污染物，多為液體。由農業或污水處理廠產生，進入環境。廢水的害處在於其化學成分、溫度、酸鹼度、放射性，在新鮮水中的吸氧能力等。參見POLLUTION。

E-horizon E土層 參見A-HORIZON。

EIA 環境影響評估 參見ENVIRONMENTAL IMPACT ASSESSMENT。

EIS 環境資訊系統 參見ENVIRONMENTAL INFORMATION SYSTEM。

elbow of capture 襲奪彎 由於**河流襲奪**，形成河道成急轉彎。襲奪彎的存在，使鐵路和公路的聯接較為便利，見圖55。

electrostatic precipitator 靜電集塵器 用於除掉如在燃煤發電廠、水泥廠或鋼鐵廠的排氣煙囪中的細小**顆粒物質**的設備。

靜電集塵器捕捉微細塵粒，顆粒範圍為30～60微米。當帶塵的排氣通過兩個電極之間時，兩個電極通上很高的電荷，因塵粒帶有電荷，就被吸到帶異性電的電極上。參見CYCLONE DUST SCRUBBER，SCRUBBER。

eluviation 淋濾作用 雨水通過下滲作用使細微土粒、溶解的鹽和有機物質，從土壤的**A層**被向下運送到**B層**。其後這些物質沈積在B層，稱作**澱積作用**。淋濾作用的發生和速度，取決於土壤的特徵和結構與氣候條件。參見LEACHING，TRANSLOCA-

TION，PERCOLATION。

emission standard **排放標準** 對一污染源，給定釋放某種指定污染物進入環境的最大允許量。排放標準的運作，和環境品質標準有關，該標準是對人類健康無害、或不導致環境品質下降所允許的最大污染標準的指示值。

排放標準通常由公共衛生部門或機構制定和執行，經國家法使其具體化，例如，美國1970年的國家空氣品質控制法。或由當地法律中有關可接受的標準使其具體化，例如，由河流管理當局控制的對河流的**廢水**排放量，對超過排放標準處以罰款。企業若對標準長期漠視，將強迫安裝污染控制設備，甚至強迫停業。

emplacement **侵位** **火成岩**形成於**圍岩**之內。參見INTRUSIVE ROCK，BATHOLITH。

enclosure **圈地** 1. 始於18世紀，英格蘭和威爾斯在土地旁建立永久性的籬笆以改進農業品質。許多以下類型的土地被圈起來：無遮蓋地塊、荒蕪林地、浸水草地、以及許多有爭論的土地，公共用地。

圈地可以阻止農場動物對**田間作物**的踐踏和啃食。**牧場**的**放牧經營**也才有可能。

圈地運動對風景的視覺外觀造成重大改變。在小範圍，被打散的田地，出現了有規則的田地和大羣的農場建築。圈地對當地的動植物是災難。林地被清除、潮溼地區被排乾、以及舊的草地被耕耘，所以失去棲息地，更因狩獵而讓一些物種滅絕（野豬、狼等等）。

2. 一些地區用圍欄或柵網排斥野獸。圈地一般用來求得**食草動物**吃掉植物數量。圈地在大多數情況下是臨時的，或在控制放牧的壓力允許的情況下，使用較長久的圈地方式，例如用樹木的更新來控制圈地。

endangered species **瀕危物種** 一些植物或動物物種不再能靠自我再生的數量以保持物種的延續。物種可能由於環境變化，或人類的活動而瀕臨滅絕（巨大不能飛行的渡渡鳥和恐鳥由於狩獵而滅絕）。土地利用的變化已失去許多野生物種的自然**棲息地**，而大量使用**除草劑**和**除蟲劑**也消滅了其他物種。一種物種被滅絕，平均會有依賴這個物種的其他30個物種有瀕臨滅絕的危險。參見EXTINCTION，RED DATA BOOKS。

endemic species　固有種　1. 局限於某一個地區內，或某地區專有的一些動植物種。遙遠的海島和隔絕的山峯常存在固有種。對照EXOTIC SPECIES。

2. 某一地區連續出現的害蟲或病原物種。

endoparasite　內寄生物　參見PARASITISM。

energy　能量　1. 一個物體或系統做功的能力。

2. 表示功的測度，功可變換狀態。國際單位是焦耳。

地球可視為單獨的巨大能源系統，接收**太陽能**並反射光能和輻射熱。能量的流動形成主要的**可更新資源**。不論失去或得到能量，最後都處於能量平衡狀態，或稱**恆定性**。

一千多年以來人類企圖開發能源以適應人類需要。主要的能源是太陽，但無法控制，太陽能被用於農業，以促進**光合作用**。發展許多其他能源，其中大多數依賴燃燒木材、煤、天然氣或石油。這些**化石燃料**是**不可更新資源**，而尋找並利用可更新的**替代能源**資源是當務之急。

energy farm　能源農田　任何土地和水域，用以種植那些能快速產生大量**生物量**的植物，能夠轉變為生物燃料，如**甲烷**、**乙醇**。水藻和樹木用於這個目的，而甘蔗、木薯、廢糖漿、玉米、小麥和甜菜也已被利用成功。巴西已廣泛利用能源農田生產乙醇，並且在巴西，使用汽油必須含20%的乙醇。然而，美國已提出評估，在直接經濟成本上，能源農田的產值不能與傳統的**化石燃料**競爭。參見GASOHOL，ALTERNATIVE ENERGY。

englacial transportation　冰內搬運　參見GLACIAL TRANSPORTATION。

enhanced oil recovery　增強採油法　參見OIL。

enterprise zone　企業振興區　開發者受到經濟上的鼓勵，建立企業創造就業的地區。簡單的規畫運作在企業振興區，就可加速發展計畫。

1980年在大不列顛，以自由港的形式以吸引私人和公眾對衰落城區投資，這些城市過去受到封閉的傳統地方工業高雇用率所衝擊。此政策是否成功還難以決定，而早期的評論認為在區內雇用率的提高，只表示城市工作減少。

entombment　掩埋　參見DECOMMISSIONING。

entrenched meander, intrenched meander　嵌入曲流　由垂直方向的**河流侵蝕**形成的**深切曲流**。嵌入曲流的河谷谷壁很陡，而且其**橫斷面**是對稱的。如果一個嵌入曲流的頸部被衝毀，就會產生一個小丘，三面是廢河道，第四面是現在的河道。這個小丘的地方多為中世紀歐洲設防居住區的位置，例如法國繆斯河上的凡爾登城。

entropy　熵　在組織或系統中分子無序性的測量。在物理界，侵蝕和分解會降低其組成部分的秩序性，熵值增加。以**光合作用**和新陳代謝作用集聚能量阻止分解，其秩序性是保持或提高，於是熵值降低。見圖31。

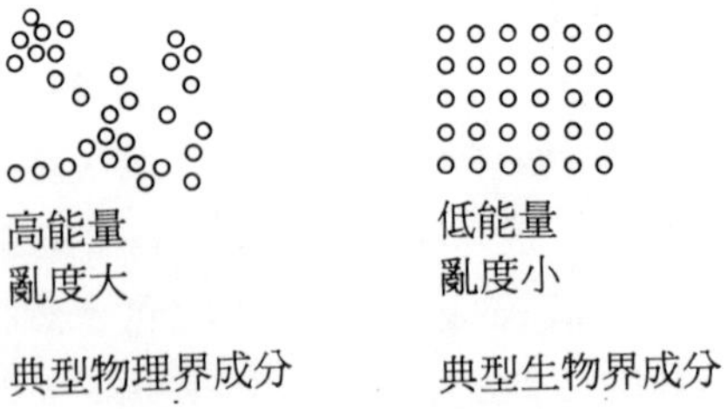

圖31　熵　熵值高低的狀態

environment **環境** 1. 影響個體生物生存的外部條件。外部環境由非生物的成分（物理的和化學的），以及與其他**生物的**關係所組成。

2. 內部的條件，首先是化學條件，控制植物和動物個體保持良好狀態。外部環境會影響內部環境，特別是對**適應生物**。例如，外部氣候可影響動物體內激素的釋放。

environmental capacity **環境容量** 1. 在規畫上，地區環境利用的安全標準。例如，限制停車場的容量，或限制在街道停放機動車，這可以避免**擁擠**、並避免降低地區的舒適、方便以及美學品質。參見AMENITY，DEVELOPMENT CONTROL。

2. 在污染控制上，是一種氣體、水、固體的污染標準，使環境能安全地適應，而不導致違犯法律規定的限制或標準。參見POLLUTION，EMISSION STANDARD，CARRYING CAPACITY。

environmental data base **環境資料庫** 關於特定環境問題或地區的資訊收集，可貯存於電腦磁碟中作為**地理資訊系統**的一部份。資料如地質、土壤類型、降雨量、水位、植被和土地利用，皆可包含於環境資料庫中。另一方面，也可為特定的物種搜集資料。例如**紅皮書**是提供對稀有動物的科學資訊。資料也可能是對主要事件的收集，例如，地震、颱風和火山噴發。

Environmental Data Service **環境資料服務處** 參看NOAA。

Environmental Defense Fund（**EDF**） **環境辯護基金** 在美國，一羣法學家和科學家組織起來，提出牽涉所有環境問題的訴訟，並接受公眾的捐贈來支付費用。類似的集團有**峯巒會**的法律辯護基金會，加拿大環境法律基金，以及英國的**律師生態小組**等等。

environmental determinism **環境決定論** 自然環境控制人類行為趨勢，並決定經濟活動性質的觀點：涵蓋居住地和文化發展。關於環境條件與人類行為之間因果關係，影響地理學發展的程度之爭論，是19世紀末和20世紀初的學術的科目。許多作家的作品，被認為是高度環境決定論者或環境保護論者。爭論涉及許多部分，包括可能論：認為自然環境不必然構成人類反應，但提供某些人反應的機會，人們可以在各種可能性間進行選擇。由可能論導出中間觀點的概率論：認為即使環境不能決定人的行為，但環境比其他因素更能對人造成影響。停走決定論，則認為人們可以決定環境發展速度，但不能決定方向，仍由自然環境指示。

environmental forecasting **環境預報** 預測因自然或人為環境發展所造成的環境變化。環境預報廣泛運用於**環境影響評估**上。參見BIOLOGICAL MONITORING。

environmental geology **環境地質學** 1. 利用地質資料來克服人類開發**化石燃料**、礦物、土地和其他岩石成分所造成的問題。例如，第三世界小型灌溉池的效率，可以把水池置於不透水的地方，就可使水的滲透的損失減到最小；同樣的，從前用於採石或傾倒工業垃圾的地面，靠環境地質學家的幫助，以不同沈積物類型、沈陷速度、回填地的承載值等方面有關知識來復原。

2. 利用地質資料，以盡量降低對城市和工業基礎結構的破壞。例如以精確繪製斷層線，預示地震和火山噴發強度和位置，並可預示在深井採礦處的沈陷。這些資料可讓規畫者、工程師，用在結構建築、通信網路，以防止地質事故的發生。

3. 利用地質資料以安放貯存商用燃料或礦物，以及發展提煉方法，以使對環境的破壞達到最小程度。

environmental gradient **環境變化率** 當環境變化，如光線、水分、或土壤類型改變時，表示物種數量或生產力大略模樣的典型分佈曲線（見圖62）。物種對環境因素變化的耐受度，將導致一種物種存在的頻度變化。能耐受環境變化範圍廣的物種稱為廣適的，多佔據廣闊區域；能耐受其環境很小變化的物種稱為狹適的，分佈情形具有高度的地方性。物種能在有限的環境變化率中適應良好，稱為最適範圍。參見DISTURBANCE。

environmental hazard **環境災變** 在**生物圈**內發生的自然事

故，侵害人類的安寧、財產和經濟事物。環境災變的時間和地點常常難以預報。有些事故例如**地震**、火山噴發、**颶風**等，很少能夠預警，卻會造成重大的生命損失，特別在不發達國家，那裡應付災變的**基礎設施**很不發達。例如1970年11月一個長達12小時的颶風，使孟加拉22萬5000人民和28萬頭牛喪生。有的環境災變可能是慢慢形成的，累積效果具有破壞性，如乾旱曾破壞了非洲的**薩赫勒**地區。

從環境災變地區迅速遷出人口，可盡量降低事故的影響，然而由於事故來得快，這種方法常常是不可能的。由**已開發國家**提供的財政**援助**和**糧食援助**，目前變得十分重要。有時技術上的解決方法也是可能的，如在東京，地震災害可靠建造防震設計的建築物，並輔助有計畫的撤出路線，以及災害作用的教育。沿密西西比河的洪水，則是靠人工加高**天然堤**以盡量降低其作用。

環境災變的頻度，是依照特定量級災變的發生周期來測度。例如，在蘇格蘭西北部，平均每年有52天有強風，而在英格蘭一年難得一次。

environmental impact assessment（EIA） 環境影響評估 試圖預告對提案的重要發展可能反應的分析方法，通常指在社會環境和自然環境周圍區域中發展工業。1979年歐洲共同體發出一項草案，對大型開發計畫要強制其作出環境影響評估。經修改後，1985年所有歐洲共同體成員最後都接受了這個法令，並著手結合自己的條件納入計畫程式。在美國，1969年的**國家環境政策法**實施環境影響評估；而加拿大、澳洲和紐西蘭也採用同樣的立法。環境影響評估的分析形式，依國家而有不同，一般特點為：

(a)兩階段研究處理以確定環境的影響，在施工期間（短期）和在工程項目使用期間（長期）。

(b)試圖評估對當地就業、服務和生活標準以及噪音、**空氣污染**、視覺妨礙、土地惡化和水流污染的程度。這種類型的影響評估有事先預報價值，使地方規畫當局發展建議判斷其是否合乎公眾利益，以決定同意計畫。

environmental information system（EIS） 環境資訊系統 用電腦收集，貯存和操作環境資料。這些資料包括大部分地面空間的資訊，以及描述植物、動物和棲息地的特定資料。環境資訊系統常是**地理資訊系統**的一部份。

environmental lapse rate 環境直減率 在特定的地點和時間，大氣溫度隨高度而變的變化率。平均每升高100公尺，大氣溫度下降0.6℃。對照DRY ADIABATIC LAPSE RATE，SATURATED ADIABATIC LAPSE RATE。

environmental perception 環境認知 個人看待**環境**的方式。人們對其外部環境的認知是：對環境感覺的經驗作出高度主觀的解釋。就算是處在同一地區，個人的環境認知也會有很大的差別，每個人認知到的環境都是主觀的。也因此，環境認知制約了人的生活態度，引起行為上的反應，以影響作出決定的方式。

認知到的環境形象與實際行為有很強的關係，人們的決定是基於自己對地理，歷史和文化環境，由於個人的偏愛與動機的影響，以自己的方式觀察環境而做出的。例如，在農業方面，受農民普遍接受且信賴的決定，很少是經濟學家認為合理的；但以農民的環境認知而言，則十分合理。

Environmental Protection Agency（EPA） 環境保護署 美國政府機構，負責致力於控制由於固體廢棄物、殺蟲劑和放射事件對空氣和水造成的污染。還涉及到噪音污染，並主辦污染影響生態系統的研究。

environmental quality 環境品質 參見AMENITY。

environmental quality standard 環境品質標準 參見EMISSION STANDARD。

Environmental Research Laboratory 環境研究實驗室 參見NOAA。

environmental resistance 環境阻力 所有對生物施加影響，以阻止其增長到最大羣體數量的環境**限制因子**。由於環境阻力的結果，會影響羣體數量與環境**容納量**，但由於生物的**時滯**結果，容納量不會完全反應出環境阻力來。

environmental science 環境科學 新興的跨學門研究，探討人類與環境之間的相互作用，特別考慮到20世紀後期人類成為科技上的超級生物。環境科學包括許多傳統知識範圍，特別是自然地理學、生態學、地質學，以及社會科學方面如經濟學、政治學和社會學。環境科學的訓練能夠清楚地了解現在生物圈的狀況是如何出現的。環境科學還提供了**生物圈**恢復和管理的方法，並運用**生態發展**原則獲得資源。

eolian process 風蝕作用 參見AEOLIAN PROCESS。

EPA 環境保護署 參見ENVIRONMENTAL PROTECTION AGENCY。

epeirogenesis 造陸運動 由於廣闊且相當慢的**地殼**運動使大陸形成或沈降。此包括**岩石圈板塊**垂直運動造成的大陸抬升、下沈、傾斜和撓曲。與**造山運動**有關的強烈變形比較起來，造陸運動要和緩得多。造陸運動的抬升，可形成如高原和**嵌入曲流**，而下沈可引起淺內陸海，比如地中海和北海。

ephemeral 短齡植物 生命周期很短的植物，生命期多半只有8～10周。在適宜條件下，短齡植物的兩代或更多代的生命周期可在一個**生長季**內完成。許多雜草是短齡植物，例如捲耳。

ephemeral stream 短暫河 水流間歇性出現的河流。大多數短暫河出現在水分不足的環境，像沙漠，或底岩易於滲透（如石灰石）的地區。在大暴雨之後短暫河會變成洶湧急流，並引起顯著的**土壤侵蝕**。當水位和流速很快下降時，大量的碎石沿著河床沈積下來，以待下次洪水才搬移。

epicenter 震央 直對**地震**的**震源**，在地表上的點。

epilimnion 表水層 參見THERMOCLINE。

epiphyte　附生植物　一些草本植物生長於其他植物之上，但不以寄主為食，其例子包括鹿角羊齒和一些蘭科植物。附生植物靠來自雨水溶液的養分並吸收空氣中的養分為食。附生植物普遍在低緯度的潮溼雨林中。

epoch　世　**地球歷史**中的一種分段，比**紀**更短。

equinox　二分點　一年中的兩個節氣，正值太陽在地球赤道正上方的時候。春分是3月21日，秋分是9月22日。在這種日子，全世界的白晝和黑夜的長度恰好相等。在3月21日之後南半球的日照角度越來越傾斜，接著南極會有180天連續的黑暗。而9月22日以後，換北半球傾斜，北極將經歷越來越長的黑暗。

era　代　**地球歷史**中最大分段（見圖27）。四個代分別為**前寒武紀**、**古生代**、**中生代**和**新生代**。參見EPOCH，PERIOD。

erosion　侵蝕　土壤、岩石碎片和基岩，因河流、冰川、海水、風等沖刷移走的作用。參見SOIL EROSION，MARINE EROSION，WIND EROSION，GLACIAL EROSION，FLUVIAL EROSION。

erosion surface　侵蝕面　參見PLANTATION SURFACE。

erratic　漂礫　岩石碎塊被**冰川**從源頭運出，沈積於不同地質的區域。漂礫的大小差異很大，例如英國新漢普夏的麥迪遜巨礫，估計重約4600噸。漂礫有時來自很遠的地方。在英格蘭東海岸發現的漂礫，有些是來自斯堪地那維亞。漂礫有時還拖著很長的尾跡，這指示冰的移動方向。冰川擦痕也可在漂礫上發現。擦痕的深度和頻率表示磨蝕的程度，而方向有時可以指示岩石運動的方向，漂礫的位置可能是傾斜或搖動的，這種稱為搖擺石或坡棲岩塊。

ERTS　地球資源技術衛星　參見EARTH RESOURCES TECHNOLOGY SATELLITE。

escarpment, scarp　懸崖　位於高原邊的懸崖或陡峭的坡。懸崖一般景色壯觀，但可能造成交通路線的障礙，例如，龍山懸崖把南非分隔成特蘭斯瓦省高草原和沿海的納塔爾區。

esker **蛇丘** 波浪狀成層的冰磧物隆起，由於與冰的邊緣幾乎垂直的融化水流形成於**冰川**中，或在下面的原始沈積。有些蛇丘長度可超過240公里，寬度可達1公里。在加拿大、芬蘭和瑞典，蛇丘常常成為湖中島的堤道，可以在上面建設公路和鐵路。也可以在蛇丘中開採砂子和石子，用於建築工業。參見GLACIAL DEPOSITION，KAME。

estuary **河口灣** 半封閉水域，與開放的海洋相連，灣內的海水由於加入來自河流的淡水，含鹽量被稀釋了。河口灣可分為四種主要類別：

(a)溺谷，是海岸線沈沒而形成，例如，美國切薩皮克灣。

(b)峽灣，由海水淹沒冰川深谷而成，出現於結冰的海岸線，包括不列顛哥倫比亞、智利南部、蘇格蘭、挪威、紐西蘭南島等地。

(c)構造河口灣，由於小部分**地殼**發生斷層陷落而形成的，但並不普遍，美國舊金山灣是眾所周知的例子。

(d)沙洲河口灣，與灣口沙洲的形成相關。例子有美國德州的墨西哥灣海岸的一些河口灣。

人類的活動可能常會破壞河口灣環境。河口灣富饒而多樣，但脆弱的生態系統由於上游的抽水，或通過河口灣的工程：如建築工程與防洪堰引起**沈積**和鹽分的人為改變，而使其處於危險之中。在某些河口灣，家庭、工業以及航運的化學污染可能是一個嚴重的問題，而來自發電廠冷卻用水的**熱污染**也是嚴重的問題。

ethanol, ethyl alcohol, grain alcohol **乙醇，酒精** 一種可燃的有機化合物（化學式C_2H_5OH），在糖的發酵過程中產生。

ethyl alcohol **乙醇** 參見ETHANOL。

euphotic zone, photic zone **透光帶** 水中的淺表面層，此帶能發生**光合作用**。透光帶大約在頂部100公尺，有效地濾掉了紅、橙、黃和綠色波長光線，只留下藍光，這就形成了海洋和湖泊的顏色。

浮游生物被限制在透光帶，這個帶的淨**初級生產力**顯示很大的差別，範圍由開放海域的每年每平方公尺125公克的低值，到水藻層和暗礁區的每年每平方公尺2500公克的最大值。公海的範圍有3億2200萬平方公里，這意味著淨初級生產力雖低，其總計生產值大約為每年41億5000萬噸，是地球最大的生產來源。

eurytypic species 廣適物種 參見ENVIRONMENTAL GRADIENT。

eustasy 海平面升降 全球海平面的上升或下降。更新世期間大陸冰層的形成和衰退，是影響海平面升降的主要原因。然而，自2億年前以來板塊構造運動和海底擴展，也認為是海水面變化重要因素。

eutrophication 優養化 水生系統富集營養的過程。在水環境中，由於農業生產的**廢水**，優養化的頻率增加。營養積聚的速度，比分解再循環及**光合作用**的速度更快。參見ALGAL BLOOM。

evaporation 蒸發 吸收能量使液體改變其狀態成為氣體。從土壤、岩石和水體表面蒸發的水蒸汽，對**水文循環**很重要。蒸發速度依空氣溫度、大氣中水蒸汽的含量，風的特性，以及水體表面特性而定。乾燥區水體表面的高蒸發速度，阻止人類居住地的發展和農業的發展。特別在乾燥區，蒸發可造成鹽分上升，原本這些鹽分會保留在深處的土層。鹽分造成家庭和農業供水的污染（參見SALINIZATION）。

evaporite 蒸發岩 海水蒸發後，礦物沈澱而成的**沈積岩**。例如，**硬石膏**、**石膏**、**鉀鹼**和**岩鹽**。

evapotranspiration 蒸發散 由植物的**蒸散**和土壤、岩石和水體表面內水分**蒸發**造成的水分總損失。

evergreen forest 常綠林 由保留其葉片和針狀葉超過一年的樹種組成的森林。在高海拔和高緯度的地方，那裡溫度低、生長季短，雲杉和冷杉樹經常保留其針葉長達20年；多數地方比較普遍的是保留5年。典型常綠林棲息地的是：

(a)沒有氣候災害的環境，典型地如低緯度的**熱帶雨林**。現代的研究說明這些棲息地並是完全無暫時性的冷乾燥氣候，而在這種短暫環境下，雨林可能脫落樹葉。

(b)季節變換很明顯的環境，如**地中海**和**北方針葉林**的生物羣域。在這些區域內的植物可以靠特殊葉片於一個以上的季節行光合作用。每當存在合適的條件，光合作用就會發生。對照DECIDUOUS FOREST。

exclusive economic zone　專屬經濟海域　參見TERRITORIAL WATERS。

exfoliation　剝離　參見PHYSICAL WEATHERING。

exosphere　外氣層　**大氣**的最上層，高度為500公里至2000公里之間。空氣分子可由此層逸散至太空。

exotic species　外來種　被引進到一個地區的植物或動物物種，並非本地物種。對照ENDEMIC SPECIES。

exponential growth　指數增長　按幾何增加速率的增長率，在這種情況下每次增長比上一次固定倍增；代數增加速率每次增長固定差值（見圖32）。指數增長是所有生命形式的特徵，包括人類。當繪成圖形時，則表現為典型的指數曲線（見圖33）。

代	1	2	3	4	5………10
代數增長率	2	4	6	8	10………20
幾何增長率	2	4	8	16	32……1024

圖32　**指數增長**　代數與幾何增長率的比較。

extensive agriculture　粗放農業　在單位面積投入相當低的資金與勞力的耕作方法。在經營粗放家畜企業，特別是**丘陵農業**

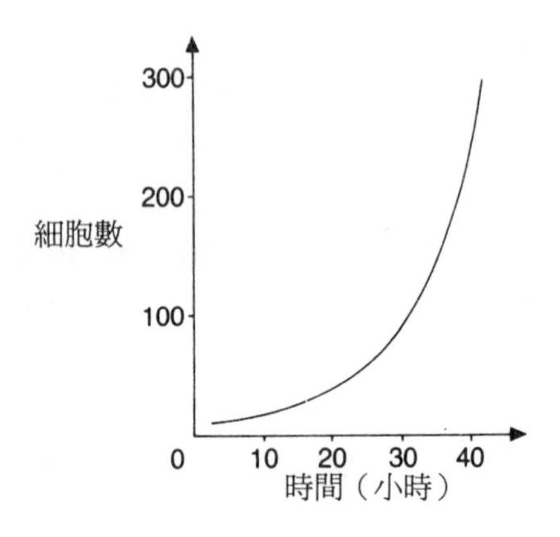

圖33　**指數增長**　酵母細胞呈指數增長曲線繁殖。

區，**牲畜生產力**很低。在**作物栽培**時，每畝年收穫量一般很低；然而，這種體系一般是大規模經營，**農業機械化**代替勞動力，因此，總收穫量、每個勞動者的收穫量、以及利潤可能很高。如在北美、法國北部和英格蘭東部的穀物農田。然而，粗放農業並不是大的農業單位同義語。許多熱帶農業形式，像**移墾**，可能在很小規模下實施。粗放農業傾向在離農舍遠的農田實行，通常是低人口密度地區，距市場相當遠。對照INTENSIVE AGRICULTURE。

extinction　滅絕　植物和動物從**生物相**中消滅。有人斷言：自西元1600年以來，已知的滅絕物種，有75％的哺乳類和66％的鳥類，應是人類活動直接引起的。狩獵是簡單而重要的滅絕原因，其次是棲息地的變化。體型較大的動植物其滅絕率大（見圖34）。然而，那些小的和不清楚的物種，滅絕比率可能也很高。每個物種的滅絕，大約使30種其他相關物種瀕臨滅絕危險。參見RED DATA BOOKS，CONVENTION ON INTERNATIONAL TRADE IN ENDANGERED SPECIES。

extrusive rock, volcanic rock　噴出岩，火山岩　**岩漿**逸出

地表，冷卻固化後形成的**火成岩**。由於快速冷卻，噴出岩是細紋理或玻璃狀的。**玄武岩**是最常見的噴出岩。噴出岩風化後形成的土壤經常是肥沃的，對農業非常重要，例如印度德干高原，義大利愛特納山周圍的平原。參見LAVA。

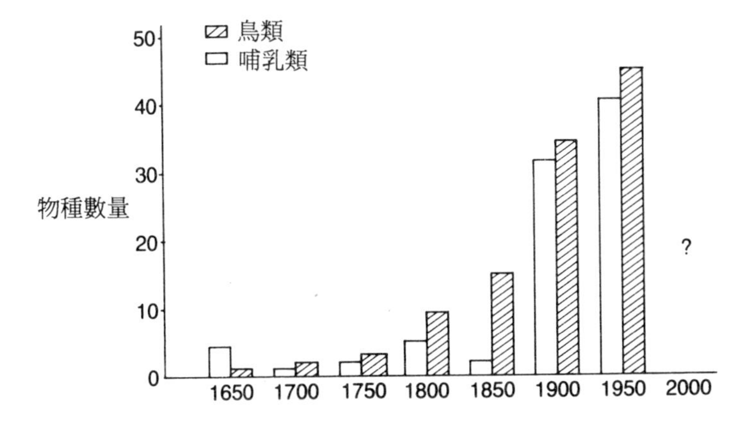

圖34　**滅絕**　自1600年以來哺乳類和鳥類的滅絕情況。

F

facade　正面　建築物外部的前方。參見FRONTAGE。

factor interaction　因子相互作用　強烈的生態因子，對於其他有限因子的補償效應。例如，番茄在溫室生產中，**微量元素**的缺乏可以靠充足的陽光補償。參見LIEBIG'S LAW OF THE MINIMUM。

factory farming　工廠化飼養　在人為的室內環境中生產家畜。工廠化飼養這個名字是來自於它採用了相似於工廠企業使用的管理規範和流程。

工廠化飼養廠特點是：高度專業化的建築，嚴密約束數量，特別像是家畜；細心控制溫度、通風和採光方式等；餵食通常是自動化、電腦化的。在獲得最佳生產的同時，降低單位成本和用地面積。工廠化飼養廣泛地用於家畜和養豬部門，並越來越多地用於餵養小牛濃縮飼料以快速增重，生產牛肉。

雖然工廠化飼養方式，不但降低成本，並且擴大了肉和蛋的市場並因此改進食品。但動物保護團體指出：動物在人為環境中的嚴密約束下，要忍受壓力和煩擾。另一些爭論是工廠化飼養，僅僅在狹窄的經濟學定義上是一個有效的系統。降低勞動力需求的社會，可能影響到農村社區。此外，因為工廠化飼養依靠昂貴的濃縮飼料和較高的能源輸入，所以不僅是費用高，而且是一個易受外來勢力打擊的生產系統。

工廠化飼養場往往是農用工業一體化的一部分。**農用工業**控制育種方案、飼料公司、食品生產過程、銷售和分配，或**承包農**

業的協議。

factory fishing　工廠化捕魚　利用高度機械化和技術的商業化漁船隊，捕獲遠超過小型海岸區船隊範圍的深水魚羣。首先用聲納尋找魚羣，並用網或拖網捕捉，或用大泵在船上抽吸。**工作船**有專用冷凍設備，在其上處理魚內臟，並在海上加工。工廠化捕魚效率極高，導致世界上許多傳統漁場過度捕撈，例如北海和大西洋。

工廠化捕魚需要大量的燃料油，以供長距離往返於漁場，長時間航行在海上，運轉冷凍庫之用。以人類食物主要能量值而論，即主要食物或飼料生產的單位能量消耗，工廠化捕魚輸出能源最低。日本和前蘇聯曾經是工廠化捕魚的主要倡導者，然而許多其他國家的捕魚隊也採用了這種技術。

factory ship, mother ship　工作船，母船　一些大型特殊構造的船，收集和處理、集中輔助漁船捕獲的魚，又稱為水上工廠。工作船是適應1970年代時，海岸區漁羣枯竭，船隊運離海邊水域的需要。接受船隊捕獲量的同時，工作船為其他提供燃料儲備、設備維修、食物、以及其他類似項目。所以魚在卸貨之前，可能經歷幾周，甚至幾個月在航行期間在工作船上加工、冷凍、和貯存。參見FACTORY FISHING。

fallout　落塵　1. 大氣中落下的粒子。這個名詞一般用於**顆粒物質**：煙灰、灰塵、砂粒等。此外還包括大氣中的核爆或熱核事故產生的放射粒子。

2. 落下的固體粒子。

fallow　休耕　任何農業地持續一個或更久的季節不播種，以保持土壤肥力。在已開發國家、土地被耕耙幾次使土壤鬆散、利用乾燥消滅多年生雜草，加快作物殘渣的分解，這就有助於增長土壤的含氮量。在熱帶耕作體系中，如**移墾**和**灌叢輪休制**，在重新耕作之前，土地被棄置，為天然植物佔據高達30年。

在西歐18和19世紀的**農業革命**期間，絕對休耕地的需要由於引進**輪作**而減少。在1960和1982年之間，休耕地在歐洲普遍不採用，因為開始使用化學**肥料**以允許土地連續耕作。目前在歐洲共同體的國家，發展出一個傾斜政策，補貼農民使其部分土地在十年內作非農業使用。參見FALLOW SYSTEM。

fallow system　休耕制　一段時間的耕作之後將土地**休耕**。休耕制是熱帶地區的特色，原因是耕作會使土壤中的養分很快的**淋溶**。根據休耕年數對耕作年數的比例，對比不同的農作制度。如此，**移墾**的休耕地對耕作地之比大於10：1，而**灌叢輪休制**的特徵是其比值範圍在4：1到10：1之間。

family　科　分類學的羣組之一，由目分成，而包含一個或幾個相關的屬。例如貓科和犬科是食肉目的兩個科。參見CLASSIFICATION HIERARCHY，LINNAEAN CLASSIFICATION。

false-color imagery　假色圖象　以生活上不真實的顏色表現圖象，其目的在於增強圖象中的某些特性。這種技術使用感光底片對超出人眼靈敏度波長的感光反應。利用對紅外波長靈敏的底片，比用紀錄本色或單色的可見波長感光底片能呈現更清晰的圖象，因為紅外波長在大氣薄霧中不散射。這樣用假色圖象比普通膠片容易把植物和土壤區別開來，植物顯示為紅色，而土壤顯示為藍綠色。

假色圖象應用在航空照相十分普遍，特別是為了繪製植物和土壤分佈圖和為了顯示由地球資源技術衛星，例如**陸地衛星**傳來的電子影像。

family farm　家庭農場　維持單獨家庭的農業。與**小農**農場不同的是，家庭農場雇用外來勞力補充家庭勞力，但未達到主要靠雇傭的大型農莊企業的程度，整個西歐和北美仍有家庭農場的觀念，主張農業活動的範圍，偏好農民小規模低效率，和非商業的農業。

famine　饑荒　地區嚴重的糧食短缺，導致**營養不良**和饑餓。饑荒的原因是多方面而複雜的，當作物或牲畜由於自然危害的破壞，饑荒的發生可能是很快的，如1974年的孟加拉洪水。此外，飢荒多半是逐漸發生的：由於糧食的使用率降低；環境問題，如持久的**乾旱**、**沙漠化**、病蟲害的掠奪等，這些因素很少單獨引起大規模的饑荒，需要與其他因素配合，才會造成饑荒。如政治動亂或內戰，見於1980年代莫三比克和衣索比亞，由於**人口過剩**和過度放牧消耗土地資源，和不當的農業政策，結果在很適宜的季節中降低了產量，無法充分發揮土地的潛力。

FAO　糧食及農業組織　是聯合國專門機構，建立於1945年。以協調糧食、農業、森林、漁業等發展計畫，其目的為改進農村人口生活標準，**營養不良**和饑餓。

糧食及農業組織協調研究和蒐集資料，例如**世界糧食調查報告**，或以定期統計報告傳播資訊和臨時檔案。就政策和農業計畫上對政府提建議，並對如營養、糧食管理、改善糧食貯存、銷售與分配、**肥料**生產、病蟲害控制、**土壤保育**和**灌溉**等事務提出技術援助。自1985年以來，更加關注熱帶森林問題，引進措施以促進養護，並加強利用**造林**於農業和工業計畫中。糧食及農業組織與其他聯合國機構一起管理**世界糧食計畫署**。

farm enlargement　農場擴大　擴大農業土地的規模，首先農田合併獲得相鄰和不相鄰的地塊。農場擴大被認為是必要的，為的是減少土地的數目，因為土地太小就難以提供多於**兼職農業**的機會，沒有外來的財政援助就不能生存。在歐洲的許多地方農場擴大和農場數目減少的過程十分緩慢，特別是那些農田結構在其他方面有缺陷的地區（參見FRAGMENTATION）。為了推動**結構改革**，許多國家以農場合併撥款的形式提供援助，或建立負責市場購買土地的仲裁機構，目的在於購進土地作為農場擴大的合理規畫。例如在法國，這些地區機構自1960年以來，已經掌握了大約120萬公頃土地。農場擴大可以用不同大小等級土地的數目的變化來描述。在歐洲共同體在1960年和1985年之間，擁有1–5公頃的農地從400萬降到230萬，而擁有超過50公頃土地的數目，由

26萬5000增加到38萬3000塊。

farm enterprise combination analysis 農場企業組合分析 用來判別特殊形式的農場活動，或農場企業重要性的分析方法，有助於描繪**農業區**。企業可看做簡單的作物，或**畜牧業**形式，或者一組相關的活動，而不是把農田本身看成商業企業。

相形之下，**作物組合分析**則是用作物面積，簡單地統計調查做資料比對。不同類型的農場企業需要一個共同單位，以使不同來源的資料標準化，例如，農場產量的貨幣值、作物面積或牲畜數量、需要的標準勞動力等。

farm forestry 農業林政 參見AGROFORESTRY。

farm rent, contract rent 農場租金，契約租金 佃農為獲得農場使用權所支付的貨幣。定期租金往往以作物或服務的方式代替，比如**分成耕作**。農場租金可看成土地價值的粗略度量，因為它由其位置，品質和農場的農業潛力來決定。

farm size 農場規模 農場企業的獲利或生產潛力的判斷。農場規模用土地面積來測度是非常普通和方便。然而，一塊所有地包括不屬於生產用地的林地，和永久或暫時不生產的土地。若只對農業用地單獨進行判斷，是無法完全辨別土地的品質和潛力。

平均農場規模在已開發國家全都擴大。例如在美國，平均農場規模在1930年至1981年間已由61公頃提高到174公頃，而農場數目由1935年的680萬降至1980年的240萬。在英國，1985年的農業普查中，25萬8000塊土地的平均規模為67公頃；而編入1955年的51萬7000塊土地，平均規模為38公頃。

fault 斷層 地殼的斷裂，與其斷裂同時發生之地層位移。斷層是由於構造力壓縮和拉張而成。斷層的大小範圍由不到一公分到數百公里。不同類型的斷層按其斷層方向和地層相對運動，包括正斷層、逆斷層、橫移斷層和逆衝斷層（見圖35）。斷層移動可能會產生**地震**。

fauna 動物區系 棲息於地區內全部的動物羣落。

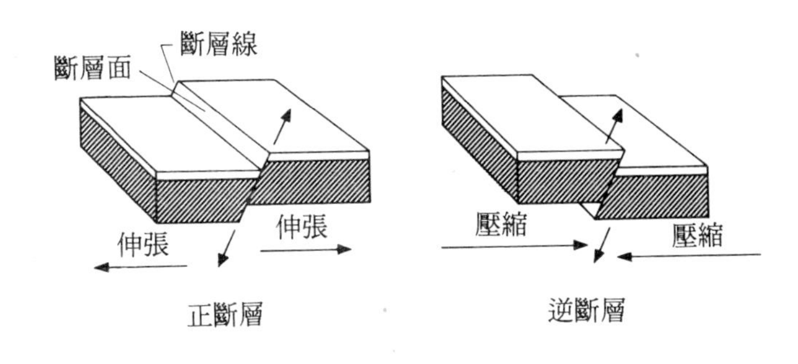

圖35 **斷層** 正斷層和逆斷層。

faunal region **動物區** 參見ANIMAL REALM。

fecundity **繁殖力** 參見BIRTH RATE。

feeder service **區間疏運** 把偏遠的居住區、商業區，和大城市連繫起來的鐵公路、航空路線。

feedlot **飼養場** 土地面積用於動物的飼養或育肥，多為肉牛，飼養場牲畜的密度很高。飼料不在飼養場內生產，而是提供濃縮物和粗料以促進快速增加重量和瘦肉。牛在早期被限制營養，以從飼養場之中獲得最佳利益，當投入高能飼料2至5月，則產生高的補充增益，往往每日超過1公斤。飼養場首先於兩次世界大戰之間在美國加州推廣，高度機械化；跟動物飼養量相比，勞動力的需求很低。美國容量超過1000頭的飼養場的前1%，飼養牛隻數目就佔了總數的二分之一以上，而以在科羅拉多和加州的規模最大，年產高達10萬頭。飼養牲畜工業的增長歸功於**高產穀物**的普及，日益提高的產量保持穀價降低。使飼養場滿足需求日益擴大中的美國牛肉、豬肉和家禽的市場。

feldspar, felspar **長石** 複雜的矽酸鋁礦物羣，見於多種岩石之中。某些長石做為家用磨料，也用於陶瓷、塗料和玻璃。

fen **淹水沼澤** 特殊的濕沼澤**羣落**，出現於淡水和陸地之間的過渡地區。淹水沼澤之所以很快發展成羣落，是因為淤泥和泥炭增長。淹水沼澤的特點在營養豐富、具鹼性的土壤（酸鹼值大於7）。淹水沼澤位於舊河口灣的上游，也處於湖泊邊緣。在英國的東安利亞，淹水沼澤的特點發展得很充分，因河流從內陸、白堊豐富的岩石中排水。許多淹水沼澤開墾成高產農業用地。

ferralization, latosolization 磚紅壤化 在潮溼的熱帶地區岩石風化，形成黏土、砂、氧化鐵、氧化鋁的積聚。這些地區經受多雨和高溫引起土壤強烈的**淋溶**，尤其是導致脫矽作用把所有的二氧化矽、石英和雲母從土壤中溶解出來，遺留下黏土質豐富的三價鐵化合物，呈紅色；或富含鋁，呈黃色。磚紅壤化作用是形成**磚紅壤**的主因。

ferrisol 鐵質土 此名詞用於聯合國糧食及農業組織土壤分類系統，是指**磚紅壤**類的土壤。

Fertile Crescent 肥沃月彎 在亞洲西南部，新月形的肥沃平原和河谷，由伊拉克的底格里斯河和幼發拉底河沖積低地伸展而成，常稱為兩河流域。還有周圍東側和北側的山丘地區，並穿過敘利亞和黎巴嫩，直到地中海邊。

肥沃月灣是世界上重要的**農業發源地**，早期在高地上的**馴化動植物**導致**農業**的發展、人口的增長，以及住宅區的形成。這個地區經歷了蘇美人，巴比倫人和亞述人的文化發展，大約在西元前3500到1600年期間出現了城市生活和文化團體。

fertility rate 生育率 參見BIRTH RATE。

fertilizer 肥料 加入土壤中以供給作物生長營養的一些物質。有自然（有機）物質的副產品，或專作肥料的產品及其他化學加工的副產品。一些有機物質如堆肥、**糞肥**和**水肥**，通常視為天然肥料。而肥料這個名詞嚴格地說，是利用來自化學加工廠的產品或礦物產品，所以也稱做人造肥料、無機肥料、化學肥料。

作物需要的六種主要元素：氮、磷、鉀、鈣、鎂、硫。同時還需要少量**微量元素**。高達三分之二的氮和磷會被植物從土壤吸收出來，而在收穫作物時和作物的殘渣中損失，肥料的作用就是補充這些養分。肥料一般提供氮、磷和鉀鹼，不是單一的純肥料，通常是含兩種或兩種以上元素，且附加微量元素之混合物。大多數化學肥料是化合物或混合物，生產成粒狀或液體，再加上適於特定土壤需要的養分。常與種子一起播撒，或用飛機於表面施肥，化學肥料很快溶解被土壤膠粒或植物根吸收。

世界上的肥料使用量由1950年的1400萬噸到1986年的1億2100萬噸，使作物收獲量提高，補償了個人穀物面積衰減三分之一的效應還有餘。歐洲共同體在1984年，消耗氮肥量保持在800萬噸、磷肥量在410萬噸、鉀肥量為440萬噸。

fetch　吹風距離　風成浪達到海岸前行進的距離，控制著海浪的高度和強度，間接影響海浪的侵蝕和沈積。參見MARINE EROSION。

field capacity　田間容水量　在多餘的水被引力作用自然排掉後，土壤飽和的含水量。水分靠表面張力作用，保留在土壤顆粒周圍，多為植物生長利用。一般在大雨停止後約6到24小時可達到田間容水量，主要由**土壤質地**決定。同參見SOIL WATER。

field crop　田野作物　原只限於蔬菜農業企業栽種，現在則在露地中生長的**多葉作物**，例如，豌豆、大豆、甘藍等。自19世紀後期，許多蔬菜作物被農民作為附加的經濟作物，或為**輪作**的一部分。由於近來對方便食品、**承包農業**的需求增長，蔬菜產量的增加，由一大部分是來自田野作物。以田野作物形式在農田生長蔬菜比小規模蔬菜農業多幾個優點：更易符合**農業機械化**的要求，更有效地使用勞動力和專業化。田野作物也可做為**間隔作物**，在價格回落的時候作為綠色**天然肥料**，也免去了收割的費用。在某些情況下，田野作物這個名詞廣泛用於成排種植的任何**作物**，和一些小粒穀物，如小麥、大麥、燕麥和裸麥，但不包括喬木、灌木等**永久作物**。參見HORTICULTURE。

field system　田地制度　有計畫地把田地分配為農業使用的田

地如**濕草原**、**牧場**和**作物栽培**。田地的形式和使用顯著不同，反應自然條件、**作物**和飼養牲畜的種類、以及如**土地使用**權和繼承制度、農業技術或機械化的水準以及羣體的密度。在中世紀歐洲的許多地方，和美國，在**圈地**運動之前，主要的田地系統是露地，許多土地為公地並由個人在無屏障的情況下經營；多為撒播的條田（參見STRIP FARMING）。當田地**休耕**時，露地應用於公共放牧。雙田制執行在一般可耕地上是劃分一部分地耕作，而另一部分休耕；三田制是分成兩塊耕作區一塊休耕區。田地制度的另外的形式包括短期田地佔用或田地輪換。如**移墾**和**內外田制**。參見CROP ROTATION。

fire　焚燒　為了農業經營目的，焚燒天然植被和農作物殘渣。火在世界各地都是最先使用於早期農業的工具，至今仍然普遍。

在熱帶**休耕制**中，焚燒以清理土地是**刀耕火種**的一部分，而現在因其對土壤肥力的影響而引起爭論。採用焚燒對原始平整土地，消滅雜草和草籽，是一種方便節省勞力的方法，可減少除草的需求。大量有機物焚燒之後使土壤富含營養物質的灰燼，特別是鉀和磷，並在第一次降雨時，很快地釋放出無機氮。土壤表面加熱也使害蟲減少。但是另一方面，燃燒會破壞腐植質，使許多養分喪失在大氣中。焚燒調節了熱帶土壤條件使第一年耕作獲得足夠的作物收成，但採用這種方法則會破壞長期的肥力。參見PYROCLIMAX。

fire clay　耐火黏土　顆粒很細的沈積物，經常出現於**煤層**之下，此名詞首先用於英國的地質記述。這些黏土含矽、鋁，少量的鹼和石灰，具耐火性質，有經濟價值。耐火黏土用於製造耐火磚，或用於煙筒襯裡、爐子等。參見CLAY。

firewood crisis　薪柴危機　**第三世界**許多地方作為烹飪燃料和取暖的木柴和木炭日益匱乏的情況。世界上全部木材採伐量至少有一半用作薪柴。在非洲90％的人口用木材或木炭燒飯。

在城區，即使大多數傳統的燃燒木材的效率很低，但因為薪柴比煤油、電氣或煤氣更便宜，故仍偏好使用薪柴。在頻繁停電的城區，薪柴是較可靠的，而且在木材或木炭上面烹調食物的味道，常常為人所偏愛。

長久以來薪柴被認為是免費的能源，但是現在即便在離城市中心較遠的農村地區，薪柴價格也變得極為昂貴。根據聯合國開發計畫署報告，有23個國家木材已經用盡。依照目前消耗速度，估計到2000年前薪柴耗損達到兩倍。整個第三世界大約15億的人民，無法得到充足的薪柴，以滿足他們最低需要。科學家估計在非洲**薩赫勒**地區，木材年消耗速率平均每年增加30%，超過當地的樹木和森林儲備量；在尼日更超過200%，衣索比亞150%，奈及利亞為75%，蘇丹為70%。

薪柴危機會導致森林**濫伐**、**土壤侵蝕**、**沙漠化**等問題惡化；還有婦女勞力不從事生產，而去尋找木柴的時間日益增多；及浪費可用來肥化土壤的糞、作物殘渣等其他易燃材料。儘管易得的薪柴供應日益缺乏，各地對這個問題和對造林的態度仍是冷漠。薪柴的困難比食物和水的缺乏看起來壓力較小。解決這個危機的方法不在於農村地區進行大規模的造林和再造林計畫，而是在於地方的**農業林政**計畫，因為它對農業公眾有實質的利益。參見DUNG FUEL。

firn　粒雪　參見SNOWFIELD。

fish farming　養殖業　**水產養殖**的一種形式，在內陸水域和海水環境中繁殖和飼養商業用魚。養殖與**捕魚**不同，養殖可以控制提升漁獲，在單位面積上有較大的收穫量。

部分東亞地區，在池塘和泛濫區養殖已有幾千年歷史。利用池塘內不同的**生態區位**中飼養不同品種的魚，已經發展多元化的**多種養殖**。亞洲國家淡水養殖對總漁業產量貢獻很大，如中國（40%）、印度（38%）、以及印尼（22%）。日本在本世紀初開創了海洋養殖，但在別的地方只在近30年才有顯著的發展。在非洲已有用淡水池飼養中國鯉魚和尼羅河羅非魚。**已開發國家**在可控制的水槽環境內飼養淡水鱒魚和在置於岸邊水下的箱籠中飼養鮭魚方面也很有成就。人工受精方法使鱒魚魚苗和非洲的一種鯰魚魚苗，在轉移到大池塘和飼養場之前先在孵化場繁殖。在幾個熱帶國家，那裡的**灌溉**和航行水道被水生植物堵塞，食草魚種如鯉魚便被引進，既可清除水生植物，又可以為人類提供消費魚類資源。

一般內陸養殖和海水養殖總共只佔總漁獲量的9%左右，約每年700萬噸。聯合國**糧食及農業組織**和計畫開發署的目標是把養殖場的產量在本世紀末提高五倍，重點放在**開發中國家**的水產養殖與農業相結合上，而不是為那些傾向出口和高級市場而發展品種的商業企業。

fishing　捕魚　從海洋和內陸捕獲魚類和甲殼類以提供食物、工業原料，或做為一種娛樂形式（稱為釣魚）。獵海豹、**捕鯨**和採集海洋植物等，有時並不列入捕魚行為。

1985年主要捕魚國家為日本，總計佔世界捕魚量的13%，其次為前蘇聯12%，中國佔8%。世界四分之三捕魚量來自北半球，而且集中於海岸和**大陸棚**。大約只有12%的捕獲量來自內陸水域。最密集的捕魚海區在太平洋西北部。

全球的漁獲量緩慢增長，但個別漁業卻以顯著驚人速度增長，當特殊物種被開發時，其速度經常年年倍增。例如，祕魯鯷魚捕獲量，由1940年代的每年低於100噸，到1960年代後期的1000萬噸；在過度捕撈施壓之前，1984年的捕獲量仍為9萬4000噸。雖然某些物種已從大量捕撈中回復，但過度捕撈依舊是嚴重的問題。參見AQUACULTURE、FISH FARMING、TRAWLING、SEINE NETTING、LINE FISHING、LAW OF THE SEA。

fission reactor　分裂反應器　**核反應器**的最常見的形式，在其中鈾235和鈽239的原子被中子裂解，從而以熱的形式釋放能量。在反應器中發生的是**核分裂**連鎖反應。產生的熱量用於產生蒸汽，推動渦輪機發電。

fissure 裂隙 地殼的薄弱點，例如**斷層**，熔岩可以從此噴出。大範圍的噴出物可形成廣大的熔岩高原，如印度的德干高原面積約為70萬平方公里，美國的哥倫比亞—蛇河高原約為30萬平方公里。參見BASALT。

fjord 峽灣 狹長陡峭的海灣，由**U形谷**下沈至海平面以下，或因海岸受冰川侵蝕而成。峽灣深度可超過1200公尺，向海端較淺，並由石灘定界；石灘是由冰川進入海中時終磧沈積而成，或由於冰川侵蝕力減弱之故。峽灣出現於蘇格蘭、挪威、格陵蘭、不列顛哥倫比亞、紐西蘭的南島的沿岸。峽灣可提供具有防護性的深水泊位。

flocculation 絮凝 單獨的**黏土**顆粒凝聚成**聚合體**。絮凝一般出現於鹼性土壤，在**黏土腐植質錯合物**中鈣和鎂離子佔優勢之時。絮凝可使土壤結構變粗，易於作業。加入石灰有助於產生絮凝。

flood 洪水 河水溢流、海洋湖泊水位暫時升高，導致原有的乾地被水淹沒。河流和湖泊的泛濫，是因為這些水體不能容納越來越多的進水量，多半是因為大雨、快速雪融、或是人類活動的結果。**濫伐**和城市化降低了**下滲作用**，導致快速逕流和提高流量。土地的排水工程也會破壞水文平衡，並在排水系統的下方造成泛濫。在低窪海岸地區當高潮發生風暴大浪時會產生泛濫。洪水會造成生命財產的巨大損失，例如，1980年7～8月間印度北方在**季風**暴雨之後的洪水。

樹木和其他植被，可以減緩地表逕流，也同時留下洪水的標誌：流量峯值。建造**堤防**和加固**天然堤**是控制洪水的傳統方式，也是為了防止河邊和海邊低窪地區的泛濫。完善的堤防系統設有溢洪道，是為降低主水道在洪水時的流量而設計的，曾經用於預防密西西比盆地大規模的泛濫。河道截彎取直可增大水流和水量，也能避免泛濫。

洪水有時會產生有利的環境。伴隨每年泛濫，會有肥沃的沈積物的沈積，例如埃及尼羅河流域的農業，因此保持許多世紀的高生產力。

flood basalt 洪流玄武岩 參見BASALT。

flood plain 泛濫平原 主要洪水期或季節性洪水期河流，所產生各種河谷地。有些地形經常和泛濫平原有關，例如**牛軛湖**、沼澤窪地可指示出廢棄的河道。

泛濫平原是**曲流**地帶向下游遷移拓寬了河谷地的結果。在洪水期，水淹沒了泛濫平原，當河水流速降低時，形成了一層**沖積層**的沈積。在鄰近河道的沈積物很厚、顆粒很粗糙，結果形成了**天然堤**。當洪水退去，由於天然堤具遏阻作用，假如沈積物還能沈積於河道的話，河水會轉回原水路；若河道中的沈積速度大於周圍泛濫平原的沈積速度，河水就可能從泛濫平原上流過。

泛濫平原的農業重要性不能低估。世界上有將近一半的人口生活在亞洲南部和東南部，這些地區的多數人的生計，都是直接依靠在泛濫平原沖積土壤上耕作。

flora 植物區系 棲息於一個地區的所有植被總合。

fluvial deposition 河流沈積 當河流的搬運能力和容量降低時，河流負荷的沈積（參見FLUVIAL TRANSPORTATION）。原因有：水流速度損失、水體容積減少、河流坡降減低、河流全面凍結、河床加寬、以及河流注入流得很慢的水體如湖泊等。河流沈積的碎屑稱為**沖積層**。當沈積開始時，河流負荷的大顆粒首先沈下來。許多地形與河流沈積相關，包括**沖積扇**、**泛濫平原**、**天然堤**、**三角洲**等。

fluvial erosion 河流侵蝕 從河床和河邊累進的物質遷移。侵蝕可發生於固體的基岩和鬆散的沖積物並以四種方式進行：

(a)水沿河道流動的力量（水力作用），可對高度破碎和固結力很差的物質產生刮蝕作用。空化是由於高速水流引起水壓的爆發而形成的。

(b)溶解造成的侵蝕，通稱溶蝕，在河流流過可溶基岩，如石灰岩的地區時此作用特別顯著。

(c)河流侵蝕的最顯著方式是刻蝕或磨蝕，是河流負荷對河道底部和邊緣的物理作用，刻蝕是河道下切侵蝕。壺穴是卵石因湍流磨蝕基岩的結果。

(d)磨損是刻蝕的補充形式，當河流泥沙中的顆粒滾動被破碎和磨損。

河流侵蝕的速度取決於河流大小、泥沙性質、水流速度、河谷坡度等因素。水庫可以調節河水流量，但水壩和水力發電廠定期的放水，會增大下游的人為侵蝕。為了防止當地農業土地的損失和建築物、橋樑、公路和路基的底部沖刷，河岸多以石堆或混凝土防護。種樹也可穩固河岸，降低河流侵蝕的作用。

fluvial transportation　河流搬運　沿著河道搬運礦物材料。河流搬運物質有三種方式：

(a)溶解負荷，由溶解物質組成。這種方式視河流經過的基岩和**沖積層**的溶解度而定。

(b)懸浮負荷，主要由輕物質組成，如沙、粉砂、黏土，並由河流的紊流運動所承載。

(c)河床負荷，由較大的碎石塊，如岩石碎屑和卵石組成。因河水帶動使石塊沿河道的底面滾動或滑動。局部的湍流也可造成推移質一連串短距離躍動稱為跳動搬運。

河流搬運能力代表其可能搬運的負荷；而河流輸沙能力是指可搬運顆粒的最大尺寸。河流運載碎石的能力主要依據水的流速、水量、流量等。因此在洪水期間，河流輸沙能力和河流搬運能力明顯增大。例如，1952年英國林茅斯的海濱遊樂場，在一場傾盆大雨之後被毀，是因漲水的西林河突然改道，帶來四萬噸漂礫、泥土、磚石通過這個城市，毀壞了房屋、道路、橋樑和電纜並造成31人死亡。

fluvioglacial deposits　冰水沈積　參見GLACIAL DEPOSITION。

fluvisol　沖積土　參見ALLUVIAL SOIL。

fly ash　飛灰　極細顆粒的灰塵，現代鼓風爐燃燒煤的產物，特別是在燃煤發電廠。由於顆粒非常小，飛灰粒子不容易因重力作用而沈降，但易被**靜電集塵器**收集，處理後傾倒於採石場製成混凝土建築砌塊，或傾倒在海灣以填築潮成平地。

flyover　立體交叉　兩條路的交叉路口，一條路以橋跨越另一條路。當兩條高速公路匯合或交叉會形成高度複雜多層橋接結構，稱為交流道，進出彎道必須在不嚴重影響交通流量和秩序的情況下，改變通行方向。參見UNDERPASS。

focus　震源　**地殼**中的某一區，由於構造運動導致突然釋放能量，產生震波引起**地震**。

fodder crop　飼料作物　主要做為動物食料的作物，以直接的或保存的形式為動物消耗。最重要的飼料作物為以下三科植物：禾木科、豆科、十字花科。**天然牧場**形成的禾木科草不能算是飼料作物。飼料一般產自：**穀類作物**；草地豆類，如車軸草、紫花苜蓿、三葉草、紅豆草、野豌豆、青草；根菜類，如芜菁、芸苔甜菜和大頭菜；以及不同植物的切塊作為不成熟的青飼料，如玉米、亞麻、亞麻子、飼料豌豆、蠶豆、油菜和無頭甘藍。

飼料作物可以切碎、晾乾、或貯存為**乾草**。新鮮的切塊加入草料，保存起來作為青貯飼料，在可控制的牧場餵食（參見GRAZING MANAGEMENT）。作物的可食塊根在地面之下必須挖出並去莖葉，像蕪菁、芸苔、甜菜等－這些已被易於栽培並便於家畜覓食的無頭甘藍、歐洲油菜、大頭菜等代替。

在某些地方為**食用作物**的植物，在其他地方是當成飼料作物。如玉米，在大部分非洲和拉丁美洲是**主糧**，在溫帶卻做為**青飼料**。在1984年，超過世界飼料作物60%，即4億4900萬噸是餵家畜，大部分用在**飼養場**。有些飼料作物成熟後，可供人類食用或加工，例如，亞麻、亞麻子、油菜子、甜菜等。

fog　霧　在大氣底層懸浮的水滴，使能見度低於1公里。霧是低層大氣的水蒸汽遇冷凝結而形成。有幾種類型的霧，包括**輻射**

霧、平流霧、蒸汽霧。

Fohn 焚風 1. 特指吹過阿爾卑斯山北麓溫暖乾燥的**絕熱風**。

2. 乾燥絕熱風的通稱，像美國的欽諾克風，紐西蘭的西北大風、伊朗的沙蒙風等。

fold 褶皺 對稱或不對稱的彎曲的層狀岩石，多由構造力壓縮地殼形成。小的褶皺有時是由差異壓密或深層岩石位移造成。褶皺在沈積岩中很普遍，也會出現於火成岩和變質岩中。參見ANTICLINES，SYNCLINES。

fold mountains 褶皺山脈 由壓縮的構造力褶皺形成的**地槽**所形成的山鏈。喜馬拉雅山、庇里牛斯山都是褶皺山脈。參見FOLD。

food aid 糧食援助 **已開發國家**向**開發中國家**轉讓過剩農產品，以促進經濟和社會的發展、提供緊急救援。糧食援助有三種方式。緊急或**饑荒**救濟援助是常見的方式，但和以下兩種援助比起來是有限的：專案援助，以專門的發展計畫來撥給糧食；計畫援助，捐贈糧食以提供一個國家的預算或平衡支付。另外，糧食援助可歸類為三種：第一種是以食品的低價售出，提高受援政府的歲入，在理論上，這些可撥給發展計畫；第二種，糧食特別針對體弱或應得的羣眾，如嬰兒和母親；第三種，某些計畫勞動的部分或全部以糧食報酬。

世界糧食援助約有一半是由美國所捐獻，另外歐洲共同體捐獻30%。總計，雙向**援助**只佔糧食援助總量的10%。捐獻給機構如世界糧食計畫署的糧食，約佔糧食援助的25%，大部分用作勞動用糧，或特定的羣眾。現在，**世界糧食計畫署**僅控制緊急糧食援助總量的10～20%。

糧食援助具有爭議性。雖然在饑荒救急的時候，很少人拒絕提供緊急糧食援助，但長期依靠糧食援助會影響食品消費形態，形成了對小麥、脫脂乳等商品的需求，而明顯改變原有國內生產。許多人認為糧食援助，只是在解決已開發國家過分保護的農業部門，沈重的生產過剩問題。糧食援助通常很難切中要點，不論貧富一樣受惠；而受援國政府必須承擔國內的管理和分配的財政費用。由於糧食援助成為受援國食品經濟的一部分，可能會降低對國內資源需求的壓力、降低物價、傷害農民、並消除了他們對擴大產量的刺激。糧食援助常常受**第三世界**政府歡迎，以限制食品價格，因為他們在政治上比農村利益更為敏感。

總之，糧食援助是很強的政治機制。美國發放的過剩食品明顯地與國際政治目的有關，所以在1970年代初期大量的糧食援助是針對東南亞，而禁止給予在1970～73年馬克思主義政府當權的智利。埃及是目前世界最大的糧食援助的受援國，在1984～85年接受幾乎200萬噸穀物或與其相當的援助，大部分來自美國，佔對開發中國家糧食援助的16%。在這一年前，埃及得到對非洲糧食援助的56%，而在1984～85年降低到26%，因為美洲和歐洲的捐助國響應其他國家的饑荒，甚至向莫三比克和衣索比亞發放穀物，儘管這些國家的政體並不受到認同。

Food and Agriculture Organization　糧食與農業組織　參見FAO。

food balance sheet　糧食平衡表　在國內提供給每人每天的卡路里量。國內糧食輸出，修正進出口及儲藏的變化之後，去除家畜飼料、種子的需求、和估計的損失，轉換成熱當量或飲食能量供應，分配給全體居民。

國家的糧食平衡表，可和世界衛生組織計算的國家最小需要熱量比較，以了解國內食物所供應的最小熱量需求的百分比。每人每日最低熱量需求，對每個國家來說，是按滿足一個平常健康人的能量需求來計算的，須考慮了國家全體居民體型、年齡、性別結構、以及氣候條件。氣候溫暖、人口中兒童比例較高的部分東南亞國家為2160千卡，寒冷的斯堪地那維亞則近於2700千卡。在1982和1984年間多於三分之二以上的下撒哈拉的非洲國家報導，其供應低於他們的最低熱量需求，而幾個已開發國家供應了其最低需求的130%或更多。

糧食平衡表的計算、運算、解讀上，有許多問題，包括定義健康人足夠的熱量攝取，以及**第三世界**國家人口和糧食產品資料不夠準確。儘管如此，糧食平衡表仍廣泛地用作其地區的糧食供應，以及一些國家居民羣眾可能遭受**營養不良**的簡略指標。

food chain 食物鏈 結構化攝食層級，據此能量以食物的形式，從較低的**營養級**進入較高的級。第一營養級由初級生產者的植物組成；第二營養級，是初級消費者的食草動物；第三營養級，是次級消費者的食肉動物。食物鏈常常排列成複雜而相互關聯的網路，稱為食物網。參見DETRITAL FOOD CHAIN，GRAZING FOOD CHAIN。

food crop 食用作物 主要為人類消費而栽培的植物。有些地區幾乎專門耕作為人類消費耕作的作物，在別處則是**飼料作物**或加工原料。棕櫚油在西非大量使用在烹調上，但世界大部分產量卻用在肥皂生產和工業上。

food policy 糧食政策 由政府或國際團體提出的：為了生產者及消費者的利益，而影響糧食部門的政策。糧食政策最普通的形式包括價格保護、撥款援助和貸款的規定，如農田投入和執行費用的補貼、處理剩餘農產品機構、以及選擇性的消費補貼。

在**已開發國家**，大多數糧食政策主要是透過市場調節的方式，例如，歐洲共同體的**共同農業政策**。歐洲和北美的糧食政策，在保證民生糧食供應和促進生產效率的方面，是很成功的。儘管會增加納稅人的負擔，那是需要對農民土地停產給予補貼之故。而在美國，海外銷售以作為**糧食援助**。在共產主義國家，如前蘇聯，幾乎整個農場部門都受控於中央計畫的糧食和非糧食政策，要求**集體農場**和**國營農場**，在國家規定的價格下完成供應的義務。

很明顯的，適用消費者的糧食政策在已開發國家還不普遍，然而選擇性的補貼，如美國國內提供糧票，以惠及城市貧民。消費者補貼非常廣泛地用於**開發中國家**。例如，在印度，由國家累積的剩餘糧食，透過平價店以補貼價格銷售。間接對消費者補貼形式包括控制生產者物價的政策，以保證給予城市消費者低價的糧食。

food supply　糧食供應　糧食生產處理以提供給消費者。雖然越來越多的**第三世界**人口都依靠**糧食援助**和其他補貼食物來源，大部分的世界居民還是從**生存農業**或市場購買獲得糧食。在**已開發國家**的糧食交易，只有很小部分的糧食是在開放市場直接銷售給最終消費者。

自1960年代中期以來，在全球糧食產量中，農業生產指數已增長50%以上，但考慮已知的人口增長來看，這個數字只代表糧食產量的7%（參見FOOD BALANCE SHEET）。在已開發國家受到價格支援機構，以及推廣**綠色革命**技術的支援，**穀類作物**的供應比根類作物和塊莖的供應增長得更快。儘管有這些進步，地區性的糧食供應的匱乏，仍然導致**營養不良**和**饑荒**。參見WORLD FOOD SURVEY。

food web　食物網　參見FOOD CHAIN。

footloose industry　無約束工業　某些製造工業，對場地位置無特殊要求和先決條件。這種工業既無定向資源也無定向市場，所以廣佈於不同地區。無約束工業適合建立在現代消費社會中，因為高速公路保證有良好的運輸能力，方便由不同來源的零件裝配成產品。

footpath　人行道　指定單獨為行人通行的小路。人行道是特意設計和鋪築在城市之內（在北美稱為邊道），和自然形成的道路，如蘇格蘭高地驅趕家畜走的路。許多通道為法定保護其**行路權**，保持其開放狀態以步行通過。

forest climate　森林氣候　整個造林地帶形成的**微氣候**，常為**反照率**的變化、白晝的溫度、風及溼度特性與周圍非造林地帶所影響。

forest management　森林經營　對森林實行經營管理，以保證連續提供木材以及相關產品。在北半球工業國家如德國和英國，森林經營包括所有發展過程，如種植前排水、圍欄、種植、除草、施肥，施用除草劑、殺蟲劑，選擇性修剪，以及最後的修整砍伐。仔細選擇樹種和地貌品質的評估，森林經營者可改進郊區的外觀，這就有助於促進當地旅遊、娛樂的潛力。成熟的森林提供了不同用途的方便，如散步、露營、打獵和木材生產。

相形之下，開發中國家的許多森林仍因缺乏長期經營政策而受損，由商業伐木公司掌控，這多半是往往是北半球的多國公司，以**皆伐**破壞了大面積雨林。只為運走其餘25%的有商業價值的木材，通常造成75%的森林被毀。而且多半不執行再植林計畫，而讓森林自行再生。

森林是**可更新資源**，應採行和諧的經營政策。森林比木材更有用，富於創造力的森林經營能夠發揮**多重土地利用**的作用。參見SILVICULTURE。

forest park　森林公園　廣闊的成熟林區，結合美麗的地形，使旅遊、娛樂、野生生物保護與傳統的商用木材生產，都受到特殊的管理維護。例如，北愛爾蘭的托利摩森林公園。有時森林公園可呈現類似於**國家公園**的作用。正如美國的國家公園、蘇格蘭的阿蓋爾森林公園和伊麗莎白女王森林公園、南非的齊齊卡馬森林海岸國家公園和澳洲的舍布魯克森林保留區。參見WILDERNESS AREA。

forest reserve　森林保留區　1. 含有豐富多采的動植物，認定值得保護以防止**濫伐**的森林區，通常大小限定在100公頃以內。這些地區完善地保存下來，作為**特別研究區**，或是大型國家公園中之一部分。例如，美國加州的紅杉國家公園。

2. 從日常經營的森林中保留一塊森林面積，以作為不同性質的用途。例如，為保留有經濟價值的木材資源、為保育、或作為基因庫。美國原始地區的廣闊土地，在1939年為1420萬英畝，大部分以再造林使其自行生長發展，隨後再歸類為**莽原區**。

forestry　林業　為了採伐木材，維持當地生活需要而栽種、培養、管理森林。公營或私營林業財團重要的責任是要保證林業具再造性和景色的**舒適環境**。

　　全球**濫伐**的規模擴大，木材產品需求日益提高，顯示迫切需要**森林經營**、建立林業機構，以促進**造林**。1983年世界商業木製產品總計為，紙張1億7500萬噸（自1970年增長37%）、伐木29億立方公尺（＋22%）、初級加工木材4億4800立方公尺（＋11%）、以及1億2800萬噸**紙漿**（＋22%），更多的木材則用於薪柴或轉化為木炭。參見FIREWOOD CRISIS。

formation　植物羣系　在單獨的地質區或大陸中的一組植物**羣落**，在類似的氣候條件下有相似的**形相**和現狀。例如印度—馬來亞羣島的熱帶雨林中的植物羣系有當地和區域的變種，稱之為**羣叢**。

forward contract　期貨契約　參見CONTRACT FARMING。

fossil　化石　過去地質年代的動植物，由於自然過程而保存在岩石中的痕跡或遺骸。要形成化石，生物的痕跡和遺骸必須快速地掩埋以避免風化和分解。絕大多數的化石是生物的骨骼結構或其他堅硬部分，而礦物鑄模或生痕化石則顯示生物活動的痕跡、足跡、以及排洩物。化石非常普遍地出現於海生沈積岩中，但偶而出現於火成岩和變質岩中，最早的化石是簡單的單細胞藻類，估計有40億年之久。

　　化石分類採取與現代動植物一樣的命名法，已廣泛應用於定年和對比岩石，並指示過去的環境條件。

fossil fuels　化石燃料　自然產生的碳及烴類燃料，是有機物質在地殼因無氧分解而產生。有**天然氣**、**石油**、**煤**、**泥炭**和**油頁岩**。化石燃料是世界主要能源來源，也是主要的工業原料。

fossil water　原生水　參見CONNATE WATER。

fragile ecosystem　脆弱生態系統　會因為人類行為引起損

害，特別脆弱的動植物**羣落**。所有的生態系統都會被人類損害或毀壞，但那些生長緩慢的**高山**區和高緯度的生態系統由於其再生和恢復能力很差，遭到了特別顯著破壞。溼地羣落如**溼沼**、**淹水沼澤**、**沼澤**和**紅樹林**，因其生存需要特定的溼度和酸鹼值環境，也都是脆弱的羣落。參見TOLERANCE、ENVIRONMENTAL GRADIENT，ANTHROPOGENIC FACTOR。

fragmentation　分割　把田地分成幾個不連接的地塊。在亞洲、非洲及西歐許多較貧窮地區，田地採用高度分散形式。這可能是古老的開放**田地制度**的結果，但多半是由於實行可分的繼承，因之田地被分給所有直接繼承人，分割的方法是強調繼承人接受每個現有地塊相等的一份。

分割被廣泛地認為有助於低產耕地的經營。這可能導致降低勞動效率，特別是牲畜和設備的輸送方面。因為小而分散的地塊阻礙了**農業機械化**，因此為了到處爭奪所有權和接近田地而增加田地範圍。為了更容易進出農田、和更有效的**放牧經營**而需要擴大農田。許多問題產生於農業咨詢工作和田地規畫，以及諸如**土壤保育**、排水和**灌溉**的成本收益分配。

許多國家田地過分分割，例如在1960年代初期，西班牙每塊田地平均為14個地塊，在加里西亞區甚至高達32個地塊。

並非分割一定是不利的，在熱帶和溫帶農業方面，分割可代表自然條件和**生態區位**的多樣性，為了農民開發不同作物、收穫更多種農產品並盡量降低當地氣候的危險，如霜凍和冰雹。分割可以容許交錯地生產制，並在需求的高峯季節合理地調配勞力。過度的分割可靠計畫解決，以使**農場擴大**和**合併**。

freeport　自由港　具港口便利條件的工業發展地區，進口原料加工再出口，最終貨物不用課徵所在國的關稅和貨物稅。對稅務來說，自由港的功能好像與國家其他地方分離的島嶼，卻提供當地人民的就業來源。自由港的觀念同樣成功地用於飛機場附近地區。例如愛爾蘭的善農機場。

free range　自由牧場　參見GRAZING MANAGEMENT。

freezing-thaw action　凍融作用　參見PHYSICAL WEATHERING。

freezing point　凝固點　液體改變其物態成為固體的溫度。常壓下，水的凝固點約是0℃。參見SUPERCOOLING。

Friends of the Earth　地球之友　一個非政黨的國際政治壓力團體，致力於協助人們瞭解環境的關鍵課題。地球之友活動於28個國家，遊說於政府和政治家，提供**環境影響評估**的資訊，並通過電視、講演、書籍傳播資訊。近年更採取主動，對現存**核能**電廠，新核能電廠的防護結構，制定適當的安全標準，並針對已開發國家制定自然資產檔案。參見GREENPEACE。

fringing reef　裙礁　參見CORAL REEF。

front　鋒　具有不同溫度溼度的**氣團**間的邊界，又稱為鋒面。例如，**極鋒**是大氣團的會聚。其他較小的鋒，則多和地區性的**低壓**有關。

frontage　前面　1. 建築物的正面。

2. 沿著一條街毗連正面共同的牆。參見TOWNSCAPE。

3. 鄰接河、湖等的土地。

frontal depression　鋒面低壓　參見DEPRESSION。

frontal rain　鋒面雨　參見RAIN。

frost　霜　1. 一種降水形式，多在夜晚的戶外形成，而落在地表面的冰粒。霜的形成決定於大氣中的水分和氣溫。依據成因分為下列幾類：**白霜**、**霧凇**和**雨凇**。

2. 氣霜，在史蒂芬生百葉箱高度（編按：約離地110公分）的大氣溫度低於或等於0℃。

frost heaving　凍拔　參見PHYSICAL WEATHERING。

frost hollow　冰凍凹地　地表的窪地，由於重力作用讓冷空氣洩入其中，引起明顯的降溫。最低溫度顯示於緊靠冰凍凹地底部的側面上。農民和林務員必須使經營的系統適應冰凍凹地，依靠種植耐凍植物或為動物提供掩護物。

道路工程師和建築師也意識到冰凍凹地的威脅，因為**霜**的產生會在路面上引起冰凍，致使地表結構的損壞。

frost wedging　冰解作用　參見PHYSICAL WEATHERING。

fuel bundle　燃料束　參見FUEL ROD。

fuel injection engine　燃油噴射引擎　一種內燃機，燃料和空氣的比例由燃料噴射器的微處理機精細控制。所得的燃料空氣混合物，會降低耗油量並減少廢氣排放。參見CATALYTIC CONVERTER，AUTOMOBILE EMISSIONS。

fuel rod　燃料棒　棒形的核燃料，在**核反應器**中產生連鎖反應，釋放能量。燃料棒一般由二氧化鈾的顆粒組成，含有3%可分裂的鈾235和97%不分裂的鈾238，載入鋯合金的罩管中。這種合金可阻擋高能中子，防止高溫水的腐蝕，所要求的強度是為了鈾燃料用於輕水反應器中。二氧化鈾的顆粒是用二氧化鈾粉末（人造釩鈾礦）壓實燒結而成的。這個加工過程對人有害，因為會釋放有放射性的氡222氣體。同時，加工過程中殘留的廢氣，放射性可殘留數千年。

燃料棒通常組合成燃料束，一般為63個棒，插入反應器中心部分。燃料棒釋放能量的速度，由位在燃料束之間的**控制棒**加以控制。每經18個月和30個月，燃料束被移出送到核燃料再處理廠，做廢棄或回收處理。

fumarole　噴氣孔　地球表面的小孔，從中逸出水蒸汽和火山氣體。噴氣孔活動通常和休眠火山有關。在義大利，有些噴氣孔用於發電。

functional land use　功能的土地利用　參見LAND USE。

functional niche　功能區位　參見ECOLOGICAL NICHE。

fungicide　殺菌劑　一種化學物質，用於消滅使植物致病的真菌。硫黃是最早一種的殺菌劑（自1803年使用），而波爾多液（硫酸銅、生石灰和水），自羅馬時代就可能用於防治**真菌**危害葡萄。據調查，殺菌劑不會造成很大的環境問題，因其使用範圍不大，除了簡化生物**分解者**羣之外，不會造成任何問題。參見HERBICIDE，INSECTICIDE，PESTICIDE。

fungus　真菌　真菌門的植物，沒有葉綠素、葉子、真正的莖和根。真菌靠孢子生殖，生活型態完全像**腐生生物**或寄生物。真菌包括黴菌、酵母、病毒、鏽菌和磨菇。有些真菌可使動植物（包括人類）致病。

fusion reactor　融合反應器　能量來自**原子**融合的**核反應器**。一般是由氘或氚形成氦原子，隨即放出能量。融合反應器現在還是試驗階段，主要難題是在於融合所需的極高溫（1億℃）。目前嘗試的重點在於：把融合反應包在陶瓷容器內，置入磁場之中進行。

fynbos　高山硬葉灌木羣落　局限於南非極南端，長得很矮的**硬葉植物**。種類廣泛的木質山龍眼屬植物，常常形成低矮灌木叢林，含有豐富的地面植物區系。高山硬葉灌木羣落在所有**地中海**型植物羣落中，具有極大量的物種。許多植物是當地特有的，因此具有明顯的科學價值。不幸的是，由於人類活動的結果，高山硬葉灌木羣落很少得以保存。

G

Gaia concept　蓋亞觀念　由英國科學家洛夫洛克在1979年提出的爭議性假說，關於生物維持地球上氣候的平衡作用。這個學說把地球看成單一的複合有機體，會自動調節組成。生物單元會試著改變當地的環境，讓所有生活形式呈現最佳物理、化學環境，提供足夠的氧給動物，二氧化碳給植物。蓋亞機制利用**溫室效應**，改變大氣、海洋的溫度，並調節生物所必需的生化循環，包括水、氧氣、土壤和岩石等循環。

雖然進一步研究有新的證據，支持蓋亞假說提出的生物系統和環境有所聯繫的說法；但是洛夫洛克的學說在科學領域中，並未受到廣泛的支持。（命名用蓋亞，是希臘大地女神之名）

gangue　脈石　**礦**床中無價值的岩石和礦物。分離清理脈石大大增加了開發礦床的成本，而且礦渣給許多工業化地區留下醜惡的地貌。改進提煉技術，許多脈石礦床可以再進行開採。參見DEEP MINING。

garden city　花園城市　在英國，結合城市和農村環境的最佳特點設計的計畫住宅區。花園城市對工作、居住提供典型的鄉村環境，是基於19世紀的博愛精神發展出來。在1898年花園城市觀念的發展要歸功於霍華德。他的典型城市規畫為適應在2429公頃的地區擁有3萬2000人。人口密度以及道路、工業、商店、學校所用面積和均按理想化標準規劃，避免擁擠保證健康生活條件。花園城市在對居民提供能自給自足、避免了來往於大城區的環境。當花園城市達到了最佳狀態時，就應再創建新的花園城市，每個花園城市安置成組，圍繞著老的城市，利用鐵路和公路互相聯繫。

第一個花園城市在1903年建於倫敦以北55公里的萊奇沃思。第二個，著名的韋林花園城市（1920）也建在倫敦北部，按現代設計標準而言，花園城市單調且千篇一律。但以較低的住宅密度和充足的開放空間來說，與後繼的**新鎮**比起來，花園城市還是舒適得多。參見RESIDENTIAL DENSITY。

garrigue　常綠矮灌木叢　由**硬葉**灌木佔統治地位的植被，大約有1公尺高，長在地中海周圍。常綠矮灌木叢可能代表著地中海植物羣落有很大的變化。許多代的焚燃、放牧和砍伐已清除了木區的天然混交林，而在其地區發現一種稀疏植被，那裡地下芽、香料、草木的植物佔支配地位。常綠矮灌木叢的生長期一般局限於較冷和較溼的冬季和春季，因此在地中海區域的乾熱長夏期，常綠矮灌木叢往往呈現荒蕪。

gas-cooled nuclear reactor　氣冷式核反應器　參見MAGNOX NUCLEAR REACTOR。

gaseous pollutants　氣體污染物　排放於大氣中成為原生或次生污染物的氣體。氣體污染物包括：一氧化氮、二氧化硫和**過氧醯基硝酸鹽**。氣體污染物主要是由於人類活動而產生，是**光化學煙霧**和**酸雨**的主要成分，造成建築材料的損壞、樹木和其他植物的退化和人類和動物呼吸的疾病。參見PRIMARY POLLUTION，SECONDARY POLLUTION，AIR POLLUTION，AUTOMOBILE EMISSIONS。

gasohol　汽油醇　用於機動車燃料的名詞，這種燃料由80～90％的無鉛汽油和10～20％的**乙醇**組成。生產汽油醇比汽油不經濟，需要龐大的財政補貼和立法。不過，汽油醇是一種乾淨的燃料，燃燒產生的污染物很少。

汽油醇最大使用者是巴西，由於在長期的收支不平衡，無法在世界市場上購買大量的原油，而且有豐富的有機物質供應，可用於汽油醇生產。巴西國家酒精計畫在1981年負責生產30億公升酒精，主要來源於甘蔗和木薯。到1985年，汽油醇的生產目標為80億公升。在美國玉米用作能源材料，1990年曾規定生其生產指標為57億公升。紐西蘭、加拿大和許多**第三世界**國家也用廢棄的木材製品、糖漿、動物製品等，來生產少量的汽油醇。

Gatto report　蓋托報告　歐洲共同體於1983年出版的共同體森林政策報告，提供西元2000年以前森林生產和木材產品消費的評估。

gene bank　基因庫　參見GENE RESOURCE CENTER。

gene library　基因庫　參見GENE RESOURCE CENTER。

gene pool　基因源　一個指定的繁衍羣體，具有基因和遺傳資訊的全部總和。

gene resource center, gene library, gene bank　基因庫　一個遺傳材料的集中處。遺傳工程師從其中可提取各種各樣的野生遺傳材料，用於研究或合併入現存的農業**雜交**物種以復育或改進有經濟價值物種的特性。這個中心收集有**滅絕**危險的植物種子。保存這些種子以恢復農業雜交物種活力或克服某些意外疾病的可能性，保存動物的遺傳材料方面有很多問題，但在冷凍狀態下貯存卵子和精子以為日後使用的技術已有很大的進步。參見GENETIC ENGINEERING。

generally recognized as safe　公認安全　參見GRAS。

genetic conservation　遺傳保育　保存動植物以保有它們的遺傳資訊。實際上可以靠建立動植物原生質的集合（參見GENE RESOURCE CENTER），保存顯示動植物極大多樣性的地理區域，或選擇育種。

厄瓜多爾的里奧帕雷給研究站是遺傳保育的第二種方法的示範,有1025種不同的植物物種以及賴其生存的動物保留在170公頃的土地上。然而，由於當地人民進入森林尋找**薪柴**，不顧遺傳保育的狀況。

圖36　**遺傳保育**　最大自然植物和動物龐雜度的區域。

據俄國生物學家瓦維洛夫的論點，靠選擇一種馴化植物，然後尋求其表現多樣性的野生親緣物種的地區，就有可能確定一個最大遺傳多樣性區域。瓦維洛夫中心（見圖36）曾推薦了為遺傳保育的最佳地點以支援基因庫，然而這種方法主要是針對現存的農作物。生物體內所持的遺傳密碼有同樣的重要性，至今已證實其對人類的重要性。例如，生化學家在研究澳洲雨林的基因結構，希望從其中某個物種中發現愛滋病病毒的解毒劑。參見GENETIC ENGINEERING。

genetic engineering　遺傳工程　控制或重新組合遺傳物質，以產生有利於人類的新物種。早期、簡單的遺傳工程形式是1856～1868年孟德爾實行的雜交研究：涉及兩種近緣植物遺傳物質的雜交，而其只顯示如種子的顏色和光滑度的細微的區別。**雜交**的物種有不同的外觀特性。

自然雜交產生的物種具有廣泛的特性，並提供了物種由此能遷移到新環境的機制。農學家認為靠慎重地選擇其表現所需特性的植物，例如，植物的抗病性、增長速度、品質、產量，這就使作物得以改進。

大多數現代農作物和家畜是遺傳工程的結果，例如向日葵為植物油主要資源，是憑借野生向日葵基因庫而改進的，還有熱帶主要食用作物：木薯，由於得自野生木薯的抗病品系的內含物，其產量已增至18倍。現代植物遺傳研究包括試圖把生物固氮特性並入主要糧食穀類，以減少對化學**肥料**的依賴，發展更有營養性的禾類穀物、抗病和抗**除草劑**的品種與作物，以更適合糧食加工工業的需要。

在家畜繁殖方面，遺傳的改良已使動物的繁殖的過程可控制。例如，胚胎轉移、超數排卵、發情期檢測和發情期同步。在胚胎轉移上，培養的胚胎從優良的母體轉移到另外的劣等牲畜的母體子宮內，讓受孕者在無遺傳影響下培養胎兒，而施者靠激素的刺激導致超數排卵，所以在此情況下母牛人工受胎，可以年產

60隻遺傳優良的小牛。胚胎轉移的發展已導向實驗受精、無性繁殖、孿生和細胞並合，這樣同一個胚胎就可產生幾個遺傳上一致的後代。

遺傳工程的主要優點不僅在於大量增加改良的動植物，同時也使靠利用傳統有性受精過程的傳統選擇育種以發展新變種所用的時間減少了。遺傳工程的現代革新已傾向於促進**農業企業**的影響及其所控制的利益，農業企業也越來越追求適合於農業生產程序。

然而，農業物種的遺傳工程在相當小的物羣體上反覆精選，導致**基因源**的純化。因此，也應保存自然界可能發生變種的野生基因源。

genotype　基因型　1.生物的遺傳成份。對照PHENOTYPE。

2.有相同遺傳成分的一組生物。

3.一個**屬**裡頭的典型物種。

gentrification　上流社會化　中產階級向日益破敗的市區移居。在內城破敗地區買進古老而有地利的大房子，取代原有的社會團體。新來的居民各自整修房屋，有時需靠減稅協助，直到整個地區呈現外觀更新以及全部地產增值。因此低收入民眾更不可能在當地購買房屋，使得當地的社會成分轉往更高的經濟團體。參見INNER CITY，RESIDENTIAL SEGREGATION。

genus　屬　分類學層級，是由科分成的。屬包含一個或多個**種**。例如，狐屬是犬科下的一個屬。參見CLASSIFICATION HIERARCHY，LINNEAN CLASSIFICATION。

geochemical prospecting　地球化學探勘　對地表水、沖積層、土壤、植被進行化學分析，以確定當地富集的金屬礦物，指示地下礦體的存在。

geographical information system（GIS）　地理資訊系統　用於收集、貯存、修正、轉換、以及顯示從現實世界收集來的立體資料的整合技術。由於含有大量的資料，以及處理資料重複的計算，多數的地理資訊系統都已電腦化。地理資訊系統的主要組成部分見圖37。每個地理資訊系統的中樞是資料庫，決定最終輸出的品質。然而單獨資料庫意義不大，運用於客觀世界問題時，要靠資料轉換設備的能力，該設備是具有用於處理的軟體功能。通過轉換程序，資料庫可被評估、轉換、處理，使資料提供作為環境問題調查的試驗台、發展趨勢的研究、或模擬非生物界或生物界產生的特殊作用的結果。

大多數的地理資訊系統是為了研究特殊問題，例如，為農林業人員所用的土壤資訊系統。目前，政府主要機構都將建立綜合的全國性的資訊系統，例如，像加拿大土地規畫，就試圖評估整個加拿大的土地性質，以建立與土地潛力相關的土地利用的規畫程式，由此使土地利用最佳化。資訊系統正日益用於自然規畫、使用土地的經營者、土壤保育人員和涉及戰略土地利用計畫的政府部門。參見ENVIRONMENTAL INFORMATION SYSTEM。

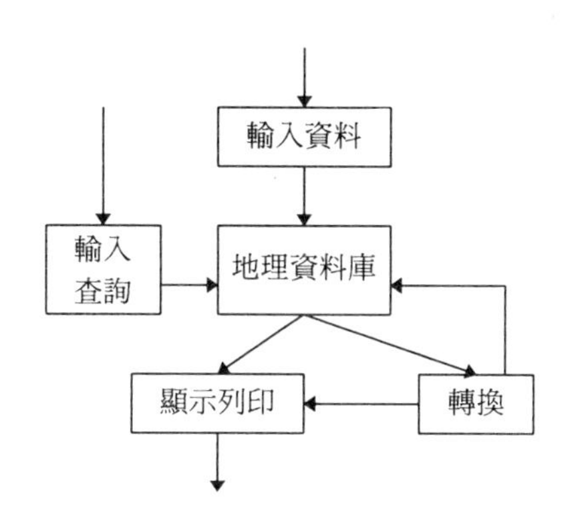

圖37　**地理資訊系統。**

geological column　**地質柱**　參見EARTH HISTORY。

geological cycling　**地質循環**　由於**侵蝕**和**搬運**作用，物質從陸地慢慢移動到海洋，沈積在海洋中，形成**沈積岩**；之後**造山運**

動使其上升形成陸地，侵蝕的循環重新開始。地質循環需要幾百萬年才能完成，所以才要選擇穩定的地質材料（如花崗岩）作為掩埋**核廢料**的所在。

geological map　地質圖　指出岩石類型、結構特性和各種岩石的相關年代，以來說明地區地下地質狀況的地圖。地質圖可直接地用於土地利用規畫、土壤調查、水文和土木工程項目以及礦產資源的勘察和開發。

geological time scale　地質年代表　參見EARTH HISTORY。

geology　地質學　1.研究地球的起源、成分和結構的科學。

2.研究地區的地質特性，特別是其地形以及形成現在自然地貌的程序。參見GEOMORPHOLOGY。

geomorphological map, morphological map　地形圖　用以說明地表形勢的自然狀態和性質，以及過去與現在的地貌形成過程的類型和範圍的地圖。地形圖提供廣泛而綜合的地形說明，用於**土地利用規畫**、土壤調查、水文和土木工程、農業和林業的發展、以及礦業資源的勘察和開發。參見GEOMORPHOLOGY。

geomorphology　地形學　地質學的分支，研究地殼的地形特徵、構造、起源、發展等。

geophysical prospecting　地球物理探勘　分析重力、地震和岩石中磁性材料，以確定地質結構和隱蔽礦體的存在。地球物理探勘廣泛用於石油礦床、金屬礦體、工業用礦石與岩石礦床、以及地下水的定位。在進行大型工程計畫前，可用此技術了解區域的地質結構。

geophyte　地下芽植物　參見RAUNKIAER'S LIFEFORM CLASSIFICATION。

geostrophic wind　地轉風　理論上與**等壓線**平行吹動的風，代表**科氏力**和**氣壓梯度**之間相對作用的平衡。高層大氣的風有時可能近似理想的地轉風，但靠近地面時的摩擦力使風以斜交穿過等壓線吹向低氣壓區。

geosycline **地槽** 大型的**向斜**，在持續很長的時間內聚積了巨厚的沈積，因此地質學家認為地槽下沈速度與產生沈積的速度相同。壓縮的構造力引起地槽沈積的褶皺，形成了**褶皺山脈**，例如卡利多尼亞山脈，從愛爾蘭，通過威爾斯、北英格蘭、蘇格蘭進入挪威。（編按：以地槽來解釋褶皺山脈成因的方式，已漸為板塊構造學說所取代。對照PLATE TECTONICS）

geothermal energy **地熱能** 來自地球內部熱的能量。有兩種主要地熱能源：

(a)在火山區或構造運動區的**岩漿水**和水蒸汽。這種水蒸汽和熱水可直接用於房屋取暖和溫室栽培，如冰島。這種熱水和水蒸汽也用於發電，例如義大利的拉爾代雷洛和美國加州的大噴泉。

(b)世界上某些地區的侵入火成岩位置緊靠地面，向熱的岩石鑽孔並注水產生水蒸汽可抽出地熱能，可用於發電，這種循環系統已成功的建於美國新墨西哥州。世界上許多地區，包括美國東部的皮德蒙和英格蘭的衛塞克斯盆地，正在對熱岩石的地熱潛力作進一步研究。

產生地熱能水和水蒸汽有幾種副產品。地熱水常是高礦化的，是一種有價值的多種礦物資源，水可去礦化作為民間和工業使用，如在智利的埃爾塔蒂奧。和其他能源比較，地熱能污染較少。為了防止地表面排放系統的熱污染和化學污染，這些水會再注入深井。從地熱站排出的有毒害的廢氣也必須小心控制。

geothermal power **地熱動力** 來自於地殼內部熱源的能量。地熱動力來自抽取過熱的水或水蒸汽資源。水蒸汽用於驅動渦輪機以發電，而熱水用於溫室取暖，如在冰島，或用於家庭的集中供熱，如紐西蘭的羅托魯河。地熱能是乾淨的能源，不會增加大氣**顆粒物質**。某些排放氣體，主要是硫化氫，其濃度是無害的。此外，熱水若不用在上述的方面，水在排放入河流或海洋之前就會變冷。參見HOT DRY ROCK TECHNIQUE。

geyser　間歇泉　猛烈噴出水和蒸汽的**溫泉**。通常具有明顯規律，如美國國立黃石公園的老忠實噴泉，其噴射高度為55公尺，約每65分鐘一次。間歇泉的發生是因當地下水通道中的過熱地下水間歇地注入泉中轉變為水蒸汽，引起上方覆蓋著的水爆發性噴出，形成暫時的噴泉。在一些國家如美國、紐西蘭、冰島和日本，間歇泉是重要的觀光據點，大型的噴泉有時用於發電。

ghetto　聚居區　在城市中，人口高度集中的地區，其人民常來自同一種族、宗教，或異於主流文化的團體。聚居區特有的性質包括緊密結合的內部社會聯繫，外部人相當難以進入；面對外部攻擊時，有很強向心力，並具有異於或超出周圍環境政治制度的觀念。這些地區住房密集，易滋生社會問題。參見RESIDENTIAL SEGREGATION。

gilgai　黏土小窪地　出現於富含黏土地帶，表面呈波浪起伏狀的淺灘窪地，點綴以1公尺高的小山脊。這是由於土壤水分的含量變化，引起黏土的膨脹和收縮的結果。

GIS　地理資訊系統　參見GEOGRAPHICAL INFORMATION SYSTEM。

glacial deposition　冰川沈積　由冰川中沈降的岩石和碎屑。所有的沈積物統稱為冰積物，有兩種類型：

(a)冰磧物，是一種非層狀不均勻岩石碎片，大小範圍由**黏土**顆粒到巨礫。冰磧物有時也稱做冰礫泥，出現在各種地形，包括**冰磧丘**、**鼓丘**和**漂礫**。

(b)冰水沈積，由碎屑組成，經常是粗略成形並具層狀，是由融化後的水流形成的。形成的特殊景色包括冰水沈積平原、**蛇丘**和**冰礫阜**台地。

glacial drift　冰積物　參見GLACIAL DEPOSITION。

glacial erosion　冰川侵蝕　由冰川連續運移岩塊、土壤和其他物質。冰川侵蝕可由兩種方式完成：

(a)冰川拔蝕作用或鑽掘作用。由於**層面**中水的凍結引起基岩塊體的移動。

(b)磨蝕。是由冰川攜帶的岩石碎片對下面基岩的刮削和研磨（參見GLACIAL TRANSPORTATION）。

冰川侵蝕的速度差別很大，主要賴於冰川的大小和流速，以及冰川底面地形的特點。大陸冰川的侵蝕非常強，留下很特殊的景色，如**U形谷**、**懸谷**、**刃嶺**、**削斷山嘴**、**冰斗湖**等。冰層的侵蝕作用常會削平底下原有的地形起伏，讓自然景色產生驚人的變化。對照WIND EROSION，FLUVIAL EROSION。

glacial striae　冰川擦痕　參見ERRATIC。

glacial till　冰磧物　參見GLACIAL DEPOSITION。

glacial transportation　冰川搬運　由冰川運移岩石和其他碎屑離開原始的位置。冰川的**負荷**，其大小可由巨礫到細粉狀的岩石碎片（通稱為岩粉）。有三種冰川搬運方法：

(a)冰上搬運，谷坡落下的岩石碎片形成冰川表面上的負荷。

(b)冰內搬運，落入冰隙或被降雪埋入冰川內的負荷。

(c)冰下搬運，主要由**冰川侵蝕**並集聚載於冰川底面的物質。

對照FLUVIAL TRANSPORTATION。

glacial watershed breaching　冰川流域裂隙　由冰川運動形成的**流域**分支，會導致原有河流**水系型**永久的變化。在險峻的丘陵地，流域裂隙可用來建設四通八達的道路。

glaciation　冰川作用　在冰期內由於冰川和冰層的覆蓋，改變地球表面的過程。周期性的冰川作用原因尚不清楚，可能由於：

(a)太陽吸收熱量強度的變化。

(b)大氣中二氧化碳和水蒸汽的變化。

(c)大陸向極地區域漂移的結果。

參見GLACIAL EROSION，GLACIAL DEPOSITION。

glacier　冰川　在重力和壓力影響下，大量的冰從**雪原**向外流動。在末次**冰期**，冰川佔地球表面30%，現在約佔10%。除澳洲外，幾乎所有大陸都有冰川。

冰川運動速度的差異可由每日幾公分到幾十公尺，是由冰川的大小、空氣的溫度、冰川下面解凍的水量以及冰川下方地面的坡度和地形所影響，冰川運動終止時，亦即冰融解的速度等於或大於冰川前進的速度之時。

有三種主要類型的冰川：

(a)谷冰川或山岳冰川，來自山谷上端的冰原，沿目前的河谷向下流動。谷冰川在北美洛磯山脈，歐洲斯堪地那維亞、阿爾卑斯山和紐西蘭的南島很普遍。

(b)山麓冰川，由幾個谷冰川匯合於山脈下方平原之時形成。例如格陵蘭的腓特烈斯霍布冰川和阿拉斯加的馬納斯皮納冰川。

(c)冰層或大陸冰川，是非常巨大的冰塊覆蓋於其發源的平原或大陸區域之上。格陵蘭和南極洲是現存僅有的兩個例子。冰帽的規模較小，僅出現於幾個地區，像是冰島。

谷冰川在許多地區被發展為全年的冬季運動場；而冰層現在是經濟資源，有如石油、天然氣一樣。參見GLACIATION，GLACIAL TRANSPORTATION，GLACIAL DEPOSITION，GLACIAL EROSION。

glazed frost　雨淞　**霜**的一種，雨露和極冷的地表面接觸，凍結而產生。在道路上，雨淞也叫黑冰，對交通而言是嚴重的公害。因為雨淞透明，路上的駕駛和行人看不見。

gleization　潛育作用　在缺氧環境下，土壤細菌還原鐵化合物，呈現藍色、灰色或橄欖色土壤的過程。潛育作用是部分土壤積水造成的，有兩種形式：

(a)地下水潛育作用，發生於低窪地區，那裡**地下水位**高形成缺氧條件。

(b)地面水潛育作用，是由於一個或幾個透水能力不良的**土層**，導致無法充分的排水。

gley　潛育土　無定形緊實土壤，其中一層或數層呈灰、藍或橄欖色，是由於斷續的積水形成缺氧條件所造成的。潛育土的成因是由於高**地下水位**或**硬磐**，阻止水向下自由透過土壤剖面。給予充分的排水並加入石灰，可克服因缺氧引起的酸性，潛育土可用於農業。參見HYDROMORPHIC SOIL。

gleysol　潛育土　此名詞是用在聯合國**糧食及農業組織**，和加拿大土壤分類系統中的**潛育土**。

Gondwanaland　岡瓦納古陸　南方古大陸，由**聯合古陸**在古生代晚期或中生代早期分裂產生（見圖19）。岡瓦納古陸包括澳洲、非洲、印度、南極，以及南美的一些地區。參見LAURASIA，CONTINENTAL DRIFT，PLATE TECTONICS。

gorge　峽谷　深、窄、陡的河谷。峽谷的側壁往往近於垂直。這個名詞跟canyon同義，不過多認為canyon比較大。峽谷的例子包括德國的萊因峽谷和大峽谷。

　　形成峽谷的原因很多，例如，在**斷層**內的河流下切侵蝕、或河流**回春**之後，或當河流的輸送能力超過負荷時的均夷作用早期階段，以及遭受到快速的垂直侵蝕。參見FLUVIAL TRANSPORTATION，FLUVIAL EROSION。

graben　地塹　參見RIFT VALLEY。

graded river　均夷河流　參見RIVER PROFILE。

graffiti　塗鴉　亂畫於牆上或其他表面的圖畫訊息，通常淫穢不堪。塗鴉由來已久，似乎是想留下某些紀念，以表達對某人或社會的挑釁。塗鴉多半與破敗的城區緊密相關，特別是公共的大建築。某些社會學者認為城市塗鴉應是可接受的方式，體現了廢棄城市的居民感受。這種表現形式可以在紐約地鐵列車上看到。參見VANDALISM。

grain alcohol　酒精　參見ETHANOL。

grain crop　穀類作物　禾木科的成員，果實的特點是穀粒或穎果，其種皮與子房內壁相連。穀類作物主要由澱粉和一些蛋白組成。穀類作物這個術語包含了小麥、裸麥、燕麥、大麥、玉米、稻米等等。

穀類作物或禾穀是人類非常重要的有機食物來源，也是牲畜的**飼料作物**。截至1983～84年世界穀物產量的一半是餵家畜。為人類消費而烹調的穀物有未磨碎的（如稻米）、磨成麵粉做麵包（小麥和裸麥）、做成通心粉（硬粒小麥）、麥芽（大麥和高粱）、或搗碎，輾壓做成穀粉或麥片（燕麥、玉米和小米）。

穀類作物的世界年平均產量在1984–86年為18億噸，其中18%來自美國。小麥（佔28%）、稻米（26%）和玉米（26%）是最重要的穀類作物。歐洲共同體1986年穀類作物佔地將近3600萬公頃，是農業用地（包括林地）的28%和可耕地的53%。

granite　花崗岩　一種粗粒狀的酸性**侵入岩**，由**岩漿**在地殼深處緩慢冷卻形成的。花崗岩總是與深成岩體相關，如**岩基**和**岩蓋**。在溫帶氣候，花崗岩能抗腐蝕，所以常形成高地地區，如美國加州的內華達山脈和英格蘭的博德明高沼。在潮溼的熱帶氣候，花崗岩極易受**化學風化**，形成深度風化土壤，花崗岩常常用於建築，蘇格蘭的亞伯丁市被稱為花崗岩城，在19世紀和20世紀初期的建築大量地使用花崗岩。

granitization　花崗岩化　由於岩漿從地殼深處向上流動，使原有的**圍岩**轉變成花崗岩的變質過程。變質作用產生的機制還不清楚。參見BATHOLITH。

GRAS　公認安全　此術語在美國用於食品**添加物**，該添加物在人類少量使用情況下是無害的。英文general recognized as safe的縮寫。

grazing food chain　放牧食物鏈　一種飼養體系，其中能量的轉變完成於食草動物消耗有機物質（植物），然後食草動物又被食肉動物消耗。對照DETRITAL FOOD CHAIN，參見FOOD CHAIN。

grazing management　放牧經營　為控制和調節牧場的用途和品質，在有限的土地資源下，使牲畜發揮其生產潛力所採用的實施方法。放牧經營有兩種基本工作，針對：

(a)促使草地生長。大量使用含氮的**肥料**。在高原牧場的**淋溶**作用很強，比如，使用石灰以提高土壤的酸鹼值、助長土壤的有機體加速分解，釋放營養物質，因此改進了放牧品質。用**焚燒**控制雜草限制其生長，並保持一個幼嫩有營養的植物覆蓋，是在粗放牧場地區的普遍方法。

(b)通過選擇放牧系統以控制家畜的特性，有數不清的作業方式，每種方式靠自然條件、牲畜種類，農民的偏愛所改變。自由牧場系統其牲畜出入牧場不受約束，而延期放牧發生於未成熟的牧場，在一個長時期內拒絕牲畜進入以使植被恢復。在粗放的牧場（參見RANCHING），牲畜的分佈與流動可進一步用供給用水量、含鹽和富蛋白飼料來控制。在圍場放牧或輪牧的情況，牲畜在一段時間內和在季節變換時有組織地從一個牧場輪換到另一牧場。當牧草生長很快的時候，儲備的牧場可收穫飼料或為了乾季專用阻止放牧。帶狀放牧是一種改良型式，其牧場帶被隔開短時間，一般用圍牆，以最大地控制放牧狀態。無放牧是用割下的鮮草圍欄畜養牲畜，這是一種集約畜場的系統，使用牧草，卻不用牧場的方法。

Great Plains　大平原　參見PRAIRIE。

green belt　綠帶　緊密圍繞城市的鄉村地帶，目的是為了限制城市向外擴張而劃定的界限。綠帶的最初目的是20世紀初期在大倫敦區域計畫創立的，為了保證生活於當時倫敦的人民，在這污染又不舒適的城市環境，能有個永久的休養區，同時控制城市的擴張。就倫敦和其他城市而論，採取了綠帶原則，鼓勵越過綠帶到**新鎮**或較小的現有城市從事發展。讓人感到這些地區提供地利，和原來城市無關，在此發展出**社區**的新觀念。這種變化會有利於從老城遷來者，同樣對留在老城者也有利，因為在壓力減少之下，重新設計社區而得到新房。參見GARDEN CITY，GREEN-FIELD SITE。

green fallow　綠色休耕　一種**休耕**型態，停止栽培主要作物，在休耕期間種滿快熟的**多葉作物**，像是蕪菁、野碗豆等，可在春天用於放牧。

greenfield site, virgin site　未開發地區，處女地　目前是非城市地區，多為農業用地，選作工業或新住宅用的可能發展區。直到最近，這些地方是新市區發展的主要地點，為開發者所偏愛，因為在此設計建造大的商業建築和住宅是相當容易和經濟的。按照定義，未開發地是處於現存城市的邊緣，在這些地方建新房的住戶，能否接受城市服務的問題於焉產生。比如商店、學校、保健機構等。現在，城市當局已鼓勵在城市本體內備選位置開發。這些為城市再開發的重要地區，在推動恢復**內城**區時被看成是重要的自然環境。也參見GREEN BELT，INFILL SITE。

greenhouse cultivation　溫室栽培　特殊形式的**園藝**，於控制和保護溫室環境培育水果、蔬菜、鮮花。溫室提供遮風擋雨的環境，有助於生產高品質的作物並提前收成。採用人工供暖，以環境控制系統調節通風、水分和二氧化碳濃度。

溫室栽培是勞力、資金密集的產業，每公頃的投資極高。不過，溫室生產的轉換是非常容易的，更能適應市場難以預測的變化，同為高投資的林木作物生產就沒有此項優點。參見MARKET GARDENING，GREEN BELT，INFILL SITE。

greenhouse effect　溫室效應　由於二氧化碳、**甲烷**、二氧化氮、**氟氯碳化物**、**臭氧**等的累積，使**低層大氣**的氣溫逐漸升高。這些氣體稱為溫室氣體，是低層大氣的固有成分，其作用有點像溫室的玻璃窗，吸收有害的高能短波太陽射線，讓可見光通過，並阻止某些長波發射能量的損耗，使地球溫度保持平衡。如無溫室效應，地球溫度會是零下18℃。

由於工業、家庭和運輸動力燃燒**化石燃料**，如木柴、煤、石油等，造成1980至1986年間大氣中二氧化碳的總量增加了26%。如果這種趨勢繼續下去，到2040年左右二氧化碳的含量可能為工業化之前的兩倍。低層大氣的熱平衡將會改變以致大氣平均溫度將升高4℃。而極地溫度將再升高兩倍。極地冰帽的融化會導致**海平面**上升，城市、工業和農業地區被淹沒。世界上許多的**氣候區**的分布和**洋流**會產生變化，導致農業區的變更。

大氣中不僅有二氧化碳的累積，現在還發現氟氯碳化物破壞臭氧層，使紫外線輻射穿透低層大氣，到目前為止對生命形式的影響後果還不清楚，科學家認為這種輻射會引起植物遺傳物質的變異。

greenhouse gas　溫室氣體　參見GREENHOUSE EFFECT。

Greenpeace　綠色和平組織　致力於世界保育問題的非政府組織。世界上約有4000個非政府組織關切**生物圈**問題，綠色和平組織是其中成立較早，也最為世人所知的，始於1971年。其成員的活動，不斷地造成世界性的頭條新聞。經常直接面對那些犧牲生物圈，而為發展經濟的政府和工業企業。例如，綠色和平組織堅持不斷地支援取締獵海豹和捕鯨、禁止地上核裝置的試驗、取締向海洋中傾倒核廢料、協調世界的保育政策。參見FRIENDS OF THE EARTH。

green politics　綠色政治　突顯世界自然資源保育和環境改良及保護的一些政治活動。綠色政治的議事中心是兩個相關的概念，包括人類作為環境管理者的歷程和生物圈資源能承受的開發（參見SUSTAINED YIELD）。綠色運動的激進分子認為，運用這些概念只能採取政治權利和經濟權利的分散。

綠色政治最成功的例子是德國生態政黨：綠黨。首先於1979年德或地方選舉中成為重要政治力量，並在之後贏得班達斯特的議席。類似的政黨在其他西歐國家中也得到政治上的成功。

然而環境問題決不是生態政黨的唯一訴求。在1980年代後期，綠色政治已由政治邊緣轉移在主要政黨的議事日程上，承擔更重要角色。迄今，在美國聯邦選舉中還沒有類似的政黨出現。

green revolution　綠色革命　發展**高產穀物**品種，並在**第三**

世界採用和推廣增施**肥料**、化學防治、供水控制等措施。這個名詞首先創於1968年，在1970年諾貝爾和平獎授與博勞格之後得到普及，由於他培育穀種，設想以此縮小人口增長與糧食生產和距離。

高產品種的特性包括：矮化基因，長成較矮的稻桿並產生出較重的穀穗；比傳統品種對肥料和控制的**灌溉**反應更敏感；對日照時間靈敏度低，縮短了成熟期因而可允許**複作**。抗病和抗蟲性可以遺傳，但高產品種需要加強化學防治以充分得到收益。高產品種的**選擇育種**至少要回溯到本世紀之初（也參見HYBRID SEED），但綠色革命認為始於1943年洛克菲勒基金改進墨西哥本地小麥和玉米品種。博勞格在1950年取得顯著成就，其後在1965年之後高產小麥在印度和巴基斯坦迅速普及。這些進步鼓舞了菲律賓的國際稻米研究所的工作者，於是在1966年他們發表了IR−8，這是一個優越的稻米品種。

過去20年對綠色革命的反應不一，由於1970年代初期穀物產量出現了技術上和社會經濟上的問題，但由於在時間上或能上的收益，這些批評中某些證明是不成熟的。早先遇到的問題包括收益差異的加大，地區不平均的增長，對病蟲害更敏感；對化石燃料為基礎的技術依賴；種植非穀類作物面積的縮小；以及許多新稻米品種的味覺、烹調品質和營養狀態的低劣。

在西方國家針對其對病蟲的過於敏感，進行連續育種和加強使用化學防治。同樣的策略也用於第三世界國家，由於其農民越來越固定地依靠國際的**農業企業**，這些國家難於負擔引進技術的費用。國際上，不斷增長的穀物過剩，來自傳統出口國如美國，也來自以前依賴進口的國家如印度，使商品市場不穩定，同時，迄今為止，穀物的價格，和承受生產過程中高度農化肥料消耗的能力都是不穩定的。而且這些肥料消耗的生態效應日益受關注，特別是由於第三世界通常使用西方國家禁用的有毒的**殺蟲劑**。

國際稻米研究所和墨西哥的改良玉米小麥國際中心的成就，

促進了改良熱帶食用作物的興趣，並導致在1971年成立了國際農業研究協商組，由西方政府、多邊機構、和慈善基金所支援的多國財團。國際農業研究協商調動基金投資於國際協會，協會有特定研究目標或特殊的地區目標，例如，利比亞的西非稻米發展協會和印度的國際半乾燥熱帶作物研究所。

groin **丁壩** 人造的牆體或堤防，通常海岸垂直，目的是限制海灘漂流的侵蝕作用。丁壩可由木樁、混凝土或岩石建成，使其作用像暫時的沈積槽，直至海灘漂移速度減緩下來。

gross primary productivity（GPP） **總初級生產力** 參見PRIMARY PRODUCTIVITY。

gross residential density **總居住密度** 參見RESIDENTIAL DENSITY。

groundmass **基質** **火成岩**的**填充物**，在其中會嵌入很大的晶體。參見PORPHYRY。

ground moraine **底磧** 參見MORAINE。

groundwater **地下水** 在地球內部，形成**水文循環**地下部份的水體。地下水存在**孔隙**、**層面**、岩石的接合面等處，有兩個主要來源：從地球深處升起的岩漿所含的**岩漿水**，或來自於大氣降水（天水）的滲漏。

地下水可由滲漏或由噴泉返回到地面，也可經由井，以人工把水抽上來（參見ARTESIAN WELL）。抽取地下水自古就有，現代的技術使井鑽得更深，世界上許多地區，家用、農用和工業用水很多都來自地下水。在半乾燥區和乾燥區，當地表水源乾涸或用完時，農業**灌溉**大量地依靠地下水。

但是增加地下水用量會造成嚴重的環境衝擊。如果抽出速度超過補充速度時，地下水位會下降。在海岸地區，這種水位下降會導致鹽水侵入地下水源，這種現象曾發生在地中海的馬約卡島。過度抽取地下水還會造成地盤下陷。例如，在美國德州的休斯頓市區其下陷高達1公尺（編按：在台灣地區台北盆地以及西南沿海部份地區，下陷超過2公尺）。其他嚴重的問題是各種污染源對地下水的污染：污染源包括**掩埋場**、垃圾堆、受工業**廢水**污染的河流、公路的表面**逕流**以及**核廢料**貯存場的污染。

groundwater gleization　地下水潛育作用　參見GLEIZATION。

growing season　生長季　一年中適合植物生長的時間。充足的日照和溼度是很重要的，在溫和的中緯度的關鍵因素是日平均溫度，至少要達到6℃，而且無霜害。往往用在種植到收穫期間的連續無霜日，來表示許多作物的生長季，例如，棉花需要180～200天無霜日。在極高溫度下，特別是伴隨著缺乏雨水的氣候下，同樣抑制植物生長。在半乾燥區和**地中海**區，其生長季可能限於最溫和的冬季期間。生長季的長短通常隨高度和緯度的升高而降低。例如在英國，**作物栽培**極限達海拔約225公尺，那裡適於作物生長的條件的時間至少比海平面少1個月。

gully erosion　溝蝕　一種**土壤侵蝕**，通常發生於坡底，由於匯集的**逕流**運走土壤和軟岩石而形成的深槽或溝。小溝會出現在任何地區，在壓實的土路或工業溶渣堆上可見。大型的溝常出現於熱帶乾燥區，凡是土壤表面已無耕作或無植被的地方，可因大雨而造成嚴重的侵蝕。溝蝕會引起的可耕地大片地流失，如美國的荒原。

gusher　噴油井　參見OIL。

Gutenberg discontinuity　古騰堡不連續面　地函和地核之間的下層分界。古騰堡不連續面出現於地表下2900公里深處。參見MOHOROVICIC DISCONTINUITY。

guyot　海桌山　陡壁、平頂的**海底山**。海桌山與海底山形成的海底山脈在太平洋中十分常見的。海桌山的峯頂在海平面以下至少1500公尺處，是由海浪削平的火山下沈而形成。在熱帶水域，海桌山常常作為**珊瑚礁**和環礁的基底。

gymnosperm　裸子植物　裸子植物綱有種子的植物，種子在毬果中是裸露的。當毬果成熟並乾燥時，種子便可自由飄落。裸子植物的主要成員是針葉樹。這些樹形成北半球的廣大森林（參見BOREAL FOREST）。裸子植物綱可分為三個目：針葉目（針葉樹）、紫杉目（紅豆杉）和銀杏目（銀杏樹）。所有針葉樹都是多枝的，其高度可達100公尺。生殖器官是長在分散的毬果上。由化石證明，自中生代末期以來裸子植物並沒有太大變化。

針葉林是重要的生物資源，提供轉換成**紙漿**寶貴的**軟木**。

gypsum　石膏　因海水蒸發而形成硫酸鈣礦物的**沈積岩**。石膏可製造塗料、玻璃、水泥、瓷器、灰泥板和熟石膏。

H

habitat　棲息地　1. 動物或植物的自然原產地。

2. 決定一個**羣落**在某個特定地點生存環境條件的總合。棲息地是土壤、氣候、**人為因素**和**生物因素**交互作用的結果。

habitat corridor　棲息地走廊　未開發利用的狹長地帶，連接大型的保留區或開闊荒地，沿此走廊動植物可以移棲。典型的棲息地走廊是運河、河岸、鐵路路基和公路路肩。參見MINIMAL AREA。

Hadley cell　哈得萊環流胞　低緯度的大氣環流胞，與中緯度和高緯度的環流胞一起作用，以抵消赤道與極間的溫度梯度。哈得萊環流胞由一個向赤道的低層氣流和向極的高層補償氣流組成，位於赤道和副熱帶反氣旋帶之間，圍繞北緯30度和南緯30度（見圖10）。這些氣流是因為赤道地區地球表面劇烈加熱，導致大量的暖空氣垂直和水平流動所引起的。**科氏力**讓哈得萊環流胞內部的地表氣流偏轉，形成**信風**（見圖71）。

hail　雹　一種**降水**形式，冰球直徑在5～50公釐之間。雹暴是由於大氣的**不穩定**，引起氣團的快速上升和水蒸汽的**凝結**，由此產生的雨滴繼續被上升氣流攜帶直到凍結，而且重量增加到足夠從雲中降落。

half-life　半衰期　1. 定量的物質中有一半的**原子**衰變所需時間。各原子的半衰期長短不同。例如，氙135的半衰期是9.2小時，而鈾238需45億年才達到半衰期。

2. 生物半衰期，生命組織或有機物吸收的放射物質，自然消失一半所需要的時間。

halite **岩鹽** 參見ROCK SALT。

halomorphic soil **鹵土** 土壤的類型，在含鹽**地下水**的條件下形成。**鹽土**和**鹼土**是此類土壤的典型。

hanging valley **懸谷** 谷底位於主谷之上的支谷。懸谷在過去受冰川作用的地區很常見，因主谷的**冰川**侵蝕力變強而形成。懸谷的成因還有：

(a)懸崖受**海洋侵蝕**，截斷河谷。

(b)新河谷被斷層阻斷。

(c)大河及其支流不均勻的侵蝕。

hard chain **硬鍊** 參見DETERGENT。

hardpan **硬磐** 堅硬而壓實膠結層，一般出現於土壤的**B層**，是由**A層**化合物的**澱積**而成。有三種類型的硬磐：

(a)黏磐，形成於B層中，黏土大小的顆粒積聚形成。

(b)鐵磐，主要為氧化鐵形成的薄地殼，是**灰壤**的特徵。

(c)沼澤磐，常由腐植物質的沈積形成。

硬磐限制根的形成，導致樹林的不穩定；阻止排水，使得緊貼在硬磐之上的**土層**浸水。如果硬磐由於土壤侵蝕而暴露於地表，將會嚴重限制農事活動，特別是農業技術不發達的**開發中國家**。參見DURICRUST，CEMENTATION。

hardwood **硬木，硬木林** 1.一些闊葉雙子葉樹材，如櫟樹、山毛櫸或梣樹的木材。硬木木材在製造優質家具上很有用。

2.硬木林是對闊葉（雙子葉植物）森林的命名。在熱帶仍保存著大片硬木林。硬木也曾遍佈整個北美、中西歐和中國，這些硬木林因永久性農業之故已被清除。對照SOFTWOOD。

harvest index **收穫指數** 穀類作物穀粒重量對植株總重量之比值。**高產穀物**品種的發展，是選擇育種重穗頭短秸稈的品種，顯著地提高了收穫指數。

hay **乾草** 一些用作**飼料作物**的乾禾草和豆莢，其含水量低於

22%，使其在貯存中免於腐敗。

hazardous waste　有害廢棄物　參見TOXIC WASTE。

haze　霾　一種大氣狀態，使大氣能見度降低。霾可能源於**光化學煙霧**的形成、熱天時地表的熱輻射、或靄的出現。在霾中的能見度一般大於2公里，很少影響交通或飛機的航行。

headward erosion　溯源侵蝕　河流在其源頭向後侵蝕，加長上游河谷的作用。溯源侵蝕在薄弱的底層基岩地區或斷層影響的地區特別顯著。常見的起因包括瀑布向上游遷移、緊鄰噴泉地區的局部侵蝕（泉侵蝕）、還有**溝蝕**和**片蝕**。溯源侵蝕最終可能導致**河流襲奪**。

headwater　河源　參見WATERSHED。

heathland　石南荒原　許多石南類灌木的棲息地區域，主要是石南屬。石南荒原與沙質酸性或**灰壤型**土壤相關，農業價值很低。參見MOORLAND。

heat island　熱島　比周圍郊區的空氣溫度高的一些地區，經常是大城區。熱島形成於家庭、商業和工業等不同來源釋放的餘熱，可能比鄰近地區高出攝氏幾度。

heavy industry　重工業　煉鋼、造船等工業。過去這些工業的特點就是龐大，勞力幾乎全是男性，搬運笨重的原料和產品，技術分工複雜，是需要高度團隊合作的產業。

近半個世紀以來，重工業在北半球老工業化國家規模縮減，經歷驚人的變化，由於生產過程自動化，大大降低生產製造的勞力，使操作人員大幅度減少。

heavy metal　重金屬　具有高原子量（大於100）的金屬，例如汞、鉛、鎘、鉻、鑛等。重金屬在工業上用途廣泛，在污染空氣、水、土壤之後，進入生物圈。重金屬有毒，吸收後可能長存於活的生物體中。重金屬進入**食物鏈**並集聚於局部的器官，特別是處於上層**營養級**動物的腦、肝和腎中，逐漸地毒害其宿主，非常少量的重金屬（百萬分之一公克）即會致命。在生態系統中會因重金屬集聚引起全體動物羣的消失。例如，在日本海灣，汞的集聚導致許多**甲殼動物**的消失。

有些科學家認為重金屬污染是破壞生物圈穩定性的禍首。

helophyte　沼生植物　參見RAUNKIAER'S LIFEFORM CLASSIFICATION。

hemicryptophyte　半隱芽植物　參見RAUNKIAER'S LIFEFORM CLASSIFICATION。

hemicryptophyte climate　半隱芽植物氣候　參見BIOCHORE。

herbicides　除草劑　一些合成化學物質，破壞正常的酵素作用，以毀壞或殺死植物的生命。早期的除草劑是來自化工業的廉價副產品。砷和鈉的氯化物是早期很危險的除草劑。自1939年起，產生了所謂的選擇性除草劑，例如，**二硝基甲酚，二氯苯氧基乙酸**、**三氯苯氧基乙酸**等。除草劑可增加農業產量，從而使糧食的產量和品質有很大改進。參見PESTICIDE，INSECTICIDE，FUNGICIDE。

herbivore　食草動物　主要食物為植物的動物。食草動物在一個**食物鏈**中是初級消費者生物，形成第二**營養級**。食草動物是植物原生質至動物細胞組織的低效率轉換者，而80～90%的能量是用在消化大量的植物原生質、動物的尋找更多的食物和用於哺乳動物用來產生熱量。參見CARNIVORE，OMNIVORE。

heterotroph　異營生物　不能生產自己基本所需食物的生物，一般是動物。異營生物吃**自營生物**的有機組織，從其中得到製成的糖和澱粉。通過異營生物自身的同化作用，把這些有機物質再組成更複雜的形式，如動物脂肪、蛋白質和碳水化合物。異營生物構成**食物鏈**的第二、第三和第四**營養級**。人類也是異營進食的生物。

H－horizon, O－horizon　H層，O層　礦物質土壤的最上層，其中含有不同腐爛程度的有機物（見圖56）。H層有時被認為是**A層**的一部分。

high **高壓** 參見ANTICYCLONE。

high forest **喬木林** 近似不受擾動的**羣落森林**。在英國這個名詞往往是指被保護的古老皇家森林，如伊平森林。

high－rise development **高層發展** 大部分或全部高於10層結構的高層建築羣。

這種型式是由法國建築都市計畫專家柯比意（1887～1965）提出的構想，應用系統建築技術，快速建造大型建築以提供住宅。誤以為高層建築能夠達到高密度人口，保持人口在城市管理極限之內，以減少**過剩人口**之需求。

現在了解，高層住宅對家庭老少成員是不方便的。由於其結構的危險程度，以及出入高層的難題，引起許多問題。在歐洲和美國的大城市有高層建築辦公室，並且仍繼續用於行政和財政活動互相關聯的城市的商業中心。在英國，為保留城市中心特色，限制高層建築發展的規模。

highway, freeway, autobahn, autostrada **高速公路** 工程標準高、有特殊使用限制的公路。這些公路在每個方向一般至少有兩條車道，每條寬約3.5公尺，有緊急停車區（硬質路肩），同時有分隔相反車流的分界線或分界區，車輛進出高速公路要靠特定的進出口。高速公路的最初目的，是安全快捷地疏運重要地點間的交通流量。

high－yielding cereal **高產穀物** **選擇育種**以生產比土生土長的品種收穫更高的一些**穀類作物**品種。雜交玉米與高粱（參見HYBRID SEED）以及小麥和稻米以培育成功。熱帶和溫帶兩地區小麥和稻米的傳統品種很不適應施肥，因**肥料**使其長得太高致使倒伏。因此，植物育種的重點在發展矮桿品種，因增施氮肥將具有非常重的穗頭。在英國，遺傳改進的小麥新品種性能優越於1940年代所播種小麥60％以上。在日本統治時期，由於改進稻米品種適應副熱帶環境的急迫性，曾在台灣進行了廣泛的研究，但一直到60年代的**綠色革命**時，高產穀物品種才廣泛用於熱帶。

雜交的連續處理以抗特殊病害和蟲害，產生更適於地方特性條件的品種遍於全世界，**農業企業**控制著發展、銷售、新種子的分配、及其在培育時對化學品的需要。

hill farming　丘陵農業　在丘陵地區的農事活動，自然環境給農業生產嚴苛的限制。例如，在英國通常分為丘陵農業和高地農業：丘陵農業的環境條件導向在低牲畜密度下粗放的牧養牛羊，生產增殖牲畜和育肥牲畜而不是成品牲畜，而低緯度的**高地農業**，環境則不那麼苛刻，具有比丘陵農業更廣泛、可選擇的生產範圍。

1975年歐洲共同體通過並在1986年修正，指示對不良地區有牲畜補貼。歐洲共同體幾乎50%的農業用地是不良地區，大部分在法國、義大利和希臘。英國的丘陵農業區被歸類為貧瘠地區、低於平均**生產力**，較少的人口依賴於農事活動。參見ALPINE FARMING。

hinterland　腹地　緊靠港口的內陸地區，在其中從事貿易與商業。參見CATCHMENT AREA。

historic building, landmark building　歷史建築，地標建築　因年代和建築藝術優點，有當地、國家、或國際上特殊價值的建築。這些建築及其周遭被政府以法律特別保護。當新的發展建議讓這些建築可能遭受破壞或拆除的威脅時，通常給予保護。某些歷史建築是公有的，並且與其內容一併保存，目的是為了公共教育和重建，這些建築在財政援助下以政府許可的形式，讓私人管理可以保護良好的狀態。考古位址和古蹟由於其歷史、科學和傳統意義，常受到同樣保護。

歷史建築和古蹟，由於進行建築結構的修護常會成為其所有者的負累，那些不具國家民族特色的廢棄教堂，就是一個兩難的情況。參見CONSERVATION AREA，AMENITY。

hoar frost　白霜　霜的一種，形成於夜間地表上空氣的快速冷凍。空氣可能立即冷凍，或先凝結然後繼續凍結沈積成一層白色、針狀冰粒於地面或樹木和車上。

hobby farming　業餘農業　參見PART-TIME FARMING。

Holocene epoch　全新世　參見RECENT EPOCH。

homeostasis　恆定性　系統的輸入與輸出達到穩定態或完全平衡。直到最近，認為自然生態系統在頂極狀況下，就達到恆定性（參見CLIMAX COMMUNITY）。然而由於系統輸出和系統輸入之間的執行**時滯**，目前認為生態系統不可能達到完全的恆定性。氣候和土壤的自然變化，比起先前認為的情況要發生得快且範圍更大。除非在極為適宜的環境下，生態系統要達到恆定是很不尋常的。

homestead　宅地　在美國，根據1952年的宅地法授給移民的土地，面積一般小於65公頃。

homesteading　房宅計畫　美國阿拉斯加州因為某些地區居民仍很稀少，鼓勵現住者擁有住宅所有權的資格。在一個聯邦政府級的投資計畫鼓勵城市貧民區的改造，因為人民希望改造廢棄、毀壞的住宅然後住進去。英國也有這樣的房宅計畫。政府機構維修無人住的租用房使其能遮風檔雨，然後以低價出售給買主。這些計畫使空房重新使用，所以促進了衰退地區的環境更新。還穩定了這些地區的人口數量，所以有助於保持並改進當地的購物和服務設施。

　　這種廢棄建築的改造也實行於美國其他州，但規模很小。

horse latitudes　副熱帶無風帶　出現於南、北緯30度副熱帶的高壓帶。高層大氣的會聚此引起**氣團**下降以及從地面向極區和赤道，形成輕微不定向微風的平靜氣候條件。

horticulture　園藝　**集約農業**的一種形式，生產商品作物，如水果、蔬菜、鮮花等，產品銷售多為人們直接利用，而非為了加工。作物可能在田地生長以提供應時產品，或靠**溫室栽培**的方法提前收成。參見TRUCK FARMING。

host rock　圍岩　參見COUNTRY ROCK。

hot desert 熱沙漠 參見DESERT。

hot dry rock technique 乾熱岩石技術 一種提取**地熱能**的方法。在母岩鑽一個數公里的洞，使基岩破裂。用傳統的油田技術或爆破，以水壓方法形成破裂。然後把水注入破碎的岩石中，因為地殼深部存在很高的壓力和溫度，於是水會過熱。水蒸汽透過分別的孔抽出，作為能源使用。

以這種方法產生地熱能的方式目前尚在試驗。地質工作者積極研究靠近地表面的熱點，其地溫明顯高於鄰近的地方。其他有可能的位置是靠近大的**侵入岩**體的地方。

hot spring, thermal spring 溫泉 連續流出熱水的泉，溫度範圍由20℃至沸點。溫泉一般出現於休眠火山區或**岩漿**貼近地表使**地下水**加熱的地區。在幾個國家中，包括冰島和紐西蘭，溫泉的水用於家庭、商業和工業的取暖以及溫室栽培。許多溫泉的泉水富含礦物質，導致礦泉娛樂場的發展，如紐約州的薩拉托加泉。某些礦物質，例如硫黃有時可從溫泉進行商業開採。對照GEYSER。

house condition survey 屋況調查 在美國，房子的買主在購屋成交前，有時會雇用民間房屋檢查員，作快速的評估，但這通常不大可靠。在英國，完整的官方評估可提供人們下決定是否適於居住的住房品質。建築結構的評估依據有關建築自身特點的幾種性能的組合。調查的項目有：

(a)建築結構現況：有關於建築物的安全和防風化等項目的評估和記錄；屋齡、溼或乾朽損壞、以及鋸蟻或白蟻蔓延條件下屋頂和結構木材的堅固性；潛在危險的結構破壞，如樓梯井或地板的斷裂；以及由於地面不穩定產生的沈陷破壞。

(b)衛生條件：評估現有基本的舒適性品質，就是每個家庭使用浴室、廁所、供水、和充分的清除垃圾設備的品質；還要評估廚房的設備品質。

(c)其他性能：火災時的逃生路徑是否通暢；電氣接線和煤氣管道

連接的情況；是否存在有害材料，例如用於房屋結構的石棉。參見IMPROVMENT GRANT，REPLACEMENT RATE，REHABILITATION。

housing layout, site development plan 住房佈局，地區發展規畫 對居住區結構的設計，表示大小、位置、與道路相關聯的房屋方向等的提案。規畫應設計得符合某些**居住密度**，例如單位面積的住房數的規定，需要地方規畫或分區機構依據地區發展同意的許可。

housing plan 住宅規畫 住房機構或英國市區關於新的**公共部門住宅**的措施，為了修復公共或私人失修房舍的目的和住房管理預期步驟。與此同時要估算實際此建議和規畫機構或分區機構需要批准的消費計畫的費用。

humid acids 腐植酸 一組複合有機酸。可產自於石南屬的樹根和腐爛的**腐植質**材料。腐植酸可引起堅固如花崗岩的岩石，受到大範圍的**化學風化**。

humidity 溼度 大氣中的**水蒸汽**含量。在定溫下，定量空氣所能保持的水分總量有個極限，達到這種狀態時，空氣便稱為飽和。實際水蒸汽量與最大可能水蒸汽含量之比值稱為**相對溼度**，以百分數表示。由於水分逐漸擴散到氣團中，或由於空氣溫度的變化，相對溼度會變化，氣體越熱，其保持水分的能力越高。

空氣中保持水分的實際量叫做**絕對溼度**，是一定體積的空氣所含水蒸汽的重量，以公克每立方公尺計。由於空氣溫度經常變化，氣體的絕對溼度容易發生快速波動。

humification 腐植作用 土壤剖層頂部有機物質的分解，隨後**腐植質**與礦物質土壤相混合。是由於物理作用（**淋濾**）、化學作用（**淋溶**）、生物作用（打洞動物活動）共同作用的結果。

humus 腐植質 見於土壤中腐敗有機物的棕色或黑色不定形塊狀物。腐植質來自有機物質，如葉子的碎屑、死亡的動物和植物、動物糞便，經自然的生物和化學分解所成。在農業區，這些腐植質可通過施加腐爛**糞肥**予以補充。腐植質是許多土壤營養中的一種重要資源，並合成為具有複雜化合關係的黏土礦物質之**A層**，形成**黏土腐植質錯合物**。參見HUMIFICATION，MULL，MOR，MODER。

hunter－gatherer　狩獵採集者　依靠獵取野生動物、捕魚、採集野生植物、根、種子、昆蟲、蠐螬等以維持生活的人。雖然許多牧民和農民，特別是在熱帶地區農牧民以狩獵和採集補充其飲食，純狩獵採集者只依靠上述方法生存，在界限分明的領域上活動，利用已知的水源和食用植物，跟蹤遷徙的獵物。例如澳洲土著民族、喀拉哈里的林居者和加拿大因紐特人，在沒有**農業**和除了狗外沒有家畜的條件下殘存下來。這種生活需要詳盡的環境知識和對季節變化的密切適應。

hurricane, typhoon, tropical cyclone　颶風，颱風，熱帶氣旋　1. 一種熱帶**非鋒面低壓**。多發生於大西洋、太平洋和印度洋西部南、北緯5～10度之間。

颶風的形成緊密伴隨在熱帶地區的低氣壓運動，並大多發生於夏季和初秋。颶風是由大氣的**不穩定**產生並驅動，起因於大範圍溼熱空氣冷凝時巨大能量釋放的結果。颶風的直徑可達650公里，特徵是有氣壓非常低、安靜、無雲的核心區，稱之為颱風眼，直徑可達11公里，而且周圍產生大量的旋風雲、大量的降水量、雷暴和大風。一般風速保持每小時160公里，但可能偶然發生高達每小時360公里的陣風。颶風以每小時約20多公里前進，起初向西吹，而其後逐漸轉至極向。

颶風會引起嚴重生命財產損失，如發生於1988年的吉爾伯特颶風，破壞了加勒比海和中美洲大片地區。當颶風經過冷水域表面或陸地表面就會衰減，一般只有9天壽命，可能改變中緯度的環流系統並向東轉移而影響其他一些國家。

為降低颶風的作用，曾嘗試多種方法，包括防颶風建築以及防止低窪地區泛濫的海牆。**播雲**技術在降低某些颶風的強度上證實是成功的。人造衛星用於觀測颶風的產生和運動，並為航行船隻和海岸地區居民提供颶風可能路徑的早期預報。

2. **蒲福風級**中的十二級風。

hybrid 雜交 1. 進化生物學中，兩種相近物種的有性繁殖。

2. 遺傳學中，兩個相似遺傳類型間的交錯。參見GENETIC ENGINEERING。

hybrid seed 雜交種子 由兩個近交系雜交育種產生的種子，為了獲得雜交優勢，如韌性、生長速度或產量勝過任一親種。

雜交技術特別用在玉米變種上，早自1870年代即發展於美國。由兩個單雜交再雜交的雙雜交在1920年代產生了大量的雜交種玉米，而每個單雜交來自兩個近交系的雜交。後來，在玉米帶著重於地方特點的品種上，以適合亞區的生態系統，並促進產量，在1930年代末期增長25%。自1960年代初推出有高抗病蟲害的單雜交種以來，本世紀在美國玉米收成上增加了三倍的生產。在1950年代墨西哥植物育種工作者發展了適於熱帶的雜交種子，這些雜交種子後來傳播到**第三世界**，預示**綠色革命**的到來。

hydration 水合作用 參見CHEMICAL WEATHERING。

hydraulic action 水力作用 參見FLUVIAL EROSION

hydrocarbon 烴類 一種氣態、液態或固態的有機化合物，內含碳和氫，通稱為碳氫化合物。烴是**石油**和**天然氣**中的主要成分。

hydrography 水理學 主要為了航行，對河流、湖泊、海洋的描述、測量、製圖。也稱作水道測繪學。

hydrological cycle 水文循環 水通過其氣態、液態、固態形式往返於海洋陸地的複雜連續轉移。水從**海洋**蒸發進入**大氣**被風輸送到陸塊，在此空氣冷凝落下為**降水**。某些降水在其落下時被蒸發由風反向傳回到海洋，在那裡將成為降水。在地面上剩餘的水，通過地表**蒸發**、植物**蒸發散**、河川的**逕流**和**地下水**的流動，達到返還海洋的目的（見圖38）。

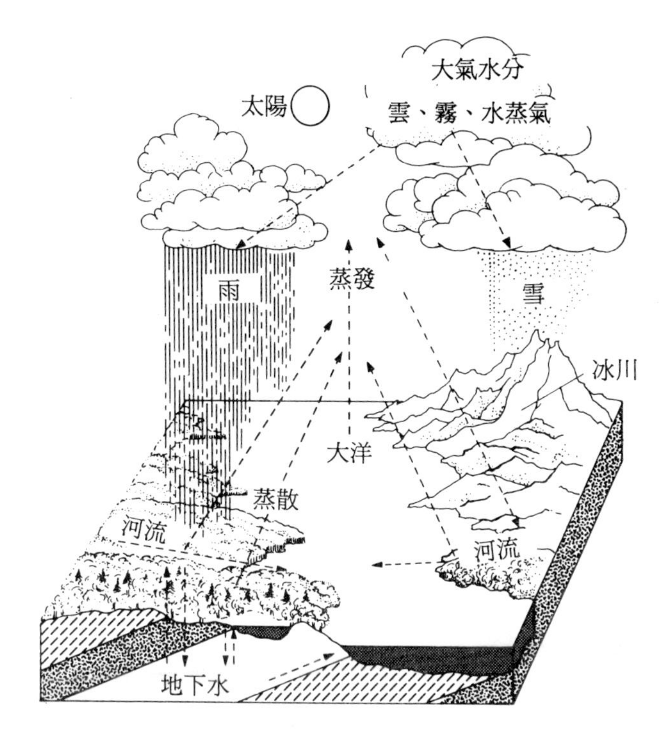

圖38 **水文循環。**

hydrologic sequence 水文序列 參見CATENA。

hydrology 水文學 對地表上下及其大氣層內水體的特性、分佈和運動的研究。

hydrolysis 水解作用 參見CHEMICAL WEATHERING。

hydromorphic soil 水成土壤 因存在充分水量而形成的土壤。水成土壤可能是季節或永久性浸在水中。如果能提供充分的排水，水成土壤會成為富饒的農業土壤，這是由於營養物注入而達到的高肥力。

hydrophyte 水生植物 植物的一個品種，已適應生存於淡水或非常潮溼環境中。水生植物的生理異於陸生植物，其根部系統已衰退，葉子漂浮於水面上或靠近水面。水生植物主要靠水的浮力支持而缺乏陸生植物的強固結構（木質部）。此外還明顯缺少抵禦乾旱、寒冷或過度照射等不利條件的防護機制。

hydroponics　水耕法　在泥炭土或碎石中加入富營養溶液培育植物的一種栽培方法。水耕法可以全面控制生長環境，其單位成本由於其高種植密度可以降低，縮短了**生長季**，並能使生產方式連續和自動化。水耕法常和小規模的**溫室栽培**相結合。

hydrosere　水生演替系列　植物的發展過程，連續幾代的**水生植物**繁殖於淡水環境，這樣導致植物碎屑的集聚，並上升到水體表面。漸漸地，**棲息地**變得乾燥，並適應陸生植物順利生長，因此導致純水生植物的消失。一個完整水生演替系列應包括下列階段：水下水生植物、淺水水生植物、水生與氣生混合羣落、濕沼、潮溼林地、乾旱林地。

hydrosphere　水圈　在地表上固態或固態游離水的總合。水圈主要由海洋組成，此外還包括湖泊、河流、冰川和冰層。水分在水圈、**大氣**、**岩石圈**間的運動，稱為**水文循環**。

hygroscopic nuclei　吸水核　大氣中的小顆粒（如鹽沫），可主動地吸引凝結的水蒸汽。若如沒有吸水核來形成小水滴，大氣的凝結以及形成的氣候現象如**降水**、**雲**、**霧**的範圍會減小。

hygroscopic water　吸著水　參見WILTING POINT。

hypabyssal rock　半深成岩　參見INTRUSIVE ROCK。

hypermarket　大型超級市場　在英國，超級市場和百貨公司的結合。多建在單層的寬闊場地，提供足夠的停車場。大型超級市場的成功，特別是在於購物中心處於城市邊緣，並具有多樣性。因為舊商店只能接納無汽車的市民，商品範圍和服務標準降低，可能會被迫關門。在美國，當購物林蔭路把舊的小商店趕出交易界時，也出現了同樣的效果。參見OUT-OF-TOWN SHOPPING CENTER，SHOPPING MALL。

hypolimnion　深水層　參見THERMOCLINE。

I

IAEA　國際原子能總署　參見INTERNATIONAL ATOMIC ENERGY AGENCY。

ice age　冰期　冰川作用蔓延至一般無冰區的時期，在**更新世**中，就發生過幾次。在地球的地質歷史上發生過多次冰期，地質學家可提供每個主要地質時代經歷的較大冰冷期的痕跡，這種痕跡主要依據岩石的岩相學和岩層中保存的化石。一般認為，溫度下降5到9℃，足以在中高緯度引起雪和冰的永久性累積。這種溫度的下降可能由不同因素引起，包括太陽輸出能量的波動、因火山活動而引起氣塵量的增加並減低了**入日射**、地球軌道的變化以及**大陸漂移**引起地球環流系統的混亂。

冰的集聚和衰退即使是在同一大陸的各個部分，也不是同時發生的，所以要確定冰期事件年代有所困難。同樣的，由於冰移動的巨大侵蝕力，較近的冰期會磨損了較早冰期的痕跡。

iceberg　冰山　大的浮動冰塊，是由冰層或流入海中的**冰川**破裂而成。大部份的多冰山源於南極洲、格陵蘭和北冰洋的冰層，而且被風和**洋流**輸運幾千公里。冰山的形態和尺寸差異很大，有90％總是處於水面之下，曾經有人建議把冰山運到乾燥地區，作為民生或**灌溉**用的淡水水源，但沒有成功。

ice cap　冰帽　參見GLACIER。

ice fog　冰霧　參見STEAM FOG。

ice sheet　冰層　參見GLACIER。

identified mineral resources　確定的礦物資源　已知品位和

數量的特定礦物礦床。

igneous rock 火成岩 由**岩漿**冷卻、固結形成的岩石。火成岩分為侵入岩和噴出岩。另外分類的依據還有：

(a)二氧化矽含量，分為酸性、中性、基性或超基性。

(b)基質粒度的大小：這取決於熔岩的冷卻速度。粗粒的**花崗岩**處於很深的地方而且冷卻得慢，而**玄武岩**在地表面冷卻得快是細顆粒的。可用一個適當的等級表示粒度大小。

(1)極粗粒：大於3公分。

(2)粗粒：5公釐～3公分。

(3)中粒：1～5公釐。

(4)細粒：小於1公釐。

(5)玻璃狀：無明顯結晶構造。

(c)岩石的結構：是根據其礦物的或化學的成分。

(d)岩石中深色礦物質的含量。

主要的經濟資源多與火成岩有關，如金、銀、錫、鎢、鐵、鈾、鋰、鉛、鋅、砷和鑽石等。堅硬的火成岩，如花崗岩可用作建築材料。參見EXTRUSIVE ROCK，INTRUSIVE ROCK。

illuviation 澱積作用 在土壤**B層**中的有機物質和溶鹽，特別是鐵和鋁化合物的沈澱和沈積。這些物質是**淋濾作用**從**A層**沖刷下來的。澱積作用是一種**轉移**的過程，結果會形成**硬磐**。澱積作用的發生和速度取決於土壤的特性，特別是土壤質地和氣候條件。參見PODZOL。

immature soil 不成熟土壤 剛開始**成土作用**而土層發展很差的土壤。對照MATURE SOIL。

improvement grant 改善撥款 在英國，由地方當局對私人家庭，為使其財富增加到現代標準的特定目所使用撥款。改善撥款開始施行於1949年。

inceptisol 始成土 用於美國對**棕壤**系統分類的術語。

incised meander 深切曲流 比周圍的地表低的曲流，形成於經歷回春作用的河流之下切侵蝕。可分為：嵌入曲流和內生曲流。

indeterminate species　不確定物種　參見RED DATA BOOK。

indicator species　指標物種　參見ECOLOGICAL EVALUATION。

indirect recycling　間接再循環　參見RECYCLING。

industrial park　工業區　規劃成群的工廠、倉庫和其他工業建築，為了擴大運輸原料和成品而設置。

infield–outfield system　內外田制　一種農田制度和土地排列，出現於蘇格蘭和愛爾蘭。緊靠農舍和鄉村的土地為內地是集約耕作的，並且靠使用**天然肥料**，包括海草灰、家庭垃圾以維持連續的耕作栽培。而離得很遠的土地為外田，主要是臨時耕作，得不到肥料的益處，或用作粗放的放牧。原先是在北半球與貧瘠土壤區相關的農業制度，現在許多熱帶農業系統也有內外田差異的因素。

infill site　回填場地　從前使用後報廢的場地，可作新用途。回填場地可位於兩種地點：

(a)在現有城市的建築物內，以前的住房、工廠、或運輸場地已經閒置，並適於更新取代做各種用途。

(b)在非建築區，早先的開採工業如採石業在地表景觀中留下很大的裂口。這些場地可以控制傾倒其他地區的填土回填，最後使此場地可以用於農業，或做為城市發展和娛樂事業之用。

infiltration　下滲　融水和雨水通過**孔隙**或小洞流入土壤中。下滲速度取決於土壤起始的含水量、表面的滲透性、物理及化學特性、溫度、降水的持續時間和強度等。下滲能力是指水分進入土壤的最大速度。開始時下滲能力可能很高，但由於土壤分子的膨脹和表面土壤結構的破壞使孔隙充滿水分或細的物質，下滲速度便隨時間衰減。下滲能力在土壤上覆蓋厚的植被時是非常高的，而土壤上無植被時，土層表面由於雨水濺溼被壓實，因而降低了下滲能力。如降水量超過下滲能力將產生**坡面漫流**。參見

RAINDROP EROSION，SOIL WATER。

infrastructure **基礎設施** 1. 傳輸水、能量、資訊、車輛的設備或裝置的網路，例如，水管、輸電線、天然氣或石油、管道、通訊電纜、公路或航線。

2. 社會公共設施，例如醫院或學校的建築物，提供重要的社會服務。此術語是指所提供的功能網路及其建築物。

ingrown meander **內生曲流** 一種**深切曲流**，形成於縱橫兩個方向的**河流侵蝕**。含有內生曲流的河谷通常具有一陡峭的谷壁，而另一壁坡度較緩，形成不對稱的**橫斷面**。內生曲流常發現於回春作用的河流系統中，例如法國塞恩河的低位河段（參見REJUVENATION）。

inner city **內城** 1. 針對恢復**貧困區**之政策。此名詞在1960年代後期和70年代初期已普遍使用，當時美國和英國已把注意力轉向城市的社會和經濟問題。內城既影響個人生活，又是大城市內某些地區的問題，貧困家庭集聚成羣，其環境上的物質條件損壞使問題加重。因為物質條件的衰敗十分明顯，因此作為改善貧困地區的標的。許多這類地區是在城市中較老和廢棄的部分，所以稱作內城。然而，也會擴及響其他地區，且對1950年代和60年代建於城市邊緣的**公共部門住宅**專案影響非常明顯。這些地區的建築期限不老，其位置也不在內城。內城這個術語已開始用於所有貧困的地區，並用於針對改善那些地區內生活品質的政策上。

2. 靠近一個大城市地區城中心商業地區的部分。

inorganic fertilizer **無機肥料** 參見FERTILIZER。

insecticide **殺蟲劑** 一種化學物質，通常是合成的有機氯或有機磷，用於阻止、破壞或除掉昆蟲。許多殺蟲劑的作用是：殺蟲劑被植物表面吸收，然後轉移到植物不同部分，其劑量使吃植物的害蟲致命。其他殺蟲劑可直接噴在生物身上，在這種情況下，殺蟲劑經由皮膚吸收。而另一種方法是把殺蟲劑與飼料混合，然後餵給被螃蟮、蠕蟲、蚴等寄生的家畜。參見PESTI-

CIDES，FUNGICIDE，HERBICIDE。

inselberg, monadnock　島山，殘丘　孤立、陡壁的的圓頂山，在不同的基岩上形成不同深度的**風化**，遺留下堅固岩石的直立地形，或由於懸崖的**斜坡後退**而殘留的小山。

insolation　入日射　照射地球表面單位面積上的太陽輻射量。太陽能量進入地球外層大氣的部分稱為**太陽常數**。大約只有一半透過大氣到達地球表面。其餘部分被塵埃、雲反射入太空，或為空氣分子、水蒸汽和塵埃散射，或被大氣吸收。

太陽能量到達地面之後：

(a)反射回大氣最後進入太空（參見ALBEDO）。

(b)被大陸和海洋吸收，再經由紅外線輻射、對流和傳導消失於大氣。

一個地區接受的日照總量依太陽常數、緯度位置、季節和大氣的透明度而定。

入日射的型式在自然環境的發展上是相當重要的，並且還影響人類的活動，例如農業。

instability　不穩定　大氣的中有部分空氣比周圍空氣熱，因稀薄而造成的上升運動。上升使空氣冷下來，所含的水蒸汽便凝結形成**降水**。這種在溼空氣中的垂直運動常會形成**雲**，且伴生降水（像是**雷暴**之類）和大氣擾動。參見LAPSE RATE。

institutional tenure　社會機構使用權　參見LAND TENURE。

integrated rural development planing（IRDP）　綜合農村發展規畫　在英國，一種**農村發展**形式，目的是為促進當地經濟、改進基礎建設，如公路、給水、學校等。綜合農村發展規畫的特徵是**下而上的方略**，慎重地建立本地水準的規畫機構，包括當地政府部門和機構之間的合作。綜合農村發展規畫的關鍵在規畫形式內的多種投入，涉及到執行、當地公眾的參與和自助等多種媒介。

intensive agriculture　集約農業　一種農業經營方式，其資金投入和勞力投入都比較高，導致單位面積的高生產量。集約耕作多半限制在面積很小的土地內，就像**工廠化飼養**、**畜牧生產力**很高的**飼養場**、以及**溫室栽培**的**蔬菜農業**。只要需要提供大量**糞肥**和**農化藥品**、專業的**灌溉**、機械化、較多的勞力時，這種農業便可稱為集約農業。像是**水稻種植**，以及建立在**複作**基礎上的熱帶農業系統。農事活動的強度往往依賴於資金投入、田間勞力及市場產品的結果。當出現報酬低於使用的費用時，**粗放農業**會獲得較高的利益。所以，集約耕作一般多出現在緊靠農舍或市場的地區。

interchange　交流道　參見FLYOVER。

intercropping　間作　參見MIXED CROPPING。

interculture　間作物　參見MEDITERRANEAN AGRICULTURE。

interglacial period　間冰期　在**更新世**內的一段時間，有大範圍的冰層、時有退卻的大陸冰層。某些間冰期已知其超過一萬年，其特點為氣候比較溫暖。

interlocking spurs　交錯山嘴　河谷的坡面，也就是山嘴的交錯伸展，伸進谷底包容彎曲的河流。當由上游或下游眺望，這些地形表現為重疊或交錯（見圖39）。參見TRUNCATED SPUR。

intermediate rock　中性岩　成分介於**酸性岩**和**基性岩**之間的

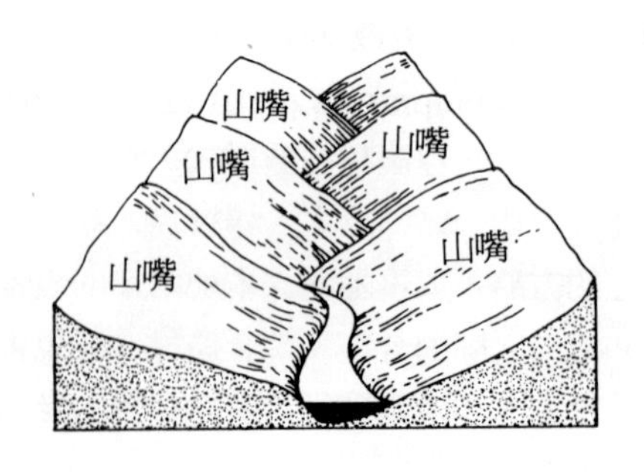

圖39　交錯山嘴。

火成岩。

intermediate technology 中間技術 參見APPROPRIATE TECHNOLOGY。

International Atomic Energy Agency（IAEA） 國際原子能總署 聯合國機構，負責原子能各項相關事務，特別著重在放射性**同位素**在科學及商業方面的應用。

International Bank for the Reconstruction and Development（IBRD） 國際復興開發銀行 參見WORLD BANK。

International Biological Program（IBP） 國際生物計畫 由國際科學聯合會組織的國際生物學研究計畫，執行於1964年至1974年。這個計畫有超過40個國家參加，主要目的在研究生物的生產力、人類對不同**生物羣域**的適應、導出**生態系統**結構預期數學模式，以及再合成已退化的生態系統。雖然國際生物計畫未能滿足其所有的目標，但對生態系統的**初級生產力**的機制解釋有很大的進展。

International Development Association 國際開發協會 參見WORLD BANK。

International Union for the Conservation of Nature and Natural Resources（IUCN） 國際自然資源保育聯盟 創始於1948年的國際獨立性組織，主要目的是促進並著手保護整個世界的野生生物、棲息地和自然資源。成員包括四百多個政府機構，和來自一百多個國家的保育組織，還與聯合國各個機構緊密聯繫。

這個聯盟主要的業務是：改善人類對自然環境過分惡劣的破壞，減緩城市擴展和工業發展，避免對地球自然資源過分開採。

國際自然資源保育聯盟的工作，分為六個委員會來推行：生態、教育、景觀規畫、法律、國家公園、救援任務。救援任務委員負責蒐集所有瀕危的動植物種的資訊，以便展開救援行動防止滅絕。國際自然資源保育聯盟的**紅皮書**，提供了關於所有瀕臨滅絕物種的資訊。

interstadial period　間冰段時期　在**冰川作用**階段內，大陸冰層退卻的一小段時間。間冰段時期比**間冰期**要短，持續時間約在50年到500年之間。

intertidal zone　潮間帶　低潮位和高潮位之間的地帶。參見LITTORAL。

Intertropical Convergence Zone（ITCZ）　間熱帶輻合帶　沿著赤道**信風**匯合的區域，形成上升氣流和低氣壓。間熱帶輻合帶明顯地限於大陸的大片土地上，隨季節而移動。一般是不同溼度的熱帶氣團匯合導致形成明顯的鋒，伴隨著**不穩定**產生雲和對流雨。有時熱帶輻合帶內形成弱**低壓**。如果低壓產生極向運動，就可形成初期的颶風。

intrazonal soil　隱域土　土壤的類型，土壤的形成主要是由於其本身特性如排水、坡度、**母質**等，氣候和植被則是次要。在解釋出現於地區的大量土壤類型上，用隱域土的觀點太過簡單，而且過時。參見AZONAL SOIL，ZONAL SOIL。

intrenched meander　嵌入曲流　參見ENTRENCHED MEANDER。

intrusive rock　侵入岩　一種**火成岩**，形成於地殼原有岩石之內，是**岩漿**沿著地殼薄弱處，如**斷層**和**層面**貫入後形成的。有兩種侵入岩：

(a)深成岩，是熔岩在地殼內極深處冷卻而形成，這些岩石呈現大顆粒結晶紋理。花崗岩就是一種深成岩。

(b)半深成岩，出現於靠近地表處。深度較淺、冷卻較快的熔岩，形成中等粒度的岩石。有幾種類型的侵入岩體，包括**岩基**、**岩蓋**、**岩脈**、**岩床**等。只有經長期侵蝕後，侵入岩才會出現地表。經濟礦床往往與侵入岩相關：鑽石、金、銀、鐵、鉻、鈾、錫、鎢、鑽、鋅和硫等。侵入岩如花崗岩可用於建築和其他建設。對照EXTRUSIVE ROCK，參見COUNTRY ROCK。

inversion layer 逆溫層 1. 溫度隨高度升高的空氣層（見圖9）。這與對流層的溫度梯度相反，對流層是按其**直減率**隨高度增加而降溫。

低空的逆溫可能是夜間地面快速地冷卻，使地面覆蓋的空氣變冷，使溫度低於較高層之空氣。這種逆溫在切割台地較普遍，當空氣聚集於谷底（參見FROST HOLLOW）就導致**輻射霧**和**白霜**。高空的逆溫，是由冷氣團對暖氣團的下切而引起，沿著**冷鋒**發生，或當**暖鋒**的暖氣團超前冷氣團時。在**反氣旋**中下沈的高空氣團的絕熱增溫與緩慢下沈也會引起逆溫。

由於逆溫層的存在，使工業污染的集聚情況更加惡化。在美國西部，當冷空氣從較冷的加州氣流上方流向內陸，對來自摩洽比沙漠的暖空氣下切時，就形成逆溫，把**光化學煙霧**截留在洛杉磯盆地內。

2. 水庫、湖泊或海中的一個水層，其中溫度隨深度增加而升高。可能是因暖水流的出現，例如在海洋沿岸發電廠熱污染的釋放，或是在構造板塊邊界附近的天然熱水孔。參見THERMOCLINE。

invertebrate 無脊椎動物 任何不具脊椎的動物，泛指除脊索動物外的所有動物。對照VERTEBRATE。

inverted tree line 倒置林木線 參見TREE LINE。

ion 離子 帶電的原子或原子團，因得失電子而形成。陽離子具有淨正電荷，而陰離子具有淨負電荷。參見IONIZATION。

ionization 電離 由化學反應、放電或輻射等原因形成離子。參見IONIZING RADIATION。

ionizing radiation 電離輻射 在傳遞過程中，能將介質電離的**輻射**。電離輻射有X射線、γ射線，以及如電子、**α粒子**或質子等高能粒子流。電離輻射可能來自於自然界的太陽或宇宙輻射，或者因為人類活動、核爆或核子事故引起的。輻射的影響令人憂心。

電離輻射輻照對生物確切的影響還不清楚。與生物物質接觸時，電離使其分子結構變化，並導致動物細胞內的癌組織發展。電離輻射還會引起去氧核糖核酸產生混亂的遺傳變異，並可能在後代產生不利的突變。在許多場合下，輻射的後果要等很多年後才能看到，一般要等四分之一世紀。

不論多麼微少的**輻射劑量**，對細胞質都有潛在的損害。國際放射性防護委員會規定，對於公眾全身輻照量的最大值為每年50**倫琴**，最大的平均劑量水準規定為最大值的三分之一，即每年17倫琴。參見ION，ALPHA PARTICLE，BETA PARTICLE。

IRDP　綜合農村發展計畫　參見INTEGRATED RURAL DEVELOPMENT PLANNING。

ironpan　鐵磐　參見HARDPAN。

irrigation　灌溉　人工控制對土壤的給水以促進植物生長，並由建立較為溼冷的**小環境**，以增強作物收成的可能。灌溉用於補充**降水**對潛在的**蒸發散**量之間的不足。

灌溉包括為作物生產或**牧場**改良的河水灌注，1984年有2億2000萬公頃灌溉土地，超過1974～76年數量的17%。世界的灌溉面積中62%在亞洲。中國佔21%、印度18%、美國9%，是灌溉大國。世界上接近18%的**耕地**目前是灌溉地，生產世界糧食總量的30%。

island arc　島弧　弧形的島羣，鄰近**深海溝**的凸出邊。島弧，如西印度羣島，千島羣島和阿留申羣島，出現於緊靠**岩石圈板塊**的邊界附近，因此常有強烈的地震活動。

島弧有以下幾種形成方式：

(a)沈入位於深海溝下**隱沒帶**而成的板塊上沈積物受刮削；

(b)上覆板塊的隆起和變形；

(c)隱沒帶下沈的板塊熔融，**岩漿**噴到上覆板塊之上。

參見PLATE TECTONICS。

island biogeography　島嶼生物地理學　專門研究棲息於遙遠

島嶼動植物的學科。由於島嶼孤立，少被人類開發，海島可提供理想天然實驗室，來研究進化的變異、連續遷移物種的繁殖速度、物種消滅的速度等。

島嶼上物種種類數目取決於**棲息地**的大小、範圍、多樣性；移居來源到島嶼的可及性；來源的富集程度；新物種移居和現存物種絕滅的速度。

在提出現代的進化理論前，達爾文和華萊士對海島動植物區系的研究是相當值得注意的。參見WALLACE LINE。

isobar　等壓線　氣象圖上，在特定時間由氣壓相同的點所連成的線。

isostasy　地殼均衡　認為地殼內部較輕的**矽鋁層**大陸地殼，和較重的**矽鎂層**海洋地殼之間要保持平衡的學說。矽鋁大陸應浮在較重的矽鎂地殼上。地殼均衡補償要求下，地表上的質量要和深處質量相當。因而，山脈的根部比較能更深的穿透矽鎂層。

於大陸地區的沈積引起海洋地殼下沈，為了補償並維持平衡，地殼均衡的調節導致大陸塊的上升。有人指出：地殼底下岩石補償的運動，是從下沈區向上升區的底部運動的。

isotherm　等溫線　在一特定時間，氣象圖上所有溫度相度點之連線。

isotope　同位素　同一種元素有兩種以上的類型，其原子有相同質子數、電子數，而中子數不同。這些物質有相同的化學性質，但有不同的物理性質。現在有三百餘種天然存在的同位素，其中有些具放射性的。某些放射性同位素數只是稍微不穩定，其蛻變需要數萬年，例如鈾238需要45億年。同位素常常產生於核反應。參見HALF-LIFE，ALPHA PARTICLE，BETA PARITCLE。

ITCZ　間熱帶輻合帶　參見INTERTROPICAL CONVERGENCE ZONE。

IUCN　國際自然資源保育聯盟　參見INTERNATIONAL UNION FOR CONSERVATION OF NATURE AND NATURAL RESOURCES。

J

jet stream　噴流　強勁、狹窄，由熱驅動的高空風。噴流位於不同緯度，常出現在**對流層頂**的陡梯度或裂隙附近，高度在9000～15000公尺之間。大多數噴流的速度範圍為每小時160～320公里。

主要有兩種噴流：

(a)極地噴流。強勁不連的西風，是和**極鋒**的季節性移動相關的氣流。極地噴流的出現，與中緯度**低壓**的起源和運動密切相關。

(b)副熱帶噴流。出現在南緯和北緯30度附近，強勁、間斷的西風氣流。副熱帶噴流與**颶風**和**季風**的形成有關。

journey to work　上下班路程　住宅和工作地點之間的路程。由於大多數**通勤者**都在一天的相同時間（7時～9時和16時30分～19時）在路上，此時路上過度擁擠，上下班花在路上的時間可能為其他時間的兩倍。有些工人因為實施彈性時間，可以安排工作日的上下班時間，避開交通尖峯時間。

數萬甚至數十萬人進出城市所施加的壓力，造成許多環境問題。例如，汽機車引起的**空氣污染**，其晝夜變化趨勢與交通流量相似。北美洲的一些城市，建造更多的公路，試圖解決經常往來於兩地之間的人車擁擠問題，卻因而浪費許多有價值的建築用地。在歐洲，傳統上比美國人要多利用大眾運輸工具。

Jurassic period　侏羅紀　**三疊紀**後、**白堊紀**前的地質紀，始於距今約1億9500萬年前，結束於約1億3600萬年前。此時期於歐洲和非洲的特點是**造山運動**及火山、火成活動。在侏羅紀時恐龍高度發展，蜥蜴和鱷魚首次出現。會飛行的爬蟲類（翼龍目）多，與哺乳動物一起在這一時期出現的現代鳥類是由不同種類的爬行動物（始祖鳥）進化而來的。在侏羅紀岩石中發現的經濟資源有**黏土**等。參見EARTH HISTORY。

juvenile water, magmatic water　岩漿水　來自地球深部的岩漿源，富含礦物質，常作為補充**溫泉**的熱水。岩漿水是重要的**地下水**源，有時用作**地熱能**。

K

kame　冰礫阜　由融水流沈積形成的成層**冰磧物**丘崗。冰礫阜的種類繁多，起源各異。有些在停滯的冰川邊緣形成**三角洲**，其餘的由大裂隙內冰川沈積的累積而形成。有些人則認為，冰礫阜就等同於**蛇丘**。冰礫阜內的沙和礫石形成可開發的經濟資源。參見GLACIAL DEPOSITION。

kaolin　高嶺土　參見KAOLINITE。

kaolinite　高嶺石　一種白色黏土礦物，由岩石形成時期的熱液活動，或具有高長石含量岩石受**化學風化**所形成。高嶺石與侵入花崗岩相聯繫。高嶺土是白色的細**黏土**，主要成分是高嶺石，用於製造陶器、陶瓷、油漆、紙張和橡膠。（編按：高嶺之名得自中國江西省景德鎮附近的小山，此處出產質純的瓷土，因此稱為高嶺土）

Karoo　卡魯；卡魯紀，卡魯岩系　1. 南非若干乾燥高原的統稱，特別是指開普省的大卡普和小卡魯。廣闊有特色的**斐勒得**草原。卡魯很古老，認為是從**高山硬葉灌木**、熱帶森林和**稀樹草原**等植被型演替而來。包括牧草、大灌叢和肉質植物，但樹木很少。這些地區多半處置不當，主要是因無限制放牧導致**土壤侵蝕**和顯著減少物種的多樣性。原因是管理不善，和1980年代連續極度乾旱所造成的。卡魯的分布已顯著增加。擴展後留下的幾乎是不毛的沙漠地區。

2. 南非的地質**紀**或岩系。相當於從晚石炭紀到早侏羅紀之間的紀或系。參見GEOLOGICAL COLUMN。

karst 喀斯特 崎嶇、荒蕪而地表水系極少的石灰岩或白雲岩區。喀斯特地形的主要特徵是含廣延的**地下水系**和洞系。地表形貌與這些地區的**落水洞**、**喀斯特寬谷**和**石灰岩盆地**等相關，這都是溶解和碳酸鹽風化（參見CHEMICAL WEATHERING）所引起的。因降水後經**陷穴**很快在地下消失了，所以常可見乾谷地。地表塌陷是喀斯特地形的顯著特徵，會導致道路、鐵路、建築物等處地基的破壞。

喀斯特是在南斯拉夫亞得里亞北部，沿海附近的石灰岩區，但已將此名推廣在呈現喀斯特形貌的地區。

katabatic wind, mountain wind 下降風，山風 沿山坡向下吹的局部風，常在夜間出現。當夜間山坡和上覆空氣層快速冷卻時，冷空氣因重力作用下流向谷底時，便出現這種風。對照ANABATIC WIND。

kibbutz 基布茲 以色列的集體農業屯墾區，基於所有資源、組織、勞力和收益的一種合作方式。和前蘇聯的**集體農場**有別，基布茲是自發的組織，不受國家控制，由民主選舉領導。基布茲的特徵是：成員有嚮往共同生活方式的理想，核心家族贊成削弱集體社會組織。基布茲在經濟上控制採購、生產、銷售和消費，不支付工資，但保證滿足成員的基本需要。以色列約有250個基布茲，其規模從100到2000成員以上，總人口為10萬人，生產農村食品的一半。自從1930年代以來（大部分為近年來），在基布茲已建立起一些工業。參見AGRICULTURAL COOPERATIVE。

kolkhoz 集體農場 參見COLLECTIVE FARM。

krill 磷蝦 磷蝦目，海中小型**甲殼動物**的總稱。磷蝦是泛指幾十種似蝦動物的挪威語的集合名詞，這些動物長約4～6公分，全部生活在兩極附近的冷水中，以**浮游生物**為食，形成海洋**食物鏈**的第二**營養級**。磷蝦也是鯨、企鵝、海豹和烏賊的主要食物來源。估計每年為鯨所消耗的磷蝦達1億9000萬噸，但鯨的濫捕已使消耗的數量降低到每年6000萬噸左右。結果，磷蝦成為海鳥和海豹過量的食物源。

磷蝦出現在廣闊的淺灘上，覆蓋面積數千平方公里，密度達每立方公尺24公斤。由於密度高又嗜好淺灘，捕撈磷蝦快又簡單。遠東捕魚船用拖網捕撈磷蝦，俄國和日本捕魚船每年捕撈磷蝦45萬噸，佔總捕撈量的45%。磷蝦每年可能捕撈總量可高達5000萬噸。現在，大部分捕撈的磷蝦用作動物飼料，也成為人類的營養食物來源。

磷蝦作為一種生物資源，即使不進行無限制開發，也需要精心管理。海洋環境的**污染**，毀壞了磷蝦的食物來源，威脅到它的生存。

krummholz　高山矮曲林　參見TIMBER LINE。

k－species　k物種　身體尺寸大、發育慢、競爭力強、生殖期始於生活史的中期或後期，並能重複數次或多次等特點的動植物的統稱。這種物種常能生存多年，可用陸地脊椎動物表示其特徵。對照R-SPECIES。

L

laccolith　岩蓋　巨大的拱形**侵入岩**體。岩漿沿**層面**灌入、固化，最後使上面覆蓋的**圍岩**向上拱起。上覆岩石風化後會形成拱形地形，如美國猶他州的亨利山脈。

lagoon　潟湖　1. 平靜的海岸死水，依靠天然的屏障如灣口沙洲或**珊瑚礁**，將其與海洋分開（參見ESTUARY）。

2. **環礁**內平靜的海水區域。

潟湖常以通道與開闊的大海相連，減低海浪和海流的作用，是良好的港灣所在。

lahar　火山泥流　水和未固結的火山灰、其他**火山碎屑物**混合所形成的**泥流**。火山泥流的成因有：降水；快速的融雪；以及火山噴發時，火山口湖猛烈的噴水所觸發。火山泥流可由其發源處流經很大距離，速度可超過每小時90公里。火山泥流可造成巨大生命財產損失，1919年印尼爪哇島一場火山泥流，造成5000人的死亡，損失200多平方公里的農地。而在美國華盛頓州，由於審慎的**土地利用規畫**而大大減低了火山泥流的破壞作用。

LAI　葉面積指數　參見LEAF AREA INDEX。

lake　湖泊　處在地表窪地的停滯水體，四周為陸地完全包圍。湖泊的面積深度不一，是**水文循環**的重要部分。佔**海洋**之外地表水的75%。

湖水有淡有鹹，視湖泊是否有出口而定。若有出口，有如河流；如無出口，湖泊的作用就像一個內陸排水區，這種類型的湖泊多和乾燥氣候和高蒸發速度相關，產生高鹽度的湖水。鹽湖形成方式有很多種，例如位於歐洲和亞洲之間的裏海，以前是大海的分枝；而美國猶他州的大鹽湖，以色列約旦邊界上的死海，以前是淡水湖，這些湖泊都具有高鹽度，範圍在千分之170～千分之250。（編按：海水的鹽度約為千分之35）

湖泊的成因有：

(a)大陸運動形成的窪地。都是些大湖，例如裏海和死海。

(b)冰川侵蝕或沈積，例如北美洲五大湖和坦尚尼亞達夫湖。

(c)河流的作用和**牛軛湖**形成的。

(d)**塊體運動**形成的天然壩，例如美國蒙大拿州的斯萊德湖。

(e)火山活動。熔岩流可能堵塞山谷，例如加利利的海的產生。火山口的塌陷可產生火山口湖，例如，美國俄勒岡州西南部的火山口湖。

(f)**潟湖**被陸地包圍在沙洲和濱外沙洲後面。

(g)地下水活動於可溶的下層基岩地區使水沈入洞或坑穴，若被碎屑堵塞，就可形成一個湖。

(h)河流被動物或集聚的有機物堵塞。海貍壩形成美國黃石國家公園的海貍湖，而沼澤植物和木材堵塞也能導致堵水成池。

(i)人類的作用。水庫是慎重建成以蓄水。另外廢棄的礦坑、採石場和泥炭礦場也可能形成湖泊。

湖泊可能因充滿沈積物或有機物變得日益沼澤化。另一方面，排水河流的下切作用使湖泊變乾。由於氣候變化加速蒸發也導致湖泊的消失。某些湖泊，特別是大湖，對人類至為重要，用於蓄水和供水，為家庭和工業使用，同時也是運輸路線。湖泊還具有娛樂設施的價值。

land　土地　1. 地球表面的固態部份。

2. 一種生產的要素，由天然和人造的資源組成，包括整個地球表面、生長的植物、建築物、礦物、水資源等。

land attribute　土地屬性　土地的任何物理、化學和生物條件，共同影響**土地利用**型式。參見LAND USE CLASSIFICATION，LAND USE SURVEY。

land breeze　陸風　沿海地區在夜間由於陸地表面冷卻，而導致氣壓稍微增高，產生吹向海洋的輕風。

land colonization　土地移民　遷移進入的人羣在某地定居和耕種的活動。由於英國人定居於美洲和澳洲，拓荒的人羣進入了大陸內地，進入於當地居民，如北美的平原印第安人和澳洲土著人中稀疏的**處女地**或領地，這些當地人相當容易地被吞併或轉移到更遠的邊界位置。在更遠的年代，土地移民多靠政府的援助，特別是土地執照、基層供應、以及對定居者的財政援助。許多拉丁美洲國家，土地移民被看作**土地改革**的組成部分，減輕居民區的人口壓力，並對無地者提供獲得土地資產的機會。然而，現代許多土地移民規畫，在永久性定居和農業**生產力**等方面失敗率很高。這是因為對環境不充分了解，以及採用的耕作方法不適於定居者的新環境。例如巴西亞馬遜河的朗多尼亞和阿克里兩個州，當地居民靠持久地開採森林方式的謀生之道，受到土地為短期利益而大規模清除森林的威脅。

land devil　陸塵旋　參見WHIRLWIND。

land ethic　土地倫理　1949年由美國生態學家利奧波德提出的原則，主張人類與其他**生物圈**成員之間的合作。利用土地倫理原則解釋人類對生物圈的態度，利奧波德認為人類本能是與其他物種爭奪統治的主權，而土地倫理的方法是促進合作，以保持最大的生態多樣性，同時允許人類管理土地達到期望的水準。傳統的生態學理論建議在物種內進行合作，而利奧波德重視人類和許多其他物種間關係的合作。最近，土地倫理被再定義為以人類為中心的和功利主義的名詞，提倡維持自然資源和環境，進而保證人類的福利。這種新解釋被接受，因而給予保育運動一個很現實的意義。

land evaluation　土地評估　關於土地某種特定用途的特性或

潛力的評估，目的是有助於**土地利用**的規畫和管理。土地評估包括關於自然環境資料的解釋，例如，土壤、氣候和植被型式，以及過去和現在土地利用於潛力。這就牽涉到尋求像現行土地利用導致的土地品質長期的衰退、變更土地利用的可能回收和生存能力、現有土地利用的經營可能改進的程度、投入對**生產力**和土地品質的影響等問題的解決辦法。

土地評估項目大多採用三階段處理：描述、評估和發展。對自然資源基本上定量的調查，其後是對環境資料與技術資訊的聯合評估，例如，農業的方式和作物的需求。當以資源潛力來表示時，這種資訊可用在任何被調查的土地面積，發展經濟計畫的選擇之用。

針對日益變化的土地評估程序，聯合國糧食及農業組織於1976年公佈了土地評估的架構，可靈活地用於任何土地評估問題。著重於多學科的方法，以取得一地區關於自然的、經濟和社會的前後關係的評估，此系統包括土地適用性的評估和分類。

由於土地評估的工作量大，很多的計畫項目現在依靠電腦的資料貯存（參見ENVIRONMENTAL DATA BASE），並依賴電腦模擬和可分析資料的**地理資訊系統**。

landfill　掩埋場　在以前的採石場、廢棄的礦坑坑道、以及礫石坑和土坑等地方，作為家庭或工業垃圾的處理。過去，傳統的垃圾場在露天場地燃燒家庭垃圾；掩埋場則不採用燃燒的方法，避免了煙和臭味。垃圾分層鋪開，中間夾以土壤或建築物碎渣以盡量降低由有機物質分解產生的熱量。有機物分解會產生**沼氣**，因此在大的廢渣填埋場在排出收集的沼氣時要裝置收集沼氣的管道系統，可作為能源使用。在美國紐約斯塔頓島，這種系統每年為一萬戶家庭提供足夠的取暖沼氣。掩埋場的選址，要選在逕流及**淋溶**等作用對地下水和地表水，很少造成污染的地方。當填埋場填滿後，其頂面以土覆蓋，並考慮適應當地地形。

舊的掩埋場有時可再作農業用地。但必須注意的是，在土壤或植物中污染的累積量不能超過安全標準。住房或工廠可以建在舊填埋場上，然而沈陷會變成後續使用者的嚴重問題。參見SANITARY LANDFILL。

land inventory　土地目錄　參見LAND USE SURVEY。

landmark building　地標建築　參見HISTORIC BUILDING。

landnam　伐林整地　一種原始的農業，以前在北歐，靠小規模地清除原始森林用來種植作物，直至土壤肥力衰退或鄰近的森林蔓生進來。參見SHIFTING CULTIVATION，SLASH-AND-BURN。

land reclamation　土地改良　使土地面積恢復為生產使用的方法。土地改良所針對的土地類型有：

(a)積水地區，在排水後可適於農業。

(b)海邊或湖邊的土地，封閉起來之後排水。例如**圩田**。

(c)乾燥區，**灌溉**後可以成為生產用地。

(d)過度灌溉的地區，有**鹽化**的難題，需要降低土地利用的強度，投資龐大的資金於抽吸排水系統。

(e)土地有不需要的植被覆蓋，如**石南荒原**和**高沼地**，清除自然的植被、排水、深耕和重複地季節性**焚燒**，以產生適於農業的植物羣體。

(f)有些地區由於工業**污染**變得不適耕作，需要化學處理。

(g)被礦業和製造業破壞的地區，需要全面的土地**修復**，包括填充礦坑和採石場，穩固和美化垃圾堆。

慎重地種植植物，在易於**土壤侵蝕**的地方修築**梯田**和堤壩，這不僅為了**土壤保育**，同時有助於開墾坡地。

land reform　土地改革　農業系統的**結構改革**，包括**土地使用權**的形式和分配。土地改革要解決土地重分配和租佃改革，必須配合當地的特殊環境才能成功。土地改革必須特別注意原有土地的所有權的集中程度、城市化水準、以及農業在經濟結構中的作用。重分配的通性，是沒收超過規定面積的土地，給予補償和免稅。根據實行改革的政治動機把這些土地分配給小土地所有者、無地的農業工人、**集體農場**或**國營農場**機構。土地改革關係到租佃制度的改革，目的是實現租佃田地的保證；調整對土地所有者的支付，特別是在**分成耕作**結構的情況；以及為耕者從土地所有者的土地過戶立法，特別是在那些地主一般不在當地的地方。

土地改革的目的是要達到社會公平、提高農業**生產力**、國家控制生產力、建立農村結構等，這些都和盛行的國有觀念相符。然而土地改革如不與**農業改革**同時進行則往往徒勞無功。

Landsat　陸地衛星　沿軌道運行的地球資源技術衛星，用於監測民間土地利用情況，和森林、礦產、能源和水源等。此類衛星第一顆發射於1972年，作為**地球資源技術衛星**計畫的一部分，而在此計畫重新定名之前共發射了兩個衛星。而後改名為陸地衛星，陸地衛星3號首先發射於1978年春，隨後於1984年又發射4號和5號。其軌道與地球資源技術衛星相同。陸地衛星每33毫秒，掃描地球表面56×79公尺的視野。衛星上的多波段掃描器，形成土地狀況的圖象，並轉換為**假色圖象**，顯示的資訊不是一般真色相片的可見物體。多波段掃描器的資訊由電腦處理，並顯示成標準的陸地衛星圖象，覆蓋185×178公里（同樣的區域用1：15000的傳統航空攝影則需5000張相片）。

陸地衛星圖象對農業、林業、資源利用規畫、保育人員、和從事污染監測以及氣象研究的地質人員很有幫助。北非的饑荒和前蘇聯的穀物生產，是借助於陸地衛星的研究課題。

根據所謂的開放天空原則，就是可利用從世界各地採集的資料，陸地衛星的資料提供給所有國家。由於其非常昂貴、需要專業化的人力和設備分析圖象、缺乏分析資料的有效和精確手段、以及大地情況引起圖象變化等問題，這些資料並未充分利用。

溯至1988年末，美國商業基金陸地衛星部的估計，每年執行費用為2000萬美元，而由於美國政府有意取消，讓這個計畫的未來處境堪慮。參見SPOT。

landslide　山崩　在重力的作用下，土壤和碎石快速的移動。

在下切懸崖區、脆弱的下層基岩區，往往為大雨或融雪觸發山崩，因為坡體物質的重量增加，凝聚力降低。在1959年塔吉克共和國，**地震**觸發了山崩，位於首都杜山比西南方30公里人口密集處，死亡1400人。參見SLUMP，MUDFLOW，EARTHFLOW。

land subsidence　地面沈降　地表高程持續降低。沈降可能由自然原因而產生，如石灰岩地區洞穴的坍塌，或大範圍的構造運動。人為的沈降可能由開採下面基岩或液體的而發生。由於從前採礦坑道的地基沈降，可破壞建築物、道路、鐵路和其他民用工程建築。為了阻止進一步沈降，常對**含水層**回注水或用泵將混凝土注入地下，以穩定地下作業。（編按：地面沈降在台灣常稱作地層下陷、地盤下陷等詞）

land-system mapping　土地系統製圖　關於地塊潛在用途的綜合環境評估：牽涉到地形、地貌的形成、土壤、地質、氣象和植被等。土地系統製圖主要用於農業、工程和規畫的用途。地圖由**遙感**和野外測量收集的資料處理而成。土地系統製圖用於許多國家，特別是加拿大、荷蘭、澳洲和美國。在對地圖很少或無地圖的地區以及土地利用的壓力很大之國家，土地系統製圖提供有效的環境探測調查。

land tenure　土地使用權　調節土地的所有權利或土地使用、控制地主和佃戶之間關係安排的權利體制。土地使用權的體制有很多種形式。下面列出幾種代表類型：

(a)使用收益權或使用權，其方式是個體或家族有使用土地並消費其產品的權力，而不必承認土地本身形式上的所有權。這種租佃體制在非洲部落中間很普遍。

(b)所有人佔有，土地的權利是繼承和購買的，這種類型的一般形式為不動產佔有權，包括**小農**農場、**家庭農場**、**大莊園**等。世襲土地所有權保證了財產的穩定性和連續性並促進土地的充分利用。

(c)租佃，土地使用者償付土地所有者以貨幣、作物、或提供勞力服務。井井有條的租佃，使農民以有限的資金集中購買農業工具和牲畜，同時地主則提供固定投資項目。而短期租約的作用是不鼓勵佃農投資。

(d)具雇傭勞動的社會機構使用權，土地為私營公司或社會機構所有，由領工資的雇工種植。**熱帶人工林場**和現代化的**農業企業**是這種類型使用權。

(e)集體使用權，資源是公有的，而勞動和投入是聯營的。土地所有權可能歸於國家，如同前蘇聯的**集體農場**，或如同領有的公社，例如以色列的**基布茲**，坦尚尼亞的烏賈馬村。

(f)使用雇傭勞動的國家所有制，就是前蘇聯和其他共產主義國家的**國營農場**。

land use　土地利用　1. 功能的土地利用。土地利用以符合該區居民的需要。

2. 現行的土地覆蓋。土地的現行用途，例如，用於農業、工業和住房等等。

實際上，土地利用這個名詞是模糊概念。嚴格地說，僅限於在地面上的特定用途。參見LAND ATTRIBUTE，LAND USE CLASSIFICATION，LAND USE SURVEY，LAND USE PLANNING。

land use classification　土地利用分類　把土地分類成一系列使用類型。許多國家已做出用於森林、農業、城市用地、工業用地所佔土地比例的目錄清單。另外，許多國家，如荷蘭已做出非常詳細的土地利用地圖，其中每塊地區按每個工業類型分類。這種地圖有時附帶說明要則。英國第二土地利用分類開始實行於1960年，確定13種土地利用分類：居住、工業、運輸、開放空間、海埔新生地、草地、可耕地、市場園藝、果樹林、林地、石南地及粗放牧地、水域和濕沼、無植被土地。

傳統上，土地利用型式的調查需要對每塊地區加以人工繪圖。現在，這種調查採用航空測量或使用人造衛星獲得的資料（參見LANDSAT，SPOT，COMOS-1870）。同時必須指出，許多美國的社區指定土地利用於建立社區的分區和地產使用的調整。參見LAND USE PLANNING。

land use competition 土地利用競爭 由於想取得極高的收穫和很好的報酬，將土地分配為特定用途，而不是其他用途的原則。土地不同的用途是為了爭取在某一期間提供不同的平均報酬。土地所有者或決策者要對這些土地利用做評估並採取可得最大收穫的土地利用。

land use planning, physical planning 土地利用規畫，自然規畫 在國家、州或地方政府，通過法規或法案所給的權力下，將分區土地做特殊指定的利用。該分區考慮期望將來土地用於住房、娛樂、社會服務和運輸網路。基於仔細分析預期人口變化和可能的社會和經濟變化，這種分析將影響對特殊位置的特殊場所的要求。參見DEVELOPMENT，DEVELOPMENT CONTROL，DEVELOPMENT PLAN，LOCAL PLAN，STRUCTURE PLAN。

land use survey, land inventory 土地利用調查，土地目錄 地區**土地利用**的評估，以表格或繪圖的形式來表示。許多發達國家要求其農民、林業工作者和土地規畫者提供有關的正規資料，例如，農田有多少地用於特定的作物或造林，或用於城市的土地數量。傳統上，土地目錄的製成要靠密集的測量；而現在航空攝影以及地球測量衛星（如**陸地衛星**和**地球觀測衛星系列**），可對開發中國家人口稀少的偏遠地區製成土地目錄。參見LAND USE，LAND USE COMPETITION，LAND USE PLANNING，LAND-SYSTEM MAPPING，CROP COMBINATION ANALYSIS，FARM ENTERPRISE COMBINATION ANALYSIS。

land value 土地價值 生產商品和服務的過程中，土地也是一個生產因素。對於生產者，土地的現值或核實資本值，是土地現時值並按照合理的利息的總和。土地的核實資本值不太可能和現在的售價相同。另外，在農村的土地，若有可能發展為城市，會使價格提高超過其農業價值。在已開發國家中，優質地集中的農村以及**城鄉邊緣**，地價非常高，**土地利用競爭**十分激烈。

lapse rate, vertical temperature gradient 直減率，溫度垂直梯度 大氣溫度隨高度的變化率。溫度直減率顯示每升高100公尺溫度降低範圍是0.2～1.0℃，決定於**環境直減率**、**乾絕熱直減率**、或**飽和絕熱直減率**。溫度直減率一般延續到**對流層頂**，到**逆溫層**為止。

lateral moraine 側磧 參見MORAINE。

laterite 磚紅壤；紅土 1. 一種多孔、帶紅色的硬殼，存在於潮溼的熱帶地區。磚紅壤是土壤剖面中鐵和鋁氧化物的集聚，由於其他礦物質，例如矽的高度**淋溶作用**，以及靠**毛細作用**將地下水吸上來，使鐵和鋁沈積的結果。磚紅壤可存在地面下或地表。溼潤時具可塑性，而於日曬風乾之後，則像岩石一般堅硬，某些磚紅壤的鋁含量使其可做商業開採，如**鋁土礦**。

2. 由磚紅壤形成的土壤。參見LATOSOL。

latifundia 大莊園 在中美或南美非常普遍的大牧場、種植園，大部分土地靠**分成耕作**或散工勞作。在拉丁美洲國家大莊園反映了土地分配的嚴重的不平均。在許多情況下，土地所有者的影響十分廣泛，不僅在雇傭者的農事活動上，還包含對農村居民羣眾生活的控制。對照MINIFUNDIA。

latosol, ferrisol, sol ferralatique, oxisol 淋濾土，鐵質土，氧化土 紅、赭或黃色的一種土壤，含高黏土質的氧化鋁和氧化鐵成分，出現於潮溼的熱帶地區。**磚紅壤**的形成，特別是在淋濾土的**B層**，是一種普遍的土壤類型中。

淋濾土從前被廣大的**熱帶雨林**所覆蓋，並被誤認為淋濾土是肥沃的。淋濾土原本是不肥沃的，繁茂的森林是靠生活的有機物和礦物質快速的循環所供養。土壤的高溫，維持一種土壤動物使其造成**腐植質**物質的分解，儘管如黏土大小的顆粒很豐富（參見SOIL TEXTURE），能附帶著土壤營養物的**黏土腐植質錯合物**，並不是經常存在的。

在淋濾土上，農作物只能支撐二至三年，過了這個時間，土壤中的營養物會耗盡而出現作物衰敗。在淋濾土上最成功的例子為**人工林場**的作物。參見LATERIZATION。

latosolization　磚紅壤化　參見LATERIZATION。

Laurasia　勞亞古陸　北方的古陸，是**聯合古陸**在古生代晚期或中生代早期（見圖19）分裂形成的。勞亞古陸被認為由北美洲、格陵蘭、及歐亞大陸（印度除外）等共同組成。參見GONDWANALAND，CONTINENTAL DRIFT，PLATE TECTONICS。

lava　熔岩　從**火山**或**裂隙**流到地表面的**岩漿**。熔岩的流速決定於原始地形的特點和熔岩本身的黏滯度，而黏滯度又依其溫度及化學成分而變化。新近噴發的熔岩，溫度約為900～1200℃。當熔岩離開噴發源後，溫度迅速下降並開始凝固。基性成分的熔岩含二氧化矽低於50％，含量高於65％的酸性黏滯熔岩流動得更遠更快。某些基性熔岩每天行進可達300公尺。

law of limiting factors　限制因子定律　參見LIEBIG'S LAW OF THE MINIMUM。

law of the minimum　最低因子律　參見LIEBIG'S LAW OF THE MINIMUM。

Law of the Sea　海洋法　第三次國際海洋會議於1982年通過的公約，其間經過9年關於海洋水域及海洋資源利用管理權的談判，並依循1958和1960年早期會議的決議。到目前為止，只有少數的簽約國承認此公約，但公約中許多關於定界區和邊界內的海事活動的有關規定條款已為國際法普遍接受。

這個公約提出海岸國家的領海擴展至離岸12海浬（約22公里），以行使全部主權。至於**大陸棚**，海岸國家已普遍推行的片面宣佈，禁止外國漁船入內。第三次國際海洋會議制定了專屬經濟海域原則，此原則授與海岸國家在離其海岸基準線332公里，和在特定環境面對的毗連大陸棚離岸達560公里的地方，有捕魚和海底資源的特權。在公海則沒有其他的個別限制，在通航或捕魚上沒有限制，然而海底資源要受聯合國國際海床管理局控制。各國被公約進一步約束以合作制定防止污染的法規。

這個公約，受到許多**第三世界**國家的歡迎，當作**國際經濟新秩序**，因其揭示海底礦產資源為人類的公共資產。然而美國和另外一些**已開發國家**，因其在海底採礦的既得利益，而對此公約投反對票或棄權。這些動作使第三次聯合國海洋會議，所取得的脆弱平衡受到威脅，故被國際海床管理局的籌備委員會宣布為非法，以維持公約。

Lawyers' Ecology Group　律師生態小組　參見ENVIRONMENTAL DEFENSE FUND。

layering　分層　在未受擾動的植物羣集合內出現的層次。在成熟的植物中，有多達四個分層。

(a)喬木層

(b)灌木層

(c)田野或草本植物層

(d)地面或沼澤層

這些層是根據光線穿透植物深部致使光量減少而形成的。地上層有時將光線反射到地下層；所以有了地下根層、田野根層、灌木根層、喬木根層。無論哪裡的植物被火燒、砍伐或放牧所擾動，即可能消失一層或幾層。擾動嚴重的地方，可能只有一個植物層留下來。

lazy bed　馬鈴薯培植床　參見MOUND CULTIVATION。

leaching　淋溶　溶解的鹽類通過雨水的下滲作用，由**A層**土壤中沖刷下來進入**B層**（參見ELUVIATION）。隨後這些物質的大部分沈積於B層稱之為**澱積作用**。淋溶作用在潮溼地區非常易於排水的土壤，並可導致化學成分不足的A層土壤，在極端情況下甚至發展為**灰壤**。參見TRANSLOCATION。

lead pollution　鉛污染　在生物組織，主要是植物、動物和人類體內鉛的集聚。鉛是由各種不同的工業生產過程，包括點火，特別是汽車廢氣所排放的。曾估計每年排放到環境中的鉛為45萬噸，而一大半來自汽機車。傳統上，鉛加在汽油中是為了改進在高壓引擎中的點火程序。

只要鉛沈積於土壤中和植物表面上，很快地便會通過**食物鏈**而轉移。人類可能直接通過吸入或間接通過汚染的食物而攝取鉛。小劑量的鉛可導致行為的改變，而很大劑量的鉛會致盲，最後是死亡。成人的最大允許劑量是每日每公斤體重6微克；對於兒童，由於吸收鉛比成人更快，最大允許劑量是每日每公斤體重1.2微克。美國的許多地方，兒童攝取鉛常是因為吃了鉛基塗料的碎屑，這種塗料過去普遍用於家庭塗料。

現在北美和西歐普遍使用無鉛汽油。參見HEAVY METAL。

leaf area index（LAI） 葉面積指數 植物的葉子表面積，和其下地表面積的比值。例如，若葉面積指數是4，其植物就形成比下面土壤大4倍的葉子表面，也就是葉子表面有4平方公尺的面積。產生大於1的比值是因為植物可長出許多層葉子，或葉子長在繁密的枝條上。高葉面積指數值一般出現於未受擾動的植物**羣落**，而低葉面積指數值是農作物和**先鋒羣落**的典型。

leafy crop 多葉作物 **輪作**中除了**穀類作物**之外的其他作物。多葉作物在用於生吃或熟食的**食用作物**及**飼料作物**，均佔重要地位。也可經加工後再消費，例如煙草。

重要的多葉作物包括甜菜、甘蔗、莢果和豆類、生菜、油菜和其他葉類植物、洋葱、以及根類作物。根據其類型，其植株的有用部分可能是根、塊莖或貯藏莖，莖的主體、芽或鱗莖、葉柄、未成熟的花、種子以及生或熟的果實。

lee depression 背風低壓 一種**非鋒面低壓**，形成在山脈背山坡的低壓區。空氣沿著山上升，因而收縮。當空氣沿著山脈背風坡下沈時，空氣就膨脹並形成低壓區。背風低壓多出現於冬天，包括義大利北方阿爾卑斯山南面、紐西蘭南阿爾卑斯山的東面、美國落磯山脈的東面。

leeward　背風面　有遮風的面或方向。山的背風面常在**雨影**內，由於類似**焚風**的作用，溫度要比迎風面高個幾度。通常山的**迎風面**與背風面的植物有明顯的差別。

lethal zone　死亡帶　參見TOLERANCE。

levee　天然堤　在洪水期間自然沈積堆高的河岸。天然堤形成於河水有規則地衝擊河岸，因而溢漫到**泛濫平原**之上。當水流速度被阻時，沈積物便沈積成帶狀平行於河岸（見圖40），經歷一段時間沈積物增多，形成線狀堤岸，限制河水並阻止進一步泛濫。若河水會從天然堤上漫出，會發生嚴重的泛濫，造成引起生命財產和農作的損失。

天然堤有些可用於提供公路和鐵路的路線。在人口密集地區，天然堤往往被人工加固並加高，以減少洪水的威脅。在美國沿著密西西比河有長度超過4000公里的人工堤，有些地方加高達10公尺。

ley farming　休耕農業　作物栽培的方式，或稱fallow farming，其田地被人工**牧場**佔據，種植草和豆類，與每年栽培的作物循環種植。

lichen　地衣　地衣門的植物，由真菌和藻類共生而成，並產生像硬殼的補釘或濃密地生長在樹幹、石牆、屋頂等處。地衣是植物演替的第一階段。地衣沒有真根而直接從空氣和雨中獲得營養。地衣對空氣污染高度敏感，當污染達到某一標準時，某些種地衣就消失。因此，地衣可作為指標物種，以繪製空氣污染分佈的圖形。參見LICHEN DESERT。

lichen desert　地衣荒漠　由於**空氣污染**的結果使**地衣**消失的地理區域。參見ECOLOGICAL EVALUATION。

Liebig's law of the minimum　李比希最低因子定律　1840年創立的定律，表明植物生長的速度，依其有效的基本營養物質的最低量。李比希定律通常與布萊克曼限制因子定律一起運用。限制因子定律說明**光合作用**的速度，受制於有限的環境因素所控制。最低因子律以德國生化學家李比希（1803～1873）來定名。參見SHELFORD'S LAW OF TOLERANCE，FACTOR INTERACTION。

life table　生命表　參見SURVIVORSHIP CURVE。

life zone　生活帶　1. 在世界範圍，以特殊植物類型來代表的主要生物氣候區，例如，沙漠區和**苔原**。

2. 由於動物和植物分佈地區的變化，導致當地的任何環境條件隨之改變，例如，山區羣落按高度形成的分佈帶。對照DEATH ZONE。

lightning　閃電　在**雷暴**雲中、雲與大地之間放電的可見閃光。在雷暴中產生放電，確切過程尚不清楚，但是一般認為閃電是因為異性電荷的中和。

閃電有時會引起火災，金屬熔化、樹木爆裂、電器和電話設備的毀壞，通訊系統的中斷、以及人類和動物遭電擊而傷亡。在美國，1953到1963年有160人死於閃電。僅1963年就造成1億美元的損失。這種效果是相當罕見的，每年因雷暴的傷亡很難預料。地球每個瞬間都有1800個雷暴在形成。參見THUNDER。

light rapid transit system（LRT）　輕便快捷運輸系統　城市的鐵路或地下鐵路系統，結構標準較傳統鐵軌系統更輕便。如此，在建設上很便宜，且需要較少的能量。正常情況下使用電力推動，無污染且安靜。輕便快捷運輸系統在北美很普遍，在日本和歐洲也看得到，這往往是**內城**之**再開發**所必需的，例如倫敦東部泰恩區和多克蘭的鐵路。

lignite　褐煤　低級、黑褐色的一種煤，約含70％的碳和20％的氧。在煤的類型之中，褐煤產生的煙最多熱量最少。褐煤普遍用於發電。對照BITUMINOUS COAL，ANTHRACITE。

limestone　石灰岩　主要由碳酸鈣組成的一種**沈積岩**。石灰岩由動物，如軟體動物和珊瑚的石灰質遺骸、海水中碳酸鈣的沈澱、被侵蝕下來的石灰岩碎片所構成。以化學成分及組織結構來分類。石灰岩常常用作建築材料，或用來製造水泥和肥料。

limiting factor **限制因子** 決定生物**耐受度**的上下限，限制其分佈和活動力的任何環境因素，如光、溫度或水分。

limits to growth **生長極限** 由於地球資源有限，而造成工業化和人口增長的極限。只要達到極限，就開始急遽衰退，導致**生物圈**無法維持其人口，處於目前的工業水準和社會福利狀況。

此名詞是在1972年**羅馬俱樂部**的報告中提出的。生長極限是用電腦模型預計人口水準，估計資源的消耗、農業產量、資金投入、**污染**程度等。該報告指出：若按目前趨勢，100年之內經濟增長會達到極限，導致過度發達而崩潰，這就使**馬爾薩斯模型**復活。生長極限引起相當的爭論，雖然此報告被許多生態學家贊成，但是受到技術專家、經濟學家和其他社會科學家的責難。

line transect **樣線** 參見TRANSECT。

line fishing **線釣捕魚** 捕魚的一種方式，單線置於海底，其上連著多達100根較短的餌線。線釣捕魚用於海底粗糙不平不能用**拖網**捕魚的地方。線釣捕魚不要跟釣魚混淆。參見FISHING，對照SEINE NETTING，TRAWLING。

Linnaean classification **林奈分類法** 瑞典人林奈（1707～1778）對現代的動物加以分類的方法。林奈分類學把每一個物種按其在進化地位與其他物種的關係基礎上來歸類。最大的分類是門，最後是綱、目、科、屬、種。

對北極熊完整的林奈分類法應該是：

門	脊索動物門
綱	哺乳綱
目	食肉目
科	熊科
屬、種	北極熊

lithic haplumbrept **薄層土** 參見RANKER。

lithification, diagenesis **成岩作用** 使鬆散的沈積物形成**沈積岩**的**壓密**和**膠結**等作用。

lithosequence **岩石系列** 土壤的**母質**的變化，導致形成土壤後特性不同的相關系列。參見CHRONOSEQUENCE，CLIMOSEQUENCE，TOPOSEQUENCE。

lithosphere **岩石圈** **地殼**和**地函**的堅硬外層。岩石圈組成於大陸的**矽鎂層**、**矽鋁層**和地函上層部分，並以**軟流圈**為界。詳見圖28。

lithospheric plate **岩石圈板塊** **岩石圈**的獨立大分塊，可以在部分熔化的**軟流圈**上移動。目前定出有7大板塊和12或更多的小板塊（見圖48），是大陸地殼或海洋地殼，或**矽鎂層**與**矽鋁層**所組成。板塊的新生部份是在**中洋脊**處**海底擴展**所形成，與此同時，沿著**隱沒帶**板塊的邊緣被破壞。**大陸漂移**學說所稱的板塊運動，為**板塊構造**學說所支持。

Little Ice Age **小冰期** 參見CLIMATIC CHANGE。

littoral **沿岸** 1. 在高低潮線之間的地區（參見BENTHIC ZONE）。

2. 海岸地區，包括**岸線**。

load **負荷** 由河流、冰川和風運輸的物質。參見FLUVIAL TRANSPORTATION，GLACIAL TRANSPORTATION，WIND TRANSPORTATION。

loam **壤土** 一種透氣、充分排水的土壤，通常也很肥沃，具有中性結構，由大約相同比例的**黏土**、**粉砂**、**砂**組成。壤土多半僅有砂子和黏土的成分，形成一種富饒的宜於種植的農業土壤。不同的亞型壤土是按其成分的特性含量來分類的。參見LOESS。

local plan **地方規畫** 由地方當局制定的法定檔案，包括屬地內提出的**分區**政策報告，和在給定時間內地區發展的次序進度表。大比例的地圖附有政策的說明，顯示精確的邊界和在計畫期間內為了發展或重建而安排定的預定分區地點。

在地方規畫定案之前要諮詢羣眾意見，一旦由地方當局批准，就成為**發展控制**決定的基準檔案，作為有關規畫地區發展任何場地所運用。地方規畫可修改以適應變化的當地環境，通常要服從周期的規定審查。

在某些情況下，這個術語是指無法定支援的規畫，可能或不能被地方當局批准。這些基礎製圖者的規畫，有時用於無法定地方規畫的發展事業。

lock　水閘　用以提升或降低水路內不同水準面的設備，通常在封閉船塢內改變水位。例如在船進入河流或運河的較低處後，活動的閘門關上，往船塢內放水，直到水位升到水路較高處閘門一樣，上方的閘門就打開，船便向前運動到水路上較高的水位。水閘大小各異，有單人操作的，也有如同北美洲連接伊利湖和安大略湖的威蘭運河上的巨大水閘。

lode　礦脈　參見VEIN。

loess　黃土　黃褐色、細粒、風積的**壤土**，出現於中歐、亞洲和美洲的許多地方。黃土沈積主要由石英、長石、方解石的多角形顆粒，在黏土的**基岩**上組成，分布範圍甚廣，厚度可達十公尺以上。黃土主要來自**冰水沈積平原**、**三角洲**、河流**泛濫平原**表面細粒物質的風蝕。源於黃土的土壤形成了世界上很多的高產農田，例如前蘇聯的南部平原，阿根廷的**南美大草原**以及美國中西部許多地方。然而，道路、房屋若建於黃土沈積上，則往往遭受沈陷之害。

Lome Agreement　洛美協定　始於1975年於多哥共和國洛美簽訂的一系列協定，並在1979年和1984年做了補充，給予66個非洲、加勒比、太平洋國家，進入歐洲共同體市場優惠權。洛美協定對這些國家向歐洲共同體國家出口，提供比開發中國家、工業化國家間，一般優惠經營系統更好的條件。所有非洲、加勒比、太平洋國家向歐洲共同體的工業出口和大多數農業出口商品為免稅進入，由於沒有關稅壁壘和一些貿易規則，所以比其他國家更少約束。洛美協定還負責開闢有關發展項目的貸款和撥款，特別是那些針對產品的多種經營和為了建立於**出口補貼**，即是在不利的趨勢和市場條件下致收入受損時，能靠補償非洲、加勒比、太平洋國家以穩定某些**商品**的出口收入。實際上，嚴格的限制條件和持久的資金不足限制了出口補貼的作用。

longitudinal dune　縱丘　參見DUNE。

Lotka−Volterra equations　洛卡－沃爾泰拉公式　描述同一地區為了有限的資源，生物間競爭的數學**模型**。描述了生物間捕食者和獵物，以及生物間為了食物和空間，而競爭的非捕食性的情況。雖然這兩個公式源於分別的研究，但現在它們是合併使用，並多用於單獨生物類如細菌、昆蟲和一年生植物的生長率的數學描述。

low　低壓　參見DEPRESSION。

lower atmosphere　低層大氣　**大氣**的分區。位於地面與**平流層頂**之間，包括對流層和平流層（見圖9）。

LRT　輕便快捷運輸系統　參見LIGHT RAPID TRANSIT SYSTEM。

LUC　土地利用分類　參見LAND USE CLASSIFICATION。

M

MAB　人類生物圈計畫　參見MAN AND THE BIOSPHERE PROGRAM。

macchia　馬基羣集　參見MAQUIS。

macroclimate　大氣候　盛行於大地理區域的整體氣候狀況。例如地中海氣候，季風氣候。對照MICROCLIMATE，MESOCLIMATE。

macroenvironment　大環境　參見MICROENVIRONMENT。

macronutrient　巨量營養素　參見SOIL NUTRIENT。

magma　岩漿　存在於地殼內的高溫流動液體，由熔化的岩石、水和其他**揮發物**所組成。岩漿是固體岩石在**地函**深部受到巨大壓力，局部熔化所形成的。熱量應是岩石本身內含的放射性元素衰變所發出的。

岩漿是**火成岩**的來源：於地殼內固化形成**侵入岩**，露出地表冷卻形成**噴出岩**。岩漿集聚於地殼內的岩漿庫中，其作用如同火山的**熔岩**庫。

magmatic chamber　岩漿庫　參見MAGMA。

magmatic water　岩漿水　參見JUVENILE WATER。

magnetosphere　磁層　沿太陽的方向，高度2000公里至65000公里之間，環繞地球的彗形空間，其間帶電粒子的狀態由地球磁場控制。

Magnox reactor　鎂諾克斯反應器　一種氣冷式**核反應器**，**減速劑**用石墨，反應器核心的冷卻氣體用二氧化碳，在300～330℃

的溫度下運轉。鈾燃料封裝於稱作鎂諾克斯的一種鎂合金中，並以此命名。鎂諾克斯反應器首先建於英國（1956），共有9個商業發電廠以此類型的反應器建成（見圖44），在法國建造則有7個。目前都已經到了商業壽命的終點，將在大約1990年後逐步除役。鎂諾克斯反應器的燃料產生的能量的效率不高，但比較安全。參見ADVANCED GAS-COOLED REACTOR，WATER-COOLED REACTOR，DECOMMISSIONING。

MAI 平均年增長量 參見MEAN ANNUAL INCREMENT。

malnutrition 營養不良 由於攝取食物的不足，或缺乏正常吸收代謝營養物，而危及人體健康的狀況。營養不良最普遍的形式是攝取食物或營養物的不足以讓身體發展平衡。

世界衛生組織估計世界人口的50～66%，可能營養不良。在**開發中國家**，營養不良是長期的問題，嚴重影響了兒童、孕婦和青年。長期營養不良的跡象包括完全停止生長、身體組織顯著消耗、身體免疫系統的破壞，因而導致後續的異常。

Malthusian model 馬爾薩斯模型 馬爾薩斯學說在人口增長和食物供給之間關係的模型，1798年於《人口論》所提出的要點。馬爾薩斯的基本論點是人口數量以指數增長（1, 2, 4, 8, 16等），供給人們生長的食物只以代數增長（1, 2, 3, 4, 5等），不受限制的人口增長就勢必超過食物供應的增長。人民會遭受生活貧困和饑餓，除非人口由於戰爭、疾病或饑荒、或由於道德上的約束以降低**出生率**。

馬爾薩斯模型曾受到某些人強烈攻擊，認為這個模型是忽略了只有窮人才會挨餓這個事實所作出的推理，並斷言貧困是由於資源分配的缺乏，而不是生產力的自然限制。更進一步，糧食供應只按代數性增長的觀念，近兩個世紀的事實卻並非如此。馬爾薩斯模型已經過修正更新，包括人口**容納量**生態概念的發展，並討論是否存在有限的**生長極限**。

mammal 哺乳動物 哺乳綱的動物，特徵是具有堅硬的脊椎、血液循環系統與呼吸空氣的肺部相連。其他的特徵包括遍及全身的毛髮、為幼獸哺乳的乳腺、高度發達的眼、耳，和器官與增大的大腦控制複雜神經系統相聯繫。哺乳綱的動物往往表現出複雜的社會行為，人類即是其中發展最為成功的例子。

Man and the Biosphere Program（MAB） 人類生物圈計畫 1970年代**聯合國教科文組織**的計畫，企圖對所有非常典型的世界**生態系統**長期保護。與其他生態系統保護的目的不同，人類生物圈計畫強調基於科學立場的保護，而不是純粹的主觀理由。人類生物圈計畫的作用大大加強了對個別生態系統以及不同生態系統間關系的了解。人類生物圈計畫對陸生或水生熱帶生態系統都詳細調查研究。發現許多全新物種，在雨林氣候中許多森林植物物種表現出藥物潛力。1980年代，大約25%的西藥中，至少會含有一種雨林物種的萃取物。

man-day 人日 企業針對勞動需要所採用的計量單位，常見於農業上。1963年英國農業，漁業，糧食部採用標準人日作為**農場規模**分類的方法。標準人日等於一個成年男子，在正常條件下8小時手工勞動。農場規模可用集體的標準人日來度量，以生產作物、牲畜和進行維修及其他每年所需的工作為基準。每種農業生產項目可轉化為標準人日。引入標準人日的當時，一頭乳牛需12個標準人日，而大麥的標準是每英畝需2個標準人日。

對熱帶農業，8小時為1人日的概念是不切實際的，那邊每日工作5～7小時是很普遍的。因而勞動的投入引用了工時每種作物的術語。相對地，勞力單位可用每人每年的勞動量表示，等於專職勞動者每年規定數量的工時。歐洲共同體採用年勞動單位，認為一個年勞動單位為每年2200小時，如有不同，是國內共同協定的最少時間數。

man-environment relationship 人和環境關係 在人類生存環境中，人與環境之間的關係與相互作用。人與環境、人與土地的關係，如支援人類定居和經濟活動上，受到環境條件控制，而人類的決策制定在基本上被忽視（參見ENVIRONMENTAL DETERMINISM）。在其他方面，人與環境關係證明人類對環境條件的不同反應。有一種危險是非常狹隘地尋求環境和人類行為的因果關係而不能識別文化和社會因素。實際上，如不是太大的話，至少有明顯影響。人與環境關係和例如農民對土地品質變化的反應，與**土地利用競爭**的經濟原則是無區別的。考慮對土地品質和氣候變化敏感的特性，要十分合理追求最大報酬或其他一些確定目標。最佳投資的決定在生產性能，即一種商品生產時所需的投入量與產出量，投資成本與產品價格之間的關係。由於環境因素使地區性生產功能變化勝過成本與價格變化，土地利用可能與土地品質有很強的關係。

某些地方，人口過剩並濫用資源，如超過土地**容納量**的放牧，導致**生態系統**破壞、**土壤侵蝕**和**沙漠化**問題，證實了人類和環境之間的關係是非常突出的。同時這意味**永續生產**的物質極限，也同樣表示於經濟學術語，如在追求即時收益，而不能長期善用土地。

mangrove　紅樹林　熱帶和副熱帶之潮間帶適鹽的長綠樹林。紅樹林典型地出現在沿海避開強大海流或海浪作用的地方，那裡沖積物可以集聚起來。在南美洲、非洲、南亞、和大洋洲分佈的紅樹林表現了明顯的物種差異。紅樹林物種已適應缺氧的環境，因為它們頻繁地長出支援根（根托），伸出於泥土之上，以使呼吸孔（氣囊）吸收並向根輸送氧氣。其他的適應性包括密實角質的肉質葉，可漂流於水中，在掩埋於泥土之前開始發芽。

紅樹林羣落是有極大生產力的生態系統之一，平均**淨初級生產力**為每年每平方公尺2000公克，最大初級生產力為每年每平方公尺4500公克。儘管紅樹林有很高的生物生產力，但因其羣落含有大量在溼熱的環境中繁殖的帶病昆蟲，故對人有危害。

mantle　地函　在地球內部，**地殼**和**地核**之間的部分。地函的上下邊界分別為**莫荷不連續面**和**古騰堡不連續面**。地函主要由富含矽的超基性岩組成，密度隨深度而增加。地函的上層100公里厚的部分是固體，並與地殼一起形成**岩石圈**。地函表面下100～200公里之間是部分熔融的，稱為**軟流圈**。

mantle rock 表土層 參見REGOLITH。

manure 糞肥；天然肥料 任何植物和動物的殘渣，包括動物的糞尿。場院的糞肥包括植物殘渣，例如稻草，作為碎屑以吸收尿並成堆的貯存以利於降解。只要結構一變質，糞肥便可撒在土地上以改進其結構，作為**肥料**，提供了氮、鉀和磷的化合物。糞肥在製作和使用方面比人造肥料要更加小心，糞肥往往需要添加物以充分發揮其內含的有機物價值，並且需要很大的量以獲得與投入田地化學肥料相同的水準。不論如何，糞肥和**混作**是密不可分的。

糞肥這個名詞還用於撒在田地的海藻草、魚類廢料、骨灰、混以石灰的草木灰、煙熏的茅草和**水肥**等用以提高肥力的任何物質。綠肥是生長中的綠色作物，埋入土中以改進土壤結構。

maquis, mattoral, macchia 馬基羣集 地中海盆地一種混合的**硬葉**植被，其中的松樹、橡樹、野橄欖、角豆樹和乳香黃連樹長到5公尺左右高。在樹層的下面有品種繁多的芳香草本植物，其繁茂和多樣性取決於每年的雨量，以及放牧壓力和頻繁燒墾等人類擾動的程度。植被分佈於廣大空地上。在長而乾燥的夏季，馬基羣集是暗褐色且荒涼，而在涼、溼的春季，短暫變成色彩亮豔，這段時間金雀花、石南、荊豆、日光蘭與唇形科和百里香料一起完成它們的生命周期。參見GARRIGUE，CHAPARRAL。

marble 大理岩；大理石 1. 石灰岩經過接觸和局部**變質作用**，形成細到粗紋理的**變質岩**。大理石常用作建築和裝飾石料。

2. 一種可磨光的裝飾石料。

marginal land 邊緣地 在某種用途下，所得報酬很低，或作物毀壞的機率很高的土地。此名詞的用法，並不遵守上述嚴格的經濟定義。在自然條件方面，對一特定類型的農業，甚至所有的農事活動，考慮到生物和環境的限制超過了一種牲畜或作物的耐受度，土地會成為邊緣地。因此，溫帶地區的高地常常被說成是邊緣地。因為在溫度不佳、排水不良、土壤過薄、地形艱難等自然條件下，妨礙了所有或大多數的種植形式，只能粗放和低產的放牧牲畜。在此種意義上邊緣地等同於劣質土地，然而從經濟上講，邊緣地只與其使用方式相關。如不穩定的使用、因其貧瘠而放棄全部農事活動、根據經濟環境的變化停止生產，其土地就算是邊緣地。

每種農事活動都有其**最適生長**條件或最適生產地區。離開這些地區，生長率將衰減，直至達到生產界限，農業活動的收入與其生產成本相等，也就是，**經濟租**為零。作物可能在物質上承受超過這種程度的條件，直到達到最後限制就只能虧本生產。然而，在達到此界限之前如變換土地利用成為有利可圖時，這種作物可能停止生產。也就是這個地區對此作物或農事活動定義為邊緣地是有問題的。為了把播種面積擴展到從前牲畜養殖的雨量低且不可靠的地區，例如，在澳洲、美國西南部、和前蘇聯的**處女地**，曾做過許多嘗試。這種土地是穀物種植的邊緣地，因為其近於作物的生物和環境忍受極限，故也是經濟上的邊緣地，因其收穫很低，幾乎達到生產無利可圖的程度，導致停產或從事別的農業活動。

mariculture　海水養殖　參見FISH FARMING。

marine deposition　海洋沈積　由海浪和海流帶來的岩石碎片和其他碎屑因其速度降低而沈降下來。集中的沈積會導致海港和航道的淤積，此後就需要人工疏濬以使航運暢通。地形的不同與海洋沈積有關，如**海灘**、**沙嘴**、和**濱外沙洲**。

marine erosion　海洋侵蝕　因海洋的作用陸續移去**海岸**的物質。海洋侵蝕由四種程序形成：

(a)水力作用，海浪和洋流作用於岩石和懸崖，形成海岸線。

(b)刻蝕，由海浪和洋流攜帶的岩石碎片對海岸線的磨削。

(c)磨耗，透過運輸岩石碎片造成的衝擊和磨擦。

(d)溶蝕，海水對岩石，如石灰岩的化學作用。

侵蝕的速度賴於海浪和洋流的強度及**吹風距離**，以及組成海洋線的物質特徵。未固結物質，如冰川冰磧物（參見GLACIAL DEPOSITION）形成的海岸，侵蝕可能是一個主要問題，有無數關於海洋侵蝕引起房屋、道路的喪失和農田沈入海洋的例子。某些海岸地形，如懸崖和波蝕平台是海洋侵蝕的結果。

marine pollution　海洋污染　故意或偶爾排放於緣海、大洋或河口灣的有害或有毒物質。海洋污染的來源有：**污水**、工業**廢水**。從管道直接送入大海，或由船運到遠海傾瀉。在許多國家，家庭和工業垃圾，甚至最近連**核廢料**都丟入大海（編按：國際上已禁止核廢料海拋行為）。

石油是另一種主要的海洋污染，來自油輪的碰撞、轉運油庫石油的意外逸出、以及在大海中非法清洗船艙。每年有200到500萬噸原油和加工石油溢入大海，而這些油的三分之二不是來自船舶，而是由於來自陸源，特別是非法處理工業和汽機車的廢油直接進入河流和排水系統，最後流進了大海（參見OIL SPILL）。

大眾對托雷坎寧（1967）和阿莫可卡迪（1978）兩次油輪失事造成的海洋污染非常關心，此形成嚴重海洋污染還有大量海鳥死亡的記錄。除了這些事件外，對海岸生態系統和長期影響也相當重視。而1989年，在埃克宋瓦爾迪茲超級油輪的事故中，1000萬加侖的石油洩漏於阿拉斯加海灣，對這個地區**脆弱生態系統**污染的最後結果，不久就會顯現出來。

market gardening　市場園藝　一種**園藝**的形式，用於集約的作物生產，尤其是水果、蔬菜和鮮花，其產品多直接賣給消費者。作物可在田地種植，以提供季節性產品，或靠**溫室栽培**來提前收成。由於產品容易枯萎，脆弱的性質，在鐵路時代開始之前，大多數市場園藝只能存在於幾公里之內的城區。如今產品可輸送到幾百甚至幾千公里外的市場，並跨過國界，例如從地中海地區往北歐，以及從墨西哥和加勒比海往美國。

在北美洲，市場園藝還稱為蔬菜農業，這種稱謂是因為農民運往市場銷售其所種的蔬菜。然而，蔬菜農業的特性一般是較大規模的經濟，在位置上離開市場較遠，而由於產品範圍有限，也許僅適於某一產地的單一產品。

marketing board 市場管理委員會 由政府設立的公共實體，對農產品的生產者和管理者具有強制權利，並且為了商品生產者的利益，對形成的市場經營給予批准。

運作上，市場管理委員會的功能差異顯著。例如，在英國，在1930年代為啤酒花、牛奶、豬肉、獵肉和花生生產者選出的委員會，各自有權管理全部產品的銷售、銷售者的價格談判和轉賣費用的確定。為啤酒花和花生所建的委員會還試圖以面積限制的方法來控制生產，而牛奶的市場管理委員會在乳牛羣發展上起突出的作用，主要靠人工授精服務促進**選擇育種**。在1950年代，市場管理委員會的主要目標轉向通過價格支援機制的管理機構，保護生產者。

在**第三世界**國家，市場管理委員會一般在管理上由政府直接參與，特別是指定為出口**商品**的唯一買主或賣主。由於前英屬西非殖民地的發展，壟斷出口的市場管理委員會，已成為獨立的非洲國家創造收入的有效手段，靠的是明顯低於世界市場標準的定價，收購家庭產品然後在開放市場轉賣。其他類型的委員會，包括目前市場企業的委員會，目的在於穩定供應和價格，並通過對貿易和加工業務的國家控制壟斷權，對全國執行統一穩定的價格。市場管理委員會也只限於諮詢和倡議的目的，或對出口產品規定品質標準和包裝工藝程序。

marsh 溼沼 具有很多地表水坑的鬆軟浸水地區，除沙漠之外，大多數氣候區都有溼沼，一般形成於：

(a)不透水的下層基岩。

(b)冰川冰礫泥的地表沈積。

(c)天然排水能力很差的盆地。

(d)降雨量大，蒸發速度小的地區。

(e)低窪地，特別是位於海灣處或低於海平面之下。

在上述的情況下，土壤的排水能力永久性或季節性的受阻。在許多溫熱帶國家，排乾溼沼，以消除帶病菌的昆蟲物種，像是瘧蚊。排乾的溼沼土地，土壤非常肥沃，通常是很好的農地。

marsh gas　沼氣　參見METHANE。

mass movement, mass wasting　塊體運動　岩石碎塊和土壤受重力作用向下坡運動。塊體移動的範圍由小的移動到大規模的**山崩**，可能會造成明顯的生命財產的損失。某些塊體移動是緩慢並連續的，例如**潛移**和**土壤潛移**，其他的塊體移動是快速但偶然發生的，例如，**雪崩**、**崩移**和**泥流**等。

在重力作用觸發和延續塊體運動上有各種因素：

(a)流動的水，通過岩石碎屑和土壤，可能觸發幾種類型塊體移動，主要由於物質的增重或由於降低其阻力和黏滯性。

(b)**物理風化**，特別是融凍作用，引起物質的下滑運動。

(c)在斜坡上面和下面根的生長和動物的運動可進一步促使下坡運動。

(d)河流的下切、採掘、挖隧道或類似的挖掘，可除掉對土層物質的支援引起某些類型的塊體移動。

(e)地震、重載運輸和爆破的震動也會引起某些塊體移動。

mass wasting　塊體運動　參見MASS MOVEMENT。

master factor　主因　參見ANTHROPOGENIC FACTOR。

matrix　基質；填充物　1. **沈積岩**的細粒材料，其中容納粗顆粒的材料。參見GROUNDMASS。

2. 嵌入化石中的填充物質。

mattoral　馬基羣集　參見MAQUIS。

mature soil　成熟土　長時間不受擾動，形成層次分明的土壤。**腐植質**通常可作為明顯的表面層，同時又是以**黏土腐植質錯**

合物形式出現。風化過程使其形成豐富的**黏土礦物**。這種土壤要經歷千萬年，此期間的天然植物為森林，形成了一個很強的土壤與植物間營養循環。現在這些土壤廣泛用於**作物栽培**。對照IMMATURE SOIL。

MCI　複作指數　參見MULTIPLE CROPPING。

M discontinuity　莫荷不連續面　參見MOHOROVICIC DISCONTINUITY。

meadow　溼草原　1. 低窪易於供水的土地，適於放牧；但用於**作物栽培**則積水過多。雖然溼草原冬天經常泛濫，但在夏天是收穫豐富的**牧場**。在中世紀建立的浸水溼草原，因在地上開溝渠以改良牧場，在需要時可以淹沒或排乾。

在美國溼草原稱為老荒原，有些具有**保育**意義。在英國，溼草原很少，僅存的可能都已經定為**特別研究區**。

2. 高地牧場，用於短期的季節性放牧（參見TRANSHUMANCE）。

meadow soil　溼草土　此名詞應用於前蘇聯分類系統的**潛育土**。

mean annual increment（MAI）　平均年增長量　樹從種植日期到現在，在一個時間間隔其樹幹內材積的平均增長量的測定。對照當年增長量畫在圖上，在平均年增長量曲線與**當年增長量**曲線相交時，平均年增長量達到最大值（見圖21）。交點表示一指定樹種，在給定的地點可達到的最大的材積增長率。

meander　曲流　河流沿其河道自然形成的彎曲。歷經歲月後，彎曲的凹側河岸被河流侵蝕，而在其凸側由緩慢的流水沈積**沖積層**，河流便加強其曲流。曲流不僅是側向增長，而且還順流遷徙移動，稱為河谷向下沖刷。在含有一個曲折河流的河谷，在曲流最外界限之間的地區被稱作曲流帶（見圖40）。

曲流的確切成因仍有爭論，然而有些人認為，曲流可能源於河流內的阻礙。一般認為河床中有**淵和淺灘**，是形成曲流的先兆。曲流的主要特徵有：波長、曲流擺幅、曲率半徑、河道大小與河水流量。對許多不同河流的研究指出，曲流波長一般是河道寬度的7～11倍。

曲流的產生與移動，可能引起農業用地的喪失，導致地基、公路、以及建築結構如橋樑的基礎被挖空。用空中攝影，或從不同時間間隔的地圖對比，可檢測出曲流遷移。

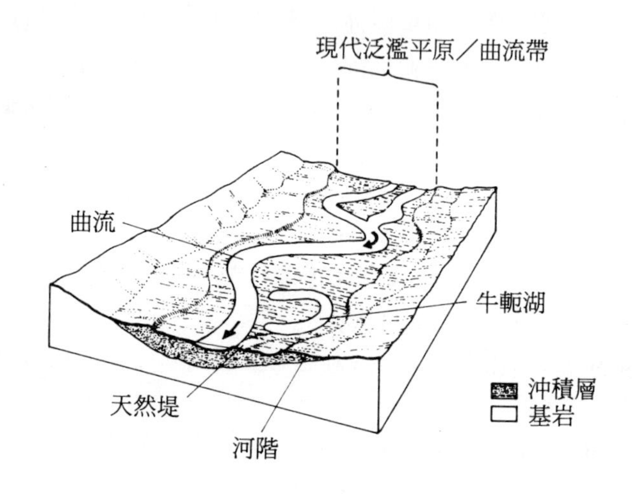

圖40 **曲流** 河流曲流帶的特徵形貌。

meander belt 曲流帶 參見MEANDER。

mechanical weathering 機械風化 參見PHYSICAL WEATHERING。

mechanization of agriculture 農業機械化 採用機動農具輔助農業生產。包括農田的材料轉運和加工設備、輔助餵養和牲畜的擠奶機械，以及從**整地**到收割作物生產過程中，所需的曳引機和自走式的農具。

雖然在18世紀和19世紀初期發展了高效率和節省勞力農業設

備，但是，要到19世紀中葉之後，用大量生產的鋼鐵農具和新能源的發展才有顯著的進步。在19世紀後期，蒸汽能量投入使用，比如脫粒就能在農場中心點進行，但在實際生產的使用上仍有限制。直到內燃機的出現和曳引機、聯合收割機的普及之前，農業生產變化不大。1910年美國只有1萬台曳引機，1921年增長到25萬台，1940年為160萬台，1950年為340萬台，1965年達到峯值490萬台。此後曳引機數量減少，但平均輸出功率和工作能力卻穩步提高。在西歐，第二次世界大戰前，曳引機數量少於20萬台，但自40年代後期之後的高速機械化，到了50年代中期就有200萬台在工作，到1983年只在歐洲共同體的農場就有540萬台曳引機和46萬1000台聯合收割機。

農業機械化，伴隨著增加使用**農化藥品**，已成為在發展現代**商品農業**時，以資本代替勞力的主要因素。曾估計，1860年北美和西歐的平均農業勞力生產足夠5個人用的糧食和纖維。在1950年由於擴大機械化，一個農業勞力可供應25人，而在1970年代中期超過50人。1930年代，一個人操作聯合收割機可收割脫粒穀物的面積，比100年前高出75倍；而今天最大的聯合收割機其脫粒速度為每小時18噸，至少是上述生產力的3倍。農業用地的結構受到運用機械的影響。在英國和其他地方促成了土地**合併**，取消了樹籬。這是支援農場擴大理論的經濟力量，這可以在第二次世界大戰以來，整個已開發國家的農場生產增長上看出來。機械化一般與農業生產力和產量的增加相關，而且還打通了**邊緣地**，導致過度種植、消耗土壤肥力、作物收穫衰退和**土壤侵蝕**，如同發生於20世紀早期北美部分地區的情況。

medial moraine　中磧　參見MORAINE。

medicine from plants　植物性藥物　用於治療人類疾病的植物萃取物。靠植物提取物作為藥用已有一段很長歷史，雖然在**已開發國家**已不大使用，但在**開發中國家**仍被當地人民採用。例如在東南亞，大約有6500種植物用於治療如胃潰瘍、瘧疾、梅毒等疾病。並製作止血劑、消毒劑、瀉藥、催吐劑、鎮靜劑等。

但是，近年來有些已開發國家的藥學家，在尋找新的有機藥物時，重新檢驗了許多傳統藥材的科學價值。在極重要的材料中的一類是來自植物的複雜生物劑，稱為生物鹼。生物鹼在**熱帶雨林**中大量發現，包括可卡因、奎寧、咖啡因、尼古丁等物質。植物產出生物鹼是受遺傳控制的，而且認為採用現代的**遺傳工程**技術，專門繁殖某些植物可生產有用的生物鹼。最著名的生物鹼藥品，是熱帶雨林中長春花屬中提取的長春新鹼和長春花鹼。據報告這些藥物對何傑金氏病和惡性淋巴瘤、乳腺癌、子宮頸癌和睾丸癌提供了有效的控制。

目前只對作為藥用植物中的10％進行了膚淺的研究，深入的研究只佔1％。然而，按目前的證據，熱帶植物與其說是**硬木**的木材資源，不如說是藥物的資源。據估算西方世界25％的藥物至少含有一種來自熱帶雨林的提取物。這些物質的商業價值每年可高達200億元。

Mediterranean　地中海型　一種生態系統，特徵是乾熱的長夏及溫和溼潤的冬季。這類地區位於地中海盆地，但類似的生物氣候帶可出現於美國加州海岸地區、智利、南非、澳洲南部和東南地區。密集的人類活動使這些區域的動物、植物和土壤產生本質上的變化。參見FYNBOS，GARRIGUE，MAQUIS。

Mediterranean agriculture　地中海型農業　在地中海盆地和世界上其他類似的氣候特徵地區，**作物栽培**和**畜牧業**的一種特殊組合。為傳統**農業分類學**中，一個特殊地理類型**農業區**。

地中海盆地出現的氣候、植被和地形可促成一個不尋常農業實踐組合。如不**灌溉**，漫長乾燥的夏季限制了作物的栽培，但明顯溼潤的冬季保證了蔬菜和穀物的生長，以便夏初收割。因此，夏季作物主要是橄欖、無花果和葡萄（參見VITICULTURE）等。這種土地利用特徵為間作物，是**混作**的一種形式，種植作物或者在水果類**永久作物**下面放牧牲畜。在較乾燥的地區往往採用旱作，隨著灌溉的增長，柑桔屬果類、桃、杏、扁桃成為地中海的重要農業，並為這種地區的主要出口產品，近年來，用**溫室栽培**使地中海農民能開發較冷氣候的水果和蔬菜，並生產適於旅遊者的二期作物。

畜牧業主要以放牧綿羊和山羊為基礎，往往利用**季節遷徙**。牛則通常用**飼料作料**圍欄飼養。

橫跨地中海盆地的大部分農業至今仍是小農農業結構，在技術上是簡單的灌溉系統和小型的機械化，但在很多地區已越來越商業化。例如，西班牙沿海、義大利北部和以色列，和世界其他地方的地中海農業，正如在美國加州、南非和智利的農業，集約的**商品農業**為其典型。**農場規模**的差別很大，由肥沃低地的幾英畝地到粗放栽培橄欖的山區大面積土地都有。美國加州和南非的柑桔樹叢也保持大片農業地。

Mediterranean and trans－Asiatic zone　地中海及橫跨亞洲帶　參見EARTHQUAKE。

medium　介質　1. 生物存在周圍的兩種主要物質，也就是水或空氣。介質提供了生物呼吸的氧和二氧化碳，所以對動物和植物的生存是必需的。

2. 微生物可以生長（人工培植）於其上或內部的物質。介質可能是固體或液體並含有生物生長所需的基本營養物質。

megalopolis　大都會　參見CITY。

mesa　方山　1. 孤立、陡邊、平頂的小山，是經歷了長期**河流侵蝕**和**斜坡後退**的**高原**殘餘。

2. 在美國，擴展於**懸崖**之後的平坦高地。

mesoclimate　中氣候　可盛行於幾平方公里的特殊氣候，例如城區氣候、森林氣候、山地氣候。對照MACROCLIMATE，MICROCLIMATE。

mesopause　中氣層頂　在**中氣層**和**熱氣層**之間的低溫過渡區。出現於高度50到80公里之間（見圖9）。對照TROPOPAUSE。

mesosphere **中氣層** **大氣**的一個層，存在於**平流層**和**游離層**之間，延伸於地表之上的50到80公里之間，其邊界位於是**中氣層頂**。中氣層的溫度隨著海拔的升高而降低。

Mesozoic era **中生代** 地質代，在**古生代**之後，約從2億2500萬年前開始，結束於6500萬年前，之後為**新生代**。中生代期間出現了哺乳動物、**被子植物**和鳥類。由於恐龍在這個代內佔統治地位，故普遍認為是爬蟲類時代。參見EARTH HISTORY。

metabolism **新陳代謝** 參見ATP。

metamorphic rock **變質岩** 火成岩和沈積岩經長時間的高熱高壓，導致組織、結構和成分的改變而形成的岩石。參見METAMORPHISM。

變質岩	原始的火成岩或沉積岩
片麻岩	花崗岩
板岩	頁岩
大理岩	純石灰石
無煙煤	煙煤、泥炭、褐煤

圖41 **變質岩** 和變質岩成分相當的火成岩和沉積岩。

metamorphism **變質作用** 在地球內部深處，由於熱、壓力和化學性質活潑的岩漿熱液作用，導致原有的火成岩和沈積岩在結構、組織和成分上的變化，形成新的岩石類型。

變質作用有三種主要類型：

(a)接觸變質作用，多與火成岩體的侵入有關，如**岩基**和**岩脈**。來自侵入岩的熱量，使**圍岩**變為接觸變質帶的主要原因，然而壓力和化學活動也起一定作用。

(b)動力變質作用，與褶皺和斷層作用有相關的強力壓縮，而使原有岩石產生變化。

(c)區域變質作用，因**造山運動**伴隨熱、壓力和化學活動引起岩石的變化，區域變質作用可影響數千平方公里。

meteorite 隕石 來自地球外的任何固體，通過大氣達到地球表面而未汽化的部份。

隕石分為三種：

(a)隕鐵，主要鎳、鐵組成。

(b)石隕鐵，由金屬和矽酸鹽組成。

(c)石質隕石，主要由矽酸鹽礦組成。

隕石的大小，小從直徑幾公分，大到能造成直徑達1公里深達180公尺大隕石坑的亞利桑那隕石。

methane, marsh gas 甲烷，沼氣 無色無臭的烴類氣體，產生於自然或人工的有機物無氧分解。幾乎不溶於水，燃燒時有淺色火燄，產生水和二氧化碳且不排放有害的空氣污染物。甲烷是**天然氣**的主要成分，可用作燃料，亦可由**生物氣發生器**製出。

一些集約農場系統，例如在廄中飼養，單位面積牲畜數量如此高，而產生大量的牲畜尿素，是沼氣的主要來源，也被認為是大氣中碳的增高的主要原因。參見GREENHOUSE EFFECT，BIO-GAS。

methanol 甲醇 無色、易揮發、易燃的、有毒的醇類，傳統上是由木材蒸餾或工廠分餾製成的，化學式為CH_3OH。甲醇用於溶劑、防凍劑，並可合成其他燃料。

micelle 微膠粒 參見CLAY-HUMUS COMPLEX。

microclimate 微氣候 小地區的氣候，其範圍只有10到20立方公尺，例如花園或一小片耕地。對照MACROCLIAMTE，MESO-CLIMATE。

microenvironment 小環境 影響地區物種的小範圍環境。而一般動植物種類的分佈型式要由大環境決定，如氣候和主要土壤種類，但小環境使局部環境有很多變化。例如防護或暴露程度、踐踏和**食草動物**的放牧壓力引起的土地壓實、排水良好和漬水的土壤等方面上的差異，將導致個別的動物和植物之反應，並導致在局部範圍內有無不同型式的物種分布。

micronutrient　微量營養素　參見SOIL NUTRIENT。

microphyllous forest　小型葉森林　出現於半沙漠地區的一種森林，通常是在年降雨量低於250公釐的地區。小型葉森林廣泛存在於南美、印度次大陸，在非洲和澳洲不太廣泛。其外觀在所有地區大體相同，具小到中高度的喬木（高6～8公尺）和荊棘**灌叢**（高3～5公尺），都適於生存在高達六個月的乾旱期。樹葉很小呈刺狀，覆以厚表皮以盡量減少蒸發損失。樹根可深入地下吸取地下水，樹皮通常是很厚的。

在巴西可發現廣闊的小型葉森林（參見CAATINGA）。這種植被的生產力值反應了氣候的嚴酷。淨**初級生產力**平均為每年每平方公尺200公克。

小型葉森林在溼季可提供一些放牧植被，如用於農業必須謹慎，以防止過度放牧而使**土壤侵蝕**。近年來為了薪柴供應這種植物已遭到嚴重砍伐。

mid-ocean ridge　中洋脊　在大洋底上的玄武岩脊，特別是在大西洋的南部和北部。中洋脊一般構成近似平行海岸的海底山脈的狹長帶。這些中洋脊偶爾上升貼近水面形成暗礁，或升到海面上形成大洋島嶼：如靠近南極洲的布韋島和非洲外海的特里斯坦－達庫尼亞島。中洋脊靠近正在分裂的**岩石圈板塊**邊界處，可能是由**海底擴展**導致熔岩流噴出而形成。最佳的例子是出現在大西洋南部或北部的海面下之中洋脊。地震往往與中洋脊有關。（參見圖48）。

migration　移棲　許多動物物種，特別是鳥類和魚類在一年中的特定時間，在不同的**棲息地**之間，沿著固定的路線，特別是回到繁殖地之遷移。

mineral　礦物　1. 以自然型式存在、具一定化學成分和晶體結構的固體無機物質。例如，**長石**和**雲母**。礦物根據化學成分、結晶形式、物理特性（硬度、顏色、光澤、劈理、斷口等）來進行分類。

2. 由採礦、挖掘或鑽井獲得的天然物質。

mineral fertilizer　礦物肥料　見INORGANIC FERTILIZER。

mineral resource, mineral deposit　礦物資源，礦床　自然集聚，具經濟價值、有用的**礦物**。礦床可按其來源分類，可能由各種各樣的熔融、變質和沈積等程序形成。

minifundia　小莊園　出現於中南美洲的小農場。有些是個人擁有的，但大部分是租賃農場或私佔地，因為太小而不能維持家庭的生計。對照LATIFUNDIA。

minimal area　最小面積　物種完成其整個生命歷程所需的最小土地面積。對大多數物種來說，當築巢場地和食物的供應成為重要條件時，在繁衍期間，最小面積就變得很嚴苛了。按自然規律，大的物種比小的物種需要更多的空間，而鳥類對此規律是例外：一對知更鳥為其生存可能需要高達1公頃的土地。

由於城市地區的擴展、**集約農業**的發展和森林**濫伐**，許多物種無法獲得最小面積。新的保育理論用**棲息地走廊**把開放、未開墾、荒野殘留地區聯繫起來。

2. 保證在調查中，能充分描述各類植物物種情況的最小**樣區**面積。

minimal tillage　最小整地　參見TILLAGE。

mire　泥沼　參見BOG。

Mississippian period　密西西比紀　參見CARBONIFEROUS PERIOD。

mist　靄　一種不濃的**霧**，能見度範圍約1～2公里。

misfit river, underfit river　弱水河，不相稱河　相對其河谷來說，很小的河流。弱水河產生於種種原因，包括：

(a)河流的源頭被**河流襲奪**切除（見圖55）。

(b)氣候變化導致的河水流量的降低。

(c)由於**冰川侵蝕**使河谷加深加寬。

(d)河水消失於白堊或石灰岩地區的**地下水系**中。

Mistral 密史脫拉風 乾、冷的強勁西北**風**，在法國和西班牙的地中海沿岸，由陸地吹向海洋。

mixed cropping 混作 複作的一種形式，兩種或多種作物同時種在同一塊地上。混作常由下列方法形成：

(a)多層種植，利用不同高度的空間和光線，將多年生和一年生作物種在一起。可耕的作物種在多年生作物的下面，這種稱為間作物。間作物在地中海地區很廣泛，那裡的穀類種在果樹下面，而在**移墾**和**灌叢輪休制**的熱帶，多層種植適應不規則的地表環境。喬木作物如油棕或椰子形成高層，在中等高度，可種植可可或咖啡等經濟作物。或是，另一種**食用作物**如木薯或薯蕷可佔據中層。穀類、根類作物、或蔬菜等，可以在有效的光線通過的地方形成地面覆蓋物。

(b)間作，在田地裡兩種或更多種作物間隔但緊靠成行地種植。間作往往與混作在用詞上混用，但正確的說間作是混作的一種特殊形式，各種作物是以固定方式間隔成行的種植以適於個別管理。間作可輪流種植（參見MULTIPLE CROPPING）或同時種植作物。北美的乾燥地區易發生**土壤侵蝕**，小型的間作物或者像紫苜蓿或草苜蓿可種在主作物下方，是為了覆蓋土地以防止逕流，收割後就是保護性的**覆蓋物**。

(c)套作，本身就是**複作**的一個亞型。

混作是對自然和社會經濟環境的合理反應。充分利用有效的光線、水和營養，並減少逕流、淋溶和侵蝕。儘管每種作物的收穫比單作羣叢的收穫要少，但每年每公頃的總收穫量會更高，且每年的差異很小。由於天然雜草的抑制作用，集約的混作比單作在單位產量所需的勞力要少，而且所需的**除草劑**也非常少。混作，特別是套作延長了生長季、錯開收割時間、而且一般全年對勞力的需要也非常平均。總之，混作對小農提供連續多樣、新鮮食物的低風險策略。另外，混作制度阻礙機械化、使用選擇性的化學肥料，以及專業化生產等方面的革新

在熱帶，混作是主要的農業型式。在非洲的中部和西部，大約80％的**耕地**是按這種方式管理。特別在森林區，作物的組合似乎有無限可能。

mixed farming　混合農業　基於**作物**生產和**畜牧業**組成的農業類型。有史以來的混合農業就是大多數農業系統的基礎，在生產**飼料作物**之**可耕地**和使用**糞肥**上有不同程度的依存關係。自19世紀末葉以來，北美和西歐多朝專業化發展。主要是由於在生產過程中，非農業部分的增加，而且**農業工業化**的普遍增長。近來美國、澳洲、阿根廷部分地區多在經過一陣子的**單作**後，再恢復混合農業。

model　模型　理想的、抽象的陳述，來闡明實體中變數關係、執行狀況、並預測結果。環境系統是複雜的，由於人類行為無常規且不可預測，使其更加複雜化。這些系統的模型根據偏好，經過概括或專業化的選擇可能忽略了某些細節。模型都要以合乎邏輯為依據，以驗證重要的關係和控制系統的變數，並有效地運用於符合目標的現實世界。在許多種模型中有：類比模型，選擇特定環境現象的一些特性，模擬成某些更簡單和更熟悉的系統，利用電腦模型考慮，則可將到掌握的資料增多，並加大模擬的可能性；概念和理論的模型；機械模擬，包括比例模擬、波浪槽和地圖；數學模型，其組成元素由數學變數，參數和常數代替，以抽象符號表示。

模型的主要作用是具解釋性的，特別是概念的傳遞和短期的預報，例如，判斷逕流、洪災和**灌溉**的需求。模型建立的程序要依據其目的而變化，但可以看成一個連續的流程圖，其中的缺陷可以校正，直到模型能對最初的一系列疑問提供相應的解釋（見圖42）。然而，這樣的結果不是都能得到，因為所有的模型均有

其限制。特別是，現實的複雜性與模型的簡單化是相矛盾的。模型實際上僅僅是簡單的假設，而更多變數和更多的模擬假設將使模型複雜化，因而降低了模型作為實際的簡化代表之效果。

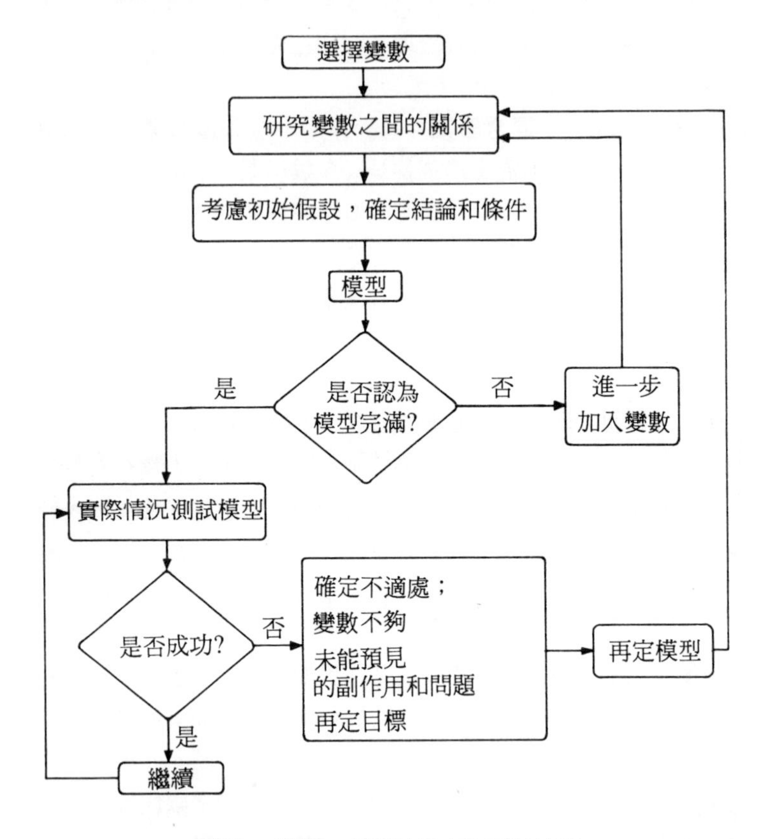

圖42 **模型** 模型的建立和測試流程。

moder 半腐植質 一種過渡的**腐植質**。介於**鬆散腐植質**和**腐熟腐植質**之間。

moderator 減速劑 核反應器芯中的主要元件，負責控制核分裂反應發生的速度，最普遍的材料是水、重水和碳（石墨）。參見CONTROL RODS，ADVANCED GAS-COOLED REACTOR。

modified Mercalli scale　修正的梅爾卡列震級　一種**地震**強度等級，最初由義大利的地震學家梅爾卡列在1902年提出，並於1931年修改以更符合北美城市化的環境。梅爾卡列震級用12種強度描述地震對人口、建築和其他工程結構上的局部效應。地震的破壞程度基本上是一個定性的度量方法，因為它受各種因素影響，如人口密度，工程結構的設計，結構技術，以及地震報告的準確性等。**芮氏震級**是比較定量的度量方法，比修正的梅爾卡列震級更為實用。

Mohorovicic discontinuity, Moho, M discontinuity　莫荷不連續面　**地殼**和**地函**之間的界面。此不連續面在海床下約8公里，在大陸地表下面約40公里處（見圖28）。參見GUTENBERG DISCONTINUITY。

molecule　分子　一羣原子，被強力化學鍵聚在一起，形成化合物的最小單位，保持化合物的特徵性質。分子的大小和組成繁多，由非常小的氫分子（是由兩個氫原子組成），到含數千個原子的蛋白質和澱粉分子。

mollisol　軟土　在美國土壤分類系統的一種**黑鈣土**型土壤，在美國土壤分類的十種類型中，軟土可能包括最多種的**土壤剖面**。這種差異和土壤剖面排水程度有關，從浸水窪地到充分排水的坡地都有。

monadnock　殘丘　參見INSELBERG。

monoclimax theory　單頂極論　參見CLIMAX COMMUNITY。

monocotyledon　單子葉植物　顯花植物（**被子植物**）綱的一種，為帶有單子葉的胚芽。有平行的葉脈、分散的維管束，沒有形成層，而花瓣按三的倍數排列。這個綱的成員含有具重要經濟價值的牧草和食用作物。單子葉的樹木只有棕櫚樹一種。對照DICOTYLEDON。

monoculture　單作　1. 在地塊上，常是無限期地重複作植單一作物。這種單作可能出現於**人工林場**，其農場只生產一種果類作物，而在高度機械化的農場則種植小麥和玉米。這種**作物栽培**的形式首先在19世紀於美國出現，1830年代推廣到阿根廷、澳洲和加拿大，第二次世界大戰後由於**共同農業政策**保護穀物生產的價格，在歐洲則犧牲**混作**而推廣單作。

2. 在一定特定季節裡只種一種作物。其後可能種植另一種作物，這也是單作，大部分是**多葉作物**和**穀類作物**的輪栽。

3. 固定的穀類種植，其穀類的品種是輪流變換的。單作使土壤中的氮素消耗，導致產量降低，需靠使用**肥料**來補償。單作形成的蟲害和病害一般依賴**輪作**來控制，但需化學殺蟲劑、土壤熏煙消毒、或發展抗病植物種類。由於灌木和喬木不需要每年輪種故比大多數**田野作物**更能接受單作。

monopoly　獨占　由一個公司或個體，供應一種貨物的所有產品或服務。實際上，當公司生產和銷售一種商品達到足夠高的比例以控制其價格，就可稱為獨占。比較精確的說法這是一種寡占，即是將商品的產量集中於少數商行手中。

monsoon　季風　在大陸地塊和鄰海地區，依照季節轉向的風和氣壓系統。季風氣候主要是由於大氣環境隨季節轉移，然而，陸地和海洋不同的加熱和保持熱量的能力，與地形因素也起重要的作用。季風氣候在熱帶大陸東側非常普遍，在西非和北澳洲也有較弱的季風。

發展得最強、也最有名的季風是印度季風。在十月到三月間由中亞高壓系統產生，並向外吹乾冷的冬季西北季風，在印度，因喜馬拉雅和西藏高原的屏障而得到大大的改善。在四月到九月間，印度洋上產生暖而帶雨的夏季東南季風，繼而在印度形成一個鋒。這個鋒一般在每年大約相同的日期到達一定的位置。雨水晚到或中斷會嚴重影響農業生產，情況嚴重時將導致饑荒。

montane　山區的　出現於低緯度山區的一種生態系統。增加高度將引起平均溫度的降低和降水量的增加，形成半永久性的雲或霧層，曝曬值亦隨高度而增加，因此，植物往往呈現矮化現象，即所謂的矮曲林，是橫向生長而不是豎著生長（高山矮曲林環境）。由於潮溼的環境，讓蕨類、蘚類和地衣生長茂密。參見ALPINE。

moorland　高沼地　出現於封閉或改良的農業地上之開放地，高沼地一般出現於西北歐溼冷的泥炭土壤的廣大地區。高沼地的植被幾乎都是長得很矮的長綠灌木，例如石南科。一般物種包括石南、帚石南、歐洲越桔。牧草一般不多見，然而苔蘚類和地衣能夠殘存下來。樹木很稀少。

高沼地完全是人類活動的結果。焚燒是出現高沼的主要控制因素。每隔5～10年的焚燒在高沼地是很普遍的，其經營上是為了山羊或鹿的放牧。焚燒少的地區，森林會再生。樺樹、松樹和檜樹形成了第一代移植者。後繼者是潮溼地區的榛木或櫧木。英國高沼地的廣大地區自1960年代初期就再植了針葉林，例如，諾森伯蘭的凱勒德森林。

moorpan　沼澤磐　參見HARDPAN。

mor　鬆散腐植質　酸性的**腐植質**層（酸鹼值一般小於4.5），一般在通氣性很差的土壤之上。鬆散腐植質在冬季為漫長、溼、冷和夏季為溫和潮溼的氣候區且在古老的古生代岩石上特別普遍。不佳的土壤氣候會限制一個動物區系的發展，因此植物碎屑的分解就緩慢且不充分。一層厚的有機物（泥炭）可形成於礦物土壤的表面，使得氧氣的供應降低，進一步降低了土壤中動物的活動頻率。在粗腐植質上可能發現的土壤類型包括泥炭質的**棕壤**、**潛育土**和**灰壤**。對照MULL，MODER。

moraine　冰磧丘　在**冰川**或**冰層**之上下或內部搬運堆積而成的非層狀**冰磧物**，冰磧丘有幾種：

(a)終磧，形成的高達300公尺的脊是當冰川擴展至最大或冰層開始消損時堆積。終磧往往形成天然壩。

(b)後退磧，當冰川或冰層暫時停頓期間，在其邊緣沈積冰磧物，此時冰川的邊緣是相當穩定的。

(c)底磧，是一平穩退卻冰川或冰層碎屑的沈積，可形成幾乎是無地形起伏的平原。

(d)側磧，沿著谷冰川邊界堆積的岩石碎屑。當冰川退卻時，側磧可能像一個沿著谷側留下來的脊。

(e)中磧，當兩個谷冰川結合時，由側冰磧合併而成。當冰川退卻時，中磧往往像個不規則的脊留在谷的中央。

陡峭的坡和石質土壤限制了冰磧地區的畜牧農業。黏土豐富的冰磧區往往用作垃圾場和廢渣**掩埋場**，因為黏土的不透水性，可防止地下水和土地被有害的家庭和工業垃圾污染。參見GLACIAL DEPOSITION。

morphological map　地形圖　參見GEOMORPHOLOGICAL MAP。

mortality rate　死亡率　參見DEATH RATE。

mortlake　牛軛湖　參見OXBOW LAKE。

moshav　莫夏夫　希伯來文。在以色列，一種土地私人、本人勞動、共同銷售的農業合作村。參見AGRICULTURAL COOPERATIVE。

mothballing　封存　參見DECOMMISSIONING。

mother ship　母船　參見FACTORY SHIP。

mound cultivation　堆土種植　在熱帶農業系統，靠手動工具在隆起的土堆或壟上種植作物。割掉的植物被埋入土堆中或燃燒（此熱量有利於土壤，加強了磷酸鹽的利用率）或如同綠肥般分解利用。植物被割下就地燒掉，然後把灰燼埋入土堆或壟內在其中種上種子或塊莖，有時再遮以**覆蓋物**可保護土壤防止侵蝕。

在蘇格蘭有種堆土種植叫做馬鈴薯培植床，寬度為30公分到60公分堆高的壟被寬達1公尺的溝分開，主要用種馬鈴薯。馬鈴薯培植床不要與肥堆土相混淆。

mountain climate　山地氣候　在山區和高原上形成的**中氣候**。山地氣候較同緯度的低地區域溫度低而且降水量多。**上升風**

和**下降風**是山地氣候的特點。

mountain glacier　山岳冰川　參見GLACIER。

mountain wind　山風　參見KATABATIC WIND。

mud flat　泥灘　被覆蓋於高潮線下和露出低潮線之上的低窪泥濘地帶，泥灘多出現在**河口灣**附近。

mudflow　泥流　飽含水的土壤和岩石碎屑在重力作用下迅速向下坡流動。泥流常發生於植被稀疏的地區，當大雨把表面土壤轉變為流動的黏滯物質時，泥流行進速度可達每秒4公尺，深度可達2公尺。

地區性的泥流可產生災難性的影響，正如在西元79年的羅馬赫庫蘭尼姆的毀滅。最近，加拿大的一次泥流，在僅僅幾分鐘內就把住房移動了500公尺以上。沼澤脹破也被認為是與泥流有關的作用。

mulch　覆蓋物　一層如禾稈、樹葉、植物殘渣、粉末、鬆土等有機物質，施於土壤表面以保持水分、降低蒸發，並抑制雜草生長。覆蓋物還可沈積下來當其分解時提供植物營養，並阻止導致**土壤侵蝕**的**逕流**，防止土壤表面凍結。

mull　腐熟腐植質　營養豐富的**腐植質**，多出現於通氣良好的土壤中，例如在歐洲低地落葉林中的腐植質。腐熟腐植質的酸鹼值一般大於4.5，礦物質出現在腐植質層下會表現為中性甚至弱鹼性作用（酸鹼值7.0）。炎熱的長夏和寒冷的短冬促進土壤中微生物活動，大量的蚯蚓使有機物與礦物質層混合，腐熟腐植質豐富的土壤一般是非常肥沃，並多用於農業地。與腐熟腐植質有關的典型土壤包括**棕壤**、棕色森林土以及帶有表面**潛育土**的棕壤。對照MOR，MODER。

multiple cropping　複作　在年度內，在同一塊土地上栽培多種一年生作物。有四種主要的複作類型：

(a)順序耕作或連續耕作，為種植收穫一種作物，並且在同一年內有另外後繼作物而不休耕。特別在中國和東南亞之**水**

稻種植，是維持**生存農業**，兩熟和三熟是順序耕作的普遍方式。

(b)套作，二次種植的籽苗種在一年生或二年生的成熟作物間或其行間。在西非洲的熱帶稀樹草原，**連作**可能持續幾個季節，套作實際成為**輪作**的一種形式。

(c)截根苗，已收割作物的根再產生後續的作物。這是與種植甘蔗緊密相關的一種作法，有時高粱也是如此。

(d)混作，同時種植兩種或更多的作物。

成功的複作，特別是順序耕作和套作，一般要依賴適合的溫度狀況和供水。土地利用的強度可用複作指數描述，即一年的總作物面積除以一年的總耕作面積。用百分數表示時，複作指數在150以上，表示土地利用大、可能有很高的年產量。複作在熱帶很普遍，在亞洲東部和南部的水稻種植區，其複作指數很少低於150。往往有幾種作物只結合其他作物種植。據估計非洲98%的豇豆，歐陸的豆類植物、以及拉丁美洲60%的玉米，都採用複作方式種植。

multiple cropping index 複作指數 參見MULTIPLE CROPPING。

multiple job holding 多工用地 參見PART-TIME FARMING。

multiple land use 多重土地利用 土地利用有一個以上的目的。此名詞一般不用於在同一塊地進行兩種或多種農事活動的情況，如**複作**；而是同一土地用於完全不同的業務，例如，**農業**或**林業**和娛樂業。規畫當局的首要任務是協調不同類的土地和水源利用。開放進出一塊土地可能與農業使用相衝突，導致作物的損害並打擾牲畜；而為了達到無污染飲用水源的要求，就會與游泳、釣魚、水上運動、和平靜的風景欣賞是互不相容的。因此這些使用是相容的情況下，同時還要有細心的管理，多重土地利用才能成功。

Multiple Use Sustained Yield Act（1960） 多重利用永

續生產法　要求美國農業部的林業部門，在**土地多重利用**和**永續生產**雙重方針下，對**森林經營**執行指導的立法。

multistory cropping　**多層種植**　參見MIXED CROPPING。

muskeg　**林木沼澤**　參見BOG。

N

national conservation strategy（NCS） 國家保育策略 針對國家或地區性問題的自然資源和環境保育政策。例如，紐西蘭制定監視魚種和管理開發的政策，尼泊爾制定使木柴產量最高和土壤侵蝕最低的政策。參見ECODEVELOPMENT。

National Environmental Policy Act（NEPA） 國家環境政策法 1969年美國委予聯邦機構恢復和維護全國環境品質的立法，是環境法中的里程碑。該法令要求所有聯邦政府機構對環境可能有較大影響的主要項目之預期作用，制定出**環境影響評估**。此法令的原則已延伸到州級，並為其他至少16個國家的相似立法所仿效。從1988年3月起，歐洲共同體成員國也受類似的法令所約束。

國家環境政策法因費用大、耗費時間、又墨守成規，以及無法真正執行環境保護而遭受批評。然而，若沒有這一法令和其提出的環境影響評估，許多較脆弱的生態系統和環境，都會受工業發展之害，這是毋庸置疑的。參見WORLD CONSERVATION STRATEGY。

National Environmental Satellite Service（NESS） 國家環境衛星服務處 參見NOAA。

national grid 全國電力網 英國連接發電廠的全國高壓電力線網。此線路能快速按需要變化長距離輸送電力。也可以為配電和天然氣設置國家管道網。其他國家（包括美國）也建立了相同的網路。

National Marine Fisheries Service　國家海洋漁業服務處
參見NOAA。

national nature reserve（NNR）　國家自然保留區　英國**自然保育協會**所選定具代表性的植物區系、動物區系、棲息地和地形。國家自然保留區所涉及的**生態系統**，包括沿海地區、林地、泥炭地、無冰水面、低地和高地草原、石南灌叢以及密灌叢地。以諸如規模、多樣性、稀有和脆弱的程度等標準來評估可能的地區。被選定的地區就是科學研究和生態管理的對象。這一工作成果常用於國家公園，以維護品質。

National Ocean Survey　國家海洋測量局　參見NOAA。

national park　國家公園　廣闊的大自然景觀區域，專留作植物區系、動物區系和景觀的保育區，也有較小的區域供公眾娛樂。第一個指定為國家公園的是1872年美國蒙大拿州的黃石公園，以後約有100個國家採用國家公園的觀念。不過公園的特徵和管理，隨國家不同而變化很大。**國際自然資源保育聯盟**規定國家公園是個廣闊的自然地區，被人類開發和佔有後大致上沒有改變本來面目，公園為國家所有並受國家管理。公眾娛樂活動只有在與公園保護的植物區系、動物區系和景觀的主要目的相容時才允許。

美國、加拿大、澳洲、前蘇聯、波蘭和捷克的國家公園都嚴格遵循這一規定。人口較密集國家（特別是英國）的國家公園，在許多方面不合乎國際自然資源保育聯盟的規定。在英國，國家公園包含著名自然風景區，而這些地區因人類長期佔用已顯著改變了，土地常為私人所有，並由當地政府管理。把重點放在保存傳統文化景觀和提供娛樂設施，如航行、散步、攀登和釣魚。

國家公園的規模可能大不相同，最大的在前蘇聯，例如，佩奇喬拉·艾利奇國家公園擁有72萬1333公頃土地。前蘇聯的國家公園受國家控制，指定為集中進行科學研究的地區。因為嚴格控制，所以在恢復植物和動物物種方面的成就十分顯著。

國際自然資源保育聯盟極力主張所有國家至少將其陸地和水資源的10%作為保育區，最好是成立國家公園。

National Weather Service 國家氣象服務處 參見NOAA。

National Wilderness Preservation System 國家莽原保存系統 參見WILDERNESS AREA。

natural gas 天然氣 烴類氣體，主要是**甲烷**，密封在地下岩石儲層內。可以單獨出現，但更常見的是與油田一起。天然氣是高品質、乾淨的**化石燃料**，因而大量用作家庭、商業和工業能源。也是石油化學工業的重要原料。然而，如果沒有發現大型天然氣儲層，則現有的儲量可能到2010年用完。

Nature Conservancy Council（NCC） 自然保育協會 英國於1973年創立的法律團體。負責處理損害自然保育的事件，以及在國內創立和管理**國家自然保留區**，並從事有關環境問題的研究、提供資訊和告知內閣大臣。

NCC 自然保育協會 參見NATIONAL CONSERVANCY COUNCIL。

NCS 國家保育策略 參見NATIONAL CONSERVATION STRATEGY。

neighborhood center 社區中心 一羣小商店或服務市場，為短路程（常為步行距離）內生活的居民日常所需服務。諸如會堂或青年俱樂部等社會設施，可能坐落在此中心。社區中心在市區範圍自然集中形成。在英國，社區中心的設置是為整個新住宅區的居民服務，和社交上連在一起，目前已是大部分英國**新鎮**總體方案的一部分。

nekton 游泳動物 不依賴水的流動而能游泳的水生動物。魚類是最重要的游泳動物成員，此外還包括兩生類和大型能游泳的昆蟲。對照PLANKTON。

NEPA 國家環境政策法 參見NATIONAL ENVIRONMENTAL POLICY ACT。

net primary productivity（NPP） 淨初級生產力 參見

PRIMARY PRODUCTIVITY。

net residential density 淨居住密度 參見RESIDENTIAL DENSITY。

neve 粒雪 參見SNOWFIELD。

New International Economic Order（NIEO） 國際經濟新秩序 聯合國於1974年通過的經濟和政治概念，旨在調整國際經濟關係和降低北方**已開發國家**和南方**開發中國家**之間的差異。

許多**第三世界**政府的看法是：現存經濟秩序，因初級**商品**輸出國降到依附地位並喪失自由市場的能力而造成南北差異。

1980年布蘭特委員會（一個闡明國際發展問題的獨立團體）的報告中論證說明，國際經濟新秩序為北方國家利益，保證世界經濟體系協調地增長，而南方國家的貿易要求經濟上公正，反對北方國家要求資源供應上的保障，來避免第三世界借款的拖欠。

布蘭特委員會建議：為實現國際經濟新秩序，經濟增長應從北方國家轉移到南方國家；與開發中國家在資源開發上有更多的合作，而控制其資源開發；通過穩定價格措施、體制改革和商品協會的創立，改進商品交易安排；新**海洋法**；多國合作的行為法則；以及已開發國家政府對增加外援、國際貨幣改革和在原料生產國內商品加工和製造活動的重新安置的保證。1973～74年，石油輸出國組織從西方石油公司中，得到當地石油儲量的控制權，支援了國際經濟新秩序提倡的第三世界生產國在國際商品交易中可以獲得更公平地位的主張。然而，自從1980年代以來，國際經濟新秩序的前景隨經濟停滯和主要工業國家之國內問題而後退。

new town 新鎮 政府資助規畫的市鎮，又稱為新市鎮。在現有村莊或小鎮周圍原有的農田上形成。新鎮的觀念首創於英國，在所有由中央政府正式指定的新鎮中，1945～1950年間有13個，其餘13個為1950～1971年間指定。新鎮可視為國家主要政策的一部分，旨在從過度擁擠的舊大城市地區分散居民，並為新居民提供舒適的環境。

新鎮的居民來自內城改建規畫的地區，或從城內自願遷來的。新鎮的設計是基於提供該區所有人的服務，使其成為社區。因此這規畫包括社區中心和購物中心、學校、娛樂設施、工作場所等，以及連接新鎮與母城良好的交通設施。

新鎮環境是實行工業更新政策的重要基礎。人們認為：舒適的環境和金錢刺激，對來自海外在英國尋找場所的新雇主，和在母城不適應欲尋求遷到新地方的人，都是有吸引力的。

新鎮從一開始，就由政府指派的發展委員會，在現有當地政府系統的外邊特定基地上行使管理，處理全部新鎮的設計和建造而不適當地設置。

蘇格蘭斯通豪斯，是英國最後一個新鎮，在1970年代初期設計並被撤消。截至目前，舊城地區大的拆除和重建，配合加上人口下降趨勢，已無需地區分散政策。決策再分配資源給**內城**問題，認為是生活品質問題，而不是人口擁擠問題。參見GREEN-FIELD SITE，OVERSPILL。

NGO　非政府組織　參見NONGOVERNMENT ORGANIZATION。

NIEO　國際經濟新秩序　參見NEW INTERNATIONAL ECONOMIC ORDER。

night soil　水肥　城鎮夜間從化糞池和廁所收集的人體排泄物，常運至附近農田作**肥料**。在19世紀，衛生設施未得到改進以前，在全歐常可見到人糞和馬糞的收集。目前在中國及東南亞和非洲的許多地方，仍在收集水肥，儲存在陶瓷罐內並用水沖洗，可以施於單棵植物或大範圍使用。儘管水肥是一種優質肥料，但可能攜帶各種腸道疾病。在某些農村地區，糞坑密封數月後可以提供有用的乾**糞肥**，對公共衛生的危害較小。

nimbostratus　雨層雲　與**低壓**暖鋒相關連的**雲**。濃密的雲體呈暗灰色布滿天空，常伴有連續性**降水**。

nitrogen cycle　氮循環　氮經由大氣、海洋和土壤通過活生物體的自然循環（參見圖43）。雖然大氣中氮的含量達79%左右，

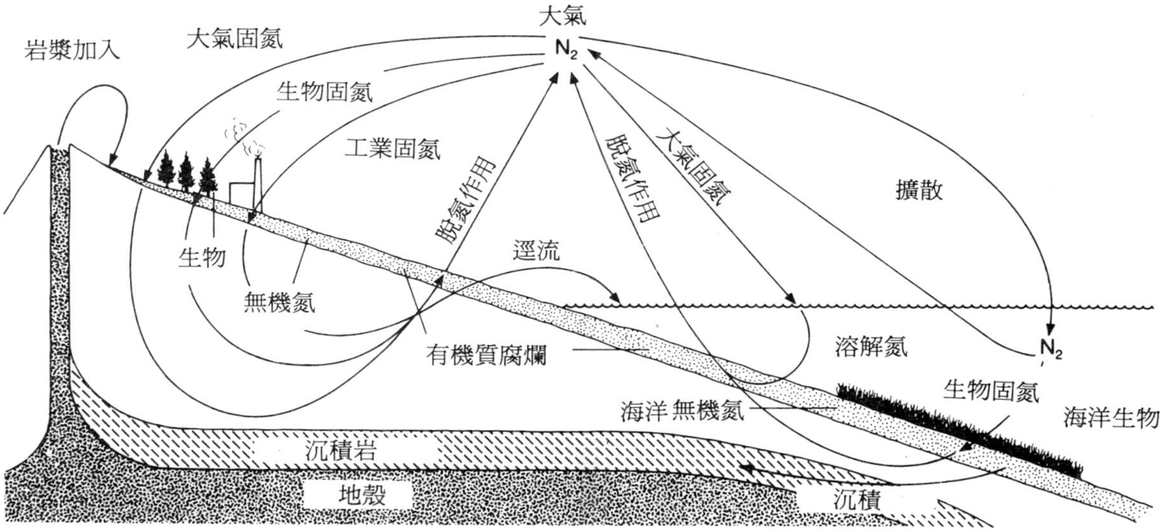

圖43　氮循環。

但其中大多數是活生物體不能利用的。在大氣中的氮能利用以前，必須由土壤生物體完成中間**固氮作用**。土壤中的硝酸鹽通過土壤中的細菌從生物的遺體中的銨化合物的氧化作用產生，經綠色植物吸收，合成複雜有機化合物。當植物或動物死亡和腐爛時，又回到土壤中，從而再還原成硝酸鹽，當動植物死亡時，其他**分解者**開始形脫氮作用程序，釋放出氮氣還回大氣。

在1860年代以前，可用氮的缺少是農業生產力中的主要**限制因子**。利用化學工業製造人造氮，已失去了這一限制，現在每年製造的人造氮為3200萬噸左右，超過自然資源所提供的。這可能是人類在地球**養分循環**中最嚴重的介入。

nitrogen fixation 固氮作用 大氣中的氮轉化為氮化合物的作用。固氮過程是由可自由移動的細菌和某些**藻類**，或存在於豆科植物的根瘤的共生生物體來實現的。

氮也存在於海洋中，其中非共生細菌和藍綠藻是主要的固氮體。參見NITROGEN CYCLE。

NNI 噪音及次數指數 參見NOISE AND NUMBER INDEX。

NNR 國家自然保留區 參見NATIONAL NATURE RESERVE。

NOAA 國家海洋暨大氣總署 英文National Oceanic and Atmospheric Administration首字母縮寫，美國商業部設置的機構。整合以前原有的許多部門，制定共同的方針。國家海洋暨大氣總署包括下列部門：

(a)國家海洋測量局。前身為美國海岸和大地測量局。製作航海圖和航空圖，進行海洋測量、潮汐和潮流預報，製作美國水域的導航圖。

(b)國家氣象服務處。前身為美國氣象局，掌管天氣預報，以及進行風暴監視。

(c)國家海洋漁業服務處。研究具重大經濟價值的魚種和海洋生物。這一機構也監督海洋哺乳動物保護法和瀕臨滅絕物種法的執行。

(d)環境資料服務處。研究環境對國家食物能供給的影響，並管理國家氣候中心、國家海洋資料中心，以及國家地球物理中心和太陽陸域資料中心。

(e)國家環境衛星服務處。保存和收集國家海洋暨大氣總署衛星所傳來的資料。

(f)環境研究實驗室。研究海洋大氣過程和污染對沿海生態系統的影響。

(g)海洋基金局，為研究機構提供基金。

(h)海岸管理局。為沿海各州的海岸發展管理系統。

noise and number index（NNI） **噪音及次數指數** 基於下列方程評估空中交通噪音的指數：

$$NNI = PNdB + 15 \log N - 80$$

式中，PNdB 是 以感覺分貝表示飛機噪音的對數平均值，N是在夏日8時～18時之間平均聽到飛機的架次。噪音及次數指數等高線的數值，可以標繪在機場附近，對允許使用土地的圖形相應地加以控制。噪音及次數指數值超過60之處，土地利用限於倉庫、工業和運輸；噪音及次數指數值在45～60之間，不允許有新住宅出現，所有現有的住宅、學校和醫院必須設有最高標準的隔音；噪音及次數指數值在35～45之間的，新住宅建設只有在其全部結構加裝隔音時才允許。參見NOISE POLLUTION。

noise control **噪音控制** 參見NOISE POLLUTION。

noise pollution **噪音污染** 由諸如交通、飛機場和生產過程等來源造成的，而認為對鄰近居民有害的噪音。要確定有害噪音等級，可以採用**分貝**記錄器測量聲壓。然後利用數學公式將聲壓換成人耳能感覺的響度標度。通常聲壓向著高聲調方向加權，以dBA為單位。圖22提供一些常見噪音等級的例子。常常暴露在75dBA的噪音，能損壞人耳，120dBA能使人體感到疼痛，180dBA能致死。

控制噪音的法規常常出現在與道路交通或民用航空管理相聯

繫的法規中。例如，在英國，與飛機著陸和起飛有關的航空規章（噪音鑑定），要求飛機遵守一些噪音標準。因此，飛機設計最近傾向於強調無聲發動機。道路交通噪音儘管強度較低，但是更為連續不斷，對街道兩旁的**環境品質**有害。娛樂噪音（如電晶體收音機發出的聲音），多半是偶爾和暫時出現，因此不太可能訴諸法律來處理。

遭受高噪音的家庭，在**噪音和次數指數**值上達到無法忍受的話，有資格要求政府為其安裝隔音設施，另一方面，法律上執行最高噪音級適用於噪音源，可強迫業者在機器和飛機發動機上安裝消音裝置。

nomadism　遊牧　為了尋找食物和經濟報酬，而不斷遷移的一種生活方式。這一術語最常指牧民和他們為其家畜尋找放牧的遊蕩關係。可以確定遊牧生活有幾種類型：

(1)真遊牧生活或全遊牧生活。是沒有永久居住地的人們，不從事定期種植而隨牲口羣而遷移，大部分在所建領地內，沿著一定的路線活動，例如，撒哈拉和阿拉比亞的駱駝遊牧部落。

(2)半遊牧生活的家庭或居民區，在固定的居住地，雨季在居住地附近有一些種植，但在旱季人們則（不是整個家族）隨牲口羣遷徙到遙遠的地方尋找牧草，西非的富拉尼人、東非的馬賽人和卡裡莫戍人就遵循這種體制。

真遊牧生活存在的理由，主要是土地無法維持固定活動，也可能是政治壓力，或遊牧生活受到高度尊敬的文化傳統，如撒哈拉的圖阿雷格人和西南亞的貝都因人屬這一類。參見TRANSHUMANCE。

nonconforming user　不適合的使用者　建築物或地點，其使用與周圍其他地點的使用爭執。不適合的使用者可能在周圍使用者到達之前，或在正式通過**土地利用規畫**來調整地區使用者之間的關係之前，已在該地點經營。

不適合的使用者可在住宅區可以找到。那兒在規畫期之前已建立小工業，於鄰接的住宅建成或重建後仍繼續經營。這些工業可能是有害的，因為其外部可能擋住住宅的光線；生產過程有汚物或難聞的氣味；出現大交通量對行人有危險；或排放的空氣或水有毒性。

nonfrontal depression 非鋒面低壓 不沿著主**鋒**發生的小波狀一種不規則**低壓**。非鋒面低壓以多種方式發展，包括**熱低壓**、**背風低壓**和熱帶低壓（如**颶風**）。

nongovernment organization（NGO） 非政府組織 旨在保護**生物圈**及其居住者的非黨派政治壓力團體、諮詢機構、慈善機構或專業團體。估計現今具有影響力的非政府組織在1萬2000個以上，其規模從熱衷於維護當地植物和動物羣落自小型博物學會到國際活躍的團體，如**綠色和平組織**和**地球之友**。約在1970年以前，非政府組織主要出現在已開發國家，但自從在瑞典斯德哥爾摩召開聯合國環境會議（1972）後，在許多未開發國家內也創立非政府組織。

nonrenewable resource 不可更新資源 自然界存在的任何有限資源，在人類可見未來，一旦消費後不會再生的，稱為不可更新資源。大部分不可再生資源要經過一段地質時間後才能更新，所有**化石燃料**和礦物資源屬於這一類。近年來，因大量資源耗盡，再循環資源程序已多少降低了對不可更新資源的依賴。

normal life zone 正常生命帶 參見TOLERANCE。

North Atlantic Current, North Atlantic Drift 北大西洋洋流，北大西洋漂流 於北大西洋出現的向北流動的暖洋流。是自墨西哥灣向東北方向流動的灣流延伸部分。北大西洋洋流讓歐洲西北方的海洋地區有溫暖冬天。若無此洋流，諸如荷蘭鹿特丹和德國漢堡等港口會在冬季封凍。

northern lights 北極光 參見AURORA BOREALIS。

Nor'wester 西北大風 在紐西蘭南島吹拂，溫暖、乾燥的**絕**

熱風。

NPP　淨初級生產力　參見NET PRIMARY PRODUCTIVITY。

nuclear fission　核分裂　中子撞擊元素的原子，產生原子核分裂並釋放中子的過程。當這些中子繼之又撞擊其他原子核時，就產生鍊式反應。在這種情況下釋放出大量能量。在**核反應器**中，連鎖反應利用**控制棒**吸收過量自由中子，來調節鈾235的分裂。對照NUCLEAR FUSION。

nuclear fusion　核融合　兩個輕元素（如氫）的核，結合成較重的原子核（如氦），並釋放巨大能量的過程。認為此程序只有在溫度超過1億℃才能產生。不過1989在美國進行的初步實驗，曾經得出惹人爭議的結果：在室溫和正常壓力下可以產生融合。現在認為那次實驗是不可信的。

融合能可視為豐富、廉價和無汚染的終極電源，沒有現在**核分裂**的缺點和燃燒**化石燃料**產生的問題。然而，利用融合能來產生大量能量的努力迄今未成功。

nuclear power, atomic power　核能，原子能　利用**核反應器**產生能量，也就是利用**核分裂**和實驗性的**核融合**來產生能量。核能是產生動力的最危險方法之一。動力通常以電力的形式，用於工業、運輸和家庭。

核能發電廠的增長很快，在1970年代中期，一些已開發國家，如英國、比利時和日本，發電量的10%～15%左右是由核能提供的；截止1990年，預期這一數字已上升到45%～50%，法國是最主要的核能發電的國家。就全世界而言，核能發電僅佔總電力的8%。

核能給人類帶來了一些技術上和道德上的重大問題。核廢料處置、核事故（如1980年的車諾比事故）和恐怖主義者襲擊反應器等問題，已使一些國家重新考慮其核能規畫。澳洲已封存其茨韋恩多夫核電廠；有40%的能量是核能提供的瑞典，決定在2000年以前將其所有核電廠**除役**。一些國家（如紐西蘭）已宣佈反對

採用核能發電。（編按：印度、日本、台灣是少數仍在發展核能的國家）

nuclear reactor　核反應器　能引起和控制核反應產生大量熱能，並進而能轉變成其他形式能量（特別是電力）的裝置。反應器基於**核分裂**運轉。全世界約有700個核反應器用於產生**核能**，其中250個在美國；在全世界核反應器產生的5000億電子伏特中，美國就佔了2300億電子伏特。參見FISSION REACTOR，MAGNOX REACTOR，ADVANCED GAS-COOLED REACTOR，WATER-COOLED REACTOR。

圖44　**核反應器**　英國核反應器的位置。

nuclear waste 核廢料 放射性廢料，因研究或核能動力所產生的副產品。醫療放射源產生廢料只佔很小的部份，最大的來源是**核反應器**的分裂燃料源（主要是鈾238和鈽239）之消耗和回收。大部分核廢料是由核動力廠和反應器活性區內的**燃料棒**所產生的，在回收此棒時取出。一般廢燃料在動力廠的密封緩衝體放28天，接著燃料棒在自動粉碎機中粉碎成碎塊後，將放射燃料源放在水池記憶體放80天，加熱使分裂產物進一步衰變。然後，將廢燃料置於特殊的鋼容器內運到回收工廠，如英國格坎布里亞的塞拉菲爾德核回收工廠。在回收工廠，回收鈾和鈽最高可達97.5%，小部分用於新燃料的再循環。然而，仍會留下不能再次使用的放射性廢料，沒有完全安全的處置方法。核廢料通常存放在泥漿或液體槽內，以混凝土和鉛屏蔽板為保護面，作為陶瓷固體埋入深孔不透水層內，或堆放在鋼和水泥容器內放入深海底。

核廢料按放射性強度分為3類：

(a)高放射性廢料。每加侖泥漿放射性大於3.7×10^{10}貝克勒。

(b)中放射性廢料。每加侖泥漿放射性在3.7×10^{4}和4.7×10^{10}貝克勒之間。

(c)低放射性廢料。每加侖泥漿放射性小於3.7×10^{4}貝克勒。

所有放射性物質都具有**半衰期**。半衰期表明放射性強度值降至一半所需的時間。有些半衰期值很小，例如，碘131的半衰期為8天，經50天後其放射性僅為其初值的10%。然而，鈽239的半衰期為24萬年，50萬年後其放射性強度仍相當危險，而鈾238的半衰期為45億年。

nuclear winter 核子冬天 一些科學家認為，核戰之後將會於大氣中存在大量核爆物質之現象。爆炸和大火以及放射性**落塵**，會引起動植物的死亡，導致大氣中**顆粒物質**大量增加。低層大氣幾乎不透光，阻礙太陽能的傳輸，導致平均氣溫大為降低。當顆粒物質經重力降落而從大氣中除去時，核子冬天就消失了。

不過，並不是所有物理學家都認為，在大規模大氣核爆之後就一定會出現核子冬天。

nuee ardente 熾熱火山雲，火雲 某種火山突然噴發時產生的熾熱火山氣體、灰塵和蒸汽所形成的急速運動的發光雲。1902年，馬提尼克的加勒比島上的培雷山火山噴發，產生的熾熱火山雲破壞了聖皮埃爾城，3萬人死亡。

nutrient cycle, biogeochemical cycle 養分循環，生物地球化學循環 主要養分在循環路徑中從活生物體到外部環境，再回到生物體的不斷轉移。這一序列是通過物理程序：如**風化**或生物程序（如分解）來完成的。由於養分的供應有限，必須不斷重複使用，以使有機體的生命延續。在**地殼**內約100種元素中，已知約30種為活生物體所必需，這些元素以不同速率在生態系統的**生物的**和**非生物的**部分之間循環。其餘70種元素在非生物部分內進行簡單、較緩慢的地質循環。

O

oasis　綠洲　乾燥地區經常有水源的地方，能維持植物生長、作物生產和人類居住。綠洲多依賴泉水、井、地表或接近地表的水。其大小和重要性不一，小的只有一小簇棕櫚樹，也有大到整片寬闊谷底的大片肥沃土地（如摩洛哥的塔菲拉勒特），甚至接近大水道（如尼羅河）維持固定農業的一大片土地。倚靠綠洲的土地傾向於小而密集的種植，青草茂密的植被和荒蕪沙漠之間，有明顯過渡作為標記。

occluded front　囚錮鋒　**冷鋒**趕上移動較緩慢的**暖鋒**，並使地面上**低壓**的暖區逐漸上升所形成的**鋒**。囚錮鋒常與中緯度地區的低壓有關超越冷鋒的空氣比暖鋒前的冷空氣冷時，出現冷囚錮；若冷鋒較暖鋒前的空氣暖時，出現暖囚錮。囚錮鋒的發展表示低壓的衰落。

occupancy rate　佔有率　參見RESIDENTIAL DENSITY。

ocean　海洋　大陸周圍廣闊的鹽水區域。海洋構成**水文循環**的重要部分，並覆蓋地球表面的71%。

海洋有許多地形特徵，可分為**大陸棚**、**大陸坡**和**深海平原**。海水鹽度取決於海水的溫度、海洋運動、降水量和蒸發量。海水的表面溫度變化頗大，赤道附近淺水區約35℃，最低是南極冬天時威德爾海中所記錄的零下1.9℃。

海洋對人類極為重要。沿海和深海捕魚，是許多國家經濟的重要支柱，捕漁場爭奪導致戰爭，如1970年代英國和冰島之間的鱈魚戰爭。而像日本和非洲部分沿海地區，依靠魚類作為蛋白質主要來源，卻因過度開發導致許多漁場中的資源耗盡。

海水也有重大的經濟價值。人類在很早以前就開始從海水中提取溴、鎂和鹽類（如氯化鈉），雖然現今可用工業化學錯合物替代，但是原始的方法仍在地中海、法國布列塔尼和開發中國家採用。在海洋中其他可開發的經濟資源，包括砂和礫石，和北海、澳洲塔斯馬尼亞灣和墨西哥灣的石油和天然氣。

海洋污染是海洋日益嚴重的問題。以石油洩漏、未經處理的污水和工業廢棄物污染海洋，嚴重影響海洋環境，而又反過來影響人類。例如，重金屬和其他毒質對介殼類的污染，已導致依靠海產食物的居民中毒事件的爆發。參見LAW OF THE SEA。

ocean current　洋流　海水沿一定路徑有規律的流動（見圖45）。已知的洋流有兩類：

(a)漂流。與大氣環流密切相關，其流動一般反映風在兩個主要海洋壓力體系之間的旋轉。在北半球，這些漂流以順時針方向流動；在南半球，則以反時針方向流動，從赤道到南極流動的海流，如黑潮和北大西洋洋流，稱為暖流；而流回赤道的，如親潮或祕魯洋流，稱為寒流。

(b)密度流。由於海水溫度和含鹽量變化而引起海水的流動。當高緯度地區的表層水冷卻時，會下沈並在表層較暖水流之下流向赤道。密度流也能形成含鹽量不同的區域。含鹽量較低的水較輕，因此在海水的上層流動，當它流入含鹽量較多的水域時，在表層流之下有含鹽量較高因而較重的水的反向流動，在地中海和大西洋之間出現此種流。

洋流能將其溫度特性傳遞給周圍大氣，因而對區域氣候影響甚大。例如，北大西洋流的改善作用是造成西歐冬季溫暖的主要原因。當暖流和寒流相遇時形成濃霧。挪威考古學家海爾達爾在康提基號和拉號探險船考察後，曾經提出漂流可讓人類從南美洲和非洲分別移民到玻里尼西亞和美洲。

oceanography　海洋學　研究海洋和海洋盆地物理、化學、地

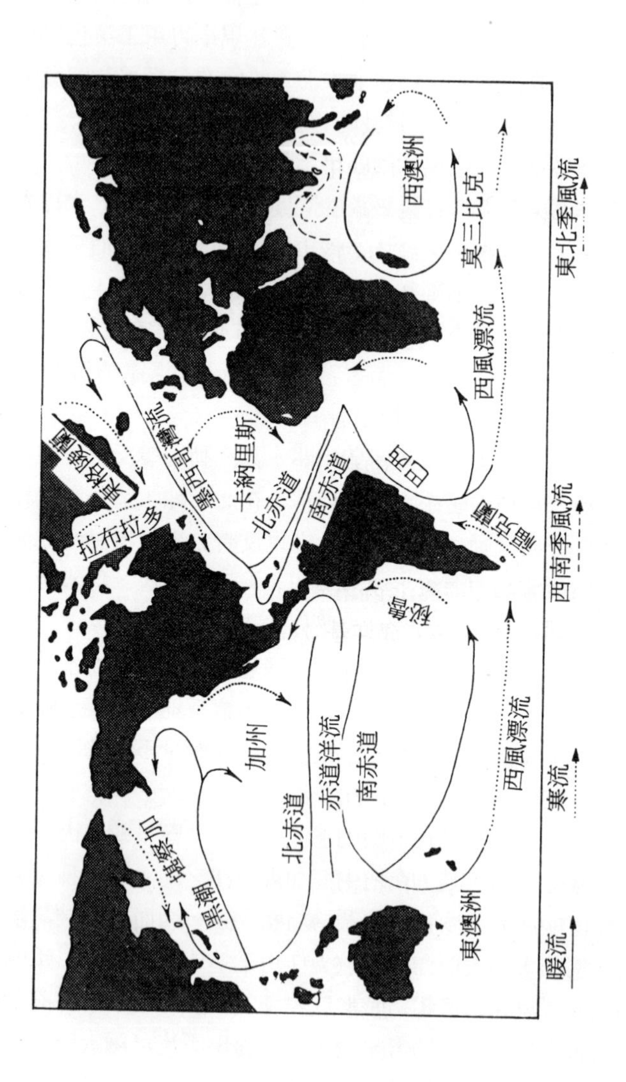
西澳洲
莫三比克
東北季風流
西風漂流
墨西哥灣流
卡納里斯
北赤道
南赤道
拉布拉多
西南季風流
加州
赤道洋流
南赤道
北赤道
西風漂流
黑潮
堪察加
東澳洲
寒流
暖流

圖45　洋流　主要的洋流。

質特徵和生物特徵。包括海洋植物區系和海洋動物區系的分析、海床地形以及海水的特性。海洋學在發展**板塊構造**學說中起了重要作用。參見HYDROGRAPHY。

ocean-floor spreading 洋底擴張 參見SEA-FLOOR SPREADING。

ODA 對外開發援助 參見AID。

offshore bar 濱外沙洲 在平緩傾斜的海岸上形成，由沙、粗礫構成的近海沙脊。**潟湖**形成於濱外沙洲和海岸之間，最終將兩者完全隔開。海灘漂移物能使濱外沙洲延伸形成島，如美國長島海岸處的法爾島。這些地形稱為堰洲島，若其穩定，則能對後面的海岸起保護作用。

目前還不清楚濱外沙洲是如何形成的。有種解釋是：暴潮沖刷物質，然後將其碎屑沈積在岸外某一距離處。另一種解釋是碎浪產生的水下湍流，引起海床上物質堆積。海平面改變能使濱外沙洲向岸轉移。

Office of Coastal Management 海岸管理局 參見NOAA。

Office of Sea Grant 海洋基金局 參見NOAA。

O-horizon O層 參見H-HORIZON。

oil, petroleum 石油 自然存在的氣態、液態和固態烴類化合物之黏性混合物。常常被截留在不可滲透的蓋岩之下，或下面沈積岩（如頁岩）的穹丘之上的深地層內。大多數油田在海上、三角洲或河口起源的沈積岩中出現。

石油要歷經數百萬年才能形成的，因為在前寒武紀或全新世的岩石中未曾發現油田。石油形成的確切過程仍有爭議，但認為石油是有機物在**成岩作用**時缺氧分解而形成的。母岩逐漸緻密使石油轉移到其他地層內。如果不在蓋岩之下截留，則會繼續轉移直至石油到達地表，較輕的烴類會分散或蒸發，殘留下較重的烴類，形成含油砂。

發現的石油儲量範圍從小型孤立油田，大到像美國德州海灣油田。發現的油田遍於全世界，主要產地在中東，在全世界探得的儲量中佔54%。

近30年來利用**地球物理探勘**進行探測，開發近海（海上）油田。若蓋岩下的水和天然氣有足夠壓力，則鑽井時一些原油會到達地表，這種井很少見，稱為噴油井。初次採油就是直接抽出石油；若接著注入水以抽出更多的石油，稱為二次採油。這兩個程序僅開採出石油儲量約33%，稠油仍留下。因原油價格上漲，可以採用如注氣等增強採油法再開採出儲量的10%。增強採油技術一般需要補充能量，其值相當於每開採一桶石油補充三分之一桶石油的能量。

沿海鑽井作業會引起大面積地表沈陷，損壞財產、道路和其他工程，這種問題可利用注水來穩定下伏岩層。爆炸和火災是鑽油作業上最嚴重的事故，石油意外洩漏還會污染農地和地下水。

油輪事故和輸油管洩漏引起的海洋石油污染，也是嚴重的問題，影響沿海觀光旅遊、漁場和海洋生態系統。海上作業的大部分環境侵擾是由岸上附屬開發（如製造汽油、燃料油、化學藥品和塑膠的石化工業）及用於海上油田的碼頭和管道引起的。

oil field　油田　生產開採石油的區域。

oil-fired power station　燃油發電廠　用石油產生蒸汽來驅動發電機的發電廠。在1970年代以前，原油價格便宜的時後，從發電廠的經濟上考慮用石油較有利，而不用傳統的煤燃料。例如，在英國，大型燃油發電廠建在沿海的深水地區，如威爾斯的米爾福德港和蘇格蘭的亨德斯頓。來自中東的超級油輪將石油運到那兒。1972～73年第一次石油危機後，石油價格不斷上漲，使燃油發電廠陷入困境，並考慮用天然氣，但還是不夠經濟。

現在，大多數燃油發電廠已被封閉，只在檢修保養基地上保留了一部分。即使石油價格降低，因這種發電廠的環境標準已經提高，無法被接受。這些發電廠燃燒低級石油，含硫量高達4%，會是主要的二氧化硫污染源。參見ACID DEPOSITION。

oil shale　油頁岩　經分餾從中可獲得原油的頁岩。油頁岩遍佈全世界，在某些地區（如美國和前蘇聯）產量多，萃取石油後，頁岩體積會增大30％，廢棄物處置的問題更為棘手。

oil slick, oil spill　原油溢出　原油因事故、人為刻意、天然噴出而漏到海洋、港灣或河流的現象。原油溢出可在相當大的範圍內擴展，視盛行風速和風向，以及潮汐運動而定。例如，1989年在阿拉斯加的埃克森·瓦爾德斯超級油輪的洩漏，覆蓋面積在2500平方公里以上。多種海洋生物遭到巨大損害。若水上浮油向岸上衝洗，也會污染高低潮位之間的陸地。

估計原油溢到海洋的總量平均每年在200到400萬噸之間，其中天然流出的僅佔10％。人們對諸如1967年的托裡·坎寧號、1978年的阿莫戈·卡迪茲號和埃克森·瓦爾德斯號等油輪事故，以及諸如1977年埃科菲斯克噴井等石油基台噴井，作了大量負面的宣傳。這些事故所產生的浮油所佔比例其實不到20％。海洋石油污染的66％以上，源於工業和汽機車油槽廢油的非法處置。現在，新技術已能將廢油再合成為高級油，因而可避免用上述方式處理大量廢油。

oil spill　原油溢出　參見OIL SLICK。

oil terminal　石油轉運基地　石油運輸系統的收集匯合處。為暫存石油而從海底管道中卸下（如在北海）或從陸地油田的陸地管道中卸下（如中東），最後經陸地或水運送到處理場石油轉運基地如蘇格蘭設得蘭的薩洛姆灣和中東波斯灣的哈爾克島。

old field　老荒原　參見MEADOW。

oligopoly　寡占　參見MONOPOLY。

oligotrophic　寡養的　指養分極小的土壤或水體。在土壤中，這可能是在母岩中缺少養分所致。要不然就是過度**淋溶**也會形成寡養的土壤。寡養的水體無法供養水生植物羣落和動物羣。對照EUROPHICATION。

omnivore　雜食動物　有多種食物源，能吃植物性和動物性食物的動物。對照CARNIVORE，HERBIVORE。

onion skin weathering 洋葱狀風化 參見PHYSICAL WEATHERING。

ooze 軟泥 參見DEEP-SEA DEPOSIT。

opencast mining, open cut mining 露天開採 開採位於或接近地表礦床的方法，移去**覆蓋層**後就開採礦床，不需要礦井和坑道。露天開採常是大規模生產，最常用於採褐煤、煤和鐵礦。從經濟上考慮，露天開採比**深井開採**能開採更低級的礦物。一般說來，若覆蓋層與礦物之比不大於15：1，則露天開採在經濟上是可行的。由於露天開採使大範圍地面損壞，許多國家只在**復原合同**支付後，才允許露天開採生產開始。當開採中止時，這筆錢用於把土地復原，以供諸如農業和林業等生產使用。參見STRIP MINING。

open community 開放羣落 幼年的植物**羣落**，沒有經過足夠的時間對所有現存空間進行拓殖。植物羣落開放只限於地上環境。貧瘠的土壤和乾燥導致地下環境封閉。

開放羣落嚴格定義為主植被叢相徑兩倍以內的區域。若超過此值，則在這種情況下被稱為稀疏植被（是附著層，不是真正的植被）在此地表中佔優勢。對照CLOSED COMMUNITY。

open cut mining 露天開採 參見OPENCAST MINING。

open field 露地 參見FIELD SYSTEM。

opportunity cost 機會成本 在完成某一行動之前的機會價值。行動成本可根據其直接貨幣費用或按照它排除某些其他可能程序得到的收益進行計算，兩者只有當費用正確反映了可供選擇方法的價值才是相同的。因此，任一塊土地利用的機會成本是可供選擇方法獲得的收益。在農業特定活動能獲得淨利，但若有其他獲利大的活動，則前者的機會成本是較大和較小收益之差。

optimal range 最適範圍 參見ENVIRONMENTAL GRADIENT。

optimum growth 最適生長 通過生物和環境狀況（包括書

長、溫度、溼度和土壤肥力）之間的特定平衡，達到植物生產力最高的狀況。在**作物**生產中，最適生長可以通過改變人和實物投入程度來達到，例如施**肥料**，採用**灌溉**和密植，有時以其他混合狀況為補償。依一種植物有最適合其生長的情況時，可以定出界產量最高和可變性最低的地區。當環境狀況惡化時，產量會降和可變性增加，直到作物最低生長要求不再滿足的生長邊際點。

optimum population　最適人口　區域內按照特定目標可獲得最有利收益的居民數。目標和形成最有利收益的解釋是不同的。在最適人口下，允許每一個人達到其全部潛力和保證合理的生活水準，或適於最有利的發地區之有資源而集體收益達到最大。在嚴格的經濟學術語中，總產量或實際收入最大時達到最適人口。最適人口會在**人口稀少**和**人口過剩**之間，但最適點是很不精確的。參見CARRYING CAPACITY。

order　目　綱分成的一個分類組。例如，食肉目和齧齒目是哺乳綱兩個目。目包含數個有關的**科**。參見LINNEAN CLASSIFICATION。

Ordovician period　奧陶紀　**寒武紀**之後、**志留紀**之前的地質**紀**，始於距今約5億年前，終於約4億4000萬年前。歐洲、美洲和澳洲在奧陶紀為主要造山作用和火山活動時期。利用各種海洋無脊椎動物化石可斷定奧陶紀岩石的年代。岩石中分佈最廣的是筆石。在北美洲，這一時期首次出現脊椎動物魚類。參見EARTH HISTORY。

ore　礦　具經濟價值的金屬礦床。礦可以在火成岩、變質岩或沈積岩中出現，可能起源於岩漿、變質、氣化、熱液或殘餘。某些金和錫礦出現在**砂礫礦**中。礦是不可更新的資源。

organic sedimentary rock　有機沈積岩　參見SEDIMENTARY ROCK。

organic weathering　有機風化　參見BIOLOGICAL WEATHERING。

orogenesis　造山運動　形成強烈褶皺和斷層山脈的過程。造山運動起因於**岩石圈板塊**的橫向運動，使**地殼**的一些區域劇烈向上運動。近幾千萬年內是主要造山運動時期。在阿爾卑斯山和喜馬拉雅山都能見到阿爾卑斯造山運動之跡象，始於3500萬年前，直到目前仍在進行。參見FOLD MOUNTAINS，PLATE TECTONICS，EPEIROGENESIS，BATHOLITH。

orogeny　造山期　參見OROGENESIS。

orographic rain　地形雨　參見RAIN。

outcrop　露頭　在地表出現基岩之處，不管是可見的出露或下伏在土壤或植被內。

outfield　外田　參見INFIELD–OUTFIELD SYSTEM。

out–of–danger species　脫險物種　參見RED DATA BOOK。

out–of–town shopping center, suburban mall　郊區購物中心　位於現有城鎮之間或其外緣的一羣零售商店。此中心常常沿著主要道路，儘可能接近公共運輸。有時，這地區包含百貨商店和銷售一些特殊產品（如器具設備、電氣產品或食品）的商店。在北美洲，**購物中心**在有篷的散步區域內包含許多其他商店，包括廉價商店和早先商業區的百貨商店。

在英國，規畫的方針是反對在未開發區發展北美式的購物中心，而代之以在現有城內尋找極易可達地點，以吸引步行顧客和汽車主。認為無限制地在**未開發區**發展這一中心，會導致現有中心的貧窮，和因流動人口少而使服務標準下降。參見HYPERMARKET。

outwash deposit　冰水沈積　參見GLACIAL DEPOSITION。

outwash plain, sandur　冰水沈積平原　從冰川或冰層邊緣的因融水流向四周傾斜沈積的層狀冰磧區域。在封閉谷地內，冰水沈積平原被稱為谷磧。在美國中西部和北歐部分地區，冰水沈積平原形成肥沃農田，從中挖取沙和礫石是許多冰水沈積平原上共同的特徵。參見GLACIAL DEPOSITION。

overburden　覆蓋層　上覆於礦床的土壤和基岩，在**露天開採**時先移去。

overcrowding　過度擁擠　參見CROWDING。

overfishing　過度捕撈　參見FACTORY FISHING。

overland flow　坡面漫流　雨或融水薄層在地面上流動。暴雨超過土壤的**下滲**能力，形成坡面漫流，常見於乾燥和半乾燥地區，並與**片蝕**密切相關。流入**小溝**後坡面漫流逐漸聚集，接著就形成**溝蝕**。參見RUNOFF。

overpopulation　人口過剩　地區的人口，以現有資源不能適當維持，導致生活水準下降和不能實現人的全部潛力之狀況。人口過剩發生於人口超過**最適人口**水準。

人口過剩的概念不應含有地區人口的絕對限度的意思，或是認為地區人口增長超過其**容納量**，就必定出現人口過剩。因為資源能維持的基本人口，隨技術發展水平和所實施的種植法而變。例如，若其居民持續大範圍實施**移墾**制，應人口增長的要求發展到更密集的**灌叢輪休制**，就可以獲得較高的收益，因而能滿足這一人口的要求。人口過剩能引起對土地施加過度的壓力，導致環境退化；當資源基礎的生產能力降低時，人口過剩進一步加劇。參見MALTHUSIAN MODEL。

overseas development assistance(ODA)　對外開發援助　參見AID。

overspill　過剩　城內貧民區清除和再建時計畫轉移的人口。在城市的部分破舊地區，人口密度擁擠，以致不能將相同人數再遷回到已建成的新住宅。新房屋考慮到採光和可達性的現代規章而決定結構和間隔。一地區原始總居民數與重建房預期容量之差，稱為過剩人口。舊的住宅密度和1960年代旨在降低城市擁擠的規畫方針，導致所有英國**組合城市**的內城地區重建時，出現大量過剩人口。為容納過剩人口，必需在城市邊緣興建大面積公共住宅區，這些區域稱為**周邊住宅區**和**新鎮**。

owner occupation　所有人佔有　參見LAND TENURE。

oxbow lake, cutoff, mortlake　牛軛湖　河流切通曲流頸時形成的新月形湖。當河流形成新河道時，在曲流的入口處沈積泥沙，逐漸從主河道中截去，直至與河道分開（參見圖40）。若牛軛湖內的地下水面通過河流的滲漏來保持，則湖會留下，若不，則牛軛湖最終會淤塞。牛軛湖常見於大多數大河的**泛濫平原**。如英格蘭的塞文河和美國的密西西比河泛濫平原。為航行便利將河道取直，會形成人工牛軛湖。

oxidation　氧化　參見CHEMICAL WEATHERING。

oxisol　氧化土　美國土壤分類法中用於**淋濾土**型土壤的術語。

ozone　臭氧　在有紫外輻射的情況下，由氧複合而形成的含三個氧原子的氣體分子。活性極強，在大氣中的天然成分約佔空氣的0.01ppm。高空大氣層中的臭氧層，吸收陽光中有害的紫外輻射，保護地球上的生物。在低層大氣中，因人類引起的**臭氣污染**已使臭氧增加，而在高層大氣中，臭氧的平均濃度因**氟氯碳化物**的增加而正在耗竭。美國太空總署預言若不顯著減少氟氯碳化物的使用，到2050年臭氧層將減少10%。科學家已經在兩極上空

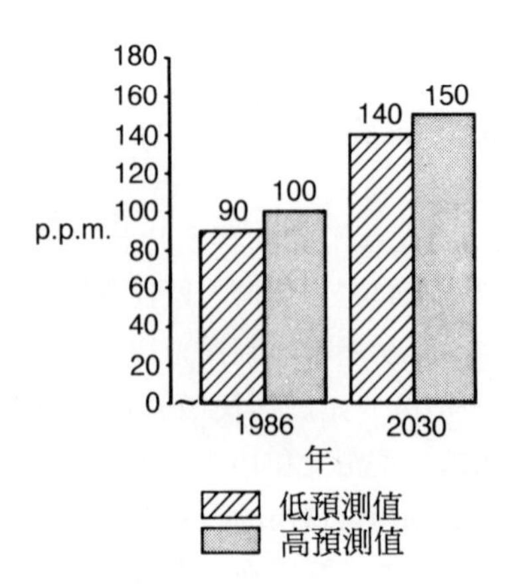

圖46　**臭氧汙染**　1986～2023年間預測臭氧的增加量。

（尤其是在南極上空）發現臭氧層破洞。若不加以抑制，人們擔心到達地面太陽輻射的增加，會導致世界氣候分佈型式的顯著變化，和引起農業分佈的急遽改變。

ozone layer　臭氧層　參見OZONE。

ozone pollution　臭氧污染　臭氧增加而引起的大氣污染。臭氧是大氣的自然成分，能吸收進入**大氣**有害的短波**太陽輻射**。然而，臭氧也會因煙（石油分解的產物）、氮氧化物受太陽照射反應而產生。氧化氮是由高溫高壓燃燒（特別是汽車發動機）排放的。臭氧形成**光化學煙霧**的重要成分。在0.3ppm的低濃度下，就會刺激人的呼吸道；即使在更低的濃度下，植物表面會褪色。一旦受影響後，植物生長速度大為降低，最終可能會死亡。美國加州一帶的柑橘工業因臭氧污染而被破壞。

P

paddock grazing　圍場放牧　參見GRAZING MANAGEMENT。

paddy　水田；穀　1. 亦稱水稻田。栽種水稻、保持水浸淹的小塊田地。由於水稻栽培的要求，特別需要在生長季的四分之三時間內將植物浸在水中，水田有比較不滲水的底土，邊緣圍以土堤，將雨水、洪水聚集起來，或利用人工灌溉來供水。水田的成長條件特別肥沃；當土地被淹沒時，淤泥和養分就沈澱在水中，而水本身則保護土地，免受高溫和潛在的**土壤侵蝕**的威脅。植物養分的**淋溶**受接近地表的**地下水面**限制。而讓**水稻栽培**在**永久性種植**的情況下，能保持肥力，是由於藍綠藻和細菌在緩慢流動的溫水中繁殖所致。

2. 帶麩和完整殼的未磨的穀。

Paleozoic era　古生代　次於**前寒武紀**，最老的地質**代**，始於距今約6億年前，終於2億2500萬前，後為**中生代**。英國將古生代分為6個紀，美國則分為7個紀。在古生代以前存在的化石是有限的。在這一時期出現的生物包括許多種無脊椎動物、兩生類動物、爬行動物，和第一種結果實的植物：**裸子植物**。參見EARTH HISTORY。

palynology　孢粉學　參見POLLEN ANALYSIS。

pampas　彭巴草原　烏拉圭的古老草原羣落，以針茅和臭草這兩種長草為主。在較潮溼的穴地和沿岸有小灌木叢。在特有的羣處出現草地，在草地之間有大面積的裸露土壤。關於彭巴草原的起源有些爭論，可能是古代的**頂極羣落**，但有人認為是早期到達的歐洲移民經常焚燒的結果。

彭巴草原的許多地區已變成生產穀物的地區。在其他地區，利用再播種和施加肥料形成肉牛的放牧區，已得到改良。

Pangaea　聯合古陸　設想的超大陸，包括地殼的大部分大陸，存在於**石炭紀**以前。後來，聯合古陸分裂為**岡瓦納古陸**和**勞亞古陸**。聯合古陸這個想法是由德國氣象學家韋格納，於1912年作為**大陸漂移**學說的一部分提出的。參見PLATE TECTONICS。

parabolic dune　拋物線丘　參見DUNE。

paramo, puna　熱帶高山植被　熱帶高山植被常用的名詞有：paramo用於安地斯山北部，而puna則用在安地斯山中部，在東非的術語為afro-alpine，在馬來西亞則為tropical alpine。雖然提倡採用paramo這個詞用於所有熱帶高山植被，但是還沒有一個名詞能包含高於林木線的所有各種熱帶植被。在安地斯山處出現的熱帶高山植被範圍最大，特別是在祕魯中南部、玻利維亞、智利北部和阿根廷北部。小塊土塊出現在委內瑞拉、哥倫比亞、厄瓜多爾和智利北部。在非洲，限於衣索比亞高原地區，而在太平洋地區則限於婆羅洲和新幾內亞最高的陸地。

熱帶高山植被包含高山草原，以叢集的禾草佔優勢，也包括灌木和突菊科像樹一樣玫瑰色的樹。在海拔很高處，禾草幾乎被菊科植物完全取代。由於經常出現嚴重的霜凍，地表顯出許多嚴寒環境的特徵，最顯著的是**圖形土**。

parasitism　寄生　兩生物體之間的一種關係，生物生活在另一個生物的外部或內部，前者為寄生生物，後者稱為宿主。寄生生物通常比宿主小得多，其存在可能對宿主完全沒有影響，也有讓其致病，甚至死亡。

寄生生物對宿主的寄生關係，有多種依存關係。例如，內寄生物生活在宿主體內，而外寄生物則生活在外部；專性寄生生物只能作為寄生生物而存在，及兼性寄生物可作為寄生生物和**腐生菌**兩者。目前認為寄生是比過去所考慮的更為普遍的現象，加深對物種關係的認識。對照SYMBIOSIS，COMMENSAISM。

parcellement　分割　參見FRAGMENTATION。

parent material　母質　發育為**土壤**的礦物。母質是因底層基岩的**風化**，或因風、水或冰堆積的沈積物。通常只改變一部分母質形成土壤的C層。母質的性質和成分影響**成土作用**，並且是決定土壤質地的關鍵因素。

park－and－ride system　停車轉乘系統　利用在火車站或公共汽車終點提供停車場設備，將汽車與火車（或公共汽車）相連接的運輸設備。火車站或公共汽車終點常位於市郊主要地方。此為是**交通管理**的部分，其目的是減少長程通勤或採購的人潮。提供自由或受津貼的停車場所，增加轉乘公共交通設施而進入市中心的人數。

parkland　疏樹草原，公園林地　以具寬廣視野和樹木間隔寬為特徵的區域。在英國，與大鄉村新社區的美化地和文藝復興後歐洲的公寓相聯繫的。

partial drought　局部乾旱　參見DROUGHT。

partible inheritance　可分的繼承　參見FRAGMENTATION。

particulate matter　顆粒物質　在大氣中存在的固態粒子和液滴。這些污染物有不同的來源，是天然的或人類活動的結果。例如，工廠和發電廠煙囪放出的煤煙和灰塵，採礦和農業揚起的灰塵，以及火山爆發產生的灰塵。

顆粒物質提供形成各種形式**降水**的凝結核，有時還是天然吸水物質，如鹽粒子。參見HYGROSCOPIC NUCLEI。參見AIR POLLUTION，SMOG，FALLOUT。

partnership authorities　合夥管理機構　參見URBAN AID。

part－time farming　兼職農業　一種農業結構，其中以家庭為基礎的農場中，一個或一個以上成員除了經營家庭擁有的土地外，還從事其他工作。主要有以下3種形式：

(a)工人－農民型農業。這種農業常見於東歐和中歐，農民除從事工業外，還從事自己佔有的少量土地的農業，但只在傍晚或周末才致力於農場。以前認為這是完全脫離農業的就業過渡時期。現在大多數國家中，成為小規模農場主人的農村經濟，並且不斷增加。他們希望保留個體農業和傳統的聯繫，尋求解決農場低收入的問題。隨著製造業的衰退，這種農場可以緩衝解雇的影響。

(b)業餘農業。專職人員和一般高薪的非專業農民購買農場供娛樂或業餘愛好。這種農場的規模有小於該區域平均水準的趨勢，勞動強度低，反映了非農場職業人員對自己的時間和資源方面的要求。其中一些業餘愛好型農業已向專職農業發展。

(c)與非農業工作結合的農業：非農業工作是在農場上或與鄰近的地方，這就能顯著增加家庭收入。這些非農業工作可能包括與旅遊相關的活動，例如，提供住宿或露營設施，開設小型流動商店和養殖漁場。在這種情況下，農場主人保留了企業家的管理和個體經營的地位。

有以上這些特徵的特殊兼職農業形式，為蘇格蘭的**小農制**。

大多數農場的家庭有一些非農業收入，但這並不能認為農場必定是兼職企業，儘管在歐洲和美國的許多地方，這種收入在家庭農場收入中佔有相當大的比例。在日本，按平均來說這種收入超過農業收入。現在兼職農業這一術語已逐漸被多工用地所取代。看來這種職業結構對保持農村人口密度和全面提高農村生活水準是有益的。另一方面，兼職農業對地方就業，降低土地利用強度和**農場規模**，關於結構穩定性的影響極微。

pass　通道　參見COL。

pastoralism　畜牧　供應人類食物、衣服、遮蔽物和人工製品等的食草家畜飼養。畜牧有多種形式，包括澳洲北部牧羊場和美國的大牧牛場等商業性**放牧**，和西歐的高密集地區的產乳品的農業企業。有的只要很少的投資或者根本不用，例如**遊牧**；也有些需要相當可觀的資本，例如**已開發國家**中最現代化的飼養業，因為現代化農場需要昂貴的設備，便於**放牧經營**。參見ANIMAL HUSBANDRY，FACTORY FARMING，FEEDLOTS，TRANSHUNM-ANCE。

pasture　牧場　供**畜牧業**用的草地，一般供牧畜吃，而不是割下來作飼料。牧草的品質和狀況受**放牧經營**的影響。

天然牧場在北美洲被稱為rangeland，是天然的**頂極羣落**，其組成除了草和灌木外，還有草本植物，天然或半天然牧場包括大部分歐亞的**乾草原**，**北美大草原**的熱帶山地森林草原，不列顛羣島的**高沼地**，以及阿爾卑斯山脈、安地斯山脈和烏拉爾山脈的山地草原。半天然牧場可以由頂極植被經自然或誘導演替（無限制放牧）和天然牧場細緻的管理，促進有用、好吃和有營養的植物達較高的比例，限制不需要物種的生長。大多數廣闊的熱帶草原主要是由焚燒和放牧的聯合作用而產生。在不列顛高地，經常用焚燒來改良牧羊場和保持狩獵愛好者的松雞禁地。

永久性牧場是能無限制保持牧草的草地。在正常情況下，土地經犁後播上改良的或引進的多年生草，一年生的品種經再播種能繁殖起來。一旦建立後，永久性牧場形成平衡草皮，在**輪作**時很少用犁。利用施肥、撒石灰和控制放牧改善其狀況，可以長期保持而無需再播種。

永久性牧場廣泛分佈於北美洲、歐洲和紐西蘭。管理良好時，永久性牧場飼養動物的密度達每公頃5～6頭，而開放式的美洲大草原廣闊的天然牧場，每公頃為0.5～1頭。

臨時性牧場由草和播種的豆科植物組成，在**休耕農業**中作為可耕地輪作的一部分，用犁翻以前，能保留一年以上。臨時牧場與永久性牧場比較，一般有較多的有營養植物品種。儘管臨時牧場的可耕地可以直接放牧，但多半種植**乾草**和**青貯飼料**，因而應當與牧場區別開。

把半自然牧場和永久性牧場加以精確的區分是不可能的。由於限定和測量上的不同，國際上的比較不總是正確的，較**耕地**或**永久作物**的數字更應謹慎地對待。1986年在歐洲共同體，把利用的農業面積列為永久性草地的比率，最少的丹麥為8%，而以愛爾蘭81%最高，平均值為38%，約4900萬公頃。其他地方如美國為56%，加拿大為40%，澳洲為90%，紐西蘭為97%，前蘇聯為62%。

patterned ground　圖形土　**苔原**區由於石頭和細小物質自然揀選的結果，在土壤表面上形成一些清晰的幾何圖形。土壤表面經常凍結和融化，導致較小物質移向不精確的圓形或多邊形的中心，這些圓形的尺寸可以在直徑1～15公尺之間變化。圖形土在沒有受到擾動的平坦地面上或緩慢傾斜的斜坡上生長最佳。當斜坡的傾斜角大於5度時，多邊形伸長，最終形成石紋。

PCB　多氯聯苯　英文polychlorinated biphenyl的縮寫。50種以上的含氯化合物的通稱。多氯聯苯會在**食物鏈**中累積，會產生多種有害的副作用，特別是在動植物的生殖周期中。大部分的多氯聯苯不是**生物可分解的**。

peasant　小農　以家庭為基礎作為生產和消費單位的一種農業體制。若不精確地說，這一術語可廣泛用於意指低生活水準的農業經營者。小農農業的特點是佔有農場的少量土地，土地不管是自己擁有的，還是租用的，土地權授予家庭而不是個人，生產主要但不是全部滿足家庭需要的農產，並少使用機械。

小農和只涉及**生存農業**的一些集團之區別在於：前者所生產的超過家庭需要的剩餘產品，可以在商業批發商店出售，以提供少量收入來支付租金或用於購買農民不能生產的貨物。

在全世界，小農的狀況正遭受巨大的改變，儘管一些國家，如美國和澳洲，從未曾有過小農階級，但在20世紀已看到許多非洲**下撒哈拉**地區，從部落農業轉變為小農農業結構。在歐洲，因現代**商品農業**實施的要求，而已使小農農業減少，出現工人－農民型（參見PART-TIME FARMING），而使用權方式的變化（參見LAND TENURE）趨向降低家庭的重要性，採行獨資。

peat　泥炭　黑色或暗褐色物質，由植物體在被水浸透的環境中在無氧的條件下局部分解而形成。可以由多種植物體形成，包括樹和苔蘚，泥炭沈積物的**壓密**和**膠結作用**，代表**煤**形成過程中的最初階段。在全世界都可發現泥炭的沈積，覆蓋廣闊的區域，其厚度可達幾十公尺。泥炭含碳量為50%，在蘇格蘭、斯堪地納維亞和荷蘭的部分地區，用泥炭作民用燃料。在愛爾蘭共和國，已研製出燃燒泥炭的發電廠。泥炭也用作土壤調節劑。

peat bog　泥炭沼澤　參見BOG。

ped　土壤自然結構體　土壤粒子自然形成的**聚合體**。土壤自然結構體是土壤中可識別的最小結構單元，簡稱土構元。

pedalfer　淋餘土，鐵鋁土　溼潤區域出現的一類土壤，**淋溶**、**淋濾**和**澱積**等作用是主要的成土作用。大多數淋餘土的特徵是鐵和鋁礦物較多，這些礦物是其他可溶鹽類從土壤中沖洗出後而留下來的，淋餘土與諸如**灰壤**和**磚紅壤**等土壤結合，形成一類主要的土壤，其餘的是**鈣層土**。

pedestrianized street　步行街　規定一天幾小時內不允許車輛通行的街道。步行街的人行道和車道是相互分開的，只是定時不讓車輛通行，有別於一般的徒步區。在建築工程收費之前，街道的步行化可用來檢驗完全步行計畫的可行性。

pedocal　鈣層土　乾燥區出現的一種土壤，尤其是蒸發超過降水和**鈣化**，成為主要的成土作用的地區，這個過程**B層**最顯著，使碳酸鈣佔優勢。**淋溶**、**淋濾**、**澱積**等作用在鈣層土中只輕微地出現。鈣層土形成一類主要的土壤，其餘的是**淋餘土**。

pedogenesis　成土作用　**土壤**形成和發育的許多作用，氣候、地形、**母質**、植被和動物（包括人類）的活動，都是形成土壤的重要因素。

pedology　土壤學　研究土壤的形成、性質、分佈和利用的學科。參見AGRONOMY。

pelagic fish **遠洋魚** 棲居於海洋海水表面層的魚，如鯡和鯷魚。對照DEMERSAL FISH。

peneplain **準平原** 經數百萬年侵蝕而無冰川作用、隆起或火山活動的擾動，所形成的古老陸地表面。準平在南非和巴西的古老高原上發育最佳。老齡土有時與準平原有關。

Pennsylvanian period **賓夕法尼亞紀** 參見CARBONIFEROUS PERIOD。

perceived environment **認知環境** 參見ENVIRONMENTAL PERCEPTION。

perched block **坡棲岩塊** 參見ERRATIC。

perched water table **棲止水面** 參見WATER TABLE。

percolating filter **滲濾池** 參見TRICKLE FILTER。

percolation **滲漏** 由於重力作用使水通過**土壤剖面**而下降。參見INFILTRATION，LEACHING。

percoline **滲入線** 參見THROUGHFLOW。

perennial **多年生** 生命周期在兩年以上的植物。有兩類多年生植物：

(a)多年生草本植物，其中空氣中的枝條在秋季枯萎，而植物埋在土壤下面部分常為鱗莖、球莖、根狀莖或塊莖，能度過一年中氣候不佳的期間。

(b)多年生木本植物，不論什麼時候總保留地上部分，具有強韌的木質組織，能經受惡劣的條件。這是因為其中的木質素和纖維素顯著地加強了植物。對照ANNUAL，BIENNIAL。

periglacial zone **冰緣區** 與冰層或冰川鄰接的未凍結區域。各種冰緣區的特點變化很大，但常見的所有邊緣區，都是全年低溫和凍融作用佔優勢（參見PHYSICAL WEATHERING）。連續或間斷的永凍土，常常可能在冰緣區找到。風和水的作用以及**化學風化**作用常造成次要的地形。

在**更新世**時期，冰緣區擴展，其擴展總面積達地球表面的

20％左右，遍佈西伯利亞、冰島、北美洲北部的大部分地區。過去，人類在冰緣環境內的活動受到限制，但是現在西伯利和加拿大北部的冰緣擴展地區，正進行石油、天然氣和礦產資源的探勘。

period　紀　**地球歷史**上介於**代**和**世**之間的分段單位。

periodic market　市集　人民集中在一處做買賣的活動，其固定的間隔在一天以上，完成固定和永久性商業企業不足的機能。像在已開發國家或在**第三世界**的許多農村地區，產地主要或只有這種活動。在開發中國家，市集為當地生產的農產品和手工業品提供主要的批發和零售商店，消費者的需要集中在外地製造的商品上。市集的間隔最常見為每周一次，但在西非，很少是7天為一周的。基於3～10天的週期，相對現代7日制星期調節活動要求，並沒有很大的差異。

peripheral estate　周邊住宅區　在英國，主要是位於現存市區邊緣大面積的**公共部門住宅**。在北歐也能見到城周邊住宅區，多半是在1950和1960年代出現的，當時英國的許多大城市，試圖處理人民要求安排新房子的強大壓力。大規模建造計畫需要，首先必須清除加劇這一問題的內部地區的貧民區。因為削平這些高密度區域會產生**過剩人口**，必須在別處安排他們新住宅。這些壓力加在一起，以及強調數量和速度，使設計和新住宅的品質受損。供給過剩人口新住宅的土地只有在現存城市的邊緣地區才可以獲得，因而離開市民原住宅區很遠，這就是社會上對城市周邊住宅區迅速發展不滿意的理由。這些住宅結構很快就損壞，單調的結構和惡劣環境，增加這些地區居民由於大量貧窮而持續下來的困難。

在1980年代，社會、經濟和物質衰退造成所謂**內城**問題，也同樣出現在周邊住宅區，要把這些住宅區的品質提升到20世紀後期標準，需要可觀的政治、經濟和社會各方面的努力。美國大城市曾對大量低收入居民提供住房，獲得了類似的結果，也折毀了許多公共住宅。

peri－urban region　城區周圍　**城鄉邊緣**之外的地區，其結構和活動會受一個以上的城市聚集的出現或延伸而改變。在城區周圍的農村社會有許多問題，這些問題是城區邊緣中的居民對農村土地利用的侵佔所面臨的。然而，這種城市壓力不如更接近城市的地區那麼緊張。因擴張城市而失去農地是城區周圍最明顯的特徵。例如，英格蘭和威爾斯在1930年每年失去農地約25萬公頃，在70年代後期已降到每年小於1萬公頃，這不只是**綠帶**立法的結果，此傾向在英格蘭東部人口較稠密地區最明顯。

permafrost　永凍土　在**冰緣區**和**高山地**區，永久凍結的不透水土地，又稱永凍層。永凍土是在地表溫度長期保持在凝固點以下形成的。在**更新世**，永凍土地區曾大為擴展，目前約佔地球表面的20％。永凍土可以是連續的、不連續的或散佈的。

在加拿大和阿拉斯加，永凍土的厚度為400公尺，在西伯利亞達700公尺。夏天凍土層表層會融化，形成**融凍層**，其厚度達4公尺。此層易受人類活動引起的剝蝕和浸蝕的影響。例如，除去隔離表面的保護植被，常引起**熱侵蝕**。因此，當冰或雪融化與土壤混合時，建築物、道路和其他設施會陷入充滿泥土的凹地內。為解決這一問題，建築物必須建於樁基上，使空氣在下面循環。諸如下水道、煤氣和電氣系統的管道設施，常常建在地面上，以防止永凍土的擾動。

permanent crop　永久作物　多年生的灌木或喬木，可以在幾年或幾十年的生長時期內有規律和不斷地收穫果實或樹液。

灌木是在接近土壤表面處有枝，而喬木則有一根主幹。灌木作物如咖啡樹、茶樹和葡萄樹，一般在除草、修枝和收穫時需投入勞動；喬木作物如橄欖樹、可可樹、油料和橡膠樹，主要在收穫時投入勞動，前者投入的勞動量大於後者，灌木作物的產品傾向於要求早期加工。

永久作物是在小塊土地、**人工林場**和一些熱帶地區生長，前者多為**經濟作物**，而後者則是從野生的樹上收穫的。常以**單作**；但在熱帶和地中海地區，可能是複雜多層**混作**系統的一部分。

種植永久作物的面積較永久草原或可**耕地**少得多，1986年在美國和前蘇聯佔可利用的農田面積不到1%（不包括林地），在歐洲共同體為9%。在地中海地區，小橄欖樹林、葡萄園和果園是較重要的，永久作物在西班牙和義大利分別佔可利用農田面積的18%和19%。

permanent cropping　永久性種植　1. 無需求助休耕年的作物栽培，儘管季節性休耕可能是**農業周期**的一部分。現在，永久性種植廣佈於溫帶已開發國家，用**輪作**和投入大量化學製品來補充失去的養分，阻止病蟲害。在熱帶地區的未開發國家中，大都限於特別肥沃地區和城郊的範圍，因為保持土壤的肥力需施**水肥**。

2. 生長**永久作物**的做法。

Permian period　二疊紀　地質紀，前為**石炭紀**，始於2億8000萬年前，終於2億2500萬年前，後為**三疊紀**。二疊紀是**古生代**的最後一個紀。在許多地區，二疊紀到之後三疊紀幾乎沒有岩性變化的證據。在歐洲和北美洲，二疊紀時期是造山作用和伴生的火成活動的主要時期。這一時期中的化石記錄常為局部的、混亂的，因而二疊紀和稍後的三疊紀岩石常合併成二疊－三疊系。在二疊紀期間，兩生類和爬蟲類繼續進化。在澳洲、印度和中國部分地區出現了大量二疊紀煤礦。其他經濟資源包括砂岩和諸如岩鹽、鉀鹼和石膏等蒸發岩。參見EARTH HISTORY。

Permo－Triassic period　二疊－三疊紀　參見PERMIAN PERIOD。

peroxyacetyl nitrates（PAN）　過氧醯基硝酸鹽　一種**次生污染物**，是複雜的化合物，也是**光化學煙霧**的主要成分。當臭氧、烴和氮氧化物等**原生污染物**，從汽車廢氣和許多工業中釋放到空氣中時，在強光的催化下就形成過氧醯基硝酸鹽。

過氧醯基硝酸鹽對植物組織的傷害很大，對人的眼睛有刺激作用。這種污染物和高度發達的工業和運輸有關，最早發生於洛杉磯盆地，那裡的植被因1960年代早期出現的過氧醯基硝酸鹽而遭到破壞。美國加州的柑橘業在引入控制措施前受到嚴重的影響。在對所有汽車排氣系統強制安裝**觸媒轉化器**，來降低過氧醯基硝酸鹽濃度以前，生產汽車的廠家必須面對此問題。在其他許多人口密集的地方，特別是陽光充足的地方，可以找到植物毀壞的證據。

pesticide　農藥　用來殺死對人類有害的雜草、昆蟲、真菌、齧齒動物或其他生物體的任何化學藥品。參見INSECTICIDE，FUNGICIDE，HERBICIDE，2, 4-T，2, 4, 5-D，AGENT ORANGE。

petrochemical complex　石化綜合企業　分餾原油成各種化合物的相關工業。其產品一般包括工業化學製品、炸藥、化學肥料、塑料、殺蟲劑、合成纖維、油漆、藥品和石油產品。

　　石油化學工廠產生多種**氣體污染物**，主要是烴，但也有以松烯和氮氧化物為基礎的。即使在最嚴格的安全規程下操作，都會產生污染物的意外釋放，以及致命的工業事故，例如，1985年在印度博帕爾發生有毒氣體釋放到大氣中，造成死亡人數約為2300，受傷人數約為50萬。

petroleum　石油　參見OIL。

phanerophyte　高位芽植物　參見RAUNKIAER'S LIFEFORM CLASSIFICATION。

phanerophyte climate　高位芽植物氣候　參見BIOCHORE。

phased planting　分階段種植　順序種植的技術，常為實行**移墾**或**灌叢輪休制**的農場主人所採用，其中一部分場地種同一種作物或混合作物，但是在幾周或幾月內分階段完成的。用這種方法均勻地安排勞力，而新鮮的農產品可以在較長的時間內收穫，因而可能減少貯藏的損失。避開最佳種植和生長時間的損失是可觀的；但是在降雨不可靠的地方，這是減低風險的策略。

phenocryst　斑晶　參見PORPHYRY。

phenotype　表現型　生物體的素質由其**基因型**和生物體生長的環境相互影響決定時。

phloem　韌皮部　參見CONDUCTING TISSUE。

photic zone　透光帶　參見EUPHOTIC ZONE。

photochemical smog　光化學煙霧　曾在大工業區和大城市地區出現的**霾**。光化學煙霧是由溫度和壓力很高的燃燒（如高度壓縮的汽車發動機）所發生污染物之間的反應所產生。

光化學煙霧的原有成分多半是無毒的，包含某些烴和氮氧化物。光化學反應產生對植物有毒的產物有：**過氧醯基硝酸鹽**、**臭氧**和氮，都是由陽光的能量所激發。即使少量（千萬分之一）和短時間（8小時暴露）存在時，對植物和某些動物也是有害的。

光化學煙霧由大氣的能見度降低為徵兆，然後葉的下葉面褪色，若煙霧繼續存在，就會刺激眼睛。光化學煙霧污染的區域常依太陽運動的周日運動圖形。正午時分，煙幕常位於城市上空，而在夜間則移至城外。在美國加州，光化學煙霧問題嚴重，其中70％居民眼睛遭到刺激，80％植物顯示出具有褪色、停滯或畸形生長的特徵，97％的地方能見度低（參見圖47）。

在1942年，光化學煙霧首次出現在洛杉磯，只有幾平方公里範圍，數十年來，以驚人的速度顯著增加。1960年已擴展到整個加州3萬平方公里的區域。嚴格的控制措施從1967年開始，對所有汽車排氣系統，強制安裝**觸媒轉化器**並採用**無鉛汽油**，來制止煙霧的增長。然而到了1989年，在洛杉磯地區機動車輛的交通量上升又讓煙霧濃度回到1967年的程度。單在聖見納迪諾、奧蘭治和洛杉磯這三個地區內，登記的汽車達800萬輛。根據1989年提出的三階段計畫，至2007年，所有車輛必須用電或其他目前還未研製出的清潔技術來驅動。撤除所有汽油驅動車輛的自由停車場，到1994年著手限制每一個家庭允許的車輛數目，和禁止使用汽油驅動的剪草機和用固體燃料的烤肉架。在美國其他州，儘管到1988年在50個州中約有25個已有光化學煙霧的記錄，但是還沒

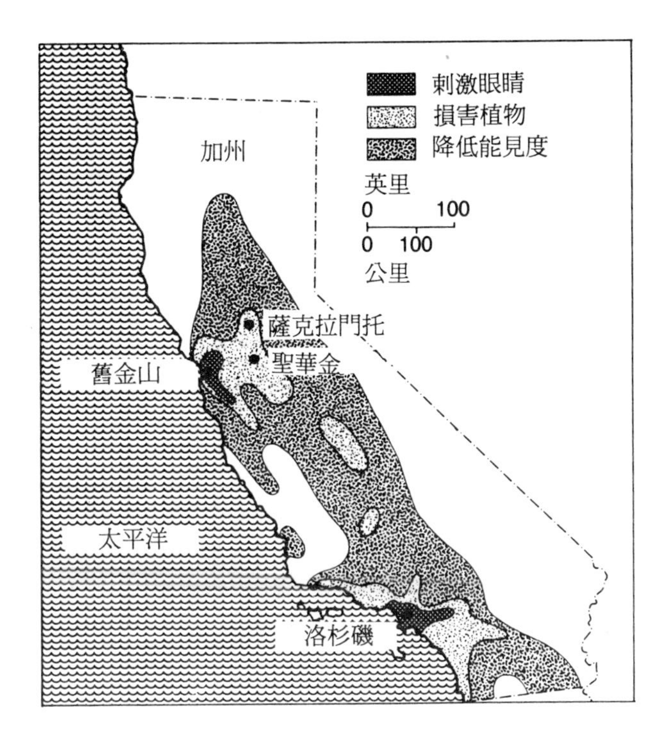

圖47 **光化學煙霧** 在加州汙染的程度。

有嚴格實行的控制措施。在澳洲、印度、比利時和英格蘭南部都已有光化學煙霧的記錄。

photosynthesis 光合作用 綠色植物細胞中的葉綠素分子利用太陽輻射能，作為空氣中的二氧化碳、土壤中的水和基性鹽化合的催化劑，形成簡單的醣（如葡萄糖）之複雜程序。氧為副產品釋放出來，是植物和動物呼吸所必需的。光合作用涉及多達100種的不同化學變化，可總結為下列方程式：

$$6CO_2 + 6H_2O + \text{太陽能} \rightarrow C_6H_{12}O_6 + 6O_2$$

phreatic zone 飽和帶 參見WATER TABLE。

phylum **門** 動物的主要分類類目，包括一個或一個以上的綱。植物的門英文稱為division。

physical accessibility **物質可及性** 參見ACCESSIBILITY。

physical planning **自然規畫** 參見LAND USE PLANNING。

physical quality of life index（PQLI） **實際生活品質指數** 用來量度一個國家居民實際福利的指數。是利用兒童死亡率、識字和平均預期壽命這三個指數計算出來的，其中每一個指數的權數相等。每個地區對每一指標估計的尺度為0～100，因而取平均值給實際生活品質指數的級別。實際生活品質指數的級別為77，代表人類的基本需要。儘管現在世界人口的66%低於這一數字。實際生活品質指數比起國民經濟生產總值，對實際進步提供更有用的指標。參見QUALITY OF LIFE。

physical weathering, mechanical weathering **物理風化，機械風化** 岩石和其組成的礦物通過冰凍、溫度變化和鹽的結晶等物理作用而使其疏鬆和碎裂。物理風化主要有以下4種：

(a)凍融作用。由滲入岩石節理、層面和空隙的水，後來凍結和膨脹所引起的。周圍的岩石被劈開後，融化時就疏鬆。若此表面在斜坡上。則疏鬆的土壤顆粒通過融水沿坡滑下，引起**土壤潛移**。這種冰解作用常是造成路面坑洞的原因。跟土壤和岩石上下運動有關的凍拔作用，是由地表**風化層**中的地下水凍結產生的壓力引起的，能嚴重毀壞道路、地下管道和建築物的地基。凍融作用普遍出現於山區、冰川和冰緣地區，以及溫帶地區的冬天。參見PATTERNED GROUND。

(b)熱脹縮。使晝夜溫差大的地區（如沙漠和山區）的岩石碎裂。重複膨脹和壓縮，使岩石內層強度降低，最後剝離，這一程序稱為鱗狀剝離或洋蔥狀風化。熱脹縮是否能成為獨立的物理侵蝕作用，值得懷疑。不過能使岩石表面的強度降低，使其他風化程序更快地進行。

(c)鹽風化。在潮溼的熱帶、沙漠和沿海地區的岩石碎裂。這是由岩石內鹽溶液的蒸發，和其後鹽的再結晶引起的。在類似於融凍崩解作用的過程中，鹽風化能使岩石表面成蜂窩狀，亦稱孔狀風化，能使建築物的地基和牆壁逐漸毀壞。

(d)解壓或回脹。因地表下岩石上壓力的釋放，導致形成岩石內垂直和水平節理。這可能引起岩石內部碎裂，或引起其他形式的風化。物理風化常與**化學風化**、**生物風化**一起作用。

physiognomy　形相　在生態學中，根據目視檢查易於決定的植被外表，包括諸如顏色、茂盛、季節性和總組成情況等特徵。

physiological drought　生理乾旱　參見TUNDRA。

phytomass　植物量　某一地區累積的地上下植物原生質的總量（包括活的、腐爛的和死的），植物量可以用克每平方公尺量度，若用在極為密集的**浮游植物**，則可用噸每公頃表示。參見BIOMASS。

phytoplankton　浮游植物　可自由漂浮的微小水生植物。一般是構成矽藻的藻類。**浮游生物**的植物部分。浮游植物屬於多產的初級食物製造者，估計每年產生的碳有160億噸，奠定了所有海洋**食物鏈**的基礎。

pick－your－own－farming（PYO）　自選園藝　一種**園藝**，其中所有或大部分農產品直接售給參觀農場的大眾。軟果類（尤其是草莓），是以這種方式種植最流行的作物，諸如豌豆、蠶豆、甜玉蜀黍等蔬菜和蘋果、梨等水果，也可能以這種方式收穫和銷售。

對生產者來說，自選園藝的優點有：不經傳統銷售管道，增加了利潤；無運輸和儲藏成本。對消費者來說，自選園藝供給新鮮產品，而價格低於零售市場。

piedmont　山麓　山脈底部的低地平原。

piedmont glacier　山麓冰川　參見GLACIER。

pioneer community　先鋒羣落　首先在無草木的表面生長之植物。這些植物一般包括若干個地衣、苔蘚的品種，有時還包括草類。這一演替系列發展的第一個階段其自然環境是相當嚴苛，溫度和溼度變化很大，無遮光和擋風物，由於無腐植質而使土壤條件極差。在這些條件下能倖存的物種，逐漸累積腐植質。使植物能紮根較深，從而可以在此區羣集，這些後來物種一般大於先鋒物種，此時新條件不適合先鋒物種而導致死亡。參見PRISERE，SERE，PLANT SUCCESSION。

placer deposit　砂礫礦　通過河流、風或海洋**侵蝕**和**搬運**而富集形成的礦床。砂礫礦源於無開採價值的原始礦。重而又穩定的礦物經侵蝕和搬運而富集，形成砂礫礦。金、錫、鉑、鉻、鐵和鑽石礦床常出現在砂礫礦中。

plagen soil　肥堆土　由動物糞便長期在土堆中累積而形成的人工土壤。北歐的嚴冬必須在安全地方飼養牲畜（主要是乳牛和豬），最長達5個月。春天，動物送到場地後，牲口棚和欄要弄乾淨，並清掃糞便和墊草，堆放到建築物附近。多年後（有的長達250年之久），會使地面增高10公尺。雖然在20世紀初已終止這一習慣做法，但肥堆土仍能見於蘇格蘭的奧克尼羣島。參見MOUND CULTIVATION。

plagioclimax, biotic climax　傾斜頂極，生物頂極　由人類擾動或其他**生物因素**，例如草地經常焚燒和割草，而造成的穩定植物**羣落**。傾斜頂極可以視為自然植物演替的偏途。參見PLAGIOSERE，CLIMAX COMMUNITY。

plagiosere　傾斜演替系列　在植物生態學中，**正常演替系列**由人為中斷所造成的**植物演替**。中斷或偏離通常是人類擾動的結果，可能是焚燒、濫伐、放牧、土壤侵蝕、洪水、排水或除草劑的使用所引起的。美國生態學家克萊門斯於本世紀初所發展的生態理論提出：經常焚燒植物會使穩定的**傾斜頂極**達到頂點；換言之，若撤去偏離力，則演替系列發展會逐漸回到其自然狀態。然而，人類活動改變地球表面已是如此大，以致現在可以認為所有植物被包含顯著改變的傾斜地演替系列。參見SERE。

plantation surface, erosion surface　均夷面，侵蝕面　**海洋侵蝕**或**河流侵蝕**的平坦區域或極低的地形。均夷作用能在有限時間內完成，產生諸如**河階**和浪蝕台等地形，或可能是整個地形為長期侵蝕的最終產物，如東非高原。

雖然均夷面的形成通常是由於各種各樣的局部和普遍因素所造成的，已廣泛用作地形演變的指示物。許多古代的均夷面，如巴西有廣大地區，由於**老齡土**而農業價值極小。

plankton　浮游生物　棲居於海水或湖水表面層的生物體，包括**浮游植物**和**浮游動物**。浮游動物主要以浮游植物為食，可以是單細胞和孤立細胞、單細胞和羣生細胞、或多細胞。浮游生物的尺寸小於10公釐，其中許多只能用顯微鏡才可以看見。完全依賴陽光，只能繁生於水深100公尺之內的最上層（參見EUPHOTIC ZONE）。

浮游生物形成水域**食物鏈**中維持生命所必需的初級階段。估計每年浮游植物生成的碳有160億噸，浮游動物則超過16億噸。然而，近25年來由於水生環境的**污染**，其數量已急遽減少。無機農業肥料、**除草劑**和**農藥**以及工業廢棄物和石油溢出，徹底污染了浮游生物的棲息地。這在淺的淡水體（如湖泊）中特別嚴重。

planning permission　規畫許可　**發展**形式在執行以前，必須獲得地方規畫當局的認可。許可的授予或制止是一種有效的**發展控制**方法。例如，英國自1947年開始，新發展的施工和**歷史建築**的拆除或更替，必須遵守**城鄉規畫法規**，以及區域和**地方規畫**所規定的要求。規畫許可以是無條件授予，或是有條件授予，前者就可以按照發展者的計畫開發，後者則規畫當局對發展的高度、顏色、徵用權利或建築材料強加限制。

plantation　人工林場　1. 通常是位於熱帶或副熱帶的大規模農業企業，生產和加工作物，大部分出口到工業化國家市場。人工林場傾向單作，或諸如橡膠、油棕、椰子、可可、咖啡和茶等**永久作物**的專業化。在香蕉、甘蔗等**多年生**草本植物，或棉花、煙草和黃麻等**一年生**植物中，可使其中一些專業化。人工林場一般大於1000公頃，是資本和勞力密集型企業。人工林場反映了殖民地的起源，有時候為跨國公司代表的歐洲工作人員所控制，並使用本國雇傭的勞動者。

人工林場的優點是易於採用現代農業技術。而且，比小規模經營更易控制生產、加工和品質。

2. 為特殊用途刻意種植的一叢森林（參見FORESTRY）。

plateau　高原　常以陡坡或**懸崖**為界的遼闊水平之高地。某些高原表面被下切侵蝕的河流分開，形成**峽谷**。經橫向侵蝕一段時間後只留下能早先高原表面，稱為**方山**和**孤山**的殘餘地形。大多數高原在600公尺以上，但美國科羅拉多高原和西藏高原在海拔1600公尺以上。高原按照相鄰區域的自然狀態可分為：

(a)大陸高原，從平原或海洋陡峭升起，包括許多非洲的高原、格陵蘭和南極洲的冰層，和南非的高原。

(b)山麓高原，位於低地和山脈之間。例如美國西北部的哥倫比亞高原和巴塔哥尼亞高原。

(c)山間高原，部分或全部被山包圍。例如墨西哥的北部和中部高原。

在中緯度地區的高原，由於高海拔的低溫，往往導致人口稀少。相反的，熱帶高原地區一般人口稠密。這是因為高海拔地區能提供有益於人居住的溫度和溼度條件。這種氣候也能形成理想的農業條件，例如，咖啡是經常出現在肯亞和巴西高原的作物。除了農業價值之外，某些高原礦床也豐富。例如，澳洲西部、非洲和巴西利亞高地等高原地區之金、銅、鐵和錳礦。

plate tectonics　板塊構造　受到普遍接受的學說，認為**岩石圈**由許多剛性板塊組成，浮在部分熔融的**軟流圈**。目前定出7個大板塊和許多小板塊，如圖48所示。**大陸漂移**是這些板塊運動所引起的。已知的板塊邊界有3類：

(a)建設性或分離型邊界。是海底擴展時的板塊分離產物，形

圖48 **板塊構造** 圖示主要地殼板塊邊界。

成新的地殼岩石。建設性邊界見於太平洋、大西洋和印度洋的**中洋脊**。分離的速率最高可達每年9公分。

(b)破壞性或聚合型邊界。出現在兩板塊對衝運動時。其中一板塊受擠壓，下降進入**地函**，形成**隱沒帶**，導致強褶皺、地震和火山活動的造山運動，常與破壞性邊界有關，例如南美洲的西海岸。

(c)剪切型或存留邊界。兩個板塊沿轉形**斷層**相互平行運動形成。地殼岩石在剪切型邊界既不形成，也不毀壞。加州的聖安德列亞斯斷層是剪切型邊界。

沿著紅海地區的分離型邊界，因地函中向上運動的對流，導致金、銀、銅和鐵礦床的侵位。對其他分離型邊界，現在正在進行類似礦床的探勘。參見CONTINENTAL DRIFT。

Pleistocene epoch　更新世　**第四紀**的第一個地質**世**，大約開始於200萬年以前，終於1萬年前，後為**全新世**。更新世的特徵是全球平均溫度降低，北緯地區隨著冰帽、**雪原**和**冰川**的形成，出現雪和冰的累積，**冰川侵蝕**取代**河流侵蝕**。更新世期間的低溫不是均勻的。長達1萬年無冰的間冰期，這就能形成深的風化土壤和發育良好的植被**演替**，將近更新世末期，在這一氣候中出現了短期（200年）極快速的改善，稱之為**間冰段期**。在歐洲，習慣上把更新世分成4個主要寒冷時期：貢茲期、民德期、里斯期、武木期，其間有幾個較暖的時期。最近的研究提出，上述劃分是太簡單了，現在一些研究人員認為這一時期可能出現60個冷暖循環交替。南半球的特徵是乾燥期長。在更新世時期許多生命形式已滅絕，然而現存的許多植物和動物是首次出現的。更新世的早期出現人類存在的最早記錄。參見EARTH HISTORY。

plotless sampling　不分區抽樣　不利用**樣區**而獲得有關生長情況資訊的技術。地區中的抽樣點利用隨機數確定。不同於其他技術，如**斷面抽樣**，不分區抽樣適用於大面積，主要用於森林生長的研究。

plot ratio　地段比　現在建築物的樓層數與其佔有地基的比例。一幢佔有其地基100％的兩層樓，地段比為2：1。若同一建築物佔有地基僅一半，則比例為1：1。地段比的要求是控制開闊地和建築物高度之間關係的一種方法。參見RESIDENTIAL DENSITY。

plow pan　犁磐層　一種**硬磐**，出現在某些砂質農業土壤的底面，是由重型機器的夯實所形成的。使用較輕的機器，或對土壤施加較小的壓力，以及耕田的深度變化，可防止犁磐層的形成。犁磐層會限制作物根的正常生長。

plucking　拔蝕作用　參見GLACIAL EROSION。

plutonic rock　深成岩　參見INTRUSIVE ROCK。

podzol, spodosol　灰壤，灰土　一種特殊**土壤剖面**，和世界上氣候寒冷、溼度適中的地區有關。其中強淋溶的淺灰色表層下有有機層，上覆聚集鐵和或**腐植質**的褐色或深褐色層。在許多情況下聚集物質形成特殊的**硬磐**或**鐵磐**。

灰壤一般在粗結構的**母質**上發育，常與冰川堆積的砂、礫石、冰磧物和**冰磧丘**有關。與灰壤相關的天然植被是針葉林、歐石南灌叢和高沼地。這些植被生產的有機物質是**鬆散腐植質**。灰壤的酸鹼值常在4.0到5.5之間。灰壤**A層**的高酸性和低養分，限制其用於農業上，用於粗放牧。灰壤只有經大量施無機**肥料**，才能改變而廣泛地用於農業，轉變是緩慢和昂貴的，並且不能保證其成果。灰壤最好用於商業針葉林。灰壤類土壤已被所有土壤分類認可。不過在美國分類系統中稱為灰土。

polar easterlies　極地東風帶　由極地形成的高壓帶流向低壓中緯度的冷風。在北半球，由於北極高壓季節有限，這些東北風只間斷的出現多位於北大西洋和北太平洋移動**低壓**側。在南半球，較持久的南極**反氣旋**導致極地東風帶持久地出現。

polar front　極鋒　北大西洋和北太平洋中的大規模**鋒**，向北極移動的熱帶海洋性氣團，在此界面上與向南極移動的極地海洋氣團相遇（參見圖4）。極鋒在冬天向北移動，夏天向南移動。極鋒上的小波動導致溫帶**低壓**的形成。

polar jet stream　極地噴流　參見JET STREAM。

polder　圩田　荷蘭在海洋、湖泊或河口灣用堤填築出來的低陸地。留下來的水用泵排去，而且需不斷地排水，以防止該地區再遭淹沒。新開闢的圩田含有大量從海水中獲得的鹽，特別是鈉和鉀，但這些鹽分通過淡水重複淹沒，可以逐漸從土壤中清洗掉。土壤中沒有鹽分後，灰壤就成為農業上富饒的土地。

polje　石灰岩盆地　在**喀斯特**地形中的狹長凹地。有最長達65公里和最寬達10公里的峭壁，底部平坦。石灰岩盆地的起源還不清楚。但可能是在薄弱淺土上溶蝕風化（參見CHEMICAL WEATHERING）所致。洞穴沈陷是由地下排水或在某些情況下是後期形成溝道的冰川融水流所形成的。在荒蕪的石灰岩地區，石灰岩盆地的表面常是潮溼、覆蓋黏土的地區，可用於農業；在堅硬的地面，也能提供通信線路的設置。例如，通過巴利亞利羣島的馬霍卡島北部石灰岩地塊。參見UVALA。

pollen analysis, palynolony　花粉分析，孢粉學　關於現生及化石的花粉顆粒、植物孢子的研究。所有有花植物都會產生花粉，但蕨類植物和苔蘚以孢子來為繁殖。堅固的外殼能使花粉和孢子保存堆積在湖泊、酸沼和土壤上的沈積物內。對不同物種的花粉和孢子加以識別，就可以再現某一地點或地區的植物生長史。也可以獲得諸如氣候變化和人類活動對植被覆蓋影響等情況的資訊。花粉分析通過確定的沈積順序，也可用作**相對定年**的一部分。

花粉分析常需要複雜的化學和機械方法，在高倍顯微鏡下，從待識別的沈積物中選取花粉顆粒。上述程序需要能對諸如氫氟酸等危險物質進行安全處理的實驗室。

pollen zone　花粉帶　某些種類花粉的組合。以佔優勢的花粉命名，一般認為是暗示某種氣候，兩個特別的組合的變化處定為不同帶的分界。花粉帶應有區域分佈，因而不考慮極局部影響的圖來分帶。最好基於所謂的標準花粉圖來分帶。北歐的完整花粉圖有8個花粉帶。參見POLLEN ANALYSIS。

polluter－must－pay principle 汚染者付費原則 工業汚染製造者應負擔防止汚染或抵銷其影響的費用的定則。此原則難於應用，特別是對於空氣汚染。當汚染迅速離開其源時，常難於識別某一特定汚染者，然而此原則可用於隨之發生的汚染災禍，如流出大量石油或核電廠事故後的危害。對於較持久的汚染輸出，實施諸如**空氣品質標準**條例的法規，對控制汚染是較有效的。

無論採取何種途徑，防止或補償工業汚染產生環境破壞的費用，最終必須從消費者那裡獲得。例如，英國在12個大型燃煤發電廠安裝氣體清洗設備，政府估計1986年的價格為20億英鎊。為獲得這筆費用，消費者用電的價格上漲了4％。

pollution 汚染 有毒或有害物質對**生物圈**的汚染。這些物質常是家庭、工業或化學廢棄物。生物圈的汚染，使物理、化學和生物基礎結構發生不希望出現的變化，並反映在性能受損、生長減緩、繁殖能力降低和最後導致各個生物體死亡上。參見ACID DEPOSITION，AIR POLLUTION，NOISE POLLUTION，MARINE POLLUTION，EFFLUENT，OIL SPILL，NUCLEAR WASTE。

polyclimax theory 多元頂極論 參見CLIMAX COMMUNITY。

polyculture 多種栽培、多種養殖 在同一地區栽培（或養殖）若干種可相容物種。其中**永久作物**是固定的，在同一場地上同時生長兩種或兩種以上的作物。在淡水**養殖**中，無論何時總有若干種魚在魚塘中養殖，其中每一種都有特殊的覓食習性和佔有不同**生態區位**。例如，在東南亞、非鯽、鯉科魚和若干種鯉魚在同一池中養殖。利用混合年齡、混合尺寸和混合品種的多種養殖，可在整年內獲得有價值的蛋白質來源。

pools and riffles 淵和淺灘 河流中深水和淺水範圍的變化，認為是形成**曲流**的先驅。在淺灘處，流動水的能量用於克服凹凸不平的河床所施加的大摩擦力，而在潭中或較深區域，這一能量轉向挖掘河岸下部。一旦開始後，曲流的形成好像是永續過程。

population 羣體，人口 在同一時間住在特定區域的一羣個體，常為單一物種。羣體規模決定於**棲息地**的**容納量**。

population crash 羣體崩潰 羣體因**棲息地**無力支持其規模而減少。羣體崩潰是在一羣體超過其棲息地的**容納量**和由於諸如食物、氧或生存空間等對生命必需品耗盡後出現的。羣眾崩潰常與簡單藻類羣體相關，後者還不能控制其增長率。對照POPULATION EXPLOSION。

population explosion 羣體爆炸 羣體規模突然的急遽增長。這種增長可能是由於自然現象，如氣候的季節性變化。然而，羣體爆炸更常與人的因素相聯繫，如在某些地理區域偶然或有意地引入以前不存在的物種。最好的例子是19世紀澳洲兔子和刺梨的羣體爆炸。還有許多其他例子，例如偶然進口印度香脂植物到英格蘭南部，接著在英格蘭和威爾斯的許多地方的河岸上驟增。對照POPULATION CRASH。

population growth 羣體增長 羣體規模由於出生超過死亡，或遷入比遷出多的情形。群體最大增長量是出現在**人口轉換**的時期。

pore space 孔隙 土壤顆粒和岩石顆粒之間的小孔隙。孔隙多是相互連通的，允許**土壤水分**和**土壤空氣**的運動。參見POROSITY。

porosity 孔隙度 土壤顆粒或岩石顆粒之間總孔隙量。孔隙度為土壤顆粒之間空隙的體積與土壤或岩石總體積之比的百分數值。參見PORE SPACE。

porphyry 斑岩 含有大晶體斑晶的一種**火成岩**。晶體內有細粒礦物**基質**。

positive discrimination 建設性區別 參見DEPRIVED AREA。

possibilism 可能論 參見ENVIRONMENTAL DETERMINISM。

potash 鉀鹼 由海水蒸發澱積鉀礦物的**沈積岩**。碳酸鉀用於化學工業和製造肥料。

potassium-argon dating 鉀氬定年 通過測量樣品中鉀放射性同位素鉀40的數量，而確定樣本年代的方法。此同位素存在於岩石和土壤中的自然狀態鉀之中，半衰期為12億8000萬年，衰變為氬的穩定同位素氬40。通過計算樣品中鉀的同位素與氬的同位素的比值，可以定出高達1000萬年的年代。參見RADIOCARBON DATING，DATING TECHNIQUES。

ppm 百萬分之一 濃度單位，通常測量每公斤試樣中某種物質的毫克數來計算。

PQLI 實際生活品質指數 參見PHYSICAL QUALITY OF LIFE INDEX。

prairie 北美大草原 北美洲中部遼闊的自然草原羣落，從阿爾貝特和薩斯喀徹溫的森林邊緣到德州南部的墨西哥灣海岸，西至落磯山脈的山丘。這一區域現稱為大平原。在歐洲殖民之前，北美大草原存在各種不同的植羣。有3個主要亞型。

(a)真北美大草原。生長草皮和叢集草，如針芳草，能長到1公尺以上。夏天北美大草原有草叢出現，冬天就光禿禿一片。

(b)混合北美大草原。生長兩種不同的草：纓針茅和史密斯氏水草。能長到75公分左右，低矮草小於10公分—野牛草和格蘭馬草。大平原西部日益乾燥，導致草漸低短。1870年以來由於過度放牧，除格蘭馬草以外，其他多數草種已逐漸消失。

(c)太平洋沿岸或帕羅塞的北美大草原，生長各種叢集草。

儘管已將北美大草原列入天然草原，但用這一術語要小心，因為北美大草原很可能是當地印第安人長期影響的結果。他們焚燒原始森林，以促進野牛羣牧場的生長。因此，北美大草原應是古代**野火頂極羣落**。

1870年後，鐵路的發展使歐洲人能快速到大平原。繼羊之後，接著引進牛，很快地將天然新大陸北部草原變成物種稀少的草原，最乾燥和放牧最密集的地區不久就被侵蝕。1910年代早期，收割機的出現，使年降雨量小於50公釐的地區，穀物和小麥的栽培迅速擴大。大量的**土壤侵蝕**產生**塵暴區**的問題，與大平原中西部和遠西地區農民經濟的困苦。

這一地區利用更適宜的技術，包括半永久草地、綠色飼料作物、等高條植、護田林帶和選擇適宜翻耕時機，因此乾燥和多風的情況可以避免。

舊北美大草原在某些小區域仍保留著。在大平原的其他地方，有廣大的穀產豐富之區域，不僅供養北美洲人口，也可以出口穀物到前蘇聯和**第三世界**國家，提供**糧食援助**。

prairie soil　草原土　參見CHERNOZEM。

Precambrian era　前寒武紀　最早的地質**代**，始於**地殼**凝固，終於古生代開始，距今46億至6億年，前寒武紀佔地球歷史85%的時間，有時以25億年前為分界：後期為始生代，前期為元古代。大多數元古代岩石是高度變質的沈積岩，和帶有花崗石侵入體的火成岩。始生代岩石變質程度較低，火成岩少、沈積岩多，在前寒武紀時期出現過若干個造山運動、冰川作用和火山活動時期。這個時期的岩石在蘇格蘭、英格蘭、法蘭西、加拿大、非洲和前蘇聯的部分區域出露，前寒武紀岩石常含有大量金、銀、鎳、銅、鐵和鑽石礦。參見EARTH HISTORY。

precipitation　降水；沈澱　1. 大氣中水分以雨、冰雹、凍雨、雪、霜和露形式沈降。

2. 溶液中礦物因蒸發而沈澱。參見ACID DEPOSITION。

predator　捕食者　殺死另一生物體而獲得食物的生物體（一般為動物）。捕食者和獵物之間的關係是錯綜複雜的，並形成複雜**食物鏈**。參見TROPHIC LEVEL。

present value　現值　參見LAND VALUE。

preservation　保存　防止破壞的措施，保存極稀有的，而有價值的對象。在博物館中可以看到傳統的保存方法，把古代的人工製品放在玻璃框內，並在可控環境中展示。保存的對象是無活動能力（死的或無生命）的物體。近來，擴展到無生命的物體，如歷史上著名的建築物、服裝、酒、汽車以及語言（如羅曼斯方言的原始瑞士文）。對照CONSERVATION。

pressure gradient, barometric gradient　氣壓梯度　大氣壓沿任何方向的橫向變化率，由天氣圖上的**等壓線**來看，最大梯度出現在垂直於等壓線方向。強風以小間距等壓線描述，具陡峭的梯度。

pressure group　壓力團體　具共同意旨的人們聯合起來，通過有效的宣傳（往往是壯觀和危險的活動），以引起人們對他們目標的注意，從而對從政者和計畫者施加壓力及影響輿論。環境問題常常引起壓力團體的注意：如**綠色和平組織**和**地球之友**等。對諸如加拿大戮殺海豹，英國丘陵地區除去本地樹種並用外來植物品取代，和法國政府在太平洋進行大氣核彈試爆等問題已採取行動。

pressurized water reactor（PWR）　壓水型反應器　參見WATER-COOLED REACTOR。

primary consumer　初級消費者　參見FOOD CHAIN。

primary forest　原始林、原生林　從未經人類活動而改變的天然森林。現在可能已沒有原始林存在。最古老的森林地區，在亞馬遜盆地中，已受到農業地區的空氣和化學殘餘物的污染。原始林的減少始於西元前5000年，正是人類從數量上和技術上，變成改變生物圈的重要力量之時（參見ANTHROPOGENIC FACTOR）。

primary oil recovery　初次採油　參見OIL。

primary pollution　原生污染　直接由物質以有害濃度排入大氣而引起的污染。原生污染物可原本即存存在於大氣中，如二氧化碳，但只有當增加到高於自然濃度時才是有毒的（參見GREENHOUSE EFFECT）。亦可以涉及一般不存在於空氣中的化學物質，直接排入大氣中，如燃爐排出的氟化氫。對照SECONDARY POLLUTION，參見AIR POLLUTION。

primary producer　初級生產者　參見FOOD CHAIN。

primary productivity　初級生產力　綠色植物在一定時期、常為一年或一個**生長季**，由**光合作用**而產生化學能的速率。此能量常提供作為生物體的食物。總初級生產力是單位時間內，初級生產者同化的總能量；淨初級生產力等於總初級生產力減去呼吸失去的能量。淨初級生產力的數值一般為總初級生產力的一半。例如，生物圈總初級生產力的平均值為每年每平方公尺837萬2000焦耳，而淨初級生產力的平均值為每年每平方公尺418萬6000焦耳。世界上主要**生物羣域**的初級生產力，會由於緯度位置、海拔和氣候的不同而變化很大。圖49表明若干主要生物羣系區的淨初級生產力和**生物量**的數值。

植被群	淨初級生產力（克每平方公尺每年）		生物量（噸每公頃）		葉面積指數
	範圍	平均	範圍	平均	
熱帶雨林	1000~5000	2000	450~800	450	6~16.6
季節性雨林	450~2500	1000	420~600		
稀樹草原	200~2000	700	20~600	366	
赤道乾旱帶	10~250	70	1~40	7	
地中海區	250~1600		170~350		
中緯度落葉林	200~3000	800	60~700	300	4~8
北方森林	200~2000	650	80~520	200	7~16
苔原	3~400	140	1~30	6	
農業	100~4000	650	4~120	10	

圖49　**初級生產力**　主要植被群和農業的植被生產力。

primary succession　初級演替　在裸地上植被發展的自然順

序。這種地區一般很少，但在冰川消失、崩落、塌落和斷層留下的裸地，以及洪水侵蝕的土地或溢流後被淤泥覆蓋的土地都是。對照SECONDARY SUCCESSION，參見PRISERE。

primary tillage　初耕　參見TILLAGE。

primitive area　原始地區　參見FOREST RESERVE。

priority treatment area　優先處理地區　由於其社會和經濟的喪失或其物質的惡化，指定城市某地區資源特殊分配和改進之方案。規定的地區能得到地方當局預算內的特殊分配額，並常能得到特殊管理安排（如工作在該地區的專業官員組）的附加援助，或州（或聯邦政府）、國家政府（或歐洲共同體）的特殊撥款。參見INNER CITY，DEPRIVED AREA。

prisere　正常演替系列　植被從**先鋒羣落**到**頂極羣落**的完整自然發展順序。與通過人類活動不斷使土壤、植被和氣候變化，而仍出現的未被擾動的正常演替發展不同。參見SERE，PRIMARY SUCCESSION。

probabilism　概率論　參見ENVIRONMENTAL DETERMINISM。

production rate　生產率　一定時期內**初級生產力**所產生有機物的速率，常以克每平方公尺表示。生產率是對農作物和林產植物生長的常見量度方法。然而，對不同類別計算生產率時必須小心，因為在用於獲得最終生產率值的方法中可能有許多變化。例如：產量是在單點準時測定的，或兩點之間準時出現的產量，或生產率是否包括動物質。

productivity　生產力　每單位投入生產過程的土地、勞力或資本所產出物質的量度。以單位土地面積產計算的農業生產力常稱為**產量**。勞動生產力可以通過節省勞力或補充更多的現有勞力來提高，它是平均**人日**產品的價值。農業企業的總勞動生產力可由工作年的總產量來定，而淨勞動生產力則是工作年農場的收入。在發展期間，耕作制從**移墾**到**永久性種植**，能生產更多的食物，但消耗勞動生產力代價更高。只用增加機械化和利用化學製品投入，才有改變的趨向。

現在**商品農業**的特點是致力於提高勞動生產力，但這是消耗其他的投入為代價，特別是能源。生產作物所需的不可更新能源，包括直接作為燃料成本和製造農業機械和化學製品的間接投入。現代能源密集的**農業企業**可以利用5卡的能量，生產1卡的食物，而在熱帶地方的自給自足移墾耕作者，只用1卡的能量，即可生產4卡以上的食物。豐富的太陽能促進快速的光合作用，使低勞動生產力的系統得到較高的效率工作。在耗取自然資源和工業活動（如農業）中，生產力增加是消耗化石燃料能源為代價的。這些能源應成為主要的**限制因子**，因而需要重新評估生產力的量度方式。

program aid　計畫援助　參見FOOD AID。

project aid　專案援助　參見FOOD AID。

Proterozoic era　始生代　參見PRECAMBRIAN ERA。

profile of equilibrium　均衡剖面　參見RIVER PROFILE。

psammosere　沙地演替系列　始於沙丘或乾燥、風化的岩石顆粒上的植被演替。沙生演替系列的物種極能耐乾旱，從中獲得養分。參見PRISERE。

psychological accessibility　心理可及性　參見ACCESSIBILITY。

pteridophyta　蕨類植物　植物界的一個門，包含現代蕨類植物、石松和木賊屬植物。此類植物不開花，但可以辨別其特殊的根、莖和葉。體內有發育良好的維管系統。經常發生複合兩階段生殖循環，其中無性孢子階段先於依賴於水的有性（配子體）階段。蕨類植物首次在4億500萬～3億4500萬年前的**泥盆紀**出現，在3億4500萬～2億8000萬年前的**石炭紀**成為主要的植物，並形成經濟上重要的**石炭煤系**。這類植物的大部分成員已滅絕，現在殘存的物種只佔現代植物的一小部分。

public sector housing　公共部門住宅　由公共團體建造、經營的出租房子，多數公共部門住宅由地方當局（如英國地方議會和美國公共住宅管理局）所有。一些公共住宅由中央政府的代辦機構（如蘇格蘭和北愛爾蘭的住宅管理部門）提供。

公共部門住宅是每一個管理機構，根據需要和條件而供給居民的，由每一管理機構根據所規定的標準而確定的。這種優先配給標準包括：該地區的居住時間、家中兒童數的特殊需要，或因殘障理由，和**再開發**以前就已遷來的。

管理機構充當房東，根據需要和位置上的選擇，分配住宅給居住者。管理機構規定租金標準，這包含公共補助金成分。

pulp　紙漿　用機械或化學方法將破布、禾稈、木材等製成造紙用的軟纖維材料。針葉樹軟木較熱帶**硬木**更適合於製造紙漿。這種森林多分佈在北半球和接近對紙和紙板需要的中心，多半是在已開發國家。1984年生產的1.35億噸木漿中，美國佔37%，加拿大15%，前蘇聯、日本和瑞典均約佔7%。紙的消費在已開發國家以每年2%的速度增加，但在**開發中國家**則每年以5.5%的速度增加。開發中國家在1970年代的消耗量已從11%上升到16%。然而平均每人的消耗量僅每年5公斤，而美國和英國分別為272公斤和122公斤。

pumped storage scheme　抽蓄發電系統　水從高處蓄水庫下降至低處，驅動渦輪產生尖峯負荷電力；水在電力離峯負荷時，將水從低處蓄水庫抽至高處。夜間從核電廠獲得的過剩電能，常用於將水抽至高處蓄水庫。抽蓄發電系統能在約4分鐘內起動供給滿載電力輸出，並能持續尖峯負荷數小時。用這種方法發電是昂貴的，只有在短暫的尖峯負荷期間才是經濟上可行的。

puna　乾性荒原　參見PARAMO。

PWR　壓水型反應器　參見WATER-COOLED REACTOR。

PYO　自選園藝業　參見PICK-YOUR-OWN FARMING。

pyroclastic material　火山碎屑物　由**火山**噴發進入大氣的碎屑岩、火山灰和塵土。動物和人在火山灰下落時常會窒息，這是因為缺氧和有毒的煙霧所致。火山灰和其他火山碎屑物大量下落，會導致部分或完全掩埋和失去住宅區、交通線和農田。少量火山碎屑物能污染水源、阻塞地面排水系統，以及毀壞作物和牧場。火山碎屑物常風化形成很肥沃的土壤。

pyroclimax community　野火頂極羣落　經常在地面上焚燒而發展成的一個特殊植被。火對植被的作用可以是完全破壞性的，如在森林大火中。但是週期性地控制火，能促使耐火物種的發展。焚燒地表技術經許多世紀以來農學家的實驗表示能促進生長，某些植被羣落的存在完全取決於焚燒。例如，非洲的**稀樹草原**和北歐平原的**石南荒原**。參見SLASH-AND-BURN，FIRE。

Q

QC　品質等級　參見QUALITY CLASS。

quadrat　樣區　植物的現場研究中所採用的基本抽樣單位。自從20世紀早期以來，廣泛採用樣區提供關於植物**羣落**中物種的頻率、豐度、覆蓋值和密度的資料。

常採用樣區的大小為1平方公尺，但樣區尺寸的選擇取決於所研究植物羣的形狀和尺寸。所用尺寸必須保證所研究植物羣落的物種成分有充分代表性。只有當羣落均勻和不被放牧分為截然不同的區域時，才可以計算這一最小面積。圖50給出溫帶植被所採用的典型樣方尺寸。

植被群	樣區大小（平方公尺）
森林（包含喬木層）	200～500
森林（只含下層林叢）	50～200
乾草地	50～100
密灌叢	10～25
乾草原	10～25
農業雜草群落	25～100
苔蘚群落	1～4
地衣群落	0.1～1.0

圖50　**樣區**　溫帶植物群落中野外調查的典型樣區大小。

quality class（QC）　品質等級　林學中表示樹木**林分**的一般生長特性之方法。品質等級值是由40顆同類樹木的平均高度與其年齡之間的關係計算出來的。一般說來，生長速率越高，品質等級就越高。對特定的樹種計算的平均生長速率，已作出了許多品質等級的計算結果。在英國森林分類中，是對所有主要商業樹種作出計算，並規定了5個品質等級區段，範圍從QCI（最佳）開始到QCV（最差）。不同樹種之間的品質等級值是無法比較的，只限於作未來森林木材產量的指示。英國在1966年已用**收穫等級**量測制代替品質等級制。

quality of life　生活品質　說明一特定地區人口總體的普遍狀態或條件的綜合指數。生活品質一詞可以給予多種解釋，福利型的傳統量度是國民生產總值。國民生產總值表示一個國家年生產的貨物和提供的服務價值總和。然而，這一指數不包括下列因素：如環境的潔淨、與其他人類社會和自然和平共存，以及居民獲得醫療衛生設施等條件。環境科學家已提出，國民品質總值的新社會指標，要求對所有社會不良面估計成本，並從國民生產總值中減去，以提供精確反映生活品質的國民品質總值。對環境惡化的評估尚未實現，因而國民品質總值指數仍是一個不準確的指標。參見PHYSICAL QUALITY OF LIFE INDEX。

quarrying　採石；鑽掘作用　1.諸如板岩、花崗岩、砂和礫石等礦物資源的露天開採。

2.參見GLACIAL EROSION。

quartzite　石英岩　砂岩局部或接觸**變質作用**形成的中粒**變質岩**。石英岩有時用作築路碎石。

Quaternary period　第四紀　地質年代最後的一個**紀**，在**第三紀**之後，始於距今200萬年前。第四紀可分為**更新世**和**全新世**。人類出現在第四紀的初期。參見EARTH HISTORY。

R

rad　雷得　吸收**輻射劑量**單位，現已被戈端（符號為Gy）所取代，但仍是很常用的單位。1rad ＝ 0.01 Gy。

radial drainage　放射狀水系　參見DRAINAGE PATTERN。

radiation　輻射　1. 熱和其他能量通過電磁波傳播，如**太陽能**從太陽傳輸到地球。這些輻射的短波部分，如γ射線、紫外線和X射線，進入地球大氣層後失去能量，變成波長較長的形式，如紅外線和微波。參見INSOLATION，ALBEDO。

2. 在核子物理中，指的是放射性粒子發射**α粒子**、**β粒子**和γ粒子。α粒子和β粒子長時間照射，能嚴重損壞活組織，而常與核反應器和原子彈相關的γ粒子，能導致人生皮膚癌、脫髮、破壞骨髓和死亡等放射性疾病。參見IONIZING RADIATION。

3. 在演化中，適應輻射是一個先祖分歧出許多從屬類型，每種類型僅適應某種特殊的環境。適應輻射常出現在孤島，如加拉帕戈斯羣島的厤雀演變成14種獨立的種。

radiation dose　輻射劑量　物體所接受的**電離輻射**量，可以以下列幾種方式量度。

(1)吸收劑量。單位質量物質（如原生質）所吸收能量的量度，以單位戈瑞（符號為Gy）量度，等於焦耳每公斤。吸收劑量從前用雷得表示，1rad ＝ 0.01 Gy。

(2)劑當量。電離輻射的吸收劑量乘1數值因數，即品質因數，此量考慮到不同類型**輻射**，對組織損壞的不同效應。劑當量以西韋特（符號為Sv）表示，取代了以前所用單位**雷姆**。

(3)有效劑當量。對不同組織將劑當量乘以一個適合於器官的危險度加權因子，並將其乘積相加所獲得的輻射劑量。測量單位是西韋特。

(4)總有效劑當量或總劑量。將平均有效劑當量乘以暴露於一定輻射源的個體數所獲得的輻射劑量。測量單位是人－西韋特。

radiation fog　輻射霧　因地面在夜間快速冷卻而形成的一種**霧**。地面冷卻使覆蓋的空氣降到其**露點**以下，導致大氣中的水蒸汽凝結。輻射霧常在谷底形成，並與空氣潮溼、環境無風和天空無雲有關。這種霧在大部分地區都會出現，並會在一年的任何時間形成。夏天，清早輻射霧就被太陽的熱很快地蒸發。冬天，這種霧可以持續好幾天。對照ADVECTION FOG，STEAM FOG。

radiation sickness　放射病　參見RADIATION。

radioactive waste　放射性廢棄物　參見NUCLEAR WASTE。

radiocarbon dating, C－14 dating　放射性碳定年法，碳14定年法　能準確測定有機物年齡的一種方法。此法是1940年代在芝加哥大學提出的，根據從大氣通過**光合作用**進入綠色植物的元素碳，經食物鏈進入動物的骨骼和牙齒內。當生物體死亡即終止碳的攝取。**同位素**碳14是不穩定的，但以固定的速率衰變。留在樣品中的碳14同位素濃度與校準曲線對比時（圖51），可以計算準確的年齡。經過實驗分析，確定碳14的**半衰期**為5730年。碳14測定年齡可用於測定距今7萬年之內物體的年齡。當此技術首次提出時，曾假定大氣中碳14總量不變。然而之後證明，這個量是變化的，所以利用放射性碳測定年齡進行計算時，必須再加以校正。參見DENDROCHRONOLOGY，POLLEN ANALYSIS，ABSOLUTE DATING，RELATIVE DATING。

rain　雨　由雲中呈水滴狀態的**降水**。是由空氣中的水蒸汽在上升氣團中凝結而形成的。雨滴的直徑一般為0.5～2.5公釐，可由以下幾種方式形成。

(a)地形雨。水汽充沛的空氣遇到自然界的障礙物（如山脈）

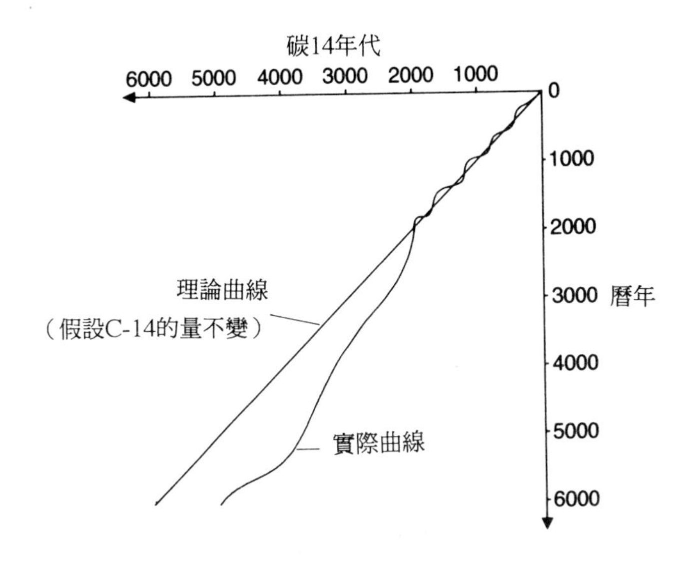

圖51 **放射性碳定年法** 樣本碳14年代的校正曲線。

向上偏轉而形成的。空氣中的水蒸汽冷卻和凝結，大雨在向風一側落下，在背風一側形成**雨影**。例如，蘇格蘭的西海岸地山降水大地形雨，而東海岸處於雨影區。

(b)氣旋雨或鋒面雨。與**低壓**或**熱帶氣旋**的通過有關。在北美洲和英國東海岸的大部分降雨都是鋒面雨。

(c)對流雨。由受熱的地面對水汽充沛的下層大氣快速加熱而產生的。這種空氣在大氣不穩定條件下上升，水蒸汽凝結並降大雨。**雷暴**是在溫帶和熱帶地區由對流加熱而形成的。

rainbow 虹 天空中的一種光現象。是當太陽光照射雨滴和霧，經折射和反射後在天空中形成的一系列彩色同心弧。虹的顏色範圍有紅、橙、黃、綠、藍、紫。

rain day 雨日 1. 在美國，指的是可以測量到降水的任何日子。

2. 在英國，指的是從上午9時開始，至少有0.2公釐雨量的任何24小時期間。

3. 在歐洲，指的是至少有1公釐雨量的任何24小時期間。

raindrop erosion, rainsplash erosion　雨滴侵蝕，雨濺侵蝕 在暴雨期間雨滴衝擊而引起的一種**土壤侵蝕**。雨滴侵蝕在世界上的大部分地區都會出現，若土壤無保護性的植被覆蓋，其作用會增大。尤其是在乾燥和半乾燥土壤，耕作、過度放牧和**焚燒**而移去植被的地區，會形成無保護的土壤表面，使其易受侵蝕，尤其是在土壤**下滲**容量，已因堵塞表面孔隙細土壤粒子而減低的地方。參見SHEET EROSION。

rainfall　雨量　一定時間內在地面所記錄的**降水**量，用標準**雨量器**測量。雨量常用年雨量公釐來量度。參見RAIN DAY。

rainfall reliability　雨量可靠性　雨量從一年到下一年變化的表示，月平均和年平均統計資料可以掩飾**降水**量在各年之間的變化和其季節分佈。雨量可靠性用平均數或偏離正常的極值百分數表示。例如，某地年平均雨量為500公釐，各年度之間變化為±35%。但在雨量極低的地區，好幾年的降水可能在24小時之內就一次下完，變化率就會很大。（參見圖52）。

rain gauge　雨量器　測量某一時間內落下**降水**量的儀器。各地區之雨量器的尺寸、形狀和安裝稍有不同。有一種是採用銅或塑料容器，其頂部為一個直徑125公釐的漏斗，漏斗高出草地面300公釐。雨量器的放置要避開植被或樹木產生的擾動。雨量器與障礙之間的距離應至少為障礙物高度的兩倍。

rain shadow　雨影　高地或山脈**背風面**區域。其雨量較**迎風面**區域要小。雨影是盛行風受丘陵和山脈抬升驅動氣團時形成的。此氣團冷卻和膨脹，大氣中水蒸汽凝結產生地形**雨**，落在陸地迎風的一面，在背風的一面，當氣團下落時就收縮和變熱，溼度和降雨的可能性大為降低。

雨影在各地都會出現，例如，智利阿塔卡馬沙漠位於安地斯

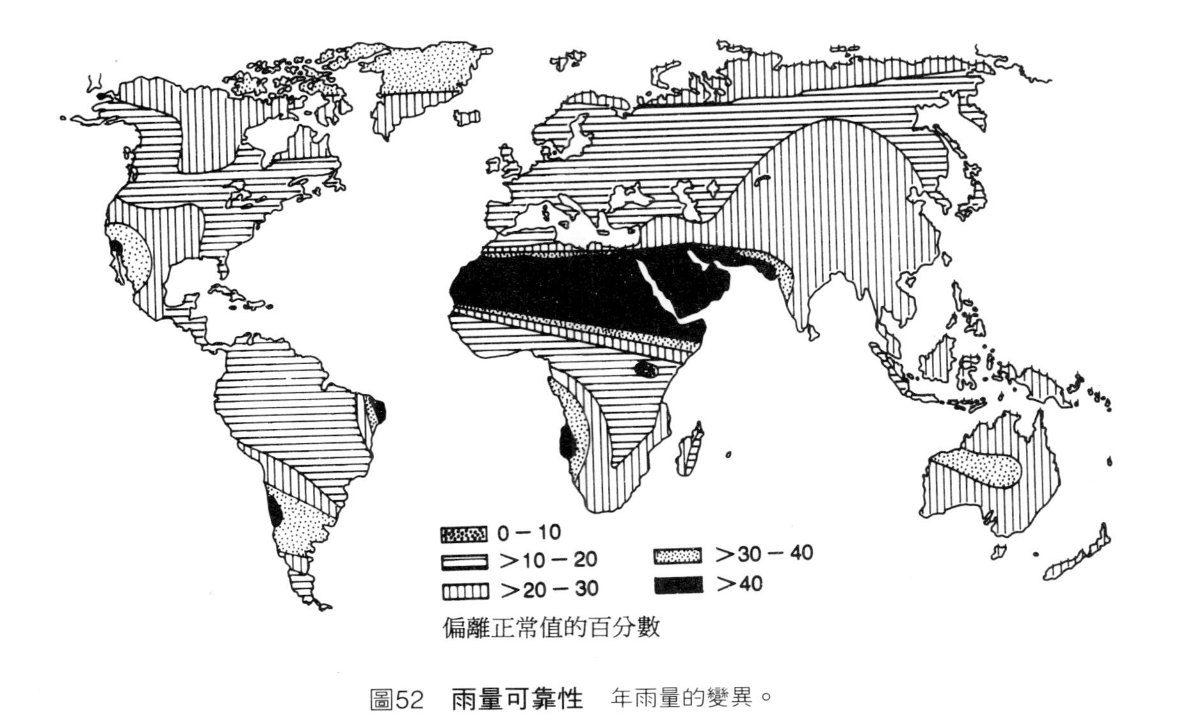

圖52　**雨量可靠性**　年雨量的變異。

山脈雨影區，美國死谷在內華達山脈的背風面。死谷的年降水量約為40公釐，而位於內華達山脈迎風面的舊金山，年降水量為600公釐。這種在雨量和相關氣候因素方面的差異，能對這些地區的村落分布和從事的農業類型起重大的影響。

rainsplash erosion　雨濺侵蝕　參見RAINDROP EROSION。

rainwash　雨水洗刷　參見SHEET EROSION。

raised beach　上升海灘　現在位於現有海平面以上的海灘，因為之前有較高的**海平面**，或原是較低陸地。海崖和浪蝕台常與上升海灘有關。上升海灘出現於山區時，常形成重要的農業和運輸用平地，例如，蘇格蘭毗連克萊德河灣的上升海灘。

ranch　大牧場　參見RANCHING。

ranching　放牧　大量牛、羊在開放大牧場或用有鉤刺的鐵絲網圍起來的商業放牧（參見GRAZING MANAGEMENT）。現在，因為**作物栽培**已擴展到中緯度**乾草原**的半乾燥地區之溼潤極限，以及一度為其禁區的熱帶**稀樹草原**，所以放牧遠不及一個世紀以前普遍了。這些地區包括從美國德州到加拿大的**北美大草原**、委內瑞拉拉諾群集、巴西內地荒漠、南非卡魯和澳洲內地。放牧也出現在阿根廷彭巴草原和紐西蘭南島高地等較潮溼的環境。

在澳洲，大牧場出現在土地價值低和農場建築物極少的人口稀少地區，其特色是有許多風車，將地下水抽到地面。牧畜的**容納量**低，充其量不過每頭牛3公頃，但在更乾燥地區有時每100公頃不過2頭牛。德州西部的大牧場可能超過8000公頃，而在亞桑塔那的某些地區是上述面積的兩倍。澳洲牧羊場平均為8000公頃，而某些北部牧牛場達2萬公頃以上。近代放牧趨向小型和帶有若干種栽培的多樣性單位。

rangeland　天然牧場　參見PASTURE。

range management　天然牧場管理　利用開放牧場或天然牧場，以穩定**生態系統**，獲得最多畜產品的組織和管理。19世紀後期，由於美洲大平原上的許多**放牧**企業的過度貯備，特別是經

1886～87年嚴寒的冬天，導致自然牧場退化和**容納量**降低很多。採用有鉤刺的鐵絲網，使**放牧經營**能適用於先前的自由放牧區。近來，天然牧場管理常根據休閒需要和自然資源的開發（如木材和礦物開採）這兩種相互矛盾的壓力，推廣到飼養貯備和野生動植的保護。

ranker, regosol, lithic haplumbrept　粗骨土　層次貧乏，僅能分辨**A層**和**母質**的**土壤剖面**，不能看到其他特殊土層。粗骨土在不同氣候、地形和在不同植被下於不同母質上形成，不形成適合於農業的土壤。這一術語只用於某些土壤分類系統。

rapid　湍流　河流坡度突然增加，引起不連續、快速流動的部分。湍流因河底基岩受到不同的侵蝕所形成，若不築起**水閘**越過此地形，則會阻礙航行。

rare organism　稀有生物　參見RED DATA BOOK。

ratooning　截根苗　參見MULTIPLE CROPPING。

Raunkiaer's lifeform classification　朗克爾生活型分類　根據植物適應不適宜的氣候環境能力的實用分類。丹麥生態學家朗克爾選擇芽在植物上的位置作為適合生存的最佳表示。他識別了15種主要生活形式，組成5個主要類型。

(a)高位芽植物。包含芽暴露於大氣位置的植物，因而不適宜於乾燥或氣候寒冷地區生存。按芽在地面上的高度，已識別4個子類。

(b)地表芽植物。包含芽長在接近土壤的氣生枝條上之木本植物或低生長的草本植物。已識別4個子類，它們都代表了乾燥或寒冷地區的特徵。

(c)半隱芽植物。包含芽在不適宜期間開始衰敗到地平面的植物，所以植物只有在氣生部分的下部仍是活的。大部分顯花草本植物和禾草屬於這一類。

(d)隱芽植物。包含地面不同深度生芽植物－地下芽植物、在水飽和土壤中的沼生植物、在水中的水生植物等。

(e)一年生植物。包含靠種子過冬的植物，其生命周期從春天到秋天。

由對世界植物區系的統計研究，朗克爾確定：世界植物區系中高位芽帶植物佔46%，地表植物佔9%，半地下植物佔26%,隱芽植物佔6%,一年生植物佔13%。之後的研究證明，植物氣候邊界可以物種在主要類型中的比例來定。例如，寒冷的溫帶區10%由地表芽植物組成，在北方地區為20%，在北極帶為30%。

reafforestation　再造林　在過去50年內或在記憶中曾有森林，但因自然或人的因素已除去森林的地方重新植林。

有些人蒐集資料時，把再造林和**跡地造林**區別開，跡地造林排除了經自然或**森林經營**使森林作物再生的部份。聯合國**糧食和農業組織**估計，在1980年以前全世界每年大約跡地造林或更新1450萬公頃，大部分在中國、前蘇聯、美國、加拿大、巴西和日本。對照DEFORESTATION。

Recent epoch, Holocene epoch　全新世　在**更新世**之後，約距今1萬年內，最後一個地質世。參見EARTH HISTORY。

recessional moraine　後退磧　參見MORAINE。

recycling　再循環　廢棄物的回收和再利用。再循環有：

(a)自然再循環。維持生命所必需的有限物質，如水、氮和碳所進行不間斷的再循環（參見CARBON CYCLE，HYDROLOGICAL CYCLE，NITROGEN CYCLE）。

(b)廢棄產品的再循環。由此可以回收和再利用許多重要的礦物資源，如鋼、銅、塑膠或纖維。這種物品再循環的程度取決於：(1)生產或提取這種資源的成本和其稀有程度；(2)廢品再循環的成本和容易程度；(3)政治和社會觀念，決定再循環的讓人接受的程度。

近年來材料匱乏引起再循環的高潮。再循環可分為3類：

(a)再利用。即物品經少量處理能再用的物品，如奶瓶。

(b)直接再循環。未能通過產品品質控制檢驗的和初次未用的製造機內部再循環的產品。剩餘的產品或未通過品質控制檢驗的產品，也能直接再循環，如紙、木材、鐵和鋼。

(c)間接再循環。商業或居民把用過的材料收集起來，進行分類、清洗和加工。由於涉及許多步驟，根據能源和人力來看，這種再循環的代價是高的。即使經大量處理後，重複利用的商品品質一般較低，不能再製成以前用的物品。例如，可將玻璃碾碎成小片，加在路面上抗滑；塑膠可製成薄片、小片或柵欄，不過是在外觀和結構不為首要考慮的條件下行使。

Red Data books　紅皮書　包含關於瀕於滅絕的稀有動植物資料的多卷匯編。紅皮書由**國際自然資源保育聯盟**的名義提出，包括哺乳類、鳥類、兩生類和爬蟲類、魚類和被子植物（高等植物）。涵蓋區域性並不完整，特別是開發中國家。對每一物種，提供關於情況、地區分佈、羣體規模、居住地、繁殖率和保護物種所採取的保護措施的資料。

物種證明為稀有，才能收入紅皮書。但對稀有的解釋不盡相同，例如，在英國是把全國地圖的10平方公里坐標方格上出現15次或15次以下的植物，稱為稀有植物。根據這一標準，英國本地植物的18%左右（321種）屬於稀有。

下列5類可定為稀有物種：

(a)瀕危物種。若按目前趨勢持續下去，就很可能滅絕的物種或亞種。

(b)脆弱生物。這種生物正被急遽開發，或棲息地受到強力環境擾亂，已無法適應這些變化。若目前的趨勢持續下去，則這類物種可能進入滅種情況。

(c)稀有生物。這種生物因其在世界上總量少而瀕危。稀有生物一般在有限地區分佈，例如，現今只生存在島上或山頂上。

(d)脫險物種。以前屬(a)～(c)類，因為採取相應保護措施，使其存在已失去威脅。

(e)不確定物種。包括很可能屬於(a)~(c)類的動植物，但了解不夠充分無法評估。

redevelopment　再開發　大城市或市內大住宅區的改建過程。這一術語意指用新建環境完全代替舊的，常用於描述1960年代在某些大城市貧困區和廢棄工業地區改建後所完成的大改建。此工程耗資巨大並對社會有極大的破壞，已逐漸使用新建築物改建**回填場地**的方法所取代。參見PRIORITY TREATMENT AREAS，OVERSPILL，DEPRIVED AREA，REPLACEMENT RATE，HOUSE CONDITION SURVEY。

reef　暗礁，礦脈　1. 恰好位於海水表面、低潮時可見的岩石脊。形成暗礁的岩石類型有很多種，可在沿海和公海中出現，若圖上沒有標明的，則為航行的障礙。參見CORAL REEF。

2. 非洲含金的礫岩。

3. 澳洲含金的石英脈。

reforestation　跡地造林　參見REAFFORESTATION。

refuge site, refugium　避難區　土壤、地形或氣候特殊的區域。生物體與其他物種競爭後，無能力適應周圍棲息地的變化而遷移此地。因而，此地的條件適合於維持祖先或殘存羣體。當更多的物種被迫佔有陸續減少的生存區域時，物種最終會滅絕。

regional metamorphism　區域變質　參見METAMORPHISM。

regolith, mantle rock　岩屑，表土層　覆蓋在未風化**基岩**的風化岩屑層。表土層含有**岩屑土**和沖積、風成、冰川、有機等各種沈積物。

regosol　粗骨土　參見RANKER。

regulator organism　調節生物　儘管外部物理環境變化，仍能保持內部新陳代謝相對穩定的生物體，主要的物種是哺乳動物。能利用複雜的熱調節循環系統，在外部環境變化的情況下能保持體內溫度不變。參見CONFORMER ORGANISM。

rehabilitation　修復　棄地、房子或地區的修建或改造以供使用。參見DERELICT LAND，HOUSE CONDITION SURVEY，IMPROVEMENT GRANT。

rejuvenation **回春** 使河流恢復其侵蝕能力的過程。當河流的基準面降低時，其縱剖面會開始後退到新**基準面**。在這一後退過程中，新後退的縱剖面與以前的縱剖面相交之處的坡常有顯著的變化。這些位置的特徵是有**瀑布**或**湍流**（參見圖53）。

河流向下侵蝕的再現有以下兩種方式：

(a)動態回春。起因於海平面的下降或陸地隆起。（參見EUSTASY）。

(b)靜態回春。起因於河流負荷的流量增加（參見FLUVIAL TRANSPORTATION）。這會產生**河流襲奪**或改變地形，使流量和負荷均增加。結果，河流水系可能有更大的侵蝕，新的下切作用開始。

許多地形與回春相關，包括**深切曲流**和**河階**。

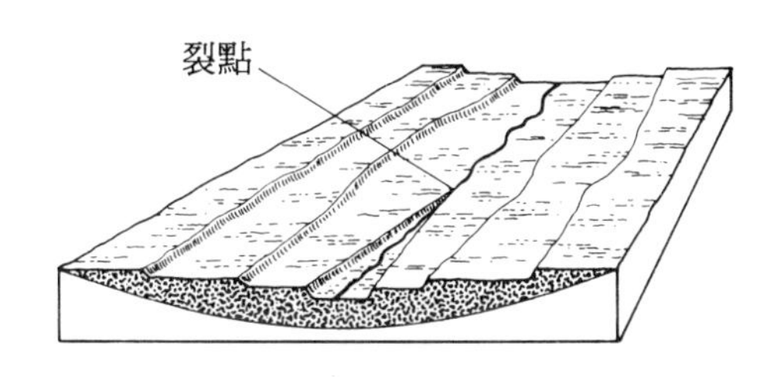

圖53 **回春** 因回春作用而形成的河階。

relative dating **相對定年** 確定歷史上物體或事件相對於其他物體或事件的年齡。相對定年是標明某一事件早於、遲於或同時與其他事件發生的，並常根據地層中處於低位置的物體先於較高者存在的原理決定。後冰期的花粉分帶系列，是採用相對定年法。雖然相對定年的技術可以很準確，但是無法提供事件發生的準確年代。若在一些關鍵點上能測定絕對年齡，則此方法將更為有用。參見POLLEN ANALYSIS，DENDROCHRONOLOGY，RADIO-CARBON DATING。

relative humidity　相對溼度　空氣中的**水蒸汽**與相同溫度和壓力下空氣中飽含水蒸汽量相比，以百分數表示。例如，若空氣中含有的水汽為飽和水蒸汽的三分之二，則相對溼度為66%。空氣保留水蒸汽的能力，一般隨氣溫上升而增加，在熱帶和赤道地區，相對溼度通常很高。這些氣候對人和引進的動物（如牛）常常是難以忍受的。對照ABSOLUTE HUMIDITY，參見HUMIDITY，SATURATION。

relay cropping　套作　參見MULTIPLE CROPPING。

relic population　殘存羣體　參見REFUGE SITE。

rem　雷姆　輻射劑當量單位，英文roentgen equivalent man的縮寫，現已被西韋特（Sv）所取代，但在日常仍有廣泛的應用。1 rem ＝ 0.01 Sv。參見RADIATION DOSE。

remote sensing　遙感　收集和分析地上、地下和海上和海下現象的科學資料，在收集過程中沒有實際接觸。可以利用普通航空照相、雷達或機載電子掃描器等多種方法收集。衛星用於遙感日益增多，一系列**陸地衛星**的發射始於1972年，用於探勘陸地資源和監測環境變化。遙感技術可提供諸如氣象擾動的形式和運動、某些礦床的存在和在地震之前沿地殼內斷層壓力的形成等情況的資料。參見FALSE-COLOR IMAGERY。

rendoll　黑色石灰土　美國土壤分類系統中所列入的像**黑色石灰土**的土壤。

rendzina, calcareous rego black soil, rendoll, derncarbonate soil　黑色石灰土　在**母質**上形成的中等質地的灰色、棕色或黑色土壤。碳酸鈣含量高如石灰岩。黑色石灰土層一般薄，僅30公分。易排水，含欠風化的碳酸鈣碎塊。黑色石灰土獨特的暗顏色是富含**腐植質**所致。因這種土壤薄且排水過度，不適合在農業上使用。

renewable resources 可更新資源 由於數量上的再生（生物上）或更新（物理上）能力，於理論上講是不能完全耗盡的物品。可更新資源，起源於無窮盡源（如**太陽能**）、大型物理循環（如**水文循環**）、或生物系統（如能複製自己的動植物）。近年來，人類活動已嚴重耗盡過去列入可更新的資源。例如，北海魚種和許多森林資源。當資源收穫速度高於更新時，就會出現上述情況。參見NONRENEWABLE RESOURCE。

replacement rate 替換率 在**再開發**地點所能容納原居民人口的比例。例如，1960年代，在英國破房清理區的替換率一般為35～45％之間。這一假定的替換率在估計遷往別處的過剩人口時是一個重要的因數。

Report on Community Forest Policy 共同體森林政策報告 參見GATTO REPORT。

reptile 爬蟲類 屬於脊椎動物爬蟲綱的所有成員。爬蟲類動物的祖先可以在化石上找到。首次出現在距今2億8000萬年前的**石炭紀**末，在2億3000萬至6000萬年前的**中生代**，出現各種形式的步行、疾行和遊水的爬蟲類動物在陸地上佔優勢。可能是現代鳥類的祖先。大多數爬蟲類動物是冷血的或變溫的，皮膚乾燥、多鱗。後代由大型硬殼羊膜蛋產出。現代爬蟲類動物包括陸龜、海龜、蜥蜴和蛇。

reserve 儲量 目前尚未開發的**礦物資源**。

residential density 居住密度 人的居住面積密度的量度。居住密度值是下列各項的函數：

(a)總居住密度。用於表示在資料按空間分組的單位（如城市選區或人口普查區）內總人口與總土地面積之比。

(b)淨居住密度。在區域單位內總人口與居住使用的淨面積之比。包括每所房子佔有的場地和鄰接道路寬度的一半。

(c)佔有率。在所研究的住宅內居民與可居住的房屋之比。住宅單元密度的相關表示，是計算每英畝或每公頃可居住的房屋數。

繪製密度圖時，指出城市內某區是過度擁擠。當大眾訂定更嚴格的最低生活標準，可接受的密集度水準就改變。在大多數現代化國家中，認為每室在1.5人以上是不合乎需要的。參見CROWDING。

residential segregation **居住隔離** 在城市特殊住宅區內種族、宗教和社會階段的成羣集結。在現代城市中，隔離在有種族差別的下層社會與經濟區最明顯。這種隔離可以是自願，或為外界脅迫所推動。參見GHETTO。

residual mineral deposit **殘留礦床** 起因於**化學風化**後的殘留礦物和岩屑，如石灰岩區的**紅色石灰土**。某些殘留礦床，如**鋁土礦**和**磚紅壤**有頗大的經濟價值。鋁土礦在蘇利南、牙買加、圭亞那、澳洲和非洲的一些地方進行開採，磚紅壤在巴西和委內瑞拉進行開發。

resilience **復原能力** 在生態學中，即使氣候、污染或其他生物體競爭，或由於人類活動日益增加（參見DISTURBANCE），**生態系統**仍呈現的堅固性或耐久性。復原能力是生態系統滅絕可能性的量度，取決於：

(a)生態系統內固有的變化範圍。某些生態系統表明自然趨向於在兩個寬間距極端之間變動，因而能適應人類所施加的變化。相反，很小變動的生態系統，對人為變化的復原能力小。

(b)系統經擾動後回復的速率。

resource **資源** 1. 諸如水、氧、化學養分等物質，以及活的生物體為完成其生命循環所必需的土地。在物種的一生期間，需要許多不同比例的資源。對於大多數活的生物體，資源僅用於維持生命。但對於人類，所利用資源的附加作用是維持和提高人的物質福利。

2. 經濟資源，如土地、礦物、化石燃料或勞力。資源的效用取決於同時期技術進步的水準，在一特別地點或時間被認為資源，在別處或在不同的時間則可認為是無用的。例如，油田只有在汽機車時代，才會是有價值的資源。參見RENEWABLE RESOURCES，NONRENEWABLE RESOURCES，RESOURCE MANAGEMENT。

resource management　資源管理　為了能長期保持經濟和生態系統的穩定而對**資源**有計畫利用。濫用或錯誤的利用資源，會導致生產成本短缺、環境的物理侵蝕或人類危機的增加，許多國家政府和非政治性機構（如**國際自然資源保育聯盟**），正致力於尋找複雜的資源管理技術，以保持生物圈的品質。這些技術包括：**再造林**、**土壤保育**、廢棄物**再循環**、**土地利用規畫**、人口控制等。參見ENVIRONMENTAL MANAGEMENT。

rest area　休息區　參見SERVICE AREA。

restoration bond　復原合同　開發公司在開發期間造成土地破壞後再恢復所負擔費用的現金總數，復原合同常見於露天開礦區，特別是在**城鄉邊緣**和農業區。

ria　溺河　常為不規則的長、窄岸灣，其深度和寬度向內陸減小。溺河常與海岸垂直，是冰期後的海平面上升淹沒河谷較低部分而形成的。溺河出現於法國布列塔尼、西班牙西北部、愛爾蘭西部海岸，其價值是作天然海港，出現處常發展成為港口。

Richter scale　芮氏震級　地震強度的對數標度。美國地震學家芮克特於1935年創立，此標準指出地震產生能量的大小和數值，範圍從0到9。目前記錄的最強地震超過8級。利用芮氏震級來量度地震比**修正的梅爾卡列震級**更為實用。

ridge of high pressure　高壓脊　兩低壓區之間的狹長**反氣旋**區域。在與**低壓**相關的多變天氣，時有高壓脊經過，而出現一段短暫的晴朗和乾燥天氣（參見圖54）。

rift valley, graben　裂谷，地塹　以兩平行**斷層**為界的地面下沈狹長槽形，由中心塊坍陷或相鄰塊的隆起所形成的。裂谷的例子包括美國加州的死谷，和蘇格蘭的中央谷地。

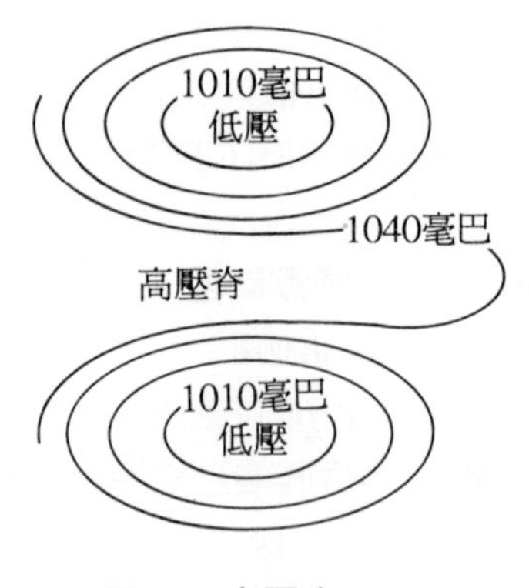

圖54 **高壓脊**。

right of way 行路權 1. 根據契約或長期習慣取得人通過其他土地的合法權利。

2. 根據契約或長期習慣確定的**人行道**或道路。有條理的步行有時需要確定行路權，這個權利會因修築圍牆而受到阻礙。

rill 小溝 常出現在斜坡中間的淺溝。由片狀地面水匯整合流，侵蝕土壤形成的（參見SHEET EROSION）。小溝的寬度和深度最高能達30公分，當地表**逕流**增加時，能逐漸合併和加寬下坡，形成**溝蝕**。

rime 霧凇 諸如汽車、籬笆和樹木等物體在**迎風面**所形成的冰。過冷水滴被微風吹到與暴露表面接觸凍結時，便形成霧凇。參見FROST，SUPERCOOLING。

Ring of Fire 火環 參見EARTHQUAKE。

river 河流 由支流補給、沿著一定水道流動的天然淡水流，常流入海洋。河流起源於小水道的合併、湖泊或天然泉。在潮溼地區，河流是地形的長存景象；而在乾燥地區，只是間歇性流動。多數陸地都有大河系，例如，非洲的尼羅河、北美洲的密西西比河、亞洲的恆河和歐洲的萊茵河，其**集水區**都廣達幾千平方公里以上。參見RIVER PROFILE，RIVER CAPTURE，REJUVENA-

TION。

river capture, river abstraction, river beheading 河流襲奪 快速侵蝕河流獲得另一河流的河源，並將其**流域**的一部份併入水系中（參見圖55）。河流襲奪是**溯源侵蝕**所引起，分流處稱為襲奪彎。被襲奪的河流失去相當大一部分上游水源，在其谷地成為溺水河，此河的新源可以在襲奪彎下。谷地廢棄的廣區域形成**風口**。若襲奪幾個水流，則主水流可有很廣闊的**集水區**。在英格蘭的亨伯河流域提供了河系經河流襲奪而發展的典型。

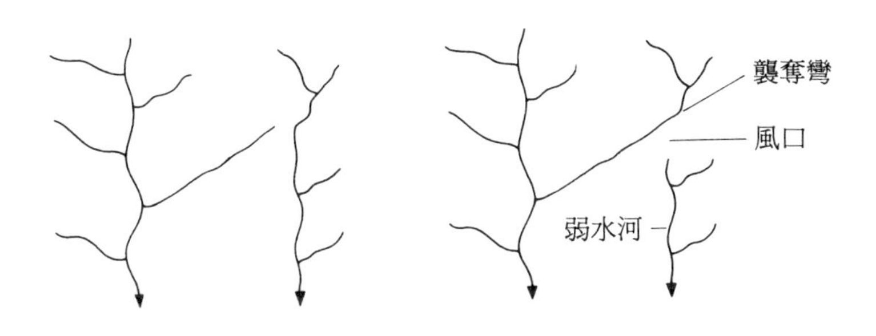

圖55 **河流襲奪** 快速侵蝕水流產生的襲奪。

river profile, thalweg 河流縱剖面，深泓線 河道的縱剖面。通常為上凹曲線，坡度最大之處接近河流源，當河流接近**基準面**時是最平緩之地。河流沿水道不斷侵蝕、輸運和沈積物質。若這些程序是平衡的，則此河流被認為已達到均衡剖面，或均夷河流，這種平衡是動態平衡，因為諸如增加負荷和回春等因素都會改變河流縱剖面。對照CROSS-SECTION，參見FLUVIAL EROSION，FLUVIAL TRANSPORTATION，FLUVIAL DEPOSITION。

river regime 河況 河流的日平均或月平均流量，常以通過測量點立方公尺水量來表示。河況的數值能用於模擬**集水區**的水流量，預測洪水及低流量情況的資訊。

river terrace 河階 位於河谷兩側平坦的或稍傾斜的沖積台地。當河流切入其本身沈積物進入下部基岩（參見圖53）時，河階可以通過**回春**形成。經過新河谷水道變寬後，在第一個上又形成第二泛濫平原。因而，最初的谷底邊緣為河流新水準上的階地。接著發生的回春能形成更多的階地，具有階梯狀。當河谷兩側形成同一水準的階地時，其**橫斷面**是對稱的。

當曲折河垂直侵蝕其**泛濫平原**時，也會形成河階，這種方式形成的階地是不對稱的，為非對稱剖面。

階地出現在世界各地，不列顛哥倫比亞的弗雷澤河、蘇格蘭的芬德霍恩河和紐西蘭的奧塔戈的克盧薩河上都可以發現。

河階有若干特徵，可被人類利用。其表面一般高出洪水水位，**沖積土**具農業價值，**沖積層**本身排水良好、地勢平坦，適用於建設住宅和交通線。沖積層也能為建築提供砂和礫石。由於這些因素，美國東部和中部的住宅區型態常與河階有關。

Roaring Forties 咆哮西風帶 南緯40度和50度之間盛行的**西風帶**。經常有強風，天氣多風暴、潮溼和溫暖，此區域的特徵是有常年向東的**低壓**。

rocking stone 搖擺石 參見ERRATIC。

rock salt, halite 岩鹽 由蒸發海水沈積氯化鈉礦物組成的**沈積岩**。岩鹽用於化學和冶金工業，以及用於製造食鹽、玻璃和肥皂。岩鹽與砂混合，常用於處理冰封的道路。但這一作法因撒鹽會損害鄰近的植物而不提倡。

rock flour 岩粉 參見GLACIAL TRANSPORTATION。

room occupancy 室內佔有率 室內的擁擠程度，以一家人數與可居住的房子數之比表示，但不包括廚房和浴室。在先進的國家中，每室1.5人或1.5人以上的佔有率，認為是過於擁擠。參見CROWDING，RESIDENTLAL DENSITY。

root nodules 根瘤 屬於豆科植物。草本犀、豆、豌豆、野豌豆和其他莢果的根組織上像腫瘤一樣的瘤。含有共生的固氮細菌，能使植物在缺氮的土壤中繼續生存。莢果的根部看來好像隱藏一種物質，能促使形成根瘤的細菌增加，常見的是根瘤菌屬類。固氮的瘤也出現在若干非豆科植物中，特別是赤楊樹。

rotational bush fallow　灌叢輪休制　基於**休耕制**的一種熱帶農業作法。其中栽培期長或**休耕**短，或兩者短於實際的**移墾**，但耕作的年數仍少於休耕時間。應人口壓力或更普遍的需要壓力，這一土地利用已從較長休耕的移墾進化而來。

灌叢輪休制或周期性耕作包括改變種植和休耕範圍，以及改變生態和栽培多樣性的作物。灌叢休閒耕作制的一些特徵與移墾相似，特別是在用**焚燒**清除土地、所使用工具和**複作**等作法方面。然而，當需要更多栽培時，包括苗床準備，如用**堆土種植**和除草時，為了補償較短的休閒耕，滿足土壤肥力不足的要求，通常是施以糞肥。家庭一般是永久定居，不大可能只從事**生存農業**。雖然土地權可能仍是使用權（參見LAND TENURE），但土地仍常標明是個別家庭的財產或責任。在乾燥的地區，在兩個生長季之間暴露出裸土，使**土壤侵蝕**的危險增加。灌叢輪休制的目的是形成固定的休耕制，使其不回復其自然狀態。儘管人口壓力的增加和熱帶農業的強化，但這一作法的擴展已受**濫伐**影響。

rotational grazing　輪牧　參見GRAZING MANAGEMENT。

rotational period　輪作期　參見CROP ROTATION。

r－species　r物種　具有身體尺寸小、發展快、固定增長量大、生殖期始於生活史早期和一旦完成就不再存在，以及整個生活史的壽命在一年以內之特點的植物和動物統稱。r 物種的例子是**一年生**植物或昆蟲。對照K-SPECIES。

rudaceous rock　礫狀岩　參見SEDIMENTARY ROCK。

runoff　逕流　不被土壤吸收、沿地表流動而匯入河道的水。逕流一般是降雨或融雪的產物，其逕流量受諸如岩石和土壤的下滲能力、植被覆蓋、地表溫度和地面坡度等因素的影響。參見OVERLAND FLOW，INFILTRATION。

rural development　農村發展　農村經地區經濟增長、現代化、增加農業生產力、保證基本需要和諸如教育、衛生護理和供水等設施而發展建設的過程。這些目標的完成一般取決於各樣規畫的管理系統的性質，和國家對於諸如**土地使用權**、**土地改革**、**援助**的支付以及**糧食政策**等問題的政策。參見INTEGRATED RURAL DEVELOPMENT PLANNING。

rural－urban continuum　城鄉連續體　一個與居民社會分類學相關的概念。將其社會特徵與居住地規模、密集度和環境聯繫起來。這一術語意指：從鄉村到城市的城鄉連續之各種居住地，具有不同社會階層比例、不同穩定性、一致性和一體性的生活方式的特徵，城鄉連續體表明社會的變化程序。

居住區類型與社會特徵和生活作風相關，因未能認識到在城市中可以出現基本上鄉村特徵的社會，在鄉村可以出現具有城市道德標準或品性的社會而已受到衝擊。在鄉村社會中在不顯著增加居住地的規模時，其社會變化程序是相當明顯的。城鄉連續體支持**城鄉邊緣**的概念，把基本的城市生活方式與鄉村混合、融合在一起。

rural－urban fringe　城鄉邊緣　在城市或建築物多的地區，城鄉土地混合使用（參見LAND USES）的地帶，具有特殊社會和人口統計特徵。城鄉邊緣包含最接近建築物多的地區的邊緣，即鄉村**土地利用**轉換到城市功能的地區，其外圍以鄉村特色佔優勢，但擁有諸如飛機場、醫院、工業區和超級市場等城市要素。

在大多數城市周圍有城鄉邊緣，其寬度隨城市對鄉村環境壓力的強度而改變，加速城市向鄉村地區擴展的主要力量包括：城市發展對土地需要量的增加、失去農業勞動到城市就業的增加和農村**上流社會化**的增加。在這一地區農民的另外問題包括：城市增長和政策的不穩定性、**破壞行為**、無心的侵害、**污染**、廢棄物處理和飼養動物的顧慮。這種對鄉村地區的壓力可由政府的**綠帶**方針予以抵消，但城鄉邊緣還是土地利用的主要衝突地區。

S

saddle　山鞍　參見COL。

safety rods　安全棒　參見CONTROL RODS。

Sahel　薩赫勒　位於非洲撒哈拉沙漠和南部，較潮溼的**稀樹草原**與森林地帶之間的半乾燥地區。從塞內加爾、茅利塔尼亞、馬利、布基納法索、尼日、查德，延伸到奈及利亞和喀麥隆北部，東向蘇丹。這一術語來源於阿拉伯語，意思是邊緣，因為位在沙漠和耕地之間。

薩赫勒的特徵是年降水量低於500公釐，白天大部分時間高溫。境內大部分地區各年降水量變化，與平均值相差達±40%（參見RAINFALL RELIABILITY）。自從1960年代後期以來，**乾旱**已是經常發生的問題，許多氣象站記錄的降水量為年平均降水量的80%以下。在許多地區中由於無限制放牧和人口過多，從多荊棘的草原到多草叢的草地之間已有大塊禿地。這影響這個地區的**沙漠化**。

這一地區以前曾是資源頗多的地區之一。在8～17世紀之間，有許多大企業管理撒哈拉的金、象牙、鹽、奴隸和可拉果等方面的轉口貿易。尼日內陸三角洲的肥沃地區有一些繁榮的大城市中心（如廷巴克圖），曾是世界上最大城市之一。現在，薩赫勒地區是世界上最貧窮的地區，受到乾旱、食物短缺、周期性**饑荒**、**薪柴危機**、交通工具缺少和查德進行軍事衝突等多方面的困擾。

salinity　鹽度　河流、湖泊和海洋中溶解鹽的含量，以千分比表示。所有水都含有少量溶解鹽，但海水中含有的鹽比河水高一些。乾燥地區的內陸湖由於蒸發速率大而含鹽量最高。

salinization　鹽化　易溶的鈉、鎂和鉀鹽在土壤中的積聚。鹽化常出現在乾燥和半乾燥地區（那兒蒸發速度超過降水速度），特別是沿海地區和下伏**蒸發岩**的地區。在這些環境中，由於有限的**淋溶**作用保留了土壤中易移動的鈉和鉀鹽，而使鹽度增加。地下鹽水通過毛細作用向上運動，鹽化就大為加速。空氣和地表溫度高，使地下水中的鹽類蒸發和沈積。

鹽化也可能是由於**灌溉**用水過度，或不恰當地用水引起的。長期炎熱、乾燥時灌溉，能使鹽類顯著向上運動，而積聚成鹽磐。如阿斯旺高壩建成、埃及灌溉擴大後即刻出現的情況，鹽磐形成有毒層，會殺死農作物。鹽化過程形成**鹽土**。參見ALKALIZATION，CALCIFICATION。

SALR　飽和絕熱直減率　參見SATURATED ADIABATIC LAPSE RATE。

saltation　跳動搬運　參見FLUVIAL TRANSPORTATION。

salt marsh　鹽沼　1. 在河口灣水壅處或**沙嘴**背風面出現的海岸沼澤。當沼澤沈積物被植被截住時，沼澤增高，只在漲潮最高時淹沒。能開拓沼澤以放牧，如英格蘭肯特郡的鄧傑內斯沼澤。

2. 乾燥地區的內陸沼澤，因水**蒸發**而含鹽量很高。

salt pan　鹽磐　參見SALINIZATION。

salt weathering　鹽風化　參見PHYSICAL WEATHERING。

sampling　抽樣　不檢查總體而選擇無偏代表樣本的程序。環境研究中不可能研究總體，而選擇一部分（5～10%）代表全體。樣本必須隨機從總體中抽取。參見PLOTLESS SAMPLE，QUADRAT，TRANSECT。

San Andreas Fault　聖安德列斯斷層　沿美國加州海岸的一系列**斷層**。是由於美洲和太平洋**岩石圈板塊**的相互移動，類似於太平洋海盆中的其他斷層。聖安德列斯斷層線來自加州灣，向西北通過舊金山。參見EARTHQUAKE。

sand　砂，沙　粗粒礦物，主要由石英顆粒組成。砂源於富石英岩石如砂岩和花崗岩的化學和物理風化。砂粒的直徑隨所採用的土壤質地分級而改變（參見SOIL TEXTURE和圖58）。砂含量高的土壤在春季易鬆散和受熱，可栽培。然而，砂粒的**高孔隙度**常易引起乾燥，且由於**土壤剖面**內的快速**淋溶**而失去養分。

砂是重要的經濟資源，是混凝土的材料，也是用在過濾污染水，和製造玻璃、磨料和電氣設備的原料。

sandstone　砂岩　砂粒經**壓密**和**膠結**作用而形成的**沈積岩**。可根據砂和膠結物的礦物成分分類。砂岩常用作建築材料，或提供玻璃製造工業和製造水泥的原料。

sandstorm　沙暴　離地面僅幾公尺的夾沙強風，使能見度降低並衝擊地面，使植被乾枯，嚴重刺激動物的呼吸器官表面。沙暴常局限於乾燥地區。參見DUST STORM。

sandur　冰水沈積平原　參見OUTWASH PLAIN。

sanitary landfill　衛生掩埋　把有害和**有毒廢棄物**埋到地下。廢棄物散佈在土壤或碎石之間，以使腐爛產生的自生熱及諸如**甲烷**和硫化氫等有毒氣體的累積量減至最小。在美國，大約80%的城市廢棄物是以衛生掩埋處理的，其餘的燒毀、再循環、合成或倒入海中。衛生掩埋的地點應仔細選擇，以免地下水將廢棄物的污染物輸運到其他區域。

saprophage　腐生生物　從死的或腐爛的動植物獲得食物的生物。參見SAPROPHYTE。

saprophyte　腐生植物　從死的或腐爛的有機物溶液，獲得營養的植物或微生物。**真菌**和**細菌**是腐生植物，即會釋放化學物質，否則會留在動植物細胞內。一旦釋放後，其他生物體（主要是綠色植物）就能獲得化學養分而重新利用。在某些生態系統中，腐生植物負責轉移高達90%的養分。參見SAPROPHAGE，CARBON CYCLE，NITROGEN CYCLE，DETRITUS FOOD CHAIN。

saturated adiabatic lapse rate（SALR） 飽和絕熱直減率 上升飽和氣團出現的熱損失率。飽和絕熱直減率會變化，是取決於氣團的溫度和相對水蒸汽含量。從每100公尺0.4℃的最小值，到每100公尺0.9℃的最大值。對照DRY ADIABATIC LAPSE RATE，ENVIRONMENTAL LAPSE RATE。參見SATURATION。

saturation 飽和 在特定溫度和壓力下，不可能含有更多**水蒸汽**的氣團狀態，**相對溼度**為100%。使氣團飽和所需的水蒸汽量隨空氣溫度上升而增加。在氣團周圍存在形成水滴的特殊物質，就會在低於**露點**溫度下產生**過飽和**。

savanna 稀樹草原 以禾草（禾本科）和苔草（莎草科）佔優勢的熱帶植物**羣落**。實際上，稀樹草原呈現由大量物種組成，包括從完全無樹的草地，一直到疏林為止。後者喬木和灌木幾乎形成連續覆蓋而下面以禾草佔優勢的林下灌草層，稀樹草原覆蓋的地區常常呈現乾溼季明顯的氣候，年雨量在500和2000公釐之間，一日最低度溫很少低於20℃。

稀樹草原有多種方式分類。最方便的一種分類，有下列三種簡單的類型：

(a)繁茂高禾草、低喬木稀樹草原。只出現在非洲。其中象草（狼尾草種）在溼季可長至3公尺，落葉喬木散佈在草原。這一類稀樹草原的位置極接近**熱帶雨林**。

(b)金合歡高草稀樹草原。高度為0.75公尺和1.75公尺之間的草叢，形成連續的地面覆蓋。在非洲，最常見的喬木是金合歡屬植物。在澳洲，桉樹屬植物為普遍。在南美有大量常綠高喬木。

(c)喜旱高草不連續覆蓋，並具有散佈的多刺高灌叢。出現大塊禿地。已將沙漠草地稀樹草原這一術語用於這些地區，常出現在真沙漠邊緣，例如，沿著撒哈拉沙漠南部邊界、澳洲大沙漠邊界附近、印度德干高原西部和東南部邊界附近等地。

稀樹草原起因複雜，是由於氣候、土壤、地形、焚燒、和生物相互影響以及**人為因素**的特殊組合形成的。**焚燒**無疑在形成稀樹草原中起了重要作用。重複焚燒能完全根除木本植物和改變草種，趨向於耐火品種。30年以上未燃燒之處，就常能見到樹木再生。一旦形成後，稀樹草原通過大量野生動物羣（鹿、公羊、雄兔、斑馬、長頸鹿、袋鼠、沙袋鼠、原駝駱馬）對牧場施加的壓力和馴服的牛和山羊新近對牧場施加的壓力而保持下來。

scarp　懸崖　參見ESCARPMENT。

schist　片岩　中等顆粒的**變質岩**。由板岩經區域**變質作用**而形成。片岩有良好發育葉理。

science park　科學園區　供公司從事研究和先進技術開發用的開發區。商業開發與大學內進行的基礎研究緊密相關，自1970年代後期以來，大學內的科學園區十分常見。

科學園區試圖仿效美國1970年代早期以來的傾向，特別是加州的矽谷，高技術工業集結在高級研究機構附近。在英國，以政府出資鼓勵在較少受優惠地區建立科學園區後，就在諸如劍橋等高度發達地區自行發展起來。參見INDUSTRIAL PARK。（編按：台灣新竹科學園區鄰近清華、交通兩所大學，以及工業技術研究院，即秉持此理念）

sclerophyllous　硬葉的　生有灰綠色小葉，葉上有短絨毛一樣的覆蓋物。這種適應使植物能在**地中海型**氣候的乾燥溫暖的冬天生存，且分茂盛。大多數硬葉植物是常綠的，葉面覆蓋厚角質層，甚至將葉減小為小葉片或針。莖常為軟木或結成胝，根系由深直根和密集的叢集表層根組成。許多硬葉植物適合在漫長的乾熱夏天保持休眠狀態，而在寒冷、潮溼的冬天與春天生長。參見FYNBOS，GARRIGUE，MAQUIS。

scree, talus　碎石堆，岩屑堆　在懸崖或陡底下的角狀岩屑堆積。其堆積的厚度可達幾十公尺，是岩石層面**物理風化**產生岩屑、分離落下而形成的。岩屑堆積可以形成陡峭面，稱為岩屑堆。若這些堆合併，則為碎石坡。

岩屑堆積物的靜止角在25～35度之間。岩石堆積逐漸向下運動，稱為岩屑潛移。岩屑潛移起因於不同的因素，包括通過晝夜溫差、凍融作用和下落岩石碎塊的撞擊等引起的岩屑的運動。

許多新生的碎石坡極不穩定，即使小的落石也能使碎石堆滑動，破壞附近的道路、鐵路或住宅區。碎石坡可藉植被加以固定，就可防止生命和財產的損失。

scree slope 碎石坡 參見SCREE。

scrub 灌叢 在諸如農業和森林等商業用植物的間隙，生長的矮喬木或多刺植物的樹叢。

scrubber 洗滌器 用於除去生產過程中所產生的廢氣污染物之裝置。大多數洗滌器採用細液態射流去沖擊，除去固態顆粒。另一種常用的技術是將氣體通過溼填料，其中的液體就除去固態或液態污染物。參見CYCLONE DUST SCRUBBER，ELECTROSTATIC PRECIPITATOR。

sea breeze 海風 沿海地區在白天出現的微風。因陸地溫度升高較快，使氣壓略為下降而由海上吹向陸地。

seafloor spreading, ocean－floor spreading 海底擴展，洋底擴展 洋底從**中洋脊**處橫向擴展。這些脊在**岩石圈板塊**的建設性邊界處，**地函**上部對流使熔岩流出，形成新的洋地殼。**板塊構造**學說支持洋底擴展的理論。

sea lane 航線 在海洋繁忙的區域中判明的通路。在此航線上能安全、密集地航行。

sea level 海平面 1. 海洋表面的平均水準面，不受潮汐運動或波浪的影響。平均海只能在一處經多年測量才能計算出來，並且必須考慮到陸地相對海的上升（參見ISOSTASY）。

海平面經常不斷改變。其變化取決於月球引力的影響、**冰川**所擁有的水量，和**水文循環**的運動速率。一些科學家認為，由於大氣逐漸變暖以及隨之發生的冰層融化，全球的海平面將在下一世紀上升（參見GREENHOUSE EFFECT）。

2. 高低潮線間的平均高度，用作測量高度或深度的基準面。

sea level change　海平面變化　海平面因絕對海水面升降或構造運動（參見PLATE TECTONICS）而上升或下降。海平面變化對許多沿海地區，以及河流水系中的**回春**作用有重大影響。

seam　礦層　富礦的**層**，如煤層。

seamount　海底山　水下邊緣陡峭的山，因火山引起的圓錐形峯。海底山可以高出**深海平原**3700公尺。許多海底山和**海桌山**位於太平洋地區，包括中太平洋脊和皇帝嶺。

sea wall　海牆　像牆一樣的人工構築物。常用大礫石或混凝土構成，目的是為了防止**海洋侵蝕**或淹沒沿海地勢低地區，損壞或毀壞海港和住宅區。

secondary consumer　次級消費者　參見FOOD CHAIN。

secondary forest　次生林　常指**原始林**經採伐或破壞後取代的植被型。當森林受到小擾動時，次生林看上去與原始林極相似。不過樹種多樣性、分層、能量流動方式，和動物區系之多樣性不可避免地被簡化了。當植被能再佔據從前的農業地區時，如在熱帶**刀耕火種**，會出現植物出缺乏多樣性和動物種類極少的景況，特別是鳥類和樹棲的猴種，現稱為天然林的所有地區，充其量不過是很老的次生林區。

secondary oil recovery　二次採油　參見OIL。

secondary pollution　次生污染　兩個或兩個以上的**原生污染**源之間，或原生污染物和大氣中天然存在的元素之間的化學反應所產生的空氣污染。最有名的次生污染物是**光化學煙霧**。參見ACID DEPOSITION，SYNERGISM。

secondary succession　次生演替　在某些地區，先前的**羣落**被移去後而發展成的植物羣落。在這一變化中，**人為因素**是最常見的，特別是**濫伐**、開墾和**焚燒**，也會由山崩、洪水、風暴破壞和疾病等自然原因引起。次生演替的發展速度取決於**擾動**的嚴重程度，有適當種子能開始演替，使擾動區減少。對照PRIMARY SUCCESSION。

secondary tillage **次耕** 參見TILLAGE。

sediment **沈積物** 河流、冰川、海洋和風所搬運和沈積的土壤顆粒和岩石碎屑。參見SEDIMENTATION，SEDIMENTARY ROCK，ALLUVIUM，ALLUVIAL FAN。

sedimentary rock **沈積岩** 沈積物經**成岩作用**所形成的岩石。有三種主要的沈積岩：

(a)碎屑沈積岩，機械形成的沈積岩。源於火成岩、變質岩和沈積經風、水或冰的侵蝕、輸運和沈積的碎屑。碎屑岩按照沈積物的顆粒大小分為：(1)礫狀岩。由海岸沈積物（如角礫岩和礫岩）所組成；(2)砂質岩。由膠結的中等粒度沈積物（如砂岩）組成；(3)泥質岩。由微小的沈積物（如頁岩）造成。

(b)有機沈積岩。由動植物遺骸形成。碳質岩包含煤以及石油和天然氣伴生的副產物等主要經濟資源。許多碳質岩和矽質岩帶有有機物。

(c)化學沈積岩，來源於淡水和海水蒸發的沈積礦物。蒸發岩以及若干碳質岩和矽質岩均以此方式形成。

大多數沈積岩在海中形成，雖然某些源於陸地或過渡區。由於沈積環境和沈積物質的變化，沈積岩中出現**層理**。各個岩層沿**層面**分開。許多重要的經濟資源，包括建築石料、金、錫、鉻、鉑以及金剛石、煤、石油和天然氣，均與沈積岩有關。

sedimentation **沈積作用** 沈積物的形成過程。參見GLACIAL DEPOSITION，MARINE DEPOSITION，WIND DEPOSITION。

seine netting **圍網** 一種**捕魚**方法。利用其頂部的浮體和底端的重物將網垂直地懸掛在水中的兩點之間。當網逐漸拉緊時即將魚捕獲。圍網用於捕**遠洋魚**。目前使用圍網是非法的，因為會捕獲從網穿過的大小魚類，包括未成熟的魚和繁殖的雌魚。導致魚類的過度開發和耗盡，特別是用網眼小的網時。對照TRAWLING，LINE FISHING。（編按：常用漁網有圍網、流網、拖網三種）

Seismic Sea Wave Warning System　海洋地震波警報系統　參見TSUNAMI。

seismic wave, shock wave　地震波，衝擊波　**地震**的**震源**處釋放能量所引起的顫動。

seismograph　地震儀　一種靈敏的儀器，測量並記錄**地震波**造成的地動。

selective breeding　選擇育種　利用雜交繁育和受精發展具有所需遺傳特性的動植物的過程。選擇育種需利用遺傳法則，培育新的和改良的農場動物和作物，以適應農場主人、農產品供應者、食品加工者的需要，和消費者的要求。參見HYBRID SEED，GENETIC ENGINEERING。

selective herbicide　選擇性除草劑　一種化學物質，施加於土壤、植物或作物，能有效地殺死某類植物，特別是**雜草**類。參見HERBICIDE。

self–sufficiency　自給自足　一種生活方式，食、衣、住的基本需要，由鄰近的家族或社會的力量得以滿足和維持，不依賴於這個羣體以外的貨物和服務。

傳統農業體制以**生存農業**和牧民的**遊牧**為基礎，利用交換物品得以補充。將其看作是自給自足，是因為在鄰近的環境、太陽輻射、降水和家庭勞動下提供維持生活所必需的供應，輸出的產品被此社會組織單位所消費。當今世上，除了**狩獵採集者**地區和偏遠部落從事**移墾**外，很少有地區還是完全自給自足的。

迄今在發達的溫帶地區，若不是完全自給自足的生活方式，則是**混合農業**，是利用自給自足的食物，為農民家庭提供各色各樣的產品。現代農業技術已促進農場專業化，和不斷增加對外界輸入來維持生產，因而也就沒有自給自足的了。

selva **熱帶雨林** 參見TROPICAL RAINFOREST。

semiarid climate **半乾燥氣候** 在真沙漠和**稀樹草原**與**地中海型**氣候之間形成的過渡氣候，半乾燥氣候的例子可在美國西南部和澳洲沙漠的邊緣找到。半乾燥地區因缺水，常有稀疏植物。如果不發展**灌溉**工程，農業將受到嚴格的限制。參見ARID CLIMATE。

semiarid region **半乾燥區** 參見DESERT。

semidesert scrub **半沙漠灌叢** 一種植被，特徵是生長間隙寬的矮（2公尺）灌叢、叢枝灌木和肉質植物。跟**小型葉森林**植物的根不同，這種根形成地下密集的團，或許能適應利用短暫降雨。草地罕見。半沙漠叢出現在墨西哥、阿塔卡沙漠、撒哈拉沙漠、阿拉伯沙漠、納米布沙漠和澳洲沙漠的四周。這種植物的生產力很低，其平均淨**初級生產力**在每年每平方公尺50到200公克之間。

senile soil **老齡土** 極長時間（在某些情況下為幾百萬年）無自然或人類活動擾動的**土壤**。一般認為這種土壤只存在於古老的南非和南美洲的**準平原**。大範圍的深度**風化**，形成深厚的岩屑層，只有上層1公尺左右的地方才有植物和土壤之間養分的循環。結果，可獲得的營養源常受到限制，並由於侵蝕和移去植被而養分減少，和由於**淋溶**和**焚燒**失去養分。老齡土大多不能維持繁茂的植物（如森林），不適合農業。

sequential cropping **順序耕作** 參見MULTIPLE CROPPING。

sere **演替系列** 植被在剝蝕作用和棲息地穩定之間發展中的階段也稱作消長程序。完整的演替系列涉及從裸地到**頂極羣落**的許多演替系列階段，稱為**正常演替系列**。

service area, rest area **服務區，休息區** 接近**高速公路**的一羣建築物和停車場。能為汽車司機提供各樣的服務。設施包括簡單的自助餐廳、加油站等，有的還有高級餐廳、商店、汽車修理，以及夜間住宿。

set aside policy　傾斜政策　參見FALLOW。

sewage, sludge　污水，污泥　在污水處理廠，從家庭和工業廢水中取出的半固態狀的黏性混合物，帶有細菌和病毒的有機物、有毒金屬、合成有機化合物。盛裝污泥的容器必須定期排空，通常是傾倒在近海水域中。然而，由於有關排出未處理污水到河流和海洋中的嚴格法規，建立了更多的污水處理工廠，這又導致所需處理的污泥量大量增加。在1975～1985年之間，美國近海水域傾倒的污泥量增加60％，經60年連續傾倒污泥後，紐約市外105平方公里的海底覆蓋了黑色污泥。在風暴期間，這種污泥衝回海灘，也污染了海底的介殼類層，因而爆發食物中毒。

污泥的安全處理，是公共衛生工程師的重要課題，他們認為將傾倒場轉移到**大陸棚**外，並不是長期解決辦法。現代污水含有諸如**多氯聯苯**、農藥、放射性**同位素**、有毒的汞化合物等，分解緩慢或非**生物可分解的**有毒廢棄物，會在海洋**食物鏈**中累積。

shale　頁岩　一種由泥、黏土或粉砂經**壓密作用**形成的黑色細粒**沈積岩**。碳質頁岩可能含有大量煤層和油田，鈣質頁岩可用於製造水泥。

sharecropping　分成耕作　一種**土地使用權**。佃戶將所產穀物的一部分交給地主、或支付錢而獲得土地使用權。地主一般提供大量可動資本，如農場設備、種子和家畜，以及土地和建築物等固定資產，而佃農則提供勞力。

改革計畫或調整租種穀物的重點在於：使用權保障以及限制交給地主的租金。這一體制的特點是短期租約，或在**第三世界**的許多地區中僅僅是口頭契約。因此，佃戶對土地投入或從事長期**土地利用規畫**的刺激很小。在大多數已開發國家和完成有效的**土地改革**的地區，法律上已規定最高的限額。例如在台灣，1951年的立法將租佃從全部作物的50～70％，降低為主要作物的標準年產量37.5％（編按：三七五減租）。參見FARM RENT。

shear boundary　剪切型邊界　參見PLATE TECTONICS。

shear strength　剪力強度　土壤和岩石抗**塊體運動**的程度。參見SHEAR STRESS。

shear stress　剪應力　能引起岩石和土壤**塊體運動**的擾動力，如河流的底切作用，解凍或大雨後造成水的累積，**地震**，和地動、爆破、或者重型火車經過所產生的震動等。參見SHEAR STRENGTH。

sheet erosion, sheetwash, rainwash　片蝕，片狀沖刷，雨水沖刷　一種**土壤侵蝕**。其特點是土粒在片狀水流中順坡向下移去。片蝕常發生在斜坡頂端附近，出現在大暴雨時土壤的**下滲**能力超過時，土粒被雨滴撞擊移位，被片狀地面水衝走。片蝕可在世界上大部分地區出現，但最常見於乾燥和半乾燥地區。特別是這些地區經過度放牧和**焚燒**除去植被和耕作，留下無保護的土壤表面，在大暴雨後就易受土壤侵蝕。參見RAINDROP EROSION，RUNOFF。

sheetwash　片狀沖刷　參見SHEET EROSION。

Shelford's law of tolerance　謝爾福德耐受度定律　生物體受一種生態因素控制，從最低到最高強度之間變化情形。最高和最低值之間的距離，稱之為**耐受度**。參見LIEBIG'S LAW OF THE MINIMUM。

shelter belt　防護林帶　為風吹掃地區改變局部氣候環境而栽種的**林分**，作為風障。防護林帶的目的是減少**土壤侵蝕**，保護作物免受風暴的侵襲。保護的效益取決於人造的高度、密度和形狀。其他微氣候的影響包括**蒸發**率的降低、吹雪控制、日間溫度的少量上升和夜間溫度的下降，但森林也帶來一定的危險。防護林帶可能並不比被保護的田野長，如在前蘇聯的部分地區，在幾公里或以更大的距離範圍內錯列。

sheltered housing　安養住屋　主要提供給老年人或殘障人士居住的住宅。多將各所住宅以相同水準設計，組成一羣一羣，以便某些設備可共用。安養住屋一般用電子系統管理，使居民能在應急時要求管理人員幫助。在規畫這種住屋時，一般要接近當地的服務業，但要避開交通幹線。

shield volcano 盾形火山 參見VOLCANO。

shifting cultivation 移墾 一種熱帶農作制度。其中短期種植與較長時間休耕交替。然而，種植作物的類型（栽培法）有很大不同，特別是種植和**休耕**期的時間。

實際移墾或者稱為傳統長休耕或森林**休耕制**，正好適合於低羣體密度覆蓋區域，如亞馬遜盆地，中非洲西部和東南亞部分地區的**熱帶雨林**。利用砍伐和**焚燒**來清理自然植被區，稱為燒墾區域，因此把移墾當是**刀耕火種**農業。在保暖的灰燼內撒種或種植，土壤擾動一般很小。種植一個短時間或兩次播種後，然後擱置，在次生林30年的生長期間恢復肥力。其間耕作和鄉村的居住地轉移到另一地區。即耕作轉移到其他自然植被覆蓋的區域。範圍較小的制度或在永久居住地周圍的固定系列中轉移的農場，稱為**灌叢輪休制**。

移墾的其他特徵是：多半沒有馱物的動物；不施**糞肥**；採用簡單的手提工具，如鋤頭、原始的剷子、小鍬；**複作**；每單位產量勞動力消耗低；每公頃產量低；生產取向跟**生存農業**大致相同。在許多**稀樹草原**或草原地區，移墾可以跟其他田間輪作制相結合，甚至與**永久性種植**相結合。例如，在移墾中永久性和密集種植的農家周圍的耕地可以與離得很遠的土地有差別（參見INFIELD-OUTFIELD SYSTEM）。在別處，丘陵地區可以長期休耕，而谷底可以幾乎保持永久性耕作。

shock wave 衝擊波 參見SEISMIC WAVE。

shopping mall 購物中心 由室內街道（或拱街）組成的購物中心，各個商店彼此隔開。購物中心提供舒適的購物環境，不受壞天氣的影響，並常提供與傳統城市中心購物地區相關品種齊全之商品；然而，購物中心由於停車購物設施，或是商店鄰近易於停車，因而較傳統購物地區更為方便。

購物中心常建在城市邊緣或接近**高速公路**的交流道口，為開車來購物的顧客而設計的。專用於停車的場所常使原本市中心的零售地區相形見拙。由於較好的公共運輸及促進地區中心發展和城市中心改建的計畫，所以大型**郊外購物中心**，在英國的發展不像北美洲那樣大。

shore　海濱　低潮線和高潮線，跟風浪達到的最高點之間的地帶。在陡峭的海岸，則指的是懸崖的底層。在非專門人員的術語中，也指從海上或湖上能見到陸地表面的邊緣之意。參見SHORELINE。

shoreline　岸線　陸地和水體（如海洋或湖泊）的交界處。海岸線則僅指陸地和海洋的邊界。

shrub crop　灌木作物　參見PERMANENT CROP。

sial　矽鋁層　出現於大塊陸地之下的**地殼**上層（參見圖28）。矽鋁層主要由花崗岩組成。與**矽鎂層**中的岩石比較，密度較低、顏色較淺。矽鋁層岩石富含二氧化矽和氧化鋁。

siderite　隕鐵　參見METEORITE。

siderolite　石隕鐵　參見METEORITE。

sidewalk　人行道　參見FOOTPATH。

sidewalk farming　人行道農業　出現於美國的一種農作制度。農民儘管擁有土地，但仍居住在離土地50公里以外的市區，只在作物的**農業周期**的關鍵時刻才返回農場。人行道農業一般只對如小麥等**穀類作物**才是可行的，這些作物只需在播種和收穫之間稍加看管即可。戰後由於運輸設備的改進，人行道農業才出現。參見SUITCASE FARMING，EXTENSIVE AGRICULTURE。

Sierra Club　峯巒會　成立於1892年，由美國具有影響的科學家、工商業家和政治家創立的一個團體，致力於推動所有保育相關問題。

silage　青貯飼料　貯存在與外界空氣隔絕之外的青飼料。植物體切碎後若不與空氣隔絕，會失去其養分。在青貯窖或槽中的適當條件下，由青**飼料作物**，如玉蜀黍、豆莢、青草、無頭甘藍和芸苔，經輕度發酵而製成的青貯飼料，能保藏數月。青貯飼料的水分含量為50～65%時最佳，應密封良好以與外界空氣隔絕。某些作物，特別是青草、燕麥、豌豆、豆和野豌豆，可用糖蜜和水加以處理。在英國，新鮮的青草切碎，用甲酸處理防止致腐微生物侵入後，可貯存在開口的地窖內。

silica　二氧化矽　常見的氧、矽的化合物。石英是最重要的一種二氧化矽，用於製造玻璃、電子設備、透鏡和稜鏡。有色的石英可作為半寶石。（編按：紫水晶即是廣受歡迎的有色石英）

silicates　矽酸鹽　由矽、氧和至少一個金屬元素組成的一組化合物。矽酸鹽是地殼中最重要的一類造岩化合物，約佔地殼重量的95%。種類繁多的矽酸鹽礦物，包括**長石**、**雲母**和**二氧化矽**。有幾種長石用於製造陶瓷、玻璃、磨料和油漆。有些雲母用於製造潤滑劑、油漆和電氣設備。

siliceous　矽質的　由二氧化矽或矽酸鹽化合物組成的，或包含有二氧化矽或矽酸鹽化合物。

sill　岩床　由**岩漿**沿圍岩**層面**侵入，凝固而形成的整合**侵入岩**。岩床的厚度可從幾公分到幾百公尺，但其水平範圍一般比厚度大得多。形成岩床的岩石常常比周圍岩石硬，不均勻的侵蝕導致形成高地的露頭岩床。從採石場挖出岩床的岩石可用作築路碎石。

silt　泥沙，粉砂　由岩屑的侵蝕，經河流與湖泊的沈積而形成的細粒礦物質。泥沙在水壩和水庫中的沈積能顯著地減少儲水量，甚至不能蓄水。沙粒的直徑隨所採用土壤質地分級而有不同（參見SOIL TEXTURE和圖58）。

Silurian period　志留紀　一個地質紀，始於距今約4億4000萬年前，之前為**奧陶紀**，終於3億9500萬年前，後為**泥盆紀**。在志留紀，北美洲有造山運動和火山活動，在歐洲首次出現陸地植物和動物，還有脊椎魚類。各種海上的脊椎動物化石與志留紀岩石相聯繫可用於測定年代。參見EARTH HISTORY。

silviculture　育林　主要為經濟利益培育喬木作物。在育林學中，森林開發的完整順序受經營計畫支配，即受種植前排水和圍牆的決定、根據在該地區可達到的最高**收穫等級**選擇種植的樹種、肥料的施加、間苗和最終砍伐的日期、林木的銷售等因素來支配。

育林的實施一般可在北半球已開發國家（特別是西歐）的針葉林中找到。除德國以外，育林土地的利用僅偶爾與農業聯合。這種樹木培育方法由於不考慮諸如生態多樣性和林區**環境品質**等傳統森林價值，已受到生態學家和自然保育論者的許多批評。然而，濫伐的速度已無法實施與育林相聯繫的管理。據估計，到2020年木材供應將極其短缺。參見FOREST MANAGEMENT，AFFORESTATION，DEFORESTATION，FORESTRY。

sima　矽鎂層　大陸塊體和海洋之下**地殼**的底層（參見圖28）。矽鎂帶主要由玄武岩組成，較**矽鋁層**的花崗石深色且密度大。矽鎂帶岩石含二氧化矽、鎂和鐵很豐富。

simulation study　模擬研究　涉及對複雜真實世界作出簡化數學**模型**的分析技術。模擬研究特別針對具有隨機特性的體系，或因數量、稀有性或緩慢作用所控制的自然體系來說，不實際的。模擬研究對研究森林**生態系統**是有價值的，特別是**濫伐**對土壤和森林動物的影響。

電腦的出現讓模擬研究更接近真實，它們能儲存和利用有關的大量資料，而快速的計算能力可用複雜的**演算法**來控制。

sink area　匯聚區　參見BENTHIC ZONE。

sink hole　陷穴　參見SWALLOW HOLE。

site development plan　地區發展規畫　參見HOUSING LAYOUT。

Site of Special Scientific Interest（SSSI）　特別研究區　英國**自然保育協會**按所擁有植物區系、動物區系、地質、和值得保育的自然面貌而確定的地區。自從1949年以來，根據該地區的科學價值，已確定約3500個特別研究區；按四點標度分類，一級地區相當於**國家自然保留區**。

若提出土地利用的變更，影響到特別研究區的長期穩定性，則必須由當地規畫機關加以識別，並把所提出的改變通知自然保育協會。自然保育協會可以提出土地利用改變的異議，除非可以妥善處理土地開發者（規畫當局）和自然保育協會之間的關係，否則就必須傾聽大眾的意見來決定該地區的未來。

skeletal soil　岩屑土　一種新形成的**土壤**。其中只有有限的**腐植質**，且沒有足夠時間形成**土層**。礦物顆粒以粗砂為主，像黏土顆粒的物質很少。由於**母質**處於剛風化狀態，所以其中植物所需養分很豐富。參見IMMATURE SOIL，SOIL TEXTURE。

slash−and−burn　刀耕火種　一種清整土地的方法，亦稱縱火游耕。在耕作前割去植物，使其乾燥，然後焚燒。實行**移墾**和**灌叢輪休制**的熱帶地區常使用此法。參見FIRE。

sleet　凍雨　1. 在美國，指的是在較熱的上層，雨滴凍結而形成的小冰粒，但下落經下面的冷空氣層時冰粒部分融化。

2. 在英國，指的是部分融化的雪或雨雪混合型的**降水**。

slope retreat　斜坡後退　斜坡因**風化**、**塊體運動**和**侵蝕**等作用而向後消退。

sludge　汚泥　參見SEWAGE。

slump　崩移　土壤和岩屑在重力作用下滑動。崩移可看作是一種**山崩**，特徵是在彎曲的滑移面上轉動。

small holding　小農場　小型的農場。在**已開發國家**，這個名詞是只能以**兼職農業**經營土地的含義。但在大多數**開發中國家**，大部分農場必須用少於5公頃土地，讓大部分鄉村居民從事**生存農業**之需。這一術語在土地分配極不均勻的國家中有另外的意思，即一方面在小農場之間進行對比，另一方面對**人工林場**和**大莊園**就其規模和經營條件等方面進行對比。

在英國，官方規定土地少於20.25公頃，並且租金低於某一水準者為小農場。在英格蘭和威爾斯，授與當局將創辦的法定小農場租給具有一定農業經驗個人的權利。第一次世界大戰後，最初創辦的小農場是為了提供無土地的勞動者和退役軍人就業，若大於1年900個標準**人日**以上的需要，則這些土地必須超過0.4公頃才可以。

smog 煙霧 濃密、無色的**輻射霧**，含有大量煙灰、灰分和**氣體污染物**（如二氧化硫和二氧化碳）。迄今，煙霧仍是已開發國家的許多工業化城市地區中最嚴重的環境問題。例如，倫敦在1952年12月，有4000人以上死於煙霧引起的呼吸症。

許多衛生問題和煙霧之間的關連十分明顯，讓許多已開發國家的政府制定法律，提倡利用無煙燃料和降低有害和有毒氣體排放到大氣中。1956年英國的清淨空氣法案和1970年美國聯邦政府的清淨空氣法案就是這樣的兩個法律。開發中國家環境保護的法律很少，但快速工業化已導致如曼谷、加爾各答、開羅、拉各斯和聖保羅等大城市出現嚴重的煙霧問題。參見AUTOMOBILE EMISSIONS，SMOKE CONTROL ZONE，PHOTOCHEMICAL SMOG，AIR POLLUTION。

smoke control zone, smokeless zone 煙霧管制區，無煙區 常是城內任一個規定的區域。區域內規定禁止煙囪排放煙霧。英國率先於1956年提出**清淨空氣法案**，是要降低大氣中**顆粒物質**的數量，因而降低了**煙霧**的出現率。眾所周知，煙霧對健康有重大危害。在煙霧管制區內，煙霧控制的命令已使一些城區空氣有所改善。參見AIR POLLUTION。

smokeless zone 無煙區 參見SMOKE CONTROL ZONE。

snood 餌線 參見LINE FISHING。

snow 雪 一旦溫度低於冰點時，空氣中的水蒸汽凝結後，在高層大氣形成冰晶，雪就是冰晶形式的**降水**。下雪在高緯度和一些中緯度地區是常見的。在高山和高緯度地區常能記錄最大的降雪量。美國落磯山脈年平均降雪達10公尺厚。

snowfield **雪原** 高緯度或高山地區永久堆雪面，是**冰川**起源之處。當雪堆積時，凍結壓成粒雪。後來的雪進一步壓緊粒雪直至冰川形成。當冰川堆積得足夠大時，就在重力作用下開始運動。雪原較低的邊緣被稱為**雪線**。

snowline **雪線** **雪原**較低的邊緣。低於此線的地方，冬季的積雪在夏季融化。雪線的高度取決於緯度、海拔和方位。一般在赤道處高於海拔5000公尺，到兩極處下降至海平面。

social forestry **社會林政** 參見AGROFORESTRY。

social infrastructure **社會基礎設施** 參見INFRASTRUCTURE。

soft chain **軟鍊** 參見DETERGENT。

softwood **軟木** 針葉樹（如松樹或雪松）的木材。軟材特別適用於轉換成纖維素和紙漿；另外，其用途常限於粗木工，不過歐洲松的木材能用於製作家具。北美洲西部的紅松特別適用於製作室外的壁板。對照HARDWOOD。

soil **土壤** 覆蓋大片陸地的大面積地區、能生長植物的疏鬆岩屑和腐爛有機物質。土壤與**風化層**不同之處是，後者沒有**腐植質**，不能生長植物和維持動植物生命。不同土壤的性質和特點主要取決於氣候狀況、下部**母質**、當地生態、地形和土壤的年齡。有機物和礦物質可能佔某些土壤體積的一半，其餘為**孔隙**，而孔隙則被**土壤空氣**和**土壤水**所佔據。

土壤的發育要歷經千萬年，準確的時間長短取決於母質風化發生的速度。在新露出的表面上，成土作用一般採取以下順序：

(a)未風化物質

(b)風化層

(c)岩屑土

(d)成熟土

(e)老齡土

在沒有擾動的情況下形成成熟土至少需要1萬年，而變成老齡土則要經過數百萬年以上。相反，若土壤表面除去植被，遭受風、霜、雨和重力的侵蝕，則在50年內就形成被侵蝕的土壤。

土壤能支持**農業**，而農業是穩定的人類社會發展的主要因素。生產充足的食物來滿足居民需要的能力，仍是國家福利的一個關鍵因素。

soil acidity 土壤酸度 參見SOIL PH。

soil association 土壤組合 1. 土壤分類系統中的一類，由地區內地形上發育相似的土壤組成。土壤組合可以比作植物**羣叢**。

2. 在土壤繪製單元中，將兩個或兩個以上的土壤類合併在一起。因為它們地理上有限的出現率不能適合地圖的比例尺。

soil atmosphere 土壤空氣 土壤**孔隙**中的空氣，是地面**大氣**的延伸部分，可是由於植物和土壤生物的活動，水蒸汽和二氧化碳處於較高的位置，氧處於較低的位置。地面上空氣的擴散，常常阻礙二氧化碳在土壤中累積到達對生物活動有毒的標準。在排水不暢的土壤中，缺氧環境導致**潛育作用**，抑制植物生長和土壤生物。

soil buffer compounds 土壤緩衝化合物 土壤中黏土腐植質的碳酸鹽和磷酸鹽，能承受**土壤酸鹼度**的顯著變化。參見CLAY-HUMUS COMPLEX。

soil color 土壤顏色 **土壤**的色澤，一般由所含的各種鐵化合物，和有機物的類型和數量決定。剖面的顏色和地層之間顏色的變化，是識別土壤類型的重要指標。

在有氧的環境中，富鐵土壤內水合作用程度的增加，有從紅和棕到黃色的不同層次。在缺氧環境中鐵化合物的改變，形成黃褐色、藍色和灰色土壤。當有機物含量向下降低時，地表層的顏色從黑色轉變成暗棕色。淺色土壤常起源於鹽或碳酸鈣的沈積，除去鐵化合物留下的就以淺色礦物為主，或沒有下伏的淺色**母質**的改變。土壤酸鹼度和**黏土腐植質錯合物**的活性，會影響到土壤的色澤。

表面**土層**的顏色能影響土壤的溫度，黑色土壤常比淺色土壤高出數度。溫暖的黑色土壤因為蒸發，會較淺色土壤失去更多的水分。

soil conservation　土壤保育　保護土壤資源以防止土壤侵蝕的威脅。採用各種土壤保育技術保護農業土壤，包括**等高耕作**、**梯田**的建造、**防風林**、**輪作**、**殘株覆蓋**、**帶狀耕作**。在非農業地區，用**造林**和種植能涵養土壤的廣延根系的植物（如藤本植物和根很深的草）保護土壤。不採取上述措施，急遽的侵蝕能導致如美國西部所出現的**惡地**的形成，無限制放牧和採用不適當環境的作物與管理技術，常常加速這一程序。全世界**土地利用分類**系統的增加應用，限制土地利用，起了另一種保護措施的作用。

土壤保育必定是強化農業的組成部分。措施的選擇取決於退化程序的形式和程度。退化程序包括**鹽化**、**鹼化**和壓密作用，以及水蝕和風蝕。也取決於所提出措施在經濟上的可行性，和農民對所提出防治技術的反應。若土地利用有重大的缺點，則保留區的實施不能防止侵蝕。只有當各個獨立單位和管理機構相信在保持措施上的支出將來會有更大的效益時，才能通過教育和財政鼓勵保留區和農業。

soil creep　土壤潛移　參見SOLIFLUCTION。

soil degradation　土壤退化　土壤結構的損壞或毀壞，由耕作時使用重型機械或採用不適合的農業技術和土壤管理方法所引起。土壤退化阻止植物根的生長，促使**土壤侵蝕**。

soil erosion　土壤侵蝕　土壤在河流和風的作用下的加速遷移，其速率高於**成土作用**形成土壤的速率。土壤侵蝕幾乎可以在世界上的任一地域出現，但是最易侵蝕的區域是乾燥和半乾燥地區，特別是人類活動已大大地加速了侵蝕速率。在這些環境中，因**濫伐**、放牧和**焚燒**以及過度耕作和**壓密作用**失去保護性植被，使土壤失去其結構和黏滯性。當土壤變乾時，對特殊形式的侵蝕，如**溝蝕**、**片蝕**和**雨滴侵蝕**更敏感。已開發國家在各種土壤保育技術上花費大量金錢。例如，美國自從1930年代中期以來已花費150億美元。然而，**開發中國家**則強調農業生產力的推動和現代農業技術的採用，而對保留區措施的要求不夠重視。許多**薩赫勒**國家中逐漸**沙漠化**是與土壤侵蝕密切相關的。

最近研究和阻止土壤退化的保育措施，著重於使土地使用者知道所處的政治和經濟環境。特別是在開發中國家中，土壤侵蝕可看作落後、貧窮、不平等和剝削的結果，是落後的跡象，是降低生產能力、投入，增加生產力而導致**乾旱**、沙漠化、**洪水**和**饑荒**的落後的一個起因。

全國和地區規模的土壤侵蝕範圍只能大略估計，因為難於精確測定其規模。據估計全世界約有240億噸沈積物由河流搬移到海洋，不過被壩截留或在陸地上沈積的數量也是相同的。世界上攜帶沈積物最多的河流是中國的黃河，每年約搬遷16億噸土壤。風蝕也使土壤大規模再分佈。衣索比亞有1200萬公頃農田，其中10%左右受侵蝕影響，其土壤流失率約每年每公頃42噸，可是中央高地上幾乎一半土地嚴重地受侵蝕的影響。在諸如尼泊爾、祕魯和土耳其等一些國家中，全部陸地區域都受侵蝕影響，就年流失16.6億噸的尼泊爾來說，相當於每年每公頃9.6噸。聯合國**糧食及農業組織**估計，從事生產的土地因為侵蝕每年損失面積達500萬到700萬公頃。

soil fertility　土壤肥力　在其他所有生長因素均合適時，土壤供給特種作物和植被系統的最適生長所必需的養分的種類和數量的能力，俗稱地力。**土壤酸鹼度**是土壤肥力重要的控制因素。在未擾動的土壤和植被系統中，土壤肥力的長期保持是通過**養分循環**的存在而獲得的。在農業系統中，有機和無機肥料的使用，常能保持土壤肥力水準，若諸如溫度和水的可資利用性等其他因素也是適合時，能使貧瘠土壤用於生產。

soil horizon　土層　土壤內以其特有的顏色、質地和礦物或**腐**

植質含量來表示的一層，起因於諸如**澱積**和**淋濾**等土壤形成程序。土層可以有陡峭清楚的界面，或相互間逐漸匯合（參見圖56）。參見H-HORIZON，A-HORIZON，B-HORIZON，C-HORIZON，SOIL COLOR，PARENT MATERIAL，SOLUM。

soil information system　土壤資訊系統　利用電腦技術儲存、分析和提供土壤資訊的方法。土壤資訊系統中所用資訊來自傳統的**土壤調查**和實驗技術。

許多國家，如加拿大和荷蘭，發展了適合其特殊要求的土壤資訊系統。聯合國**糧食及農業組織**正在建立國際土壤資訊系統，它含有各地區的氣候、地質、植物分佈，以及土地利用和管理的資訊。土壤資訊系統對農業、工程、城市發展等的**土地利用分類**特別有用。參見GEOGRAPHICAL INFORMATION SYSTEMS。

soil map　土壤圖　詳細描述一地區內不同土壤隨空間變化的圖。土壤圖按不同的比例製作；例如，探勘圖可以按1：100萬的比例作出，而非常詳細的農場土壤圖可以按1：1萬的比例作出。後一種圖只能通過細緻的現場調查來製作，而較小比例的圖可以用空中攝影，或日益增加的衛星照像，如**陸地衛星**或法國**地球觀測衛星**系統來製作。土壤圖是土地利用分類的主要資訊源。

soil monolith　土壤剖面標本　從**土坑**取來並固定的一個垂直**土壤剖面**，以供展覽和分析用。

soil morphology　土壤形態學　**土壤剖面**的物理特徵，特別是關於各個**土層**的類型、排列和厚度，以及每一層的結構、質地、一致性和孔隙度。

soil nutrient　土壤養分　土壤中存在的為植物生長所必需的各種化學元素的統稱。用於植物生長的6種主要元素，總稱為巨量營養素：氮、磷、鉀、鎂、硫、鈣等。其他元素只需微量，但是即使如此也是植物健康生長所必須的。微量營養素包括鐵、錳、鋅、銅、鈷、鉬、氯、硼等。

對於最佳植物生長來說，土壤養分必須是易為植物吸收的，並且能獲得所需的濃度。土壤養分的相對比例也影響植物的**初級生產力**。**糞肥**和**肥料**的使用，常能克服土壤養分的不足或耗盡。

soil pH　土壤酸鹼度　土壤的酸度或鹼度。大多數土壤記錄的酸鹼值常在3～9之間，其變化主要決定於土壤中的化學鹼類型和濃度，以及有機物的數量。若沒有相當濃度的鹼性養分存在，則有機物分解產生的物質（主要是**腐植酸**）會使土壤逐漸酸化。

雨量多的地區常有酸性土壤，這是因為鹼性養分的**淋溶**，並多以**黏土腐植質錯合物**為主。乾燥地區的土壤常呈鹼性反應。這是由於有限的淋濾作用，黏土腐植質錯合物受可溶性鹽（如鈉和鈣）控制。土壤酸鹼度是決定土壤肥力的一個重要因素，控制植物的生長和類型，以及土壤生物體的數量。北半球中緯度地區的農業土壤酸性增加，可施石灰予以中和。

soil pit　土坑　穿過土壤的A層和B層，顯露**土壤剖面**垂直掘出的洞。這就可以收集和觀察從不同**土層**取下的樣品。

soil productivity　土壤生產力　在特定的管理制度下，土壤培養某種作物或植物的能力。

soil profile　土壤剖面　可以識別各個土層的土壤垂直剖面。土壤剖面內各層通常用O/H、A、B和C標記，在這些層之下是**母質**（參見圖56）。實際上，由於當地的水系、地形、氣候、土

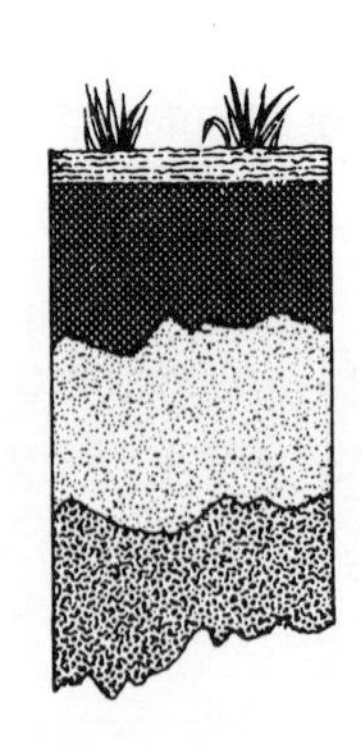

圖56　**土壤剖面**　土壤剖面的主要特徵。

地利用和土壤年齡的狀況，土壤剖面有很大變化。參見H-HORIZON，A-HORIZON，B-HORIZON，C-HORIZON。

soil structure 土壤結構 土壤顆粒的排列形式。由土壤顆粒黏合成較大的單位（稱為**土壤自然結構體**或**聚合體**）的形狀、大小和排列決定。土壤自然結構體經黏土的**絮凝**、土壤生物體的活動以及有機物分解的副產物和無機物（如氧化鐵和碳酸鈣）的膠結作用而形成。土壤結構可按土壤自然結構體類型、大小和發育來描述（參見圖57）。土壤結構主要有5種。

(a)層狀結構。其特徵是土壤自然結構體水平排列，即土壤粒子的長軸水平排列。這種結構常常在壓實的土壤中出現，其垂直**孔隙**不足能產生排水問題。

(b)塊狀結構。由立方體狀的土壤自然結構體組成，常在壤土和某些**潛育土**內出現。

(c)稜柱狀結構或柱狀結構。導致土壤自然結構體垂直排列（土壤粒子的長軸垂直排列）和與某些鹽土相聯繫。

(d)團塊結構或團粒結構。由圓形土壤自然結構體組成，其特徵是土壤有機物含量高。

板狀	 板狀的	出現在剖面的任何部份
稜柱狀	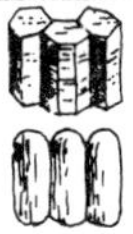 （平頂） （圓頂）	常出現在乾旱或 半乾旱地區的底土內
塊狀	 （立方體） （似角狀）	常出現在潮溼地區 的重質底土內
球形	 團粒 團塊	耕地所特有

圖57 **土壤結構**。

(e)無結構土壤。沒有上述特徵的土壤。

壓密作用是由於過度載重或使用重型機械所致。它對土壤結構的破壞是不能恢復的。壓密作用使植物生長受到限制，以及出現積水和侵蝕。參見POROSITY，SOIL TEXTURE。

soil survey　土壤調查　土壤的觀察、描述、分類和製圖，常常為農民和森林居民的特種用途而進行的。土壤調查考慮到從調查中獲得該地區的所有地形、地質、氣候和植物生長的資料。用現場採樣來確定不同類型土壤的邊界，獲得實驗分析用的土壤樣品，是土壤調查的重要組成部分。現在，這種傳統方法經航空攝影獲得的資料和新近通過地球觀測衛星（如**陸地衛星**和法國**地球觀測衛星**）拍攝的影像加以補充。

soil texture　土壤質地　土壤顆粒的大小和比例。當土壤質地主要決定於**母質**、暴露母質的風化類型和速率時，在兩類土壤和兩個特殊**土層**之間，不同大小顆粒的比例可能變化很大。常常把礦物土壤的質地分為三個大類：**黏土**、**砂**和**壤土**。這些分類的顆粒大小變化範圍相當寬，並取決於所採用的分類系統（圖58）。

土壤類型	國際標準（公釐）	美國農業部（公釐）	英國標準（公釐）
黏土	小於0.002	小於0.002	小於0.002
粉砂	0.002～0.02	0.002～0.05	0.002～0.06
砂			
細粒	0.02～0.2	0.05～0.2	0.06～2.0
粗粒	0.2～2.0	0.2～2.0	
礫石	大於2.0	大於2.0	大於2.0

圖58　**土壤質地**　常以顆粒的大小進行分類。

對現場潮溼土壤的觸模和實驗分析，按照其在質地三角形中的位置，就可以把土壤劃入質地組（參見圖59）。最粗的材料：礫石和卵石，不包括在質地三角形內。因為在土壤發生程序中起的作用很小。

土壤質地是決定土壤保水性的一個重要因素。質輕膨鬆、多孔、易栽種的砂土通風良好，但保水性受到限制，而且**淋溶**會失去農作物所需的可溶性養分。質地緊密黏土有良好的保水性，可是高毛細**孔隙度**在大雨後，有時會引起積水而限制栽種。

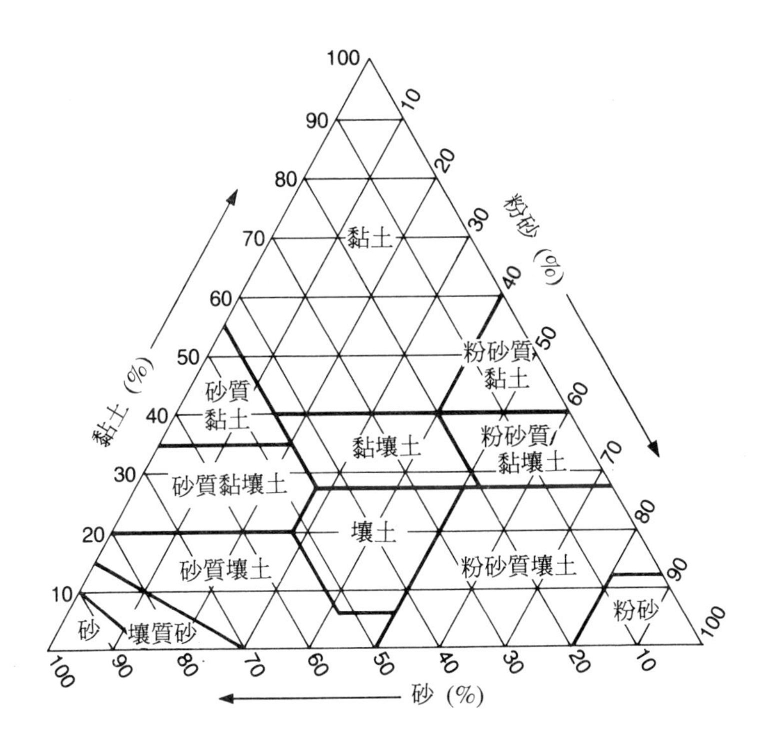

圖59 **土壤質地** 美國農業部土壤組織分類。土壤樣品的分類按照砂、粉砂和黏土的比例而定，可從圖的三條軸讀出。

soil water　土壤水　土壤**孔隙**的水。來源包括地下水、冰雪的融水和**降水**。土壤內的含水量常常是變化的，這是因為內部排水會失去水，而降水和**坡面漫流**又會增加水。下大雨或淹沒一段時間後，土壤就處於飽含水程度，但此後排水會減少水量，直到經6～24小時後土壤達到**田間容水量**。若此時土壤無補充水，則剩餘的水以減速繼續排水，直至只留下因表面張力而在空隙內保留的毛細水。這種水可用於植物生長。但是從越來越少的水源吸取水，就必須施加越來越大的吸力。最後，植物的根不能通過空隙吸取更深的水，於是達到**凋萎點**。參見CAPILLARITY。

solanchak　鹽土　灰色土壤，其特點是含鹽量和含鹼量極高，有機物含量低，分層少，有塊狀結構。鹽土一般與**黃土**和**沖積層**母質相關連。鹽土會在許多不同氣候地區出現，但其地形位置與低平區域相聯繫，或與半乾燥或乾燥地區的凹地相聯繫，其地下鹽水位於表面或表面附近。在土壤表面含鹽量最高，在蒸發量高的極個別情況下，肉眼可見鹽形成的表層。在永久飽和區，鹽的累積很少。細粒鹽鹼土一般比粗顆含鹽量高。

由於其鹽度、鹼度和結構型式，鹽鹼土用於農業的可能性受到限制。用淡水沖洗這種土壤，可以除去有毒的鹽，施無機**肥料**可以中和鈉的存在，因為鈉對大多數農作物的生長都是有害的。

solar constant　太陽常數　在地球大氣外緣，和太陽光線垂直方向，單位面積在單位時間內所接收的太陽能。用常數會使人誤解，其實這個數值並不固定。太陽常數平均值為每平方公尺1388瓦。參見RADIATION，ALBEDO，INSOLATION。

solar energy　太陽能　1. 來自太陽的輻射能。太陽可以看作一個巨大的熱核裝置，其總輸出能量約為地球上最大核反應器的20億億倍，而進入地球的只有5000萬分之一，按平均計算，等於每年每平方公尺15億3000萬卡（相當於地球上每人4萬千瓦電能）。由於緯度效應和雲的遮蓋，進入地球的太陽輻射分佈變化很大。例如，英國平均每年每平方公尺只接收2億5000萬卡。

到達地球大氣上層的太陽能，其中49～51%經大氣散射或吸收而損失。到達地面能量的約95～99%被海洋吸收，用於驅動**水文循環**。剩餘的1～5%用於綠色植物的**光合作用**，這是所有動物生命賴以生存的。

2. 收集太陽光為人類提供可更新能源。太陽能的大規模利用作為動力源，仍限於實驗和研究項目。美國和以色列最初的實驗結果證明是有希望的，其中包括將凹面鏡安置在熱沙漠地區，使太陽光聚焦來提高水溫到足以產生蒸汽，並利用蒸汽渦輪機發電。在別處規模較小，利用太陽極已成功地將太陽能用於生活用水加熱，太陽能也用於對遠離固定電力線地區的電池充電，起動光電池和為衛星設備提供動力。參見ALTERNATIVE ENERGY。

sol brun, sol brun acide　棕土　歐洲土壤分類系統中所廣泛採用的術語，代表**棕土**。

sol ferralatique　鐵質土　法國土壤分類系統中所用的術語，代表**磚紅壤**型的土壤。

solifluction, soil creep　土壤潛移　永凍土地區飽含水土壤順下坡緩慢的流動。永凍土不透水，春天**融凍層**的水不能滲入土壤剖面，因而形成融凍泥流。

solonetz　鹼土　一種具有高黏土含量和含鹽的B層棕紅色土壤。鹼土確切的形成程序還不清楚，但常在**鹽土**附近出現，可能就是淋溶型土壤。這些土壤無法生產作物，利用型式取決於當地的環境。在涼爽的半乾燥地區，鹼土可用於農業，而在熱帶乾燥地區，水分不足就需要灌溉。適當的洪水是必要的，然而，為了阻止鹽從B層蒸發到表層，也需要施大量無機**肥料**，以減少這類土壤內部養分的不足。

solstice　至點　一年中太陽離赤道距離最遠的兩個時刻。至點出現在6月21日（夏至）和12月22日（冬至）。在夏至，北半球白天最長，南半球白天最短。冬至的情況正好相反。參見EQUINOX。

solum　土體　**土壤剖面**最上面的幾層，受氣候和植被影響。此術語常用在A層和B層。

solution weathering　溶解風化　參見CHEMICAL WEATHERING。

sourveld　酸性斐勒得　參見VELD。

Southerly Buster　南寒風　在澳洲東南部出現，強勁、乾冷的南風。

southern lights　南極光　參見AURORA AUSTRALIS。

species　種，物種　由**屬**分成的分類階元。物種是由種名之前加屬名而成，並用斜字體表示，如家貓的學名是：*Felix Domesticus*。參見CLASSIFICATION HIERARCHY。

speleology　洞穴學　1. 洞穴的地質成因、動植物區系的研究。 2. 洞穴的娛樂性探險。

spit　沙嘴　由沙和礫石構成的沙洲，沿著海岸線伸出，最後橫過**河口灣**或港灣向外生長。

spodosol　灰土　美國土壤分類系統中所用的術語，代表灰土。

SPOT　地球觀測衛星　法國的地球觀測衛星系列。法文Systeme Pour l'Observation de la Terre首字母的縮寫。SPOT−1是系列中的第一顆，1986年2月發射。美國**陸地衛星**與其相似。SPOT−1具有圓形、近兩極、太陽同步軌道的特點。軌道離地面832公里，與地面的傾角為98.7度，軌道重複間隔為26天，由於鏡片能對準中心觀測線兩側27度的範圍，大約4天間隔可以收整合像。這個對準鏡片也能讓SPOT−1離開有雲遮蓋的地區進行掃描，並形成立體影像。

SPOT−1的辨識率達10公尺，而美國陸地衛星為30公尺。通過預先提出發射幾顆附加衛星，打算長期提供資源。SPOT−2是SPOT−1的同型，SPOT−3和SPOT−4的性能有所提高，可以監測植被情況的變化。參見EARTH RESOURCES TECHNOLOGY SATELLITE，COSMOS 1870。

spring　泉　**地下水位**和地表交接處，使**地下水**流到或滲透到地面上。泉的位置由地表地形和內伏地質（如匯合在地表的透水和不透水岩層的界面或地下水運動被岩層擋住）決定。在潮溼氣候下，泉的流動是經常不斷的；而在較乾燥的氣候下，可能是斷續的流動。

spring sapping　泉侵蝕　參見HEADWARD EROSION。

spur　山嘴　參見INTERLOCKING SPUR。

SSSI　特別研究區　參見SITE OF SPECIAL SCIENTIFIC INTEREST。

STABEX　出口補貼　參見LOME AGREEMENTS。

stability　穩定性　1. 在氣候學中，指的是迫使上升的空氣成為比周圍空氣冷且重，而下降到氣團最低處的狀況。當上升空氣的絕熱**直減率**，大於周圍空氣的**環境直減率**時，就出現這種局面。

2. 在生態學中，指的是**生態系統**和環境特性，在長時間只有極小變化的（參見CLIMAX COMMUNITY）。近年來，由於對不斷出現的環境變化之了解，而對土壤和植被關係穩定性的概念有了懷疑。生態系統的穩定性被認為是例外而不是規律。

3. 在動物生態學中，是指在一段時間，**物種**的羣體數在棲息地的**容納量**範圍之內。在荒野，大型的穩定性是罕見的。實際上，穩定性常常與動物羣體的挑選管理相關。

stand　林分　1. 在育林學中，指的是由一個或兩個相同種類，或相同年齡組成的森林地段。林業中林分的意義同農業中的田地是一樣的，代表採用相同管理技術的地段。

2. 特別的植物**羣叢**，能在某地或多地識別出來。林分的識別可就不同植物羣落進行比較。

standardized birth rate　標準出生率　參見BIRTH RATE。

standard man－day　標準人日　參見MAN-DAY。

staple　主糧　飲食的主要部分，大多數地區過去某一時期曾大量消費單一食品，形成主要的飲食攝取。小麥是歐洲和北美洲大部分地區的主糧，而亞洲以稻穀為主。其他穀類主糧一般做成粥食用，包括南美洲和非洲部分地區的玉蜀黍、以及非洲的高粱和粟。食用根的農作物構成另一類重要的主糧，例如，不列顛羣島（特別是愛爾蘭）的馬鈴薯；西非的番薯、芋頭和日益增加的木薯；太平洋島嶼芋頭和甘薯。只有東非部分地區有時以芭蕉為主糧，栽培非穀物或食用根的農作物作為主糧。過度的依賴主糧作物會使土壤貧瘠，作物減產（如1840年愛爾蘭的馬鈴薯），導致**饑荒**蔓延。

state farm　國營農場　雇傭勞動者的公營農場。前蘇聯的國營農場與**集體農場**不同之處，在於人力和物力持續地加強和改善。國營農場的工人按國家規定獲得工資。集體農場的合併和轉變以及播種面積擴展到**處女地**，因而國營農場從1940年的4159個到1983年的2萬2313個。每個農場平均為1萬6600公頃。國營農場已成為前蘇聯農工一體化的基礎，保證直接將產品供給工廠加工之用。

有些**第三世界**國家的政府也以國營農場做試驗，生產食品和經濟作物。在某些情況下，如坦尚尼亞和莫三比克，私有產業和所有權為外國的**人工林場**被政府接管，並雇勞力以大規模生產單位方式繼續經營。在加納、象牙海岸和衣索比亞，利用國營農業開闢新農業區。大體上說，在**下撒哈拉**地區的國營農場，其經濟上的成就有浮誇現象。

static rejuvenation　靜態回春　參見REJUVENATION。

steam coal　蒸汽煤　參見BITUMINOUS COAL。

steam fog　蒸汽霧　冷空氣通過較暖水體上形成的一種霧。此水體蒸發迅速，凝聚在上覆的冷空氣中，就好像水蒸汽一樣。在極冷的空氣中，蒸汽霧凝結成冰霧。對照ADVECTION FOG，RADIATION FOG。

stenotypic species　狹適生物　參見ENVIRONMENTAL GRADIENT。

steppe　乾草原　現已被移去或經耕作或放牧而改變很大的傳統荒蕪草原。俄國乾草原的陸地延伸約2～6億公頃，等於前蘇聯陸地面積的12%，現在是穀類作物的主要生產地。歐亞這些乾草原與**北美大草原**類似，形成寬闊、起伏的地形。乾草原除了河谷的**防護林帶**和木本羣落帶以外，沒有樹木。

在原始的乾草原中，其陸地被耐旱的草覆蓋，並且許多是開色彩鮮明的草本植物。由於水分和降水量從西到東遞減，原始乾草原的植物區系出現了明顯的區域變化。同樣，當降水減少時，乾草原陸地的特徵型土壤**黑鈣土**，就被棕色栗鈣土所取代，在最乾燥的地區，出現**鹽土**。

stochastic process　隨機程序　參見SIMULATION STUDY。

stock farming　畜牧業　參見ANIMAL HUSBANDRY。

stocking density　畜牧密度　參見FEEDLOT。

stocking rate　畜牧生產力　在特定時間、特定面積內所能飼養的動物數。參見CARRYING CAPACITY。

stoma　氣孔　參見TRANSPIRATION。

stone stripes　石紋　參見PATTERNED GROUND。

stop－and－go determinism　停走決定論　參見ENVIRONMENTAL DETERMINISM。

storm　風暴；狂風　1. 以狂風和暴雨為特徵的猛烈天氣擾動。有若干種風暴，包括雷暴、雪暴和雹暴。

2. **蒲福風級**11級風。

straight fertilizer　純肥料　參見FERTILIZER。

strategic opportunist　策略投機者　利用生長和數量增加時，具有極大適應性的植物和動物物種的統稱。繁殖周期短的物種（如昆蟲），常能適應短而固定的有利生長時期快速反應，而人類利用技術成就，最適合於環境改變，保證他們的物種儘可能生存下去。

stratigraphical column　地層柱　參見EARTH HISTORY。

stratification **層理；成層** 1. 在地質學中，指的是由**沈積岩**構成的水平沈積層的排列。

2. 在海洋學中，指的是水體中不同溫度層的排列。參見THERMOCLINE。

3. 參見LAYERING。

stratocumulus **層積雲** 大範圍灰色或白色低空雲塊，由小水滴構成，與**暖鋒**相關。這種雲常伴隨著連續陰雨的天氣。

stratopause **平流層頂** **平流層**和**中氣層**之間溫度最高的過渡區域，大約在50公里高空處出現（參見圖9）。對照TROPOPAUSE，MESOPAUSE。

stratosphere **平流層** **對流層**和**中氣層**之間的**大氣層**。平流層底部的高度隨著緯度變化，始於兩極處的9公里，到赤道處增至16公里。平流層伸展約50公里，終於**平流層頂**。空氣的溫度隨著高度增加而上升，雲少見。平流層包含大部分大氣的**臭氧**，集中在約22公里高度處。

stratovolcano **成層火山** 參見VOLCANO。

stratum **層** **沈積岩**分成的許多不同層的統稱。

stratus **層雲** 灰白色連續低空雲層，與暖氣團和冷氣團的混合相關。層雲形成常伴隨陰雨的天氣。

stream capacity **河流搬運能力** 參見FLUVIAL TRANSPORTATION。

stream competence **河流輸沙能力** 參見FLUVIAL TRANSPORTATION。

strip farming **帶狀耕作** 1. 將大塊田地分成窄條，每一條由單獨所有者或承租人耕作。帶狀耕作法在中世紀歐洲的**田地制度**中廣為流傳，導致許多農場**分割**，現已被歐洲主要的土地擁有方式**圈地**所取代。

2. 土壤保育的技術，在斜坡的溝槽內交替種植不同作物的行或帶，每一行（或帶）在同一等高線上，以減少**土壤侵蝕**。帶狀耕作也可以是種植帶和**休耕**帶交替，這樣種植圖樣每年就顛倒一次，有利於使休閒分配更均勻。休耕帶的保護層能阻止鄰接種植帶的逕流。參見CONTOUR PLOWING。

strip grazing　帶狀放牧　參見GRAZING MANAGEMENT。

strip mining　帶狀開採　在地表開採礦床的一種方法，又稱剝採法。在水平或緩和起伏的丘陵上，於挖掘槽溝開採礦床之前，移去上面的表土或岩層（**覆蓋層**）進行開採。然後挖掘平行槽溝，並將其覆蓋層置於第一個槽溝內，依次類推，結果留下了許多廢土堆。帶狀開採是在地勢較起伏的地區實施，削去小山坡上的階地。每一個新階地的覆蓋層堆積在該階地之下。參見OPENCAST MINING，DEEP MINING。

strontium－90　鍶90　核能使用的和大氣核爆分裂產生的**同位素**。其半衰期為28年，與鈣元素相似，在某些情況下可以取代鈣。鍶90會在**食物鏈**中累積；例如，此同位素進入人體的典型路徑是：

大氣→降水→土壤→草→乳牛→牛奶→人體骨骼組織

鍶90會導致人的白血病，讓住在核電廠附近的人們，為受到核電廠釋放出來鍶的輻射而感到恐懼。然而，政府資助的研究曾提出核電廠附近鍶90的含量對健康無危害。鍶90主要來源無疑是核裝置在大氣中試驗的結果。

structural reform　結構改革　影響農業系統的主要部分，特別是**土地使用權**的種類、**農場規模**、農場佈局、農業人口構成的變化等。不良的土地結構反映在生產要素和妨礙發展農業資源的不平衡。因此，結構改革措施的目的在於提高農業的效率和經濟可行性。可行性的概念不易說明，但是改革政策中常常包含創造財富，為農民及其家庭提供足夠收入的目的（參見FAMILY FARM）。這可以通過使用權的改革來實現，包括土地不均地區之再分配的**土地改革**。在別處，特別是歐洲，結構改革包括：小到難以生存的農場，和許多土地只能以兼職農業方式進行地區的

農場擴大，兼職農業以義大利和德國較為普遍；由分散、單一土地組成農場的**合併**；以及針對改變農場部門人力資源的措施，如鼓勵退休和進修，以減少農民人數和提高經營技術。

stubble mulching　殘株覆蓋　在兩收穫期之間保留作物殘株和其他有機殘餘物，形成表面覆蓋來限制**土壤侵蝕**的作用。

subduction zone　隱沒帶　參見ZONE OF SUBDUCTION。

subglacial transportation　冰下搬運　參見GLACIAL TRANSPORTATION。

sublimation　昇華　固態不先經熔化，直接轉變成氣態的程序。昇華使雪地出現許多小坑，卻沒有融化成水。

sublittoral zone　淺海區　參見BENTHIC ZONE。

submarine canyon　海底峽谷　切開**大陸棚**的V形陡壁海溝，有的向下延伸到**大陸坡**，而終止在**深海平原**邊緣。海底峽谷的深度可達300公尺，例如，北美洲哈得孫河的海底峽谷延續320公里。海底峽谷有許多起源，可能起因於斷層、海水面上升淹沒河谷、**濁流**等作用。

sub－Sahara　下撒哈拉　非洲撒哈拉沙漠以南的地區。

subsistence farming　生存農業　為滿足農場的家庭或家族需要，而生產、的食品和其他必需品，剩餘產品可以交換。這不同於部分商品化農業，是仍保留農場總產量的較大部分供家庭消費。嚴格說來，生存農業是自給自足的農業系統。然而，隨著外界投入和市場參與，生存農業日益罕見。目前大都被限制在**第三世界**的國家內，與**移墾**和**灌叢輪休制**有關的地區。

開發中國家的生存農業，和部分商品化農業的典型特徵有：產量最大化而不是利潤最大化；按每公頃重量或卡路里值來計算的**產量**最大化，而不是每人產量的最大化；低資本投入；家庭勞動的單一使用；作物多樣化以使風險最小並保證食物的多樣性（參見MUITIPLE CROPPING）；依賴作物生產而不是家畜飼養；農場規模小且土地顯著分割。

subsoil　底土　參見B-HORIZON。

substratum　底層　1.在生態學中，指的是植物或動物生物體生存在其上或其內的物體或材料。不是所有生物體都需要底層。浮游的（如**浮游生物**）和不會到達固體表面的水棲生物不需要底層。最常見的底層包括風化岩屑、土壤、木材、植物和動物表面、液體（特別是水）的彎月面、以及諸如紙、皮革、油類、食品和衣服等許多物體。寄生生物適合其他特殊的底層，如寄主動物或植物的內膜。

2.在地質學中，指的是土壤、礫石等之下的固態岩石。參見BEDROCK。

subtropical jet stream　副熱帶噴流　參見JET STREAM。

subtropical vegetation　副熱帶植被　南北緯15～35度之間出現的植被。此特有的植被由廣闊的草原或**稀樹草原**組成。樹木稀少，不過不是完全沒有的。凡是可以避免燒燬的地方，就可以加速樹木再生。這一氣候狀況顯示是太陽在兩熱帶之間移動的特殊季節變化。夏天，太陽在頭頂上，月均溫在21℃以上，常伴隨著大量降水。冬天，太陽在另一半球，為乾冷季節，月均溫不低於17℃。年降雨量在500公釐到2500公釐之間變化。對照TEMPERATE VEGETATION。

suburb　郊區　城鎮周圍的住宅區。郊區的發展是由於改進運輸線路才可能實現，特別是1890～1914年期間的郊區鐵路和其後的公路運輸（編按：指英國）。1973年，郊區的特點是在許多大城市周圍擴展，但是交通擁擠和汽油價格猛增之故，導致市中心附近老舊郊區的改建。參見COMMUTER，NEW TOWN，PERI-URBAN FRINGE，RURAL-URBAN CONTINUUM。

suburban mall　郊區購物中心　參見OUT-OF-TOWN SHOPPING CENTER。

successional cropping　連續耕作　參見MULTIPLE CROPPING。

suitcase farming　小提箱農業　美國出現的一種農業體制。在這一體制中，農民儘管擁有一塊以上的土地，但並不住在任一農場上，而是一年中的農業關鍵時刻（如耕地和收穫），隨著農業機械從一塊土地轉到另一塊土地。小提箱的農民比人行道農民（參見SIDEWALK FARMING）接近土地。小提箱農業主要與穀物的栽培相關。因為**穀類作物**在播種和收穫之間不需要特別照顧。

supercooling　過冷　液態物質在其溫度低於**凝固點**仍不凝固的現象。水若未加擾動就可以冷卻到冰點以下而不凝結。過冷水常見於**吸水核**不足的雲中，這對於飛機有潛在的危險：過冷水會形成冰，積在機身和機翼上，改變飛機的重量分佈。微風引起過冷水滴的運動，也會在樹木、綠籬、柵欄、車輛上形成**霧凇**。

superimposed drainage　疊置水系　經**侵蝕**切入下層岩層後，在陸地表面形成的河流系統。疊置水系與現存陸地表面的狀態和結構關係很小。在英國的湖區和美國的阿帕拉契地區，可找到疊置水系的實例。參見ANTECEDENT DRAINAGE，DRAINAGE PATTERN。

supersaturation　過飽和　相對溼度高於100％的氣團狀態。過飽和常見於**低層大氣**，是大氣中缺少顆粒物質（如花粉和灰塵）而形成的。是因顆粒物質周圍能凝結水滴。參見SATURATION。

supraglacial transportation　冰上搬運　參見GLACIAL TRANSPORTATION。

surface water gleying　地表水潛育作用　參見GLEIZATION。

survival zone　生存帶　參見TOLERANCE。

survivorship curve　生存曲線　圖示該物種與已知原始族羣數之百分數比曲線。生存曲線的例子如圖61所示。隨時間消逝而死亡的個體數目可以按不同方式表示，例如，每年總羣體的百分數，或總羣體中各個年齡組的百分數。分齡生存率通常以生命表形式記錄（參見圖60）。

suspended load 懸浮負荷 參見 FLUVIAL TRANSPORTATION。

sustained yield 永續生產 長時間內可以從**生態系統**獲取對該系統沒有明顯有害影響的收穫物總量。永續生產的概念對**生態發展**是重要的。實際上，由於需要施行無機**肥料**，清除捕食動物，減少病害和腐壞的損失，以及使通過**食物鏈**使能量分配最優

年齡	男性		女性	
	lx	ex	lx	ex
0	10000	68.2	10000	74.5
5	9742	65.1	9798	71.0
10	9719	60.2	9783	66.1
15	9699	55.5	9770	61.2
20	9651	50.6	9751	56.3
25	9599	45.9	9728	51.4
30	9551	41.1	9699	46.6
35	9494	36.3	9659	41.8
40	9405	31.6	9595	37.0
45	9258	27.1	9489	32.4
50	9013	22.8	9324	27.9
55	8595	18.8	9076	23.6
60	7915	15.2	8713	19.5
65	6819	12.1	8157	15.7
70	5513	9.4	7306	12.2
75	3935	7.2	6049	9.2
80	2354	5.4	4385	6.8
85	1051	4.0	2504	5.0

圖60 **生存曲線** 1964～66年間英國的生命表。lx欄表示從1000個嬰兒開始，每隔5年的存活數；ex欄表示各時期的平均預期壽命。

化，這些經營方法的結果，已使其高於永續生產標準。雖然這可能導致在短期內經濟上獲益，但也產生長期生態問題。

永續生產的施行，可能需要減少日常消費，和停止開發滅絕資源來彌補。參見MULTIPLE USE SUSTAINED YIELD ACT。

swallow hole, sink hole　陷穴　石灰岩內的漏斗形凹地，地面水由此進入**地下水面**（參見KARST）。陷穴的深度多在15～20公尺，邊緣陡峭，由鈣質基岩經緩慢**化學風化**而形成。

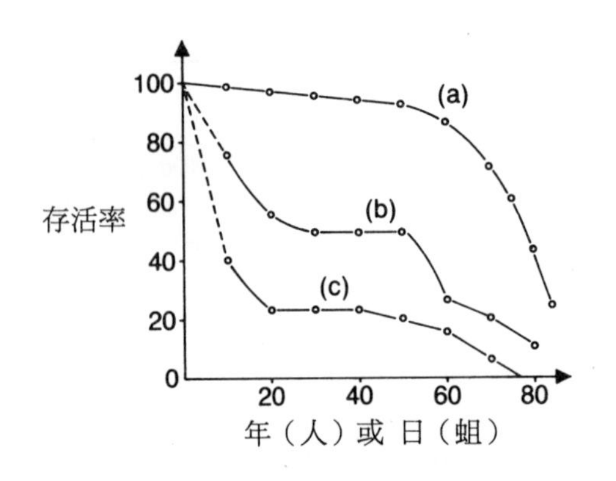

圖61　**生存曲線**　曲線(a)是人類的生存曲線，(b)是實驗室飼養的食肉蛆的生存曲線，在20℃相對濕度65%，(c)爲25℃相對濕度85%。

swamp　森林沼澤　布滿植被的永久積水區，如佛羅里達的大沼澤地。排水後的森林沼澤，是很肥沃的。

swarm　羣　參見DRUMLIN。

swash　掃浪　由碎浪引起海水向海灘的上沖過程。

swidden　燒墾　參見SHIFTING CULTIVATION。

symbiosis　共生　互惠的兩種不同**物種**個體之間的相互關係。共生關係常使一物種能在不利的環境中生存。例如，針葉樹能生長在養分含量很低的土壤上，是由於與其共生的菌根藻類存在，藻類讓樹的小根可得到少有的養分，小根則為藻類提供**底層**。對照COMMENSALISM，PARASITISM。

syncline 向斜 岩層內凹的槽形低窪地。多為通過河流從陸地到海洋長期搬運侵蝕的結果。

synecology 羣落生態學 研究整個植物**羣落**的結構、發展、功能和分佈。羣落生態學的研究常能提供認別植物羣落內最重要問題的物種。

synergism 協同作用 兩種無害物質共同作用的效果大於單獨效應之和。例如，**酸雨**是協同作用的結果。工業煙囪排放無害元素硫，迅速與氧結合，形成三氧化硫，這種物質的危險性仍小，但是當它與大氣中的水分子結合時，形成稀硫酸溶液，再以酸雨形式降下時，會使環境受到顯著損害。

synoptic chart 天氣圖 參見WEATHER CHART。

system building techniques 系統建築技術 參見HIGH-RISE DEVELOPMENT。

T

taiga　泰加林　參見BOREAL FOREST。

tailings　礦渣　參見DEEP MINING。

talus　岩屑堆　參見SCREE。

tarn　冰斗湖　充填**冰斗**底部、由**冰磧丘**攔起的山地湖泊。

tar sand　含油砂　參見OIL。

technological optimum, technological fix　技術極限，技術困境　依賴技術流程來解決人類問題。由於這些問題的複雜性，其解決辦法可能只是短期的，並且可能引起其他問題。這一術語常被生態學家和保育學者，用在指摘企業家利用高技術工程方法，去開發更多的生物圈**資源**，而很少考慮其對環境的影響之情況。陷於技術困境最深的是核電人士，到目前還沒有找出**核廢料**的安全處理方法（編按：低放射性核廢料的舊規範經過試驗，證明不夠完善，新的試驗仍在進行中；至於中高放射性的核燃料終極處置方式，則仍在研究中）。對照DOOMSDAY SYNDROME。

tectonic estuary　構造河口灣　參見ESTUARY。

tectonism, diatrophism　構造作用，地殼運動　地殼內岩石的變形和運動。大多數構造運動在長時間內緩慢地進行，但像**地震**之類的構造運動，可以在自然界突然而猛烈地出現。其他構造運動包括褶皺和斷層作用，可導致陸地上升或沈陷。大地構造力產生壓縮或拉伸，能產生側向運動。**造山運動**和**造陸運動**是兩種構造作用。參見FOLD，FAULT。

temperate vegetation　溫帶植被　通常指南、北緯度35～50

度地區所特有的植被，但是在南半球少有擴展。這一氣候狀況有明顯的季節變化。冬季可能有1個月，平均溫度為0℃。1月份的平均溫度為2至4℃。夏季長達6個月，7月份平均溫度為18℃。冬季降水最多，但在夏季對流風暴也會引起大量降水。

主要的植物生命形式是**硬木**喬木，可以是常綠的或落葉的。就木材和動物資源而論，原始森林很有價值，但是經19世紀末的過度開發，這類植被留下來的已很少。這種森林已被草原和作物栽培所取代。

tenancy　租佃　參見LAND TENURE。

tenement　經濟公寓　包含一些公寓單位的建築物，由公共樓梯和出入口進出。這一術語常用於20世紀中期以前建造的4層或5層樓的建築。在英國，這種建築只常見於蘇格蘭，那兒這種風格的建築有長久的傳統。儘管在蘇格蘭可以發現大多數社會團體住在各式各樣風格和大小的房屋內，但這個詞常帶有貧民區的含義。

Tennessee Valley Authority（TVA）　田納西河流域管理局　美國政府的機構。1933年創立，是羅斯福總統新政的一部分。其管轄範圍包括田納西州和與阿巴亞契山脈南麓相鄰接的州。田納西河流域管理局負責協調田納西和坎伯蘭河流域的電氣化、洪水控制，改進河運、**造林**、農業合理化、**土壤保育**，以及工業改建和多種經營等方面的綜合性規畫。

儘管由於政治積極性的減低，使規畫在後來受到掣肘；但是田納西河流域管理局在整個地區的農業和工業發展、**基礎設施**（特別是電源）方面，有顯著的進展。戰後各國流域規畫，幾乎都模仿田納西河流域管理局的水流控制和資源開發政策；尤其在水流控制方面，常得到該局的土木工程師的援助，雖然美國本身已不再使用。

terminal moraine　終磧　參見MORAINE。

terrace　梯田　在小山坡上築成的可栽培作物的平坦台地或田

地。土埂與等高線平行，其高度隨山坡的傾角變化。梯田常與**灌溉**系統相聯繫，包括乾燥地區（如葉門和祕魯）和**水稻種植**。環繞和分隔每一梯田的低土埂，控制水流以充分灌溉土壤。它們也阻擋土壤沿坡下移，減少**土壤侵蝕**的危險，形成適合於作物栽培的**小環境**。這些作物如在石河（土壤線的地中海山坡）上，生長油橄欖和葡萄，也便於**永久作物**的收成，如茶樹等。

梯田分佈十分廣泛，已經實施了幾十年。目前，梯田常出現中國南部、台灣、日本、印尼和菲律賓的**稻田**。然而，在許多地區，特別是在已開發國家中，當連續實行大量機械化耕作時，梯田會起阻礙作用，通常會廢棄，如德國的葡萄園和地中海的油橄欖園。在非洲部分地區，如喀麥隆北部和奈及利亞中部，在敵對的鄰近部落威脅不再，部落即放棄高地避難處，梯田種植就減少了。

terra rosa　紅色石灰土　在具有高碳酸鈣含量的**母質**上，發育的紅色富**黏土**土壤。紅色石灰土含有石灰岩化學風化的不溶解產物，因而多是很古老的，常見於中海盆地和澳洲部分地區的邊緣半乾燥地區。紅色起因於母質中鐵化合物的氧化（三價鐵的）狀態。紅色石灰土形成肥沃的農業土壤。

territorial waters　領海　國家宣稱管轄的海域。在國際法上，領海伸展到離高潮線5公里，而1977年聯合國海洋法公約指定專屬經濟海域為370公里，在此區域內，各國有權在其海岸線外獨自開發礦產和漁業資源。參見LAW OF THE SEA。

territory　領域　為植物和動物提供生活空間的區域的統稱。動物通常有領域的概念。許多動物都有與領域劃界相關的複雜行為模式。例如，大的哺乳動物利用巡視和嗅覺，而鳥類則利用鳴聲。領域有嚴格的劃分，佔有者會對抗闖入者。植物的領域是地下根系最遠處佔有的區域，和該植物地上部分的莖、葉和枝所佔有的區域。

tertiary consumer　三級消費者　參見FOOD CHAIN。

Tertiary period　第三紀　地質紀，始於距今約6500萬年前，之前為**白堊紀**；終於約200萬年前，後為**第四紀**。第三紀是**新生代**的第一個紀，可分為5個界限分明的**世**。在歐洲、北美、非洲和亞洲有造山運動及伴生的火山和火成活動。各種無脊椎動物的海洋化石與第三紀的老年岩石相關，可用於測定年代。第三紀末，氣候明顯變冷，在更新世的**冰期**達到頂點。參見EARTH HISTORY。

thalweg　深泓線　參見RIVER PROFILE。

thermal depression　熱低壓　白天陸地的急遽加熱而形成低壓區域，導致對流的空氣上升，地面大氣壓下降。熱低壓常在夏季出現。小規模熱**低壓**的實例可在島嶼和半島上空出現，但較大規模的，則出現在伊比利半島（編按：包括西班牙、葡萄牙等國）和美國的亞利桑那州上空。

thermal erosion　熱侵蝕　人類活動引起**永凍土**的環境退化。地面植被對下伏永凍土有隔離作用，當該植被在建築物、道路和橋樑施工前以及在地下設施安裝前移去時，移去的作用能引起融凍層向下伸展。夏天，這一損傷能使**融凍層**成為沼澤，其融化的土壤對融水的侵蝕很敏感。熱侵蝕可通過在隔離的碎石基上鋪設道路和鐵路加以防止。房屋和其他建築物（及其設施）可建在樁柱上，使在下面的空氣可以自由流動，防止永凍土的損壞。

thermal expansion and contraction　熱脹縮　參見PHYSICAL WEATHERING。

thermal pollution　熱污染　物質釋放熱到四周，導致周圍溫度上升，高於吸收自然界的太陽輻射可能達到的溫度。主要的熱污染源包括家庭的加熱、生產過程放出的廢熱，以及發電廠排放的廢熱水。這種熱可以排放在大氣、海洋或河流中，因此熱就累積在自然界，對熱能的自然流動是有害的。例如，溶解在河流或湖泊中的氧量與水的溫度成反比。若讓發電廠的熱水進入河流或湖泊，就會使水脫氧，導致水生動物的窒息。大城市的熱污染，會形成**熱島**，改變局部氣候。

thermal spring　溫泉　參見HOT SPRING。

thermocline　斜溫層　湖泊和海洋中的常駐水層。其溫度隨深度而迅速降低，並將上面較熱的表水層和下面較冷的深水層分開。對照INVERSION LAYER。

thermosphere　熱氣層　**中氣層**和**磁層**以上的**大氣層**，該層從離地面高度80公里延伸到500公里。太陽輻射使大氣的氣體電離，導致南極光和北極光的出現。

therophyte　一年生植物　參見RAUNKIAER'S LIFEFORM CLASSIFICATION。

therophyte climate　一年生植物氣候　參見BIOCHORE。

Third World, the　第三世界　大部分在非洲、亞洲和拉丁美洲的**開發中國家**，既不是工業市場經濟（第一世界），也不是中央集中計畫經濟（第二世界）。因此，這一術語是物質發展水準同樣低的一羣不結盟國家之簡稱。然而，真要將這名詞用於如此充滿著分歧和不能共存的國家羣，最好再加以說明，否則會產生誤導。

很明顯的，第三世界國家少有不結盟的；從前殖民地的束縛和對**已開發國家**的經濟依賴關係，第三世界不能認為是個完全的獨立體。第三世界國家同樣也泛稱為經濟上發展中（未開發）國家和南方國家，在地理、經濟問題和繁榮、工業化水準、政治思想意識以及政治制度方面有很大差異。現在，聯合國已確定一組31個最不開發國家，其中21個在非洲，某些認為可組成第四世界，而**世界銀行**基於收入多寡，將開發中國家分為三類。

Thirty Percent Club　百分之三十俱樂部　參見ACID DEPOSITION。

throughflow　貫流　地下水通過土壤的側向移動和沿坡下移。由於貫流速度低，其侵蝕作用常是有限的。貫流常常集中在土壤，形成滲入線，貫流可以流入河流或形成泉。對照OVER-

LAND FLOW，RUNOFF。

thunder　雷　**雷暴**時深沈的隆隆聲。雷是由**閃電**的閃光，導致周圍空氣迅速加熱膨脹而形成的，在離起點16公里內可聽到，有時可達65公里遠。

thunderhead　積亂雲　參見CUMULONIMBUS。

thunderstorm　雷暴　由雷、**閃電**、大雨、厚層**積雨雲**，垂直伸展組成的**風暴**，起因於強烈的對流。這些對流氣流常常由地表的急遽加熱、地形作用或**冷鋒**經過所引起。

在雷暴發展中，由大氣水蒸汽的凝結釋放熱，補充初始上升氣流。上升氣流的速率有時能高於每秒30公尺，上升的高度為12公里。最初，上升氣流的力量阻止凝結的水滴下落，但當水滴增大時，重力克服這一作用。大雨或冰雹的突然下降，伴隨著雷和閃電的出現，表示雷暴的成熟階段。對流胞的多半存在約1小時，雨下落時的摩擦逐漸建立下沈氣流，並隨著其中水蒸汽的耗盡，使風暴逐漸消除。

大多數雷暴由幾個對流胞組成，當兩個衰減胞的下沈氣流匯合時，使暖空氣夾在其中上升，產生新對流胞。多胞雷暴的寬度可達8公里，長度達100公里。

除了極地以外，雷暴在大多數地區都會出現，在熱帶地區尤為常見。中緯度地區的雷暴大都限於夏季和早春。

tidal range　潮差　參見TIDE。

tidal wave　潮波　參見TSUNAMI。

tide　潮汐　由於太陽和月球的引力作用，引起海面高程週期性或每日的變化。高潮和低潮之差被稱為潮差，大洋處潮差小於1公尺而近海岸處可高達15公尺。潮汐運動在一些國家正研究作為一種**替代能源**。

tillage　整地　把土壤變成具有有**作物**生長有利條件的苗床準備過程。

初耕是使深度15和90公分之間的土壤疏鬆，多用犁耕，把土壤和覆蓋作物的殘留物翻過來，並深耕改善排水情況。次耕是苗床更細緻的準備，把雜草和作物殘留物用圓盤犁切碎，其耕作深度淺於初耕的農具。用輾壓機粉碎土壤，來打碎團粒和消除氣穴，這樣就能保證種子和潮溼土壤的接觸。（編按：整地大致分為耕犁、碎土、作畦三階段。初耕即耕犁，次耕為碎土；作畦則是因土地溼潤，免讓作物受水浸害，在乾燥地區不用）

隨著**農業機械化**的進展，有在大範圍內整地打碎土壤構造的傾向，特別是在大量排水和排水不良而具有壓密作用的土壤地區。在較乾燥地區，有土壤更易硬結，阻礙水的引入、逕流增加和減少作物用水的貯存等問題。為減小這些問題，已引入了最小整地法。此法減少了整地的數量和強度。可以是窄行整地，兩行之間的間隙不耕。當植入土壤內的種子用曳引機穩固時，出現了輪軌整地。在減少整地的極端形式中，可採用直接鑽孔或不整地。即在土壤中挖窄槽，種子和肥料直接撒落不需要準備苗床。作物殘留物多由休耕農業留下，可任其就地腐爛（**覆蓋物**）或用除草劑加以抑止。植物碎屑的密集層面有助於保持水分和降低引起**土壤侵蝕**的逕流。

最小整地法在降低勞力和燃料費用方面還有好處，但是只適合於優良的土壤。最小整地法在美國已迅速推廣，特別是在南方乾燥地區，收穫的耕地從1972年的10％擴展到80年代中期的33％左右。

timberline, tree line　林木線　樹木生長的高度界限。在林木線之下，樹木挺立，但接近林木線時樹木常發育不全和被風扭歪，最終呈水平狀匍匐生長，像墊子一樣，稱為高山矮曲林。高於林木線，暴露、霜凍和積雪均阻礙植物的佔據。

倒置林木線有時出現在大山谷內。谷底冷空氣聚集能阻礙樹木生長，形成雙重林木線，下限表示冷空氣聚集的頂部邊緣，上限表示過度暴露處。（編按：此書將timberline和tree line視為同義。而在嚴格的定義，兩者是有區別的。timberline林木線，

是樹木能充份生長的上限，此線之上無喬木林；tree line樹木界線則是樹木生長的上限）

time lag　時滯　事件開始至回應之間的時間間隔。所有事件，不管是自然的還是人類活動的結果，都會影響**生態系統**的自然組成部分或生態系統內的物種。環境變化和生態系統變化之間的複雜關係，使事件發生後許多年後才反應，例如，吸煙使人在10到20年後才出現肺癌。由於環境變數之間的相互依存，關係強度可以是統計上不確定性。現在多半認為最穩定的生態系統有發展最佳的時滯網。

tolerance　耐受度　植物或動物在改變環境後繼續生存的能力。圖62闡明耐受度的概念。在正常情況下，生物以最佳狀態存在正常生命帶。在正常生命帶兩側，諸如光、溫度和水的可資利用性增加或降低到死亡的概率至少達到生存概率處時，生存條件迅速下降，然後生物體處於生存帶。若環境繼續惡化，生存率下降最後進入**死亡帶**。

toll　通行費　對使用某些橋樑或特殊道路（如美國的**收費公路**

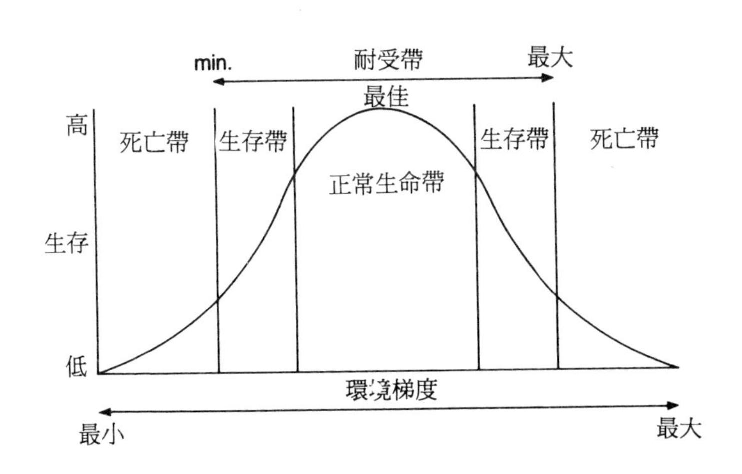

圖62　**耐受度**。

或歐洲國家的某些主要道路）的車輛所徵收的費用。

top－down approach 上而下的方略 發展是由外界要求和新技術衝擊所推動，而發展的利益會從幾個充滿活力的部門和地區，擴展到系統其餘的部分。

上而下的方略就是基於這一假設的發展策略，亦稱自上發展，強調經濟增長率達到最高，及高度集中方針和投資控制。趨向於資本密集，以高技術佔優勢，並支援大項目。這種策略的核心是偏向相信城市工業增長，會促進地區向更大空間平衡的發展。近數十年內，上而下的方略在大多數**開發中國家**的地區和國家發展策略中處於支配地位。自從1970年代中期以來，受到強調**下而上的方略**發展的規畫型式的挑戰日益增加。

toposequence 地形系列 一種相關的土壤系列，表明與上層土壤和地形的關係。參見 CHRONOSEQUENCE，LITHO-SEQUENCE。對照CATENA。

tornado, twister 龍卷風 直徑小的強烈旋轉**風暴**。其特徵是由極低氣壓周圍區域形成的黑色漏斗狀**積雨雲**、大量降水和**雷**所構成。龍卷風常在午後地面被加熱到最熱時產生，被認為是最強力的氣象擾動，其中心風速未曾精確測定，但可高達每小時550公里。龍卷風最高可以時速60公里掠過陸地，但持續時間短，很少超過幾個小時。

龍卷風確切的成因還不清楚，但是當大暖溼氣團與冷氣團相遇時，似乎就形成了。春夏之際地面出現劇烈加熱，由此引起**不穩定**。像在美國密西西比盆地，來自墨西哥灣的暖溼空氣與來自大陸的冷空氣相遇，常遇到這種情況。龍卷風也在世界的其他地區出現，如澳洲、印度，而在加拿大、歐洲等地比較罕見。

儘管在其基面上的直徑很小（可小至100公尺），但龍卷風會造成許多生命財產的損失，如1987年7月襲擊加拿大埃德蒙頓的龍卷風。1925年3月吹過美國密蘇里、伊利諾利和印第安納等州的龍卷風，是近年破壞力最大的，死亡689人，受傷2000多人。在某些常常出現龍卷風的地區，已經建立了早期警報系統，建築物能承受龍卷風的強結構應力。保護性避風窖是這些地區的一個常見的特色。對照HURRICANE，WHIRLWIND。

Town and Country Planning Acts　城鄉規畫法規　英國從1910年開始的一系列法令，形成當今規畫系統的基本原則。此法則的宗旨是：

(a)通過**發展規畫**規定每一地區的規畫方針。

(b)一般在地方規畫當局或中央政府部門的監督下**發展**。

(c)授權政府當局獲得和開發符合規畫目標的土地，擴大財政援助的範圍和規模。

(d)提供有關特殊**環境品質**的出版物，如具有建築價值的建築物或**歷史建築**、樹林保護規則的創立和廣告管理等方面。

townscape　城鎮景色　決定城區總體特徵的組成。城鎮景色的要素包括建築物的規模和聚集、建築風格、所用建築材料的種類和顏色、開放空間和綠化的位置、人行道的結構、街道設施以及控制車輛交通的方法。城市各個部分景色的特徵為重要的參考框架，規畫工作者以此為背景提出建築物的改建和替換的適當標準，因而全面地控制了**發展**。參見BUILT ENVIRONMENT。

toxic waste　有毒廢棄物　來自工業或商業生產過程、能傷害生物體或使其死亡的廢棄物。這一術語有時與有害廢棄物相混淆，後者指的是會對人體健康或環境造成立即或長期危害的物質，其中包括有毒廢棄物。

幾乎所有廢棄物若累積之一定量，都可能是危險、有害的，所以需要進行研究以訂定危險標準。有毒物質常常是已在商業和工業使用後，才訂出標準，然而國際間的標準不一。例如，荷蘭認為氰化物含量為每公斤50毫克是有毒的，而比利時認為必須達到250毫克才是有害的。實際上，大多數國家只列出對人體健康和環境有害影響的特殊物質。許多潛在有毒廢棄物還有待發現。

由於工業生產過程使用的材料日益複雜，廢棄物的複雜性增加。為了使廢棄物不洩漏，不至於污染水道、地下水和食物鏈等，尋找安全的傾倒場地日益重要。參見SANITARY LANDFILL。

trace element　微量元素　生物體內含量極少，但為許多生理和生化過程所必需的化學元素。

trace fossil　生痕化石　參見FOSSIL。

traction load　推移負荷　參見BEDLOAD。

Trade Winds　信風　從**副熱帶無風帶**高壓，吹向赤道低壓區的風系（參見圖71）。信風帶的地段隨季節變化，北半球為東北風，南半球為東南風，在海洋上最為持久。氣壓分佈的變化，會使陸地上信風的方向改變。

traffic capacity　交通容量　參見TRAFFIC FLOW。

traffic flow　交通流量　通過指定**運輸網**的車輛或人的流動。交通流量是以指定時間內、通過網路內某條或幾條道路某地點的車輛或行人數量，為交通流量提供交通容量的數值。道路上的各種車輛，有時籠統地稱客車單位。要計算某一特殊區域（如市中心區）進出交通流量用警戒線計數來算，即是在進出此區域的道路上設置測量點。當數量接近網路的預定量時，就出現交通擁擠的狀況。參見TRAFFIC INTENSITY INDEX。

traffic intensity index　交通飽和度指數　在**交通流量**中，車輛平均等待時間的量度。

traffic lane　車道　公路上標出一輛車寬度的路徑。例如，在英國，汽車道常有2個或3個車道，相互之間用分道線隔開。利用車道可使車輛有規律地行動，因而把車羣定位在能安全轉彎或離開公路的最有利位置。車道也能有效地利用道路空間，在給定寬度內，容納最大數量的車輛。

traffic management　交通管理　控制和組織運輸網的**交通流量**，加速車輛有效流動。交通流量可配合道路結構控制程式加以管理。實際配合包括清理塞街道、自動交通號誌燈、在道路連接處對不同等級車輛予以區分，或是依不同的行進方式隔開行進空間（例如在購物區的車輛和行人），以免造成衝突。系統包括大範圍交通號誌燈的中央控制系統、鐵路網的信號系統、或是空中交通控制系統。

transect sampling 斷面抽樣 其中基線至少穿過兩個分區取樣的觀察地段，並沿著基線記錄與環境變化有關的資料。土壤和植被變化的各剖面，能顯示高度變化的區域、海鹽作用迅速縮小內陸的沿海環境，或土壤（或空氣）中的有毒物質快速變化的工業廢棄物區。有多種不同的剖面，如樣線或樣帶；沿著樣線定出規則間隔的**樣區**，樣帶則包含兩個平行樣線，其間可以連續或每隔一段距離收集資料。參見PLOTLESS SAMPLE。

transhumance 季節遷徙 畜牧場主人及其家畜為了尋求牧草而季節性或周期性的遷移，多在兩個不同氣候和生態環境的地區之間遷移，兩地一般有永久性住宿，與熱帶放牧者的半遊牧生活不同，後者在其他任一地區停留的時間很少長於臨時庇護應逗留的時間。

季節遷徙是高地區域的特徵。在熱帶雨季，除了易泛濫地區外，多向山下遷徙（主要是牛）；在溫帶的夏季，向山上遷徙，冬季返回山谷。瑞士和挪威利用高地牧場或山上牧場的**生長季**放牧牛羊，讓山谷牧場恢復，以供冬季放牧或收割冬季飼料。季節遷徙已沒有過去幾個世紀的規模，但在地中海多瑙河平原和喀爾巴阡山脈之間的地區仍有。參見NOMADISM。

transition zone 過渡區 參見BIOSPHERE RESERVE。

translocation 轉移 物質（常在溶液中）在**土壤剖面**的移動。黏土顆粒、植物養分和可溶的鐵化合物能在不同**土層**之間轉移。在降水大於**蒸發散**的地帶，轉移會使物質洗出，形成鐵磐和黏磐（參見HARDPAN）。當蒸發散作用超過降水時，以向上移動為主，鹽類就在鹽磐表面累積。轉移含有各種程序，包括**淋溶**、**淋濾**、**澱積**、**鈣化**、**鹽化**、**鹼化**等作用。

transpiration 蒸散 植物中水氣散失的過程，主要經由葉片背面的氣孔散失。蒸散作用可降低葉片的溫度，是整個植物內分配礦物質的一個重要因素。蒸散速率取決於某些外部環境因素（如溫度、風速和溼度），及某些內部因素（如植物的生長速率和生活史的階段）。若蒸散速率超過植物根系由土壤吸收水分的能力，則植物達到**凋萎點**，將導致植物迅速死亡。在農業中，可以利用**灌溉**補充水份來加以彌補。炎夏午後有微風時的蒸散速率最高，例如，大櫟樹蒸散水量最高可達450公升，而甘藍為1公升。然而，蒸散速率難以與**蒸發**速率分開，常將這兩個數值合併為**蒸發散**速率。參見EVAPOTRANSPIRATION。

transportation　搬運　土壤和岩屑在河流、冰川、海洋和風的作用之下之運動。參見SLUMP，CREEP，SOLIFLUCTION，MUDFLOW，EARTHFLOW，FLUVIAL TRANSPORTATION，GLACIAL TRANSPORTATION。

transport network, communication network　運輸網，交通網　以固定輸送線將**活動點**連接起來的系統。主要的系統是道路、人行道、鐵路和內陸的水道。海上航線和**空中走廊**也是運輸網的一部分，但其位置既不固定又不可見。固定線路中的每一段，形成連接國內網的匯接處，在匯接處旅客可以改變旅行方式或終止旅行。

trawling　拖網捕魚　在特殊改裝的船之後，拖拉袋形大網到定深度的海中捕魚的方法。老式拖網在其口兩端有一根長10公尺的木樑，使口張口。現代的網有約25公尺的口和固定在其兩側的一些大平板（網板）。在拖網的過程中，水壓迫使網板分開。就漁獲量而言，拖網捕魚是最重要的**捕魚**方法。對照SEINE NETTING，LINE FISHING。

tree crop　喬木作物　參見PERMANENT CROP。

tree line　林木線　參見TIMBERLINE。

trellis drainage　格子狀水系　參見DRAINAGE PATTERN。

Triassic period　三疊紀　地質紀，始於距今約2億2500萬年前，之前為**二疊紀**，終於1億9500萬年前，後為**侏羅紀**。三疊紀是**中生代**的第一個紀。大部分歐洲和北美地區的持續造山運動時期，從二疊紀延伸到三疊紀時期。化石記錄不完整，海洋無脊稚動物是最常見的類型。恐龍在此時期持續進化。三疊紀岩石內出現的經濟資源包括**石灰岩**和蒸發岩，例如**岩鹽**、**硬石膏**和**石膏**。參見EARTH HISTORY。

trickle filter, percolating filter 滴濾池，滲濾池 用惰性材料（常為碎石）鋪成，用於過濾和淨化污水的濾池。污水通過上覆需氧細菌的碎石層，使溶解的有機污染物氧化並被吸收，因而將水淨化。參見SEWAGE，ACTIVATED SLUDGE PROCESS。

trigger factor, critical factor 起動因素，臨界因素 任何環境因素增加或下降到某一程度，會再引發先前潛在反應或過程。起動因素的開始可以是快速的，例如當風速高於臨界速度時，植物會被吹散。另一方面，起動因素可在環境中緩慢地累積，產生不引人注意的變化，直至達到臨界值後，才有明顯的損壞。例如，**空氣污染**逐漸增加，在到達臨界值前只造成植物內部損傷，之後出現明顯的損傷跡象。

trophic level 營養級 1. 在**食物鏈**不同的攝食（或養料）級。大多數食物鏈由3個單獨的營養級組成：第一級，**自營生物**生產者；第一級消費者，即**食草動物**；第二級消費者，即**食肉動物**。直至最近，對營養級之間的關係仍了解的很少。1942年，美國生物數學家林德曼創立了一個理論能流模型，說明兩個營養級之前的能流如圖63所示。儘管後來加入了許多細節，特別是**分解者**的作用，但是很少研究人員懷疑這一模型。

2. 水體中養分（特別是氮和磷酸鹽）的含量。

tropical－alpine 熱帶高山植被 參見PARAMO。

tropical cyclone 熱帶氣旋 參見HURRICANE。

tropical desert vegetation 熱帶沙漠植物 熱沙漠特有的植物。其分佈局限於智利亞他加馬、澳洲西部的部分地區，還有撒

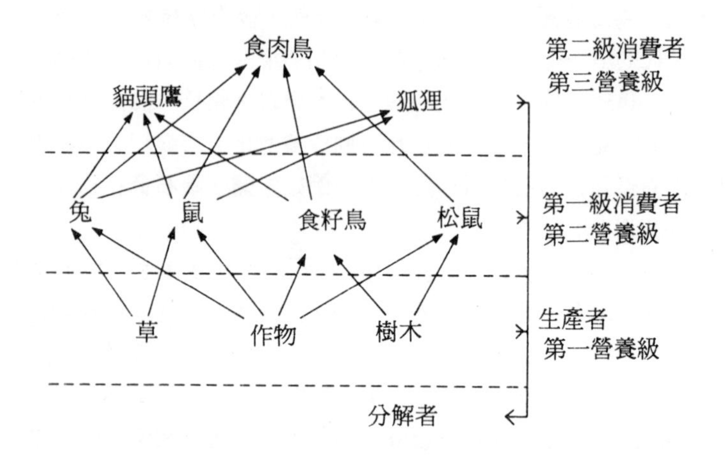

圖63 **營養級** 食物鍊中攝食物種的排列，箭頭表示能量和物質轉移的主方向。

哈拉和阿拉伯沙漠。主要有兩類植物：

(a)**一年生**。取決於能使休眠種子萌芽和完成生命循環（常在4周或5周內）的降雨。

(b)**多年生**。在多水時可暫時貯存水份（肉質性），或極度適應缺水環境（旱生形態）的植物。

許多熱帶沙漠植物依靠地下水生存，地下水在綠洲或乾谷處到達地表。許多常見的綠洲植物的根很深，例如，牧豆樹的根可以延伸50公尺。綠洲為沙漠的部落的重要供應點，或為永久居住地，而且往往有海棗樹、無花果和小麥的栽培。

tropical rain forest, selva 熱帶雨林 熱帶多雨地區出現的茂密森林，是一種最廣闊的天然植被，面積佔地球陸地的8%左右（1700萬平方公里），有最豐富和複雜的生物**羣落**。典型的熱帶雨林位於兩回歸線之間。就生物量而言，熱帶雨林超過所有其他的**植物羣系**，約佔世界**生物量**的34%。

熱帶雨林地區不同於其他生物羣域的特殊氣候是：連續高溫

（年平均有21℃以上）；年雨量高（多高於2000公釐，偶爾高達12500公釐）；晝夜氣候的變化大於年變化。氣候一覽見圖64。

雨林是最古老的植物羣系，早在距今約1億2000萬年前的白堊紀時期，就在地質記錄中記載下來。要計算與雨林同時代的年齡是相當困難的，因為沒有因生長季變化所形成的年輪。

熱帶雨林的垂直結構顯示特殊的**分層**，如圖65所示。人們認為成層現象是對光環境激烈競爭的反應。在不同的灌叢層上最多能出現3層樹木。不同的層常常因有大量連接層的攀緣植物和附生植物而混淆。上層葉常常應極高葉溫（50℃）而呈現旱生植物的特性。葉溫可在樹冠層的上面記錄。

未被擾動的熱帶雨林之特徵是，每公頃有40～100種不同的樹。雨林在不同地理區域其樹種差別頗大。全部樹種的70％左右是喬木，最高達90％的生物量含在木質組織中。熱帶雨林的平均淨**初級生產力**為每年每平方公尺2000公克，最高可達5000公克。

熱帶雨林子型	降雨	平均溫度	溫差
常綠熱帶雨林	最少的月降雨量100公釐，年降雨大於2500公釐，短乾期達14天	24～25℃	2～12℃
雲林	月差異大，年降雨極高，達4500公釐	大於21℃	8～15℃
熱帶夏雨帶	季節性明顯，年降雨400～700公釐		
落葉熱帶雨林	乾季明顯，可達三個月，年降雨900～1400公釐	大於21℃	

圖64　**熱帶雨林**　熱帶雨林氣候子型一覽表。

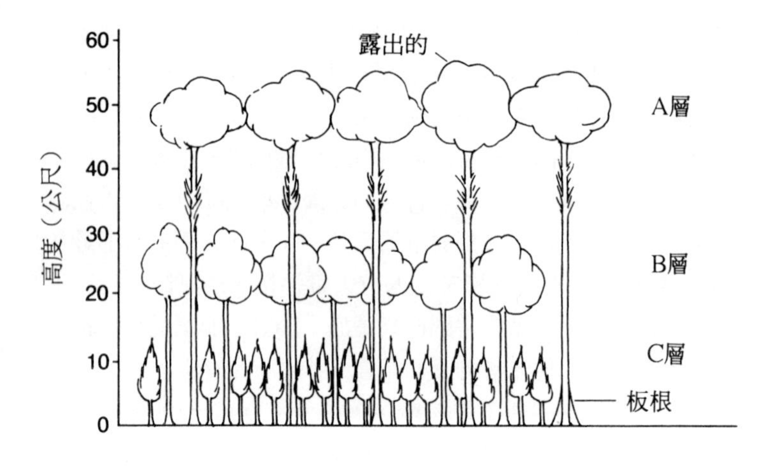

圖65　**熱帶雨林**　成熟雨林的典型剖面。

雨林也供養大量的動物羣體，其中約只有六分之一的物種已經命名。

世界上每年失去熱帶雨林1200萬公頃，相當於英國的面積。如果以這種速度繼續下去，那麼雨林將在2050年全部消失。僅亞馬遜一處，每年為放牧牛和焚燒而失去250萬頃雨林，許多地區並不是為了獲得有價值的硬木材而焚燒。在別處，森林因伐木公司要將桃花木、柚木和烏木銷售給北方工業國家而逐漸失去。

熱帶雨林的失去意味著大面積的生態災難。因為森林穩定地球的**反照率**、溫度和二氧化碳含量的作用。而再者，雨林的物種包含著我們過去和未來的進化遺傳藍圖，並提供經濟上重要的可更新資源基地。參見MEDICINE FROM PLANTS。

tropical vegetation　**熱帶植被**　位於兩回歸線以內的植物。這個術語並不考慮熱帶植被會在兩回歸線以外出現，或這其中有非熱帶植被的事實。參見TROPICAL RAIN FOREST，TROPICAL DESERT VEGETATION，SAVANNA。

tropopause **對流層頂** **對流層**和**平流層**之間的過渡區。其高度變化從赤道區約為18公里，到兩極區的6公里，特徵是**直減率**有暫時的穩定（參見圖9）。對照STRATOPAUSE，MESOPAUSE。

tropophyte **多適植物** 在年生活周期中基於水的可獲性而呈現不同變化的植物，通常為**多年生**。有兩個明顯的時期：有水時的快速生長期，缺水時的休止期。中緯度地區的**落葉林**是多適植物，呈現快速的夏季生長期，和因溫度下降使土壤暫時不能獲得水分的冬季休止期。

troposphere **對流層** **大氣**的最下層，在地表上9～16公里範圍內，上邊界稱為**對流層頂**，之外為**平流層**。幾乎所有天氣現象以及大部分大氣的水蒸汽、灰塵和污染物都出現在對流層中。

trough of low pressure **低壓槽** 夾在兩個氣壓較高地區之間的狹長**低壓**地帶（參見圖66）。

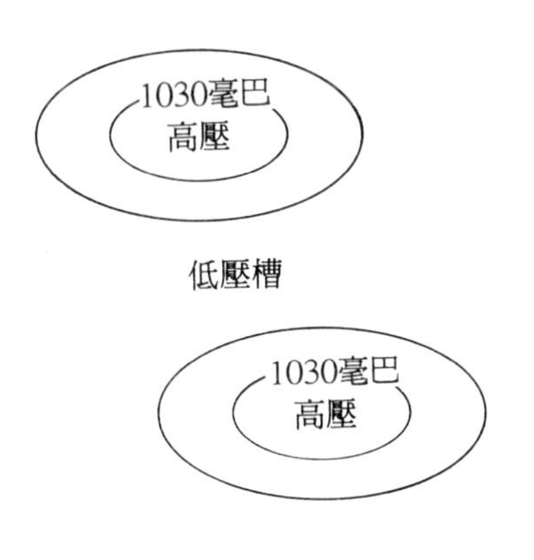

圖66 **低壓槽**。

truck farming **蔬菜農業** 參見MARKET GARDENING。

true desert **真沙漠** 參見DESERT。

truncated spur **削斷山嘴** 下端向冰川期前的河谷突出，並部分因**冰川**向下前進所形成的山嘴，常與**U形谷**有關，參見圖

67。參見INTERLOCKING SPUR。

tsunami　海嘯　由海底地震、山崩或火山活動產生快速移動的大海浪。其長度可達200公里，在深水裡每小時可行進90公里。在海洋上，海嘯產生1.5公尺的湧浪幾乎覺察不到的，但當浪接近海岸線時，其高度可增至30公尺。大海嘯會淹沒低窪的沿海地區，造成生命財產的巨大損失。1755年，海嘯毀壞葡萄牙里斯本時，死亡6萬人。近年智利的一次地震引起海嘯，使太平洋彼岸1000人死亡。為減小海嘯的影響，在太平洋已建立海洋地震波警報系統。該系統依靠太平洋沿岸監測地震位置和強度的地震觀測站，確定海嘯的方向、估計海浪到達海岸線的時間、並向有關當局發出警報。海嘯常被誤稱為潮波，其實和潮汐作用無關。

tundra　苔原　幾乎全部在北緯60度以上，和極地冰以南的無樹地區，即西伯利亞、斯堪地那維亞、加拿大和阿拉斯加的北部地區。苔原的特徵是冬季長而寒冷，在一年中有6～10個月的月均溫降至零下10℃，溫度降至零下30℃屬罕見。夏季短，月均溫低於10℃，因此又稱凍原。**降水**多為雪，每年約250～300公釐。

極度**乾旱**是因冬季溫度極低（生理乾旱）而增強的，這是該地區對樹木生長的主要**限制因子**。不斷吹乾冷風，使植物組織乾燥；而**永凍土**通常只在地表下幾公分出現，這也限制植物的生長。主要植被是苔蘚、地衣、蓑衣草和燈心草點綴著禾草和有花的草本植物。苔原南部邊緣，可以出現低矮木本植物和**落葉**矮灌叢，如赤楊、樺木和柳。

夏季，隨著上部土壤的融化，不良的排水地帶易積水而且不穩定。夏季白天長時間的光照，提供短暫的**初級生產力**，以維持大量出現的昆蟲、候鳥和食草類動物羣，如馴鹿、駝鹿等。

苔原的**生物羣域**極為脆弱。在若干地區，脆弱的生態平衡已因大食草類動物的過度狩獵而被破壞，導致天然食肉的捕食者減少和非放牧的植被過度生長。出乎意料的保護計畫又引起食草類動物的快速增加，和過度放牧問題。而且，諸如石油探勘等活動也已大大威脅到世界最後少數**莽原區**的環境。

turbidity current 濁流 挾帶著懸浮沈積物沿著**海底峽谷**或傾斜的湖底，潛入**大陸坡**的流動。濁流形成於**地震**之後或河流泛濫時，將異常重的**河床負荷**注入湖泊或海洋。這些濁流的流動會切斷海底電纜及破壞碼頭和防波堤等。

turnpike 收費公路 美國的一種道路。通行時必須支付**通行費**，其數額常常隨通行距離、車的載重、乘客人數、車的排氣量而變。參見HIGHWAY。

TVA 田納西河流域管理局 參見 TENNESSEE VALLEY AUTHORITY。

twister 龍卷風 參見TORNADO。

2, 4−D 二氯苯氧基乙酸 一種激素**除草劑**，由合成有機化合物組成，其性質類似於天然植物生長調節劑。英文為商標名稱2, 4−dichlorophenoxyacetic acid的縮寫。1942年在美國研製成功，但在許多年內並沒有得到認可。

二氯苯氧基乙酸能使開墾土地上一年生的闊葉雜草快速生長，施藥後一星期，快速生長導致莖和葉生長大量小根，繼之以植物自然生長調節系統破壞。二氯苯氧基乙酸被根和嫩枝吸收後，在植物內快速移動。儘管已有許多研究，但是對二氯苯氧基乙酸如何在生物化學上作用仍不完全了解。現今二氯苯氧基乙酸已多達250種以上，其中有一些是通用的，其餘的是針對特定植物用的。

二氯苯氧基乙酸生產低廉、使用簡單，安全範圍（**生物可分解的**）寬，因而實際上對人和動物無毒。其有效使用期為28天。

2, 4, 5−T 三氯苯氧基乙酸 1942年研製成功的一種**除草劑**，用於木本植物和灌叢以及選擇性抑制針葉樹種植園中的雜草。英文為商標名稱trichlorophenoxyacetic acid的縮寫。由於易於從土壤表面濾取，因而可用於抑制深根雜草和灌叢。這種除草劑類似於天然植物生長激素的功能，它對動物的影響尚未了解，在土壤中不能持久，幾周後就消失了。然而，根據三氯苯氧基乙酸與鼠中胎兒畸形相關的證據，美國政府已禁止於食用作物上使用。

typhoon　颱風　西太平洋上出現的**颶風**。

U

ultrabasic rock　超基性岩　多為深成或半深成的**火成岩**，以鐵鎂礦物為主，二氧化矽含量極低。參見BASIC ROCK，對照ACID ROCK。

UNCLOS III　第三次聯合國海洋法會議　參見LAW OF THE SEA。

underfit river　不相稱河　參見MISFIT RIVER。

underground　地下鐵　設置在地下隧道中的鐵路網，由地面車站進出，此站經電梯、階梯或自動扶梯與火車月台連接。軌道有時在鐵路網外部邊緣的地平面出現，因為這些地區在建造地下鐵時還沒有建築物，可鋪設地面軌道。昂貴的地下鐵道建設，是減少現代大城市交通擁擠所必需的。如倫敦、紐約（稱作subway）、巴黎（稱作metro）和柏林（稱作U-bahn）這些大城市的地下鐵系統已很久。其他一些城市，如捷克布拉格和美國舊金山，近年也建立地下鐵系統。

underground drainage　地下水系　在**喀斯特**或白堊地下出現的地下河系。這些地區的地表水系多屬短暫河流，流到**陷穴**即從地表消失。

underpass　地下道　穿過地上另一路面之下的人行道或車道。地下道有時建在把農場分開的新道路之處，使動物能安全地往返於農場。也廣泛用於新鎮，將人車分開。

underpopulation　人口稀少　地區人口缺少到不能充分或最有利地開發現有的資源，導致平均實際收入低於**最適人口**情況能達到的。若干**第三世界**國家聲稱其國內人口稀少，市場小，購買力極小有礙工業化。對照OVERPOPULATION。

undiscovered resources　未發現資源　目前未知質量、但根據現有的地質資料判斷，應該存在的不明礦床。

UNESCO　聯合國教科文組織　聯合國教育、科學、文化組織的簡稱。英文United Nations Educational, Scientific, and Cultural Organization首字母的縮寫。於1945年創立，宗旨在改進教育、促進科學和文化交流，以緩和國際緊張局勢。1960年代末，聯合國教科文組織提出**人類生物圈計畫**，不同於大部分其他多國保育計畫，此計畫主要集中在長期科學研究，和監測環境，發掘小規模、累積性的變化。

uniformitarianism　均變說　參見ZONAL SOIL。

unitary development plan　統一發展規畫　參見DEVELOPMENT PLAN。

unleaded gasoline　無鉛汽油　減少**防爆添加物**四乙基鉛含量的汽油。參見AUTOMOBILE EMISSIONS。

unloading　解壓　參見PHYSICAL WEATHERING。

upland farming　高地農業　1. 熱帶非梯田的山坡上種植的一種**旱作**，主要是稻米。

2. 溫帶地區以**畜牧業**為主的高地農業。高地農場與低地農場不同，前者的**牧場**產量低，少再播種，施肥少，排水不良。然而，環境沒有**丘陵農業**為主的地區那麼惡劣。

upper atmosphere　高層大氣　**平流層頂**以上的**大氣**，包括有**中氣層**、**熱氣層**和**外氣層**（參見圖9）。對照LOWER ATMOSPHERE。

urban aid　城市援助　旨在解決**已開發國家**衰落的工業城市，和具有許多衛星城市的大城市所出現的問題之措施。協助城市經濟基礎阻止侵蝕的措施包括衝擊城市地區的區域性工業方針，而不包括特殊的城市積極性，而且更集中在針對**內城**的規畫。城市援助可能用對地方集團提供資金，參與工業發展或更新內域的規畫，改建住宅和更新荒蕪環境。

自從1960年代以來，美國的城市方針，包括從城市更新到1966年典型城市規畫不等，目的在於協調和集中聯邦政府提供的資源，改善當地居民的自然環境和生活水準。在1970年代聯邦政府開始和私人投資者之間更直接的合作。1977年以後，損失大的地區的地方當局能獲得城市發展行動撥款，鼓勵在經濟、社會和環境上復興當地的公共和私人部門之間的共同努力。

在英國，城市規畫是1968年應因不斷增加關心種族關係和城市喪失的要求而提出的，為特殊社會需要地區的批准規畫提供中央政府撥款。這些地區包括貧民住宅、失業、少數民族、大家族和正在由社會救濟的兒童比例高的地區。規畫旨在改進住宅和雇用機會，而沒有資格支助。總的說來，這種援助對內城的影響是微不足道的。這種情況直到1970年代中期內城的經濟衰退的程度被充分認識到後。城市援助的金額隨1978年頒佈的內城地區法後逐年增加。此法規確定數目有限的地方當局－合夥管理機構為具有嚴重城市問題者。在這些地區，資源向著創造就業、培訓、小規模工業生產和經濟復興轉移。最近的創造包括在默西賽德和倫敦碼頭創辦城市發展公司，提供城市發展撥款，鼓勵私有產業投資，指定**企業振興區**和建立企業信託。

urban climate　城市氣候　都市化區域形成的**微氣候**，主要表現為**熱島**效應、**空氣污染**、以及城市景觀的地形所引起的局部風、溼度和降水分佈的變化。

urban ecosystem　城市生態系統　認為**城市**有如活生物體的概念。城市環境提供生活其中的人之生活所需。包括住宅、就業、商業機會、娛樂和消遣設施、衛生保健以及運輸。美國芝加哥社會生態學校首次提出類似的觀點：建議城市生活和社會組織平行發展，即城市藉由輸入物質和能量增長，產生必須予以處置的廢棄物，若不妥善管理，則有害健康而最終消亡。

use right　使用權　參見LAND TENURE。

U-shaped valley　U形谷　谷底平坦、兩邊陡峭的谷地。因**谷冰川**的作用使早期河谷變寬、變深和變直（參見圖67）。U形谷在全世界冰川作用地區都出現，包括挪威的**峽灣**、蘇格蘭的峽谷以及紐西蘭的南島谷地。

U形谷底寬廣平坦，提供進入山區的通路，不過在某些情況下，坡度太過平坦，使之排水困難。谷地除了交通方便外，也常開發為居住地和農業使用。陡峭的谷坡可發展商用林業。谷坡上快速流動的河流和瀑布常用於水力發電。U形谷壯觀的景色和其他冰川地形，多被開發成旅遊觀光區。

usufruct　使用收益權　參見LAND TENURE。

utilized agricultural area　生產用地　參見FARM SIZE。

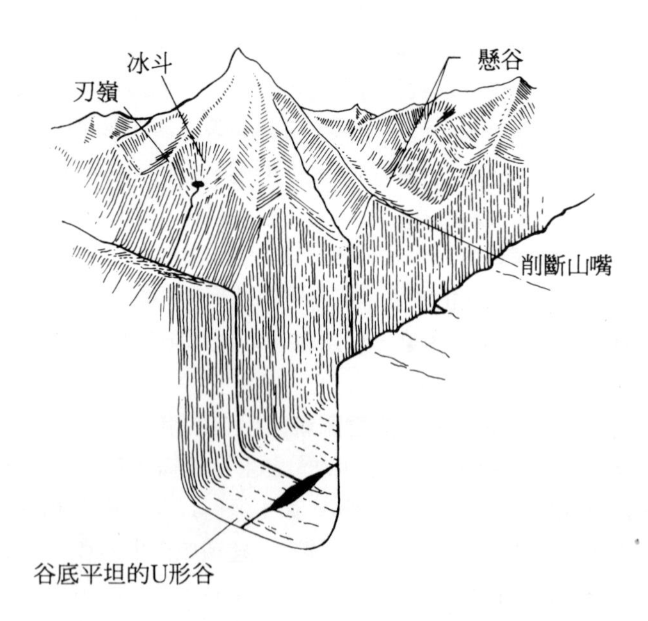

圖67　U形谷。

uvala　喀斯特寬谷　在**喀斯特**地區因**落水洞**或地下洞窟塌陷形成的陡峭盆地。其直徑可超過1公里，底部和四周覆蓋不同厚度的黏土和泥沙，因而在荒蕪的石灰岩地區能維持農業生產。參見POLJE。

V

vadose zone　滲流層　參見WATER TABLE。

valley glacier　谷冰川　參見GLACIER。

valley train　谷磧　參見OUTWASH PLAIN。

valley wind　谷風　參見ANABATIC WIND。

vandalism　破壞行為　視覺環境的故意損傷或破壞。破壞行為包括傾倒垃圾、在牆壁等處**塗鴉**、砍樹、縱火、破壞電話線路等。破壞行為的動機未被充分了解，但一般認為是和**內城**貧困所造成的社會問題有關。犯罪者多是住在城內的年青人。遭受破壞的修復金額可能高達城市或地區每年總預算支出的2%。

Van't Hoff's law　范托夫定律　由化學方程式（范托夫方程）推得的定律：溫度每上升10℃，化學反應速率增加一倍。應用這一定律可以說明岩石和土壤的**化學風化**作用，在赤道地區有機物的分解速率遠大於中緯度和高緯度地區。以荷蘭化學家范托夫（1852～1911）的姓氏命名。

vascular tissue　維管束組織　參見CONDUCTING TISSUE。

vector　病媒；向量　1. 將致病生物體從寄主傳遞到另一寄主的生物體。致病生物體可在其體內或表面上，如帶瘧疾的蚊蟲。

2. 具大小和方向的物理量。例如，洋流運動速率和盛行的行進方向。顯示物理向量資料資訊的技術，屬向量分析的範疇。

vegetation　植被　某一地區內不同種類的植物。實際上，植被可被分為大小不同的單位或植物**羣落**。

vegetation classification　植被分類　一組複雜的技術，如最

近鄰分析。利用植被分類，可以了解區域內**植被**的分佈。與**林奈分類法**相比，較為含糊不清、易令人誤解，有部分原因是由於不同國籍的研究人員間因語言隔閡所引起的，另一部分原因是對**羣叢**和**植物羣系**等植被單元做不同解釋所引起的。一些植物生態學家聲稱在天然植被中並不存在結構，而是兩個極端**棲息地**任意或連續地擴展而發生變化，這就是連續體的概念。

vein, lode　礦脈　溶液通過**圍岩**的裂隙充填礦物而形成。礦脈常與火成作用相關，但有時可能是沈積而來。許多金屬礦，如金、銀和錫，常出現在礦脈內。

veld　斐勒得　南非高原上以禾草為主的植被型態。該地區的海拔高1500～2000公尺，離海1000公里，氣候特徵為夏季多雨而冬季乾燥，冬夜有嚴重霜凍。植被的焚燒，成為該地區野生和馴化的食草動物放牧的特徵。

斐勒得植被中的禾草大部分是菅草。在大多數退化地區，因無限制放牧，出現酸性斐勒得，其中以三芒草和畫眉草變種佔優勢。斐勒得的**初級生產力**低，大部分是歐裔農民的違法行為所引起的。參見KAROO，對照PRAIRIE，PAMPAS，STEPPE。

vermin　害蟲　對人類、馴化動物或農作物有害的動物或昆蟲。典型的害蟲包括囓齒類動物和跳蚤。

vertebrate　脊椎動物　屬脊椎動物亞門（脊索動物門）的成員。脊椎動物有內骨骼或軟骨，特別是脊骨。包括魚類、兩生類、爬行類、鳥類和哺乳動物。對照INVERTEBRATE。

vertical temperature gradient　垂直溫度梯度　參見LAPSE RATE。

virgin land　處女地　未曾開墾過的土地。處女地的開發在歷史上，與農業**土地移民**和志願遷徙相關。近來，世界上許多地區的政府和其他機構，為了增加農業生產，或滿足人口過剩地區人民對土地的要求，而鼓勵處女地的開發。

最引人注目的例子是1954～56年前蘇聯為增加種植面積所推

行的處女地運動。在這個運動中，翻耕哈薩克和西伯利亞西部4000萬公頃的**邊緣地**，主要生產穀物。除非提供**灌溉**，否則因為乾旱和土壤貧瘠，會使得人們放棄這些地區，而利用其他氣候非邊緣地來提高產量。

因為自發或政府指導居民的農業活動，讓**熱帶雨林**大規模的消失。例如在巴西，為半乾燥和過度擁擠的東北部地區貧窮無土地的家庭，免費提供亞馬遜河周圍的原始林地，為了短暫的利益，結果讓不能持續進行農業的環境，遭到空前的破壞。

visitor pressure　遊客壓力　大量遊客對諸如**國家公園**，和優美自然風景區的影響。遊客壓力會產生垃圾、人行道侵蝕、噪音增加和原來棲息地內的植物和動物消失。這種有害的影響可以經由細心的管理政策來減輕，包括建立遊客中心、解說中心以及有標誌的小徑和步道，引導遊客離開易損壞地區，以免過度使用而損壞。

viticulture　葡萄栽培　有關葡萄栽培的**園藝**。葡萄栽培始於西亞，在距今6000年前已為埃及人所熟知，後來在希臘統治時期經地中海盆地向西傳播。歐洲地中海沿海地區的葡萄園是最大的專業葡萄栽培區，羅馬人對向北傳播葡萄栽培有很大的貢獻。歐洲和土耳其在1984年世界葡萄產量的6440萬噸中佔61%。因歐洲殖民的擴展，在美國加州、阿根廷、智利、南非、澳洲和紐西蘭可看到葡萄栽培的增長。

volatile　揮發物　因地殼內的高壓，而溶解在**岩漿**中的氣體元素或化合物，如水、二氧化碳和氯氣，在火山爆發時恢復氣態。有些揮發氣體具有劇毒，一般認為1902年加勒比海培雷山災變，是起因於窒息死亡。1985年，喀麥隆尼奧斯湖有1700多人死亡，是由於火山釋放出有毒的氣體所引起的。

volcanic neck, volcanic plug　火山頸，火山塞　休眠**火山**或死火山口內的大量凝固**熔岩**。火山錐周圍受侵蝕後，殘留下直立、陡峭的火山頸。歷史上許多防禦要塞建在火山頸上，例如蘇格蘭的鄧巴頓岩和愛丁堡岩。

volcanic rock　火山岩　參見EXTRUSIVE ROCK。

volcano　火山　在地表附近噴出**熔岩**和**揮發物**的火山口或裂隙。裂隙噴發形成熔岩台地，如印度的德干高原。中央噴發則形成錐形小丘或山。火山可按地形分成：

(a)盾形火山。穹丘形，坡度為2～10度，完全由流動的熔岩形成。有些盾形火山規模相當大，如夏威夷的摩拉羅火山，長約96公里，寬48公里，高出海底9000公尺。

(b)火山渣錐。僅由**火山碎屑物質**組成，坡度約35度。火山渣堆的高度不高，很少超過500公尺。

(c)複合火山錐或成層火山。坡陡峭，由熔岩和火山碎屑物質的交替噴發形成，例如美國的聖海倫斯山和義大利的埃特納山。

火山噴發的特性取決於岩漿的成分和氣體的含量，包括爆發作用小、熔岩快速流動的緩慢噴發，黏滯熔岩的強烈爆炸噴發和形成**熾熱火山雲**等。人們認為火山噴發物是地殼內局部**岩漿**庫供給的。當岩漿庫釋出後，噴發消退，其他火山活動如**溫泉**和**噴氣孔**開始作用。當火山不活動時，通向火山口的管道多被凝固的熔岩堵塞，形成**火山頸**。

火山活動的分佈，和**造山運動**、**岩石圈板塊**邊界有關。主要的火山地區是加勒比海、地中海東部、非洲裂谷、冰島和環太平洋帶（因火山活動分佈廣，幾乎包圍太平洋，故又稱為火環）。

在歷史上中沒有噴發記錄的火山，就認為是已經熄滅。有時這是個危險的假設，因為岩漿庫在兩次噴發之間可能隔了數千年，因而表面上看來熄滅的火山可能在沒有預警的狀況下噴發，如1973年冰島海邁伊噴發。曾經噴發、但無明顯活動的，稱為休眠火山。

V－shaped valley　V形谷　河谷因**河流侵蝕**，產生橫斷面為V字形的河谷。V形的角度決定於河流的垂直侵蝕、鄰接山坡的**風**

化和**侵蝕**等因素。V形谷多出現在河流的上段，而下段因橫向侵蝕而使河谷橫斷面展開。對照U-SHAPED VALLEY。

vulnerable organism　脆弱生物　參見RED DATA BOOK。

W

wadi　乾谷　在半乾燥和沙漠地區出現間斷水流的陡坡乾谷。多在早先較潤溼的氣候下經**河流侵蝕**而形成。在當今氣候情況下，乾谷只偶爾有水，但在大雨時會引起山洪暴發，將大量**沈積物**帶到鄰接的平原上，形成**沖積扇**。山洪暴發的威脅，讓乾谷不適合當作居住地和道路。

Wallace line　華萊士線　將東方動物地理區的胎盤類哺乳動物區系和更古老的澳洲動物地理區的有袋類哺乳動物分開的動物地理分界。此線對植物區系也有意義（參見圖68），以英國博物學家華萊士（1823～1913）的姓氏命名。參見ANIMAL REALM。

warm front　暖鋒　前進的暖氣團與下層冷氣團間的界面（參見圖69）。這常出現在**低壓**的**暖區**前面。暖鋒的傾斜度比**冷鋒**小得多。溫暖潮溼空氣沿著暖鋒逐漸上升，導致水蒸汽的凝結和雲的形成。暖鋒經過會有連續數小時的降雨，伴隨著溫度上升、氣壓降低，和風向改變等現象。參見FRONT，OCCLUDED FRONT。

warm occlusion　暖囚錮　參見OCCLUDED FRONT。

warm sector　暖區　**低壓**內的楔形暖空氣位於**暖鋒**和**冷鋒**之間。在北半球，暖區向北逐漸變細；而在南半球，則向南逐漸變細。溫暖、穩定、晴朗的天氣多與暖區相關。此後，當快速移動的冷鋒超過暖鋒形成**囚錮鋒**，暖區規模減小。

waste factor　廢棄物因素　參見WASTE TIP。

waste load　廢棄物負荷　參見WASTE TIP。

waste tip　垃圾場　傾倒垃圾的場所。傾倒物有各種來源，可

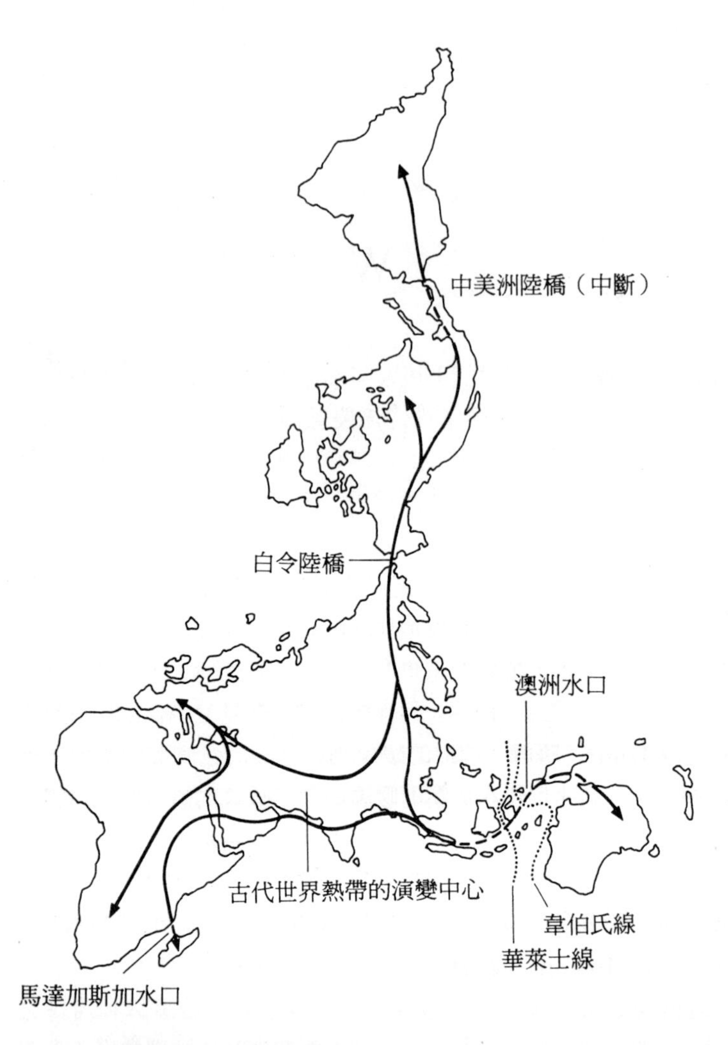

圖68　**華萊士線**　自中生代以來陸地無脊椎動物的演變中心和分散路線（箭頭表明主要分散路線）。

以是露天開採中從**覆蓋層**移去的物質，或地下礦層外圍的岩石；也可能是家庭的垃圾，倒在地表的洞內，這種情形可以用土壤覆蓋，再恢復為農田。消費社會每人每年形成的家庭廢棄物或城市

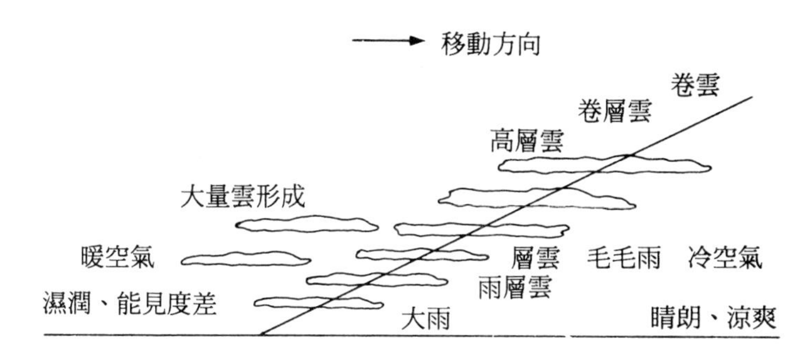

圖69　**暖鋒**　暖鋒剖面。

廢棄物的數量，稱為廢棄物因素或廢棄物負荷，可由城市垃圾收集部門或廢棄物處理公司預先估算，能負荷垃圾的空間。

化學工業也會產生污染廢棄物，為安全起見，必須集中存放在一處。化學廢棄物會長期污染土地，即使看得見的廢棄物清除後，這塊土地也無法再使用。

對局部地形的影響，隨傾倒廢棄物的性質而異，若由粗粒材料（如礦渣）堆成，則有大的靜止角，形成高的錐形土丘。煤的廢料堆中會起化學反應產生有毒氣體，而自燃能在掩埋的傾倒物內悶燒數年。

water-cooled reactor　水冷式反應器　以水為核心冷卻劑、**減速劑**的**核反應器**。水冷式反應器在北美洲首先採用，用於軍事，然後才進入商業運轉。水冷式反應器有兩種：

(a)壓水式反應器。核反應產生的熱，在高壓下由初級循環水帶出。利用熱交換器將熱從初級循環傳到次級循環，從而在次級循環內產生蒸汽，驅動渦輪。壓水式反應器要在高於1500萬巴（每平方吋2000磅）的壓力運轉，技術困難所以效率較低。所產生的約60%熱能，隨冷卻劑釋出，流進鄰近的海洋、湖泊或河流（參見THERMAL POLLUTION）。

(b)沸水式反應器。與壓水式反應器不同之處是加壓水不只作為冷卻劑和減速劑，而且也可以使其在反應器內沸騰。沸水式反應器在750萬巴（每平方吋1000磅）之下運轉，通過渦輪的蒸汽凝結起來，重複利用水，因而能避免放出大量的熱水到外界所產生的問題。參見ADVANCED GAS-COOLED REACTOR，MAGNOX REACTOR，NUCLEAR REACTOR。

water devil　水塵旋　參見WHIRLWIND。

waterfall　瀑布　河道突然垂直下降。瀑布可以在**懸谷**匯合處或高地的邊緣，或耐蝕的岩石露頭、斷層崖和海崖上形成。常常阻礙河流的航行，除非建造**水閘**才能越過此地形。

water meadow　浸水草原　參見MEADOW。

water parting　分水界　參見WATERSHED。

watershed, water parting, divide　分水界　1. 分開不同河源的假想線。分水界常沿著不規則的水道，由山脊劃定界線；在高低起伏的地形區內可能是難以界定的。經**溯源侵蝕**和**河流襲奪**，河道可侵入到別的集水區，因而分水界是暫時的。大陸分水界（編按：中文常稱作分水嶺）是分開陸地相對兩條河的線。

2. 用於劃分一條河流流域的線。

watershed management, drainage basin management 流域管理　**集水區**內的協調發展計畫。流域管理可能涉及單一用途，如**灌溉**或工業、農業、家庭和河流航行的綜合設計。流域管理必須考慮到流域的地質、地形和水文。大規模流域管理如美國的**田納西河流域管理局**計畫和巴基斯坦的印度河灌溉計畫。

water table, phreatic zone　地下水位，飽和層　**地下水**永久飽和層的上表面。地下水位的深度隨季節、氣候、上覆地形及基岩的性質而變化。地下水位以上的部分稱為充氣帶，其中孔隙部分被空氣充填，一部分為水佔有，而水藉著重力在期間流動。在地下水位以下的，稱為飽和帶，其內孔隙完全被水充滿，水壓力作用而上升。在這兩層之間有斷續飽和區，稱作滲流層，參見圖70。

地下水位主要是因上覆滲流層水向下**滲漏**而得到補充。若為局部不透水的岩石層所阻，形成局部飽和區，稱為棲止地下水面。地下水位隨地勢起伏與地表水交會時，可能會形成沼澤和湖泊等水體。

用井抽取地下水時，當抽水速率超過滲漏速率，會造成局部地下水位降低。例如水壩和運河等大工程，能使地下水位有顯著變化。建築水壩或運河時，水滲入周圍岩石，使鄰近的地下水位上升，因而附近的低地處於永久飽和的狀態，對居住地和農業產生有害的影響。在乾燥地區，地下水位上升可能是有益的，可使原本乾旱的土地獲得灌溉。參見AQUIFER，ARTESIAN WELL。

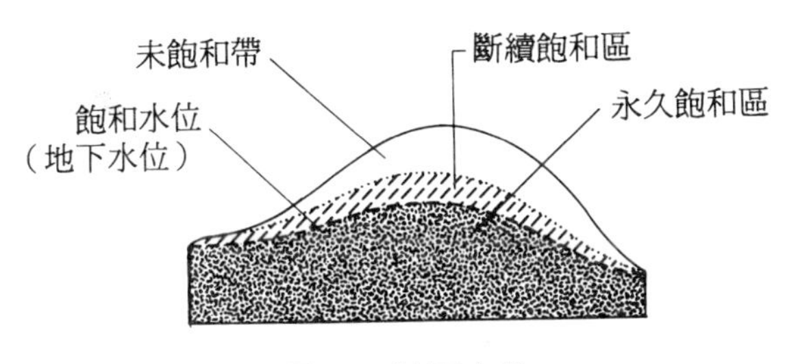

圖70　**地下水位**。

water vapor　水蒸汽　無色、無味，與其他氣體完全混合的氣態水。水蒸汽由淡水和海水蒸發進入大氣，凝結成雲霧再以**降水**形式離開大氣（參見HYDROLOGICAL CYCLE）。水蒸汽能吸收太陽的輻射能，因此**對流層**中的水蒸汽，能穩定地球的溫度。**溼度**為大氣中水蒸汽的聚集，是重要的環境因素。大氣的水蒸汽含量變化很大，在熱沙漠只有0.02%，在溼潤的赤道地區為1.8%。

waterway　水道　用於旅行或運輸的天然或人工水道網。主要是河系或湖系，但包括19世紀為運輸貨物、連接城鎮而建造的運河。北美洲的五大湖和聖羅倫斯河是世界上最重要的水道之一。

自從1960年代以來，具娛樂性的內河顯著發展，原本棄置的運河再進行修復，以作為長距離的旅行。因城市土地利用的擴展和農業的強化，將許多動植物從其棲息地趕走，而棄置的運河便成為重要的避難所。參見TRANSPORT NETWORK。

wave　波浪　在水體（如海洋或湖泊）表面上起伏移動的水脊。常因風的作用而形成，波的規模取決於**風吹水面幅度**、風速和其持續時間。當波浪進入淺水區時，波的下部與海底摩擦而減速，波的上部繼續向前，使波浪破碎，破碎後向上移動到**海灘**的海水，稱為**掃浪**，而在引力作用下返回的，稱為**回流**。

建設性波浪是在掃浪強於回流時，堆積從海中所攜帶的物質；由較強的回流形成的破壞性波浪則會產生侵蝕。參見MARINE EROSION，MARINE DEPOSITION。

wave power　波浪能　以海洋波浪儲存的動能來產生電能。能量輸出隨海洋狀態的變化而變。開發波浪能尚屬於實驗階段，因為浪高足夠的地方很少，建造和運轉費用也高，設備易被風暴損壞和海水侵蝕。英國於1986年放棄了波浪能的研究，因為發電量很小。參見ALTERNATIVE ENERGY。

WCS　世界保育策略　參見WORLD CONSERVATION STRATEGY。

weather　天氣　由雲、**降水**、溫度、**溼度**、能見度、風速、大氣壓力等綜合效應的大氣狀態。天氣按地理（世界、區域、局部）和年代順序（長期或短期）記載。

許多氣象設備是17～18世紀的產物。20世紀提供了雷達、定年技術、極敏銳的照相和電腦模擬。現在可以利用雷達跟蹤風暴，以衛星拍攝成天氣圖。對照CLIMATE，參見WEATHER FORECASTING，WEATHER STATION。

weather chart, weather map, synoptic chart　天氣圖　說明一地區在某時刻各項氣象資訊的地圖。天氣圖常提供氣溫、風速和風向、壓力以及諸如**鋒**、**氣旋**、**低壓**等資訊。天氣圖的資訊是以**氣象站**、衛星、氣象火箭、氣球以及雷達收集的資料分析繪製而成。

weather forecasting **天氣預報** 對未來天氣狀況的預測。一般利用目前的天氣狀況以複雜的電腦模擬作出。短期預報最準確，時效為24小時，最長可達72小時。中期預報的時間為4天，長期預報則為1個月。在大多數國家中，每天都用無線電、電視、報紙定期發佈一般性的短期預報，也為航運、航空系統、汽車駕駛員和農民，以及諸如滑雪和攀登等體育活動而發佈特殊的預報。

weathering **風化** 接近地表的岩石、**岩屑**的崩解和分解。風化有三種：**物理風化**、**化學風化**、**生物風化**。風化速率由岩石的物理和化學性質、氣候型態及地形來決定。

weather map **天氣圖** 參見WEATHER CHART。

weather station **氣象站** 記錄天氣資料以供預報用的氣象觀測站。採用各種儀器來記錄諸如氣壓、溫度、溼度、風、雲量、降水、日照和能見度等大氣參量。氣象站可按其觀測的參數數目、測量的頻數和複雜性分類。全世界氣象觀測網擁有7000個以上的陸地站，以及4000個以上在海上觀測的氣象船。陸地和海洋上的氣象站分佈不均勻，偏遠無人居住的地方氣象站很少。

weed **雜草** 如農田、公園或住家花圃內出現人類不希望其生長的植物。蒲公英和蟋蟀草是常見的雜草。

westerlies **西風帶** 從**副熱帶無風帶**的高壓區，吹向南北緯35～65度之間中緯低壓的風。西風帶的位置隨季節變化。在北半球多為西南風，決定**低壓**和**反氣旋**向東的路徑，不過其強度、持續性和方向因陸地地形和相關的空氣壓力分佈而複雜變化。亞洲陸地上空西風帶的流動，因**季風**出現而中斷。在南半球，西風帶為西北風，不受陸地的影響，因此較為強烈和持久，特別是在**咆哮西風帶**。

wetland **溼地** 在大部分時間，地下水位接近地表的低地區域，形成開放水域的棲息地和積水地區。溼地一般出現在河口灣、河邊平緩地面，或排水受阻泥礫沈積、水系受**冰川流域裂隙**擾動的高地等地區。溼地也可以形成於雨量多、蒸發少的地區。可以是淡水、半鹹水或海水棲息地，視其位置而定。這些靠近河口灣的溼地，因不斷有水流帶來養分，所以很肥沃。低地溼地的淨**初級生產力**高達每年每平方公尺4000公克，相當於**熱帶雨林**地區的數值。相反地，高地溼地因缺氧和**鬆散腐植質**泥炭層隔離礦物質土壤，使其土地**寡養**，這些地區的生產力低到每年每平方公尺僅有400公克。

wet–rice cultivation　水稻種植　在**水田**內種植稻的農業。與高地稻或旱稻不同，而像**穀類作物**一樣，水稻在生長季的大部分時間內必須覆蓋水。由於需要像三角洲、泛濫平原或人工**梯田**上那樣的平地，因此限制了水稻種植的分佈地區，不過在亞洲農業中，其經濟重要性是其他作物無法匹敵的。

大多數水稻種植的地區會在以**生存農業**為主的經濟中，提供小塊農田使農民進行密集耕作。稻作通常是單一種作物生長，通過施廄肥（參見MANURE）、**水肥**、獸糞和作物的殘留物，以及稻田獨特的**小環境**，來保持土壤肥力。在沒有**灌溉**僅靠雨水的地區，乾季在田內可種植除稻作以外的作物。勞力的投入很多，償還勞力的界限高，也就是在其他農業日益增加勞力後，因過於強化而崩潰時（參見INTENSIVE FARMING），此系統仍繼續有收益。自從1960年代中期以來，水稻種植地區因**綠色革命**的技術得益不少。

WFS　世界糧食調查報告　參見WORLD FOOD SURVEY。

whaling　捕鯨　獵捕和殺死鯨魚這類大型海洋哺乳動物，來提供鯨鬚，及用於紡織品、蠟燭、化妝品和香料的各種蠟質、鯨脂和鯨油等。

在1980年代早期，獵捕最大量的鯨種是小鬚鯨，年捕獲量達1萬2000條，其中的85%是日本、前蘇聯、挪威所獵捕的。其他鯨種包括長肢領航鯨（1982年捕獲3062條，其中87%為法羅羣島居民捕獲的）、白鯨（1811條）、布氏長鬚鯨（802條，其中60%為日本捕獲），和抹香鯨（621條，其中71%為日本捕獲）。1970年捕獲的抹香鯨為22904條，但是受到國際捕鯨委員會保護物種的影響，已顯著降低了年捕獲量。

1982年，國際捕鯨委員會要求暫時終止商業性捕鯨，但是管理的權力很小，不能阻止一些捕鯨國家，特別是日本假裝為了科學目的而繼續捕鯨的行為。反對捕鯨業的人士聲稱，雖然國際捕鯨委員會公約允許為科學考察而捕鯨，然而實際上卻是商業獵捕行為，因此預定1990年對此再進行評估。諸如英國和美國分別於1963年和1972年停止其商業性捕鯨，並代表國際捕鯨委員會會員國，對捕鯨國施加強大壓力，主要是要迫使日本、前蘇聯、挪威、北朝鮮和冰島等主要捕鯨國遵守公約，一起推動公約，對捕鯨進行有效的管理，而不僅只是保護而已。

whirlwind, land devil, water devil　旋風，陸塵旋，水塵旋　在極低壓周圍形成的旋轉細空氣柱。是在夏季因地面急遽加熱，大氣局部**不穩定**而形成的。水塵旋多由陸地上空形成而到達水上，但在水上很快就消失了。當在暖水面上吹過涼爽的微風時，有時也能在水上形成。短暫的陸塵旋常見於沙漠和半乾燥地區，但偶爾出現於溫帶地區（如英國）。旋風的規模和強度比**龍卷風**低，但仍能使局部地方的財產遭到破壞。對照HURRICANE。

wilderness area　莽原區　並未利用變為農地，認定具有很大生態和保育價值的廣闊地區。美國1964年的荒地法提出國家莽原保存系統，包括54個地區。在這些地區內未經許可，不得使用任何的土地，除了在緊急需要時或總統批准之外，所有經濟活動也被禁止。

建立莽原區的主要缺點，是能夠不以任何形式利用土地的國家很少，只有美國、前蘇聯、澳洲和巴西這些國土遼闊的國家，有足夠未加利用的土地，可作為莽原區。

wildlife park　野生生物公園　參見WILDLIFE RESERVE。

wildlife reserve, wildlife park　野生生物保留區，野生生物公園　主要為一些野生動物提供安全的地帶。在**開發中國家**，這些地區一般是**國家公園**，而在已開發國家，野生動物的保留區也可能是私人擁有的土地，並從事瀕危物種的繁殖規畫。

理想的野生生物保留區，應提供世界上所有主要的**生態系統**，但在200個生態系統（或生物地理區）中，有12%無法由保留區或公園提供。在總共為1億公頃以上的野生生物保留區中，幾乎一半位於北美洲的北方地區和苔原地區，而在熱帶溼潤的森林、草原和地中海生態系統的數量則極少。

willy－willy　威烈風　1. 澳洲西北部出現的**颶風**。

2. 澳洲沙漠地區的**旋風**。

wilting point　凋萎點　植物不能利用根從土壤中抽取足夠水分，來補償因**蒸散**作用而使葉子失去水分的狀態。凋萎點在降雨後能達到的時間不同，取決於**土壤質地**，因土壤組織決定土壤保持水分的量。即使已達到凋萎點，但仍留在土壤中的水，稱為吸著水，這是植物生長無法獲得的水分，是因表面張力而留在**孔隙**內。參見SOIL WATER，FIELD CAPACITY，INFILTRATION。

wind　風　空氣從壓力較高區向較低區的流動，通常指水平運動。流動的速率取決於**氣壓梯度**，風的強度按**蒲福風級**測定。風級的範圍可以從暫時局部的**陸風**和**海風**，到持續的地面風帶，如**信風**、**西風帶**和**極地東風帶**。

wind belt　風帶　緯線方向為主的風系，如西風帶或信風。參見圖71。

windbreak　防風林，防風牆　任何限制風對房屋、作物或動物作用的人工或天然屏障，如林木線或樹籬。防風林也能降低乾燥的砂質的土壤受**土壤侵蝕**。參見SHELTER BELT。

wind deposition　風沈積　通過風搬運落下土壤和岩屑。出現於風被岩石、樹和籬笆等障礙物阻擋而減速，或風速自然降低時。風沈積是形成**沙丘**物質的重要來源，形成廣闊的黃土層。

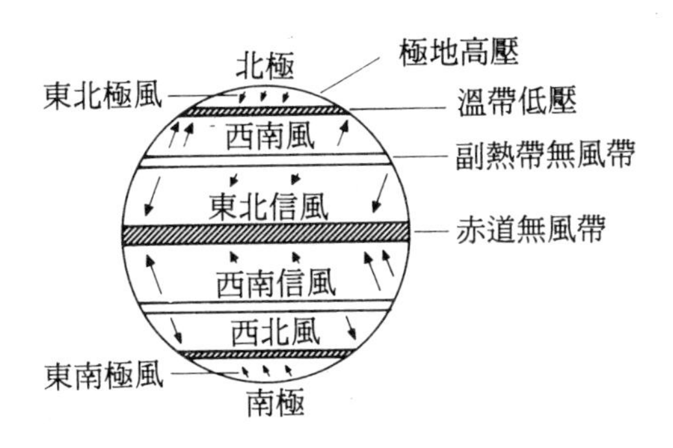

圖71 **風帶** 地球風帶和風向（用箭頭表示）。

wind erosion 風蝕 風逐漸移去土壤和岩屑。常見於乾燥和沿海地區；但若只有稀疏的植被和沒有黏合地面物質的水分，則在任何環境下都能出現。風蝕有兩種：

(a)吹蝕。指風移去乾燥、鬆散的細粒物質。吹蝕作用包括小地形如沙丘的凹地到大規模的塵暴。過去許多農業地區常受到吹蝕的影響，現代**土壤保育**技術已將這一問題大為改善。

(b)磨蝕。風搬運的物質引起侵蝕和切蝕。在人造建築物上，磨蝕作用主要限於離地面幾公尺之內的地方。磨蝕能使汽車烤漆和玻璃受到侵蝕。在電線桿底部四周常用保護金屬鑄件，以阻止這種磨蝕。參見WIND TRANSPORTATION。

wind gap 風口 1.河流上流因**河流襲奪**而形成的乾谷（參見圖55）。

2.山脊上的埡口。起因於上述的乾谷或更新世時期的冰川流域裂隙。風口可用作交通線；要是夠大，還可以是村莊和城鎮所在。哈得遜－莫霍克風口是一個大風口，將紐約市與其**腹地**連接起來。

wind power 風能，風力 驅動機械的風車或產生電的風輪機所產生的能量。傳統的風動力機械是風車和風力泵，後者仍廣泛用於**開發中國家**的偏遠地區。在已開發國家，已改進風力發電機的結構，建造了葉片直徑為100公尺、能產生300～400萬瓦電能的風力發電機。風力發電機的理想地點是在島嶼（如蘇格蘭的設得蘭羣島）上，或沿海地區（如荷蘭），在沿海地區，盛行風使發電更具有實用性。然而，風力發電要達到地區所需總電能的10％以上是不大可能的。參見ALTERNATIVE ENERGY。

wind transportation　風的搬運　由風引起土壤和岩屑的運動。搬運可分為三種：

(a)牽引搬運。物質沿地面的滾動和滑動。

(b)跳躍搬運。物質的跳躍式運動。

(c)懸浮。由湍動的氣流引起，大部分物質攜帶到離地面數公尺之內。

在沙漠地區，**塵暴**和**沙暴**搬運的物質會使能見度大為降低。

windward　迎風面，向風側　風吹來的方向或一側。迎風坡常為暴露的位置，降下的雨量比背風面大得多，平均溫度則較低得多。例如，紐西蘭南島、南阿爾卑斯山的迎風坡，一年中有175～200個雨日，年降雨量超過3200公釐。而在以東130公里的坎特伯雷平原，年降雨量不到800公釐，降雨日數為70～100天。參見RAIN SHADOW。

worker－peasant farming　工人－農民型農業　參見PART-TIME FARMING。

World Bank　世界銀行　國際復興開發銀行的俗名，其附屬單位為國際開發協會。國際復興開發銀行是聯合國於1945年創立的，其宗旨在於：向成員國提供合適的投資基金，以促進其經濟發展。該銀行已成為最重要的多國參與之**援助**機構，以其貸款額，影響借貸國政府的決策和受援國國內政策。

世界銀行的全體成員只限於國際貨幣基金組織的成員國，現有成員151國。銀行資金的分攤按每一個成員國相對經濟力量而定，據此分配表決權。因此，美國國外政策的利害關係對世界銀行貸款（地理和地區上）有很大影響。1985～86年，支付資金的三分之一給巴西、印度和印尼。到1986年6月，貸款額超過1200億美元，其中40％左右貸給能源和運輸的**基礎設施**，而**農業**和**農村發展**僅佔22％。

國際開發協會有134個成員國，1960年開始經營，提供長期低息或無息貸款，專門援助較貧窮的**開發中國家**。1986年6月，已貸出約400億美元，其中38％用於農業和農村發展。1985～86年，45％投入東南亞，36％投入非洲。

World Conservation Strategy（WCS） 世界保育策略 1980年公佈的綱領性文件，提供解決全球問題的途徑。由一些主要國際自然保育組織，如**國際自然保育聯盟**，**世界自然基金會**，**糧食及農業組織**和**聯合國教科文組織**所發起的。

此大綱基於3個理念：

(a)無論是植物或動物，必須協助以保持其自身的恢復能力。

(b)若生命要延續下去，則地球的基本生命維持系統，包括氣候、水循環和土壤，必須予以保護。

(c)遺傳的多樣性是地球保持良好狀態的關鍵，須加以維護。

此文件強調礦物和**化石燃料**資源是有限的，工業發展過度使用和隨意將污染物釋放到生物圈，會使其品質嚴重惡化。

已有30多個國家結合世界保育策略的建議，制訂了發展規畫。諸如**世界銀行**和聯合國等提供資金的機構，力陳開發中國家的發展規畫必須基於世界保育策略大綱中認可的政策，才可以得到貸款。

world cultural and natural heritage site 世界文化和自然遺址 參見WORLD HERITAGE SITE。

World Food Program 世界糧食計畫署 聯合國糧食及農業組織和經濟社會委員會，於1961年設立的合辦機構。主要目的是管理聯合國**糧食援助**的調動分配和緊急救濟。1963～1986年，已在120個國家內批准1300以上項目，其中大部分為各種工酬援糧或賑濟弱勢團體，費用為76億美元。另外在96個國家的近900個緊急救濟中，提供分配18億美元。即使不考慮可能出現的不利環境：如**乾旱**，這一計畫估計長期每年需要約1500萬噸糧食援助。

World Food Survey（WFS） 世界糧食調查報告 聯合國**糧食及農業組織**在世界人口增長的背景下，對食品生產和供應進行分析。世界食品調查報告也評述關於世界人口中出現營養不足的最新跡象。

繼1946、1952、1963、1977年的報告之後，1986年發表第五次世界食品調查報告指出：在1970年代，儘管全世界的**糧食供應**增加，但是貧富之間的差距在擴大。1980年揭示全世界營養不足的人數至少有3億3500萬，甚至多達4億9400萬，這因所定的臨界標準而異，低於此點可認為營養不足。根據以上估計值，開發中國家人口的四分之一受到糧食不足的影響：饑餓或餓死、高發病率、勞力的降低以及心理和精神損害的增加。參見FOOD BALANCE SHEET。

world heritage site 世界遺址 國際自然資源保育聯盟規定的世界聞名自然區。由屬於世界遺產公約的國家推薦，按下列標準來評估保留區：

(a)具地球進化歷史的主要特徵。

(b)具特殊意義的地質作用。

(c)獨特、稀有或絕妙的自然現象、岩層或地形。

(d)瀕危或稀有動植物生存所需的棲息地。

世界遺址不應與世界文化和自然遺址混淆。世界文化和自然遺址旨在保護自然和人工地形，如厄瓜多的加拉帕戈斯羣島、埃及金字塔、印度泰瑪哈爾陵墓、中國的萬里長城等。

World Resources Institute（WRI） 世界資源研究所 1982年在華盛頓創立的政策研究中心，旨在協助政府、國際組織和私人部門，為滿足人類基本需要而促進經濟增長，但不破壞自然資源和生物圈環境的多樣性。該研究所的研究規畫包括**熱帶雨**

林、生存農業、氣候變化、健康醫療和環境資訊系統。世界資源研究所的基金來自私人捐贈、聯合國、政府機構和工業等方面。

World Wide Fund for Nature（WWF） 世界自然基金會 1961年創立的國際**非政府組織**。旨在呼籲大眾，增加保育項目的基金。1988年5月以前的舊稱為世界野生生物基金會。世界自然基金會與國際自然資源保育聯盟合作，使得一些保育方面的主要國際法和協議能夠實現，如關於**瀕危物種國際貿易公約**、**國家公園**的建立和挽救大約30種瀕危動物（包括大貓熊）。

World Wildlife Fund 世界野生生物基金會 參見WORLD WIDE FUND FOR NATURE。

WRI 世界資源研究所 參見 WORLD RESOURCES INSTITUTE。

XYZ

xerophyte　旱生植物　能在相當乾燥氣候中生活的植物。在寒冷氣候中生長的植物也能呈現旱生植物的特徵。

旱生植物會呈現下列一些特徵，但並非全部皆具備。這些特徵是：葉片小、葉片和莖的角質層厚、厚的軟木質樹皮、茸毛保護的葉片、氣孔下陷並以增大的保衛細胞保護、氣孔張開處以蠟質封住，而且葉片能轉動以使其邊緣向太陽（向日性）。對照HYDROPHYTE，參見XEROSERE。

xerosere　旱生演替系列　在乾燥土壤上發育的植被**演替系列**，這與在岩石上不同，例如在沙丘上的植物演替系列。

xylem　木質部　參見CONDUCTING TISSUE。

yellowcake　人造釩鈾礦　參見FUEL ROD。

yield　產量　每單位某限制因子或資源所生產產品的重量和體積。實際上，作物產量一般由單位土地面積來定，動物產量則以每頭家畜計。以單位勞力或其他資源投入表示時，則是代表**生產力**。

本世紀農業的發展，因**選擇育種**、**肥料**、**除草劑**、**農藥**的使用量增加，以及有效的農場管理，而使產量明顯增加。1950年到1987年，美國作物總產量增加了97%，而**耕地**僅增加了3%。在歐洲共同體（含希臘），小麥產量從1955年的每公頃2330公斤增加到1984年的每公頃5600公斤，而在同一時期馬鈴薯的產量則從每公頃17.3噸增加到每公頃32噸。在英國，平均每頭乳牛的乳品產量從1963年的3331公升增到1983年的4965公升。

世界上不是所有地區都有產量增加的情況。從1950～1952年到1983～1985年，在尼日和蘇丹，每公頃糧食產量分別下降6%和38%，變成714公斤和479公斤，不過這有些是反映農業向**邊緣地**擴展的結果。

產量會隨著環境狀況、耕作方法和投入量的不同，而有明顯的地區、國家和大陸間之變化。1980～82年，歐洲和北美洲平均糧食產量超過每公頃3800公斤，而南亞每公頃為1450公斤，非洲每公頃為1050公斤。

一般度量的產量是用來指示糧食產出量，不過因為每單位重量的作物供給的熱值不同，所以這一指標並不適當。例如，100公克木薯只含109卡，而同一重量的小米能提供345卡。較實際的量度應該是以每公頃的熱值產量來算，可以用該地區熱值最高作物的百分數表示。例如，在西非，甘薯和玉蜀黍每公頃的重量產量為木薯的75%和10%，但每公頃的熱值產量則分別為65%和33%。

yield class（YC） 收穫等級 在造林學中，指的是在不考慮樹木生存期能達到樹木林分的年齡時，以立方公尺計算最高**平均年增長量**。常用數字來表示收穫等級的數值。因此，收穫等級16是指不考慮樹種的**林分**，有約每年16立方公尺的最高平均年增量的可能性。

收穫等級值是由樣地森林收集的資料而編纂的，形成收穫等級表。後者提供樹木生長速率的標準數值，與其對照可以比較其他生長速率。森林經營包括間苗和最後的清除日期，是參考收穫等級的資料。收穫等級值主要與現代大多數工業化國家樹齡一致、單一樹種的針葉林相關。參見CURRENT ANNUAL INCREMENT，FOREST MANAGEMENT。

zero-grazing 無放牧 參見GRAZING MANAGEMENT。

zero population growth（ZPG） 人口零增長，人口無增長 出生率不變，並等於死亡率，年齡結構（每一年齡組中人口的比例）不變，增長率為零，在這種情況下稱為人口零增長。

zero-tillage　不整地　參見TILLAGE。

zirconium　鋯　參見FUEL ROD。

zonal soil　顯域土　19世紀的土壤學家認為是大氣候與地質相互作用的產物，並廣布於大陸地區的一種土壤。俄國土壤學家多庫恰耶夫和西比策夫曾講授這一概念，並採用均變說。均變說認為自然世界由少數變數控制，這一學說支配了19世紀末地質學家和生物學家的思想。顯域系統除了將實際情況過於簡化外，在限制學生思想方面有不良影響，即顯域土只分布在有限的氣候區域。對照INTRAZONAL SOILS，AZONAL SOILS。

zone of aeration　充氣帶　參見WATER TABLE。

zone of intolerance　不可耐受帶　參見DEATH ZONE。

zone of saturation　飽和帶　參見WATER TABLE。

zone of subduction, subduction zone　隱沒帶　在**板塊構造**學說中：聚合的**岩石圈板塊**相碰，迫使一塊或兩塊下降到地函中，並熔化成為**岩漿**，這一地區稱為隱沒帶。當兩海洋板塊相碰時，**深海溝**表明隱沒帶的存在。當一板塊隱沒入地函時，在另一板塊上形成**島弧**。當大陸板塊與海洋板塊碰撞時，也有深海溝存在。海洋板塊若隱沒到較能漂浮的大陸板塊之下，其邊緣易發生劇烈變形和**變質作用**，在大陸板塊邊緣形成強烈褶皺山脈，例如南美洲的安地斯山脈。若兩大陸板塊相碰，隱沒帶的板塊部分融溶形成岩漿上升到地面，形成強烈褶皺山脈並伴有火山活動，歐亞板塊和非洲－阿拉伯－印度板塊相碰形成喜馬拉雅山脈。在大多數隱沒帶內常出現地震和火山活動。參見FOLD MOUNTAIN。

zoning　分區　按特定地區或地帶劃歸特種土地用途的**土地利用規畫**。分區制保證工業發展不在住宅區附近出現，以改善地區居民的生活品質。然而，分區也可用於阻止社會的區段與另一區段接觸，如南非的黑人、有色人種和白人居民的隔離。（編按：南非在1990年之後，已漸次取消種族隔離政策）

zoogeography　動物地理學　研究動物的地理分佈。包括現存動物分佈的分析及其進化史。在地理學的分支學科中，動物地理學的發展在**生物地理學**之後。參見ANIMAL REALM。

zooplankton　浮游動物　**浮游生物**的動物部分。主要由**甲殼動物**和魚的幼體組成。浮游動物以與其混雜的**浮游植物**為食物。最常見的一種浮游動物是小甲殼動物（稱為橈足類），是重要商業魚種（如鯡、西鯡和沙丁魚）的主要食物來源。浮游動物的磷蝦科大量出現在南冰洋，**磷蝦**是鯨類的主要食物。

ZPG　人口零增長，人口無增長　參見ZERO POPULATION GROWTH。

首字速見表

【一劃】一乙

【二劃】丁二人刀

【三劃】三下上刃土大小山工已

【四劃】不中介內公分化反天太孔心方日木毛水火片牛

【五劃】世丘主代充出加功北半卡去可古囚外市布平未末正母永玄生田甲白目石立

【六劃】交伐休企光先全共再冰同向合因回地圩多存宇安尖年成收曲有次死污灰百老自至艾行西宅

【七劃】住佃佔作低冷吹吸含均局形志技改旱更步每求沙沈沖汽狄狂系育角谷貝赤防李車

【八劃】使侏兩刻協卷受咆周固垃坡始孤季定居岡岸岩底延弧所承拔抽拖拆放昇服林板泥河沼波沸油沿泛爬牧物直矽社空肥花初表迎長門阻附雨青非孢芮房

【九劃】信侵保削前南品哈垂城契威室封屋建律後恆挖持指拱查氟泉洋洪流洞洗活洛狩珊皆盆相盾砂科紅紀耐背致范苔虹計負郊重限降頁風飛食

【十劃】倒個修兼涷凋剝原哺套害病家容峽峯島弱捕時核根栽格氣氧泰浸海浮特狹畜真砧破租粉純紙耕脆脈能脊臭航草起逆酒針閃除馬高

【十一劃】乾停假側剪副動區商圈國堆基執寄密專崩常帶控接掩掃推採排教斜旋梯殺添淺清淋淹混淵深淨現產異疏移第粒粗統細組終脫莽莫處蛇被規貫貨貧軟通連逕造透野陸陰陷雪魚鳥鹵烴犁頂

【十二劃】最勞喀單喬圍堤堰堡寒嵌復惡揮援斑斐替期棕森棲植欽殘氮游減湖湍滋焚焦無發短硬稀等策結絕絮舒華萌裁裂超鈣開間陽隆集雲朝順飲黃黑馴距彭

【十三劃】傳傾匯園塗填塊奧微搬搖新暗暖業極概溯溶溝滅溼溺溫準煙煤當碎節經羣聖腹腺落葉葡裙解資跡跳載農運遊過鉀鉛隕雷雹飼飽鼓

【十四劃】厭圖塵寡實對截構演滴漂滯滲熔磁碳綜綠網維聚腐蒲蓋蒸裸認賓輕遠酸需領颱餌種

【十五劃】劈噴增層廢廣暴樣標模潛潮瀉熱確穀線緩膠蔬衛衝褐複調輪適鋁鋒震養熵鋯

【十六劃】凝劑噪擁整橙橫樹機歷澱濁熾燒燃磨磚積膨蕨融輻輸選遺隨靜龍獨

【十七劃】優儲壓濱濫營環磷糞總縱繁聯臨薪薄褶謝購避鎂隱霜顆颶黏鍶

【十八劃～二十六劃】擾斷瀑糧薩覆轉離雜雙鬆瀕穩羅邊霧壤懸礦礫藻觸饑屬灌鐵露疊襲變顯霾靄鹼鹽鑽

名詞對照表

【字母】

A層　A−horizon
B層　B−horizon
C層　C−horizon
E土層　E−horizon
H層　H−horizon
k物種　k−species
O層　O−horizon
r物種　r−species
U形谷　U−shaped valley
V形谷　V−shaped valley
α粒子　alpha particle
α發射源　alpha emitters
β粒子　beta particle
β輻射源　beta emitters

【一劃】

一年生　annual
一年生植物　therophyte
一年生植物氣候　therophyte climate
乙醇　ethanol

【二劃】

丁壩　groin
二分點　equinox
二年生　biennial
二次採油　secondary oil recovery
二氧化矽　silica
二氯苯氧基乙酸　2, 4−D
二硝基甲酚　DNOC
二疊－三疊紀　Permo−Triassic period
二疊紀　Permian period
人口　population
人口稀少　underpopulation
人口過剩　overpopulation
人口零增長　zero population growth（ZPG）
人口轉換　demographic transition
人工林場　plantation
人工環境　built environment
人日　man−day
人行道　footpath, sidewalk
人行道農業　sidewalk farming
人和環境關係　man−environment relationship
人為因素　anthropogenic factor
人為頂極　anthropogenic climax
人造肥料　artificial fertilizer
人造釩鈾礦　yellowcake

人類生物圈計畫　Man and the Biosphere Program（MAB）
刀耕火種　slash-and-burn

【三劃】

三角洲　delta
三級消費者　tertiary consumer
三氯苯氧基乙酸　2, 4, 5-T
三磷酸腺苷　ATP
三疊紀　Triassic period
下而上的方略　bottom-up approach
下降風　katalbatic wind
下滲　infiltration
下撒哈拉　sub-Sahara
上下班路程　journey to work
上升海灘　raised beach
上而下的方略　top-down approach
上昇風　anabatic wind
上流社會化　gentrification
刃嶺　arete
土地　land
土地利用　land use
土地利用分類　land use classification（LUC）
土地利用規畫　land use planning
土地利用調查　land use survey
土地利用競爭　land use competition
土地改良　land reclamation
土地改革　agrarian reform, land reform
土地系統製圖　land-system mapping
土地使用權　land tenure
土地倫理　land ethic
土地清查　land inventory
土地移民　land colonization
土地評估　land evaluation
土地價值　land value
土地屬性　land attribute
土坑　soil pit
土流　earth flow
土層　soil horizon
土鍊　catena
土壤　soil
土壤水　soil water
土壤生產力　soil productivity
土壤自然結構體　ped
土壤形態學　soil morphology
土壤空氣　soil atmosphere
土壤肥力　soil fertility
土壤侵蝕　soil erosion
土壤保育　soil conservation
土壤剖面　soil profile
土壤剖面標本　soil monolith
土壤退化　soil degradation
土壤組合　soil association
土壤結構　soil structure
土壤極相　edaphic climax
土壤資訊系統　soil information system
土壤圖　soil map
土壤酸度　soil acidity
土壤酸鹼度　soil pH
土壤潛移　soil creep
土壤潛移　solifluction
土壤緩衝化合物　soil buffer compounds

【三劃】

土壤調查　soil survey
土壤質地　soil texture
土壤養分　soil nutrient
土壤學　pedology
土壤顏色　soil color
土體　solum
大平原　Great Plains
大牧場　ranch
大型超級市場　hypermarket
大氣　atmosphere
大氣候　macroclimate
大氣壓力　atmospheric pressure
大氣環流　atmospheric circulation
大氣環流胞　atmospheric cell
大理石　marble
大理岩　marble
大莊園　latifundia
大都會　megalopolis
大陸分水界　continental divide
大陸冰川　continental glacier
大陸坡　continental slope
大陸棚　continental shelf
大陸漂移　continental drift
大環境　macroenvironment
小冰期　Little Ice Age
小型葉森林　microphyllous forest
小莊園　minifundia
小提箱農業　suitcase farming
小溝　rill
小農　peasant
小農制　crofting
小農場　small holding
小環境　microenvironment
山地牧場　alp
山地氣候　mountain climate
山岳冰川　mountain glacier
山風　mountain wind
山脊口　col
山區的　montane
山崩　landslide
山嘴　spur
山鞍　saddle
山麓　piedmont
山麓冰川　piedmont glacier
工人－農民型農業　worker–peasant farming
工作船　factory ship
工業區　industrial park
工廠化捕魚　factory fishing
工廠化飼養　factory farming
已開發國家　developed country

【四劃】

不分區抽樣　plotless sampling
不可更新資源　nonrenewable resource
不可耐受帶　zone of intolerance
不成熟土壤　immature soil
不相稱河　underfit river
不確定物種　indeterminate species
不適合的使用者　nonconforming user
不整地　zero–tillage
不穩定　instability
中生代　Mesozoic era
中性岩　intermediate rock
中洋脊　mid–ocean ridge
中氣候　mesoclimate

中氣層　mesosphere
中氣層頂　mesopause
中間技術　intermediate technology
中磧　medial moraine
介質　medium
內外田制　infield−outfield system
內生曲流　ingrown meander
內城　inner city
內寄生物　endoparasite
公共部門住宅　public sector housing
公車專用道　bus lane
公園林地　parkland
公認安全　GRAS
分子　molecule
分水界　watershed, water parting, divide
分成耕作　sharecropping
分貝　decibel
分級分類系統　classification hierarchy
分區　zoning
分割　fragmentation
分裂反應器　fission reactor
分階段種植　phased planting
分解者　decomposer, detrivore
分層　layering
分離型邊界　divergent boundary
化石　fossil
化石燃料　fossil fuels
化學沈積岩　chemical sedimentary rock
化學肥料　chemical fertilizer
化學風化　chemical weathering
反核　antinuclear
反氣旋　anticyclone
反照率　albedo
天氣　weather
天氣預報　weather forecasting
天氣圖　weather chart, weather map, synoptic chart
天然牧場　rangeland
天然牧場管理　range management
天然肥料　manure
天然氣　natural gas
天然堤　levee
太古代　Archaeozoic era
太陽能　solar energy
太陽常數　solar constant
孔狀風化　cavernous weathering
孔隙　pore space
孔隙度　porosity
心理可及性　psychological accessibility
方山　mesa
日間中心　day center
日照率　insolation
木質部　xylem
毛毛雨　drizzle
毛細作用　capillarity
毛細管水　capillary water
水力作用　hydraulic action
水文序列　hydrologic sequence
水文循環　hydrological cycle
水文學　hydrology

【四劃】

水生植物　hydrophyte
水生演替系列　hydrosere
水田　paddy
水合作用　hydration
水成土壤　hydromorphic soil
水冷式反應器　water-cooled reactor
水系型　drainage pattern
水肥　night soil
水耕法　hydroponics
水塵旋　water devil
水圈　hydrosphere
水產養殖　aquaculture
水解作用　hydrolysis
水道　waterway
水閘　lock
水蒸汽　water vapor
水稻種植　wet-rice cultivation
水理學　hydrography
火山　volcano
火山口　crater
火山口湖　crater lake
火山岩　volcanic rock
火山泥流　lahar
火山渣錐　cinder cone
火山塞　volcanic plug
火山碎屑物　pyroclastic material
火山頸　volcanic neck
火成岩　igneous rock
火雲　nuee ardente
火環　Ring of Fire
片利共生　commensalism
片岩　schist
片狀沖刷　sheetwash
片蝕　sheet erosion
牛軛湖　oxbow lake, cutoff, mortlake

【五劃】

世　epoch
世界文化和自然遺址　world culturai and natural heritage site
世界自然基金會　World Wide Fund for Nature（WWF）
世界保育策略　World Conservation Strategy（WCS）
世界野生生物基金會　World Wildlife Fund
世界資源研究所　World Resources Institute（WRI）
世界銀行　World Bank
世界遺址　world heritage site
世界糧食計畫署　World Food Program
世界糧食調查報告　World Food Survey（WFS）
丘陵農業　hill farming
主因　master factor
主糧　staple
代　era
充氣帶　zone of aeration
出口補貼　STABEX
出生率　birth rate
加倍時間　doubling time
功能的土地利用　functional land use
功能區位　functional niche
北大西洋洋流　North Atlantic Current

北大西洋漂流　North Atlantic Drift
北方針葉林　boreal forest
北美大草原　prairie
北極光　aurora borealis, northern lights
半沙漠灌叢　semidesert scrub
半衰期　half-life
半乾燥氣候　semiarid climate
半乾燥區　semiarid region
半深成岩　hypabyssal rock
半深海底區　archibenthic zone
半腐植質　moder
半隱芽植物　hemicryptophyte
半隱芽植物氣候　hemicryptophyte climate
半鹹水　brackish water
卡丁加羣落　caatinga
卡魯　Karoo
去氧核糖核酸　DNA
可分的繼承　partible inheritance
可及性　accessibility
可更新資源　renewable resource
可能論　possibilism
古生代　Paleozoic era
古騰堡不連續面　Gutenberg discontinuity
囚錮鋒　occluded front
外田　outfield
外來種　exotic species
外氣層　exosphere
外寄生物　ectoparasite
市中心　city center
市場園藝　market gardening
市場管理委員會　marketing board
市集　periodic market
市貌　city form
布蘭特委員會　Brandt Commission
平伏沼澤　blanket bog
平均年增長量　mean annual increment（MAI）
平流層　stratosphere
平流層頂　stratopause
平流霧　advection fog
未發現資源　undiscovered resources
未開發地區　greenfield site
未開墾地　bush
末日徵候羣　doomsday syndrome
末日論者　doomster
正面　facade
正常生命帶　normal life zone
正常演替系列　prisere
母船　mother ship
母質　parent material
永久作物　permanent crop
永久性種植　permanent cropping
永凍土　permafrost
永續生產　sustained yield
玄武岩　basalt
生存曲線　survivorship curve
生存帶　survival zone
生存農業　subsistence farming
生育率　fertility rate

【五劃】

生命表　life table
生物可分解的　biodegradable
生物生態學　bioecology
生物因素　biotic factor
生物地球化學循環　biogeochemical cycle
生物地理學　biogeography
生物技術　biotechnology
生物防治　biological control
生物氣　biogas
生物氣發生器　biogas digester
生物的　biotic
生物肥料　biofertilizers
生物型　biotype
生物相　biota
生物風化　biological weathering
生物圈　biosphere
生物圈保留區　biosphere reserve
生物基準　biological benchmark
生物量　biomass
生物需氧量　biological oxygen demand（BOD）
生物頂極　biotic climax
生物羣域　biome
生物監測　biological monitoring
生物轉化　bioconversion
生長季　growing season
生長極限　limits to growth
生活品質　quality of life
生活帶　life zone
生理乾旱　physiological drought
生產力　productivity
生產用地　utilized agricultural area
生產率　production rate
生痕化石　trace fossil
生態大災難　ecocatastrophe
生態平衡　ecological balance
生態同位種　ecological equivalent
生態系統　ecosystem
生態金字塔　ecological pyramid
生態後退　ecological backlash
生態域　biochore
生態區位　ecological niche
生態發展　ecodevelopment
生態評估　ecological evaluation
生態學　ecology
田地制度　field system
田納西河流域管理局　Tennessee Valley Authority（TVA）
田野作物　field crop
田間容水量　field capacity
甲烷　methane
甲殼動物　crustacean
甲醇　methanol
白堊紀　Cretaceous period
白霜　hoar frost
目　order
石化綜合企業　petrochemical complex
石灰岩　limestone
石灰岩盆地　polje
石灰質的　calcareous
石油　oil, petroleum

石油轉運基地　oil terminal
石南荒原　heathland
石炭紀　Carboniferous period
石炭煤系　coal measures
石英岩　quartzite
石紋　stone stripes
石棉　asbestos
石隕鐵　siderolite
石膏　gypsum
石質隕石　aerolite
立體交叉　flyover

【六劃】

交流道　interchange
交通流量　traffic flow
交通容量　traffic capacity
交通飽和度指數　traffic intensity index
交通管理　traffic management
交通網　communication network
交錯山嘴　interlocking spurs
伐林整地　landnam
休息區　rest area
休耕　fallow
休耕制　fallow system
休耕農業　ley farming
企業振興區　enterprise zone
光化學煙霧　photochemical smog
光合作用　photosynthesis
先成河系　antecedent drainage
先鋒羣落　pioneer community
全國電力網　national grid
全新世　Recent epoch, Holocene epoch
共生　symbiosis
共同體森林政策報告　Report on Community Forest Policy
共同農業政策　Common Agricultural Policy（CAP）
再造林　reafforestation
再循環　recycling
再開發　redevelopment
冰下搬運　subglacial transportation
冰上搬運　supraglacial transportation
冰山　iceberg
冰川　glacier
冰川作用　glaciation
冰川沈積　glacial deposition
冰川侵蝕　glacial erosion
冰川流域裂隙　glacial watershed breaching
冰川消退　deglaciation
冰川搬運　glacial transportation
冰川擦痕　glacial striae
冰內搬運　englacial transportation
冰斗　cirque, corrie, cwm
冰斗湖　tarn
冰水沈積　fluvioglacial deposits
冰水沈積　outwash deposit
冰水沈積平原　outwash plain, sandur
冰凍凹地　frost hollow
冰帽　ice cap
冰期　ice age
冰解作用　frost wedging
冰層　ice sheet

【六劃】

冰緣區　periglacial zone
冰磧丘　moraine
冰磧物　glacial till
冰積物　glacial drift
冰霧　ice fog
冰礫泥　boulder clay
冰礫阜　kame
同位素　isotope
向斜　syncline
向量　vector
合併　consolidation
合夥管理機構　partnership authorities
因子相互作用　factor interaction
回春　rejuvenation
回流　backwash
回填場地　infill site
地下水　groundwater
地下水位　water table
地下水系　underground drainage
地下水潛育作用　groundwater gleization
地下芽植物　geophyte
地下道　underpass
地下鐵　underground
地中海及橫跨亞洲帶　Mediterranean and trans-Asiatic zone
地中海　Mediterranean
地中海型農業　Mediterranean agriculture
地方規畫　local plan
地衣　lichen
地衣荒漠　lichen desert
地形系列　toposequence
地形雨　orographic rain
地形圖　geomorphological map, morphological map
地形學　geomorphology
地役權　easement
地函　mantle
地表水潛育作用　surface water gleying
地表芽植物　chamaeophyte
地表芽植物氣候　chamaeophyte climate
地段比　plot ratio
地面沈降　land subsidence
地核　core
地區發展規畫　site development plan
地球之友　Friends of the Earth
地球化學探勘　geochemical prospecting
地球物理探勘　geophysical prospecting
地球資源技術衛星　Earth Resources Technology Satellite（ERTS）
地球歷史　earth history
地球觀測衛星　SPOT
地理資訊系統　geographical information system（GIS）
地殼　earth's crust
地殼均衡說　isostasy
地殼運動　diatrophism
地塹　graben
地層柱　stratigraphical column

地標建築　landmark building
地槽　geosycline
地熱能　geothermal energy
地熱動力　geothermal power
地質柱　geological column
地質年代表　geological time scale
地質循環　geological cycling
地質圖　geological map
地質學　geology
地震　earthquake
地震波　seismic wave
地震儀　seismograph
地轉風　geostrophic wind
圩田　polder
多工用地　multiple job holding
多元頂極論　polyclimax theory
多年生　perennial
多重土地利用　multiple land use
多重利用永續生產法　Multiple Use Sustained Yield Act（1960）
多氯聯苯　PCB
多葉作物　leafy crop
多種栽培　polyculture
多種養殖　polyculture
多層種植　multistory cropping
多樣性　diversity
多適植物　tropophyte
存留邊界　conservative boundary
宇宙號1870　Cosmos 1870
安全棒　safety rods
安養住屋　sheltered housing
尖頭三角洲　cuspate delta
年代順序　chronosequence
年勞動單位　annual work units
年齡結構　age structure
成土作用　pedogenesis
成本收益分析　cost-benefit analysis
成岩作用　lithification, diagenesis
成層　stratification
成層火山　stratovolcano
成熟土　mature soil
收益成本分析　benefit-cost analysis
收費公路　turnpike
收穫指數　harvest index
收穫等級　yield class（YC）
曲流　meander
曲流帶　meander belt
有毒廢棄物　toxic waste
有害廢棄物　hazardous waste
有效劑當量　effective dose equivalent
有機沈積岩　organic sedimentary rock
有機風化　organic weathering
次生污染　secondary pollution
次生林　secondary forest
次生演替　secondary succession
次級消費者　secondary consumer
次耕　secondary tillage
死亡帶　lethal zone
死亡帶　death zone
死亡率　death rate

【六劃】

污水　sewage
污泥　sludge
污染　pollution
污染者付費原則　polluter–must–pay principle
灰土　spodosol
灰壤　podzol
百分之三十俱樂部　Thirty Percent Club
百萬分之一　ppm
老荒原　old field
老齡土　senile soil
自由牧場　free range
自由港　freeport
自流井　artesian well
自流盆地　artesian basin
自然保育協會　Nature Conservancy Council（NCC）
自然規畫　physical planning
自給自足　self–sufficiency
自選園藝　pick–your–own–farming（PYO）
自營生物　autotroph
至點　solstice
艾氏劑　aldrin
行路權　right of way
西北大風　Nor'wester
西風帶　westerlies
宅地　homestead

【七劃】

住宅規畫　housing plan
住房佈局　housing layout
佔有率　occupancy rate
作物　crop
作物栽培　arable farming
作物組合分析　crop combination analysis
低層大氣　lower atmosphere
低壓　depression, low
低壓槽　trough of low pressure
冷囚錮　cold occlusion
冷鋒　cold front
吹蝕　deflation
吹風距離　fetch
吸水核　hygroscopic nuclei
吸收劑量　absorbed dose
吸著水　hygroscopic water
含水層　aquifer
含油砂　tar sand
均夷面　plantation surface
均夷河流　graded river
均衡剖面　profile of equilibrium
均變說　uniformitarianism
局部乾旱　partial drought
形相　physiognomy
志留紀　Silurian period
技術困境　technological fix
技術極限　technological optimum
改良型氣冷式反應器　advanced gas–cooled reactor（AGR）
改善撥款　improvement grant
旱生植物　xerophyte
旱生演替系列　xerosere
旱作　dry farming
更新世　Pleistocene epoch
步行街　pedestrianized street
每日容許攝取量　acceptable daily intake（ADI）
求生藍圖　Blueprint for Surviv-

al, A
沙　sand
沙丘　dune
沙地演替系列　psammosere
沙洲河口灣　bar–built estuary
沙漠　desert
沙漠化　desertification
沙漠沖積原　bahada
沙漠植被　desert vegetation
沙嘴　spit
沙暴　sandstorm
沈澱　precipitation
沈積　deposition
沈積作用　sedimentation
沈積岩　sedimentary rock
沈積物　sediment
沖積土　alluvial soil, fluvent, fluvisol
沖積平原　alluvial plain
沖積扇　alluvial fan
沖積層　alluvium
汽車廢氣　automobile emissions
汽油醇　gasohol
狄氏劑　dieldrin
狂風　storm
系統建築技術　system building techniques
育林　silviculture
角礫岩　breccia
谷冰川　valley glacier
谷風　valley wind
谷磧　valley train
貝克勒　becquerel
赤道無風帶　doldrums
防波堤　breakwater
防風林　windbreak
防風牆　windbreak
防爆添加劑　antiknock additive
防護林帶　shelter belt
李比希最低因子定律　Liebig's law of the minimum
車道　traffic lane

【八劃】

使用收益權　usufruct
使用權　use right
侏羅紀　Jurassic period
兩生類　amphibian
刻蝕　corrasion
協同作用　synergism
卷雲　cirrus
卷層雲　cirrostratus
受託區　catchment area
咆哮西風帶　Roaring Forties
周邊住宅區　peripheral estate
固有種　endemic species
固氮作用　nitrogen fixation
固碳　carbon fixation
垃圾場　waste tip
坡面漫流　overland flow
坡棲岩塊　perched block
始生代　Proterozoic era
始成土　cambisol, inceptisol
孤山　butte
季風　monsoon
季節遷徙　transhumance
定年技術　dating techniques
居住密度　residential density
居住隔離　residential segregation

【八劃】

居里　curie
岡瓦納古陸　Gondwanaland
岸線　shoreline
岩石系列　lithosequence
岩石圈　lithosphere
岩石圈板塊　lithospheric plate
岩床　sill
岩屑　regolith
岩屑土　skeletal soil
岩屑堆　talus
岩粉　rock flour
岩脈　dike
岩基　batholith
岩蓋　laccolith
岩漿　magma
岩漿水　juvenile water, magmatic water
岩漿庫　magmatic chamber
岩鹽　rock salt, halite
底土　subsoil
底移負荷　bottom load
底棲區　benthic zone
底棲魚　demersal fish
底層　substratum
底磧　ground moraine
延期放牧　deferred grazing
弧形三角洲　arcuate delta
所有人佔有　owner occupation
承包農業　contract farming
拔蝕作用　plucking
拋物線丘　parabolic dune
抽蓄發電系統　pumped storage scheme
抽樣　sampling
拖網捕魚　trawling
拆除　dismantlement
放牧　ranching
放牧食物鏈　grazing food chain
放牧經營　grazing management
放射性碳定年法　radiocarbon dating
放射性廢棄物　radioactive waste
放射狀水系　radial drainage
放射病　radiation sickness
昇華　sublimation
服務區　service area
林分　stand
林木沼澤　muskeg
林木線　timberline, tree line
林奈分類法　Linnaean classification
林業　forestry
板塊構造學說　plate tectonics
泥沙　silt
泥沼　mire
泥流　mudflow
泥炭　peat
泥炭沼澤　peat bog
泥盆紀　Devonian period
泥質岩　argillaceous rock
泥灘　mud flat
河口灣　estuary
河床負荷　bedload
河況　river regime
河流　river
河流沈積　fluvial deposition
河流侵蝕　fluvial erosion
河流搬運　fluvial transportation
河流搬運能力　stream capacity

河流輸沙能力　stream competence
河流縱剖面　river profile
河流襲奪　river capture, river abstraction, river beheading
河階　river terrace
河源　headwater
沼生植物　helophyte
沼氣　marsh gas
沼澤　bog
沼澤脹破　bogburst
沼澤磐　moorpan
波浪　wave
波浪能　wave power
沸水式反應器　boiling water reactor
油田　oil field
油頁岩　oil shale
沿岸　littoral
泛濫平原　flood plain
爬蟲類　reptile
牧場　pasture
物理風化　physical weathering
物種　species
物質可及性　physical accessibility
直接再循環　direct recycling
直接鑽孔　direct drilling
直減率　lapse rate
矽酸鹽　silicates
矽質的　siliceous
矽鋁層　sial
矽鎂層　sima
社區　community
社區中心　neighborhood center
社會林政　social forestry
社會基礎設施　social infrastructure
社會機構使用權　institutional tenure
空中走廊　air corridor
空化　cavitation
空氣汚染　air pollution
空氣品質法案　Air Quality Act（1967）
空氣品質標準　air quality standard
空氣淨化條例　Clean Air Act
肥沃月彎　Fertile Crescent
肥料　fertilizer
肥堆土　plagen soil
花粉分析　pollen analysis
花粉帶　pollen zone
花崗岩　granite
花崗岩化　granitization
花園城市　garden city
初次採油　primary oil recovery
初級生產力　primary productivity
初級生產者　primary producer
初級消費者　primary consumer
初級演替　primary succession
初耕　primary tillage
表土層　mantle rock
表水層　epilimnion
表現型　phenotype
迎風面　windward
長石　feldspar, felspar
門　division, phylum
阻水層　aquifuge

【八劃】

附生植物　epiphyte
附屬物種　accidental species
雨　rain
雨日　rain day
雨水洗刷　rainwash
雨淞　glazed frost
雨量　rainfall
雨量可靠性　rainfall reliability
雨量器　rain gauge
雨滴侵蝕　raindrop erosion
雨層雲　nimbostratus
雨影　rain shadow
雨濺侵蝕　rainsplash erosion
青貯飼料　silage
非生物的　abiotic
非生物相　abiota
非政府組織　nongovernment organization（NGO）
非洲高山植被　afro−alpine
非鋒面低壓　nonfrontal depression
孢粉學　palynology
芮氏震級　Richter scale
房宅計畫　homesteading

【九劃】

信風　Trade Winds
侵入岩　intrusive rock
侵位　emplacement
侵蝕　erosion
侵蝕面　erosion surface
保存　preservation
保育　conservation
保育區　conservation area
削斷山嘴　truncated spur
前面　frontage
前寒武紀　Precambrian era
南寒風　Southerly Buster
南極光　aurora australis, southern lights
南極條約　Antarctic Treaty
品質等級　quality class（QC）
哈得萊環流胞　Hadley cell
垂直溫度梯度　vertical temperature gradient
城市　city
城市生態系統　urban ecosystem
城市氣候　urban climate
城市援助　urban aid
城區周圍　peri−urban region
城鄉規畫法規　Town and Country Planning Acts
城鄉連續體　rural−urban continuum
城鄉邊緣　rural−urban fringe
城鎮景色　townscape
契約租借　contract rent
威烈風　willy−willy
室內佔有率　room occupancy
封存　mothballing
屋況調查　house condition survey
建設性波浪　constructive wave
建設性區別　positive discrimination
建設性邊界　constructive boundary
律師生態小組　Lawyers' Ecology Group
後退磧　recessional moraine
後燃器　afterburner

恆定性　homeostasis
挖泥船　dredge
指數增長　exponential growth
指標物種　indicator species
拱廊　arcade
查帕拉羣落　chaparral
氟氯碳化物　chlorofluorocarbons（CFC）
泉　spring
泉侵蝕　spring sapping
洋底擴張　ocean-floor spreading
洋流　ocean current
洋葱狀風化　onion skin weathering
洪水　flood
洪流玄武岩　flood basalt
流域　drainage basin
流域管理　watershed management, drainage basin management
流量　discharge
洞穴　cave
洞穴學　speleology
洗滌器　scrubber
活性污泥法　activated sludge process
活動點　activity node
洛卡－沃爾泰拉公式　Lotka-Volterra equations
洛美協定　Lome Agreement
狩獵採集者　hunter-gatherer
珊瑚　coral
珊瑚礁　coral reef
皆伐　clear cutting
盆地沼澤　basin bog
相對定年　relative dating
相對溼度　relative humidity
盾形火山　shield volcano
砂　sand
砂岩　sandstone
砂質岩　arenaceous rock
砂礫礦　placer deposit
科　family
科氏力　Coriolis force
科學園區　science park
紅土　laterite
紅皮書　Red Data books
紅色石灰土　terra rosa
紅樹林　mangrove
紀　period
耐火黏土　fire clay
耐受度　tolerance
背風低壓　lee depression
背風面　leeward
背斜　anticline
背景濃度　background concentration
致癌物　carcinogen
范托夫定律　Van't Hoff's law
苔原　tundra
苔蘚植物　bryophyte
虹　rainbow
計畫援助　program aid
負荷　load
郊外住宅區　dormitory suburb
郊區　suburb
郊區購物中心　out-of-town shopping center, suburban mall

【九劃】

重工業　heavy industry
重金屬　heavy metal
限制因子　limiting factor
限制因子定律　law of limiting factors
降水　precipitation
頁岩　shale
風　wind
風力　wind power
風口　wind gap
風化　weathering
風成作用　aeolian process, eolian process
風沈積　wind deposition
風的搬運　wind transportation
風能　wind power
風帶　wind belt
風蝕　wind erosion
風蝕作用　eolian process
風暴　storm
飛灰　fly ash
飛機場　airport
食用作物　food crop
食肉動物　carnivore
食物網　food web
食物鏈　food chain
食草動物　herbivore

【十劃】

倒置林木線　inverted tree line
個體生態學　autecology
修正的梅爾卡列震級　modified Mercalli scale
修復　rehabilitation
兼職農業　part−time farming
凍拔　frost heaving
凍雨　sleet
凍融作用　freezing−thaw action
凋萎點　wilting point
剝蝕　denudation
剝離　exfoliation
原子　atom
原子能　atomic power
原生土　azonal soil
原生水　connate water, fossil water
原生汚染　primary pollution
原生林　primary forest
原始地區　primitive area
原始林　primary forest
原油　crude oil
原油溢出　oil slick, oil spill
哺乳動物　mammal
套作　relay cropping
害蟲　vermin
病媒　vector
家庭農場　family farm
容納量　carrying capacity
峽谷　canyon, gorge
峽灣　fjord
峯巒會　Sierra Club
島山　inselberg
島弧　island arc
島嶼生物地理學　island biogeography
弱水河　misfit river
捕食者　predator
捕魚　fishing
捕鯨　whaling
時滯　time lag

核子冬天　nuclear winter
核分裂　nuclear fission
核反應器　nuclear reactor
核心區域　core area
核能　nuclear power
核實資本值　capitalized value
核廢料　nuclear waste
核融合　nuclear fusion
根瘤　root nodules
栽培種　cultigen
栽培變種　cultivar
格子狀水系　trellis drainage
氣孔　stoma
氣冷式核反應器　gas-cooled nuclear reactor
氣候　climate
氣候分類　climatic classification
氣候序列　climosequence
氣候改變　climatic modification
氣候區　climatic region
氣候頂極　climatic climax
氣候變化　climate change
氣旋　cyclone
氣旋雨　cyclonic rain
氣象站　weather station
氣溶膠　aerosol
氣團　air mass
氣壓　air pressure
氣壓計　barometer
氣壓梯度　pressure gradient, barometric gradient
氣霜　air frost
氣體污染物　gaseous pollutants
氧化土　oxisol
氧化作用　oxidation
泰加林　taiga
浸水草原　water meadow
海水養殖　mariculture
海平面　sea level
海平面升降　eustasy
海平面變化　sea level change
海岸　coast
海岸分類　coastal classification
海岸保護　coastal protection
海岸查帕拉羣落　coastal chaparral
海岸氣候　coastal climate
海岸管理局　Office of Coastal Management
海岸線　coastline
海底山　seamount
海底生物　benthos
海底峽谷　submarine canyon
海底擴展　seafloor spreading
海洋　ocean
海洋地震波警報系統　Seismic Sea Wave Warning System
海洋污染　marine pollution
海洋沈積　marine deposition
海洋法　Law of the Sea
海洋侵蝕　marine erosion
海洋基金局　Office of Sea Grant
海洋學　oceanography
海風　sea breeze
海桌山　guyot
海牆　sea wall
海嘯　tsunami
海濱　shore
海濱填築　coastal reclamation

【十劃】

海灘　beach
浮游生物　plankton
浮游動物　zooplankton
浮游植物　phytoplankton
特別研究區　Site of Special Scientific Interest（SSSI）
狹適生物　stenotypic species
畜牧　pastoralism
畜牧生產力　stocking rate
畜牧密度　stocking density
畜牧業　animal husbandry
真沙漠　true desert
真菌　fungus
砧狀雲　anvil cloud
破壞行為　vandalism
破壞性波浪　destructive wave
破壞性邊界　destructive boundary
租佃　tenancy
粉砂　silt
純肥料　straight fertilizer
紙漿　pulp
耕地　cropland
耕地分配　cropland share
耕作　cultivation
脆弱生物　vulnerable organism
脆弱生態系統　fragile ecosystem
脈石　gangue
能量　energy
能源農田　energy farm
脊椎動物　vertebrate
臭氧　ozone
臭氧污染　ozone pollution
臭氧層　ozone layer
航線　sea lane
草原土　prairie soil
起動因素　trigger factor
逆流　contraflow
逆溫層　inversion layer
酒精　grain alcohol
針葉樹　coniferous tree
閃電　lightning
除役　decommissioning
除草劑　herbicides
馬基羣集　maquis, mattoral, macchia
馬鈴薯培植床　lazy bed
馬爾薩斯模型　Malthusian model
高山的　alpine
高山硬葉灌木羣落　fynbos
高山矮曲林　krummholz
高山羣落　alpine community
高山農業　alpine farming
高地農業　upland farming
高位芽植物　phanerophyte
高位芽植物氣候　phanerophyte climate
高沼地　moorland
高原　plateau
高產穀物　high−yielding cereal
高速公路　highway, freeway, autobahn, autostrada
高層大氣　upper atmosphere
高層發展　high−rise development
高層雲　altostratus
高積雲　altocumulus
高壓　high

高壓脊　ridge of high pressure
高嶺土　kaolin
高嶺石　kaolinite

【十一劃】

乾旱　drought
乾谷　wadi
乾性荒原　puna
乾草　hay
乾草原　steppe
乾期　dry spell
乾絕熱直減率　dry adiabatic lapse rate（DALR）
乾熱岩石技術　hot dry rock technique
乾燥氣候　arid climate
乾燥區　arid region
停走決定論　stop–and–go determinism
停車轉乘系統　park–and–ride system
假色成象　false–color imagery
側磧　lateral moraine
剪力強度　shear strength
剪切型邊界　shear boundary
剪應力　shear stress
副熱帶植被　subtropical vegetation
副熱帶無風帶　horse latitudes
副熱帶噴流　subtropical jet stream
動力變質作用　dynamic metamorphism
動物地理學　zoogeography
動物區　animal realm, faunal region
動物區系　fauna
動態回春　dynamic rejuvenation
區域暖氣　district heating
區域變質　regional metamorphism
區間疏運　feeder service
商品　commodity
商品農業　commercial farming
商業區　downtown
圈地　enclosure
國家公園　national park
國家自然保留區　national nature reserve（NNR）
國家保育策略　national conservation strategy（NCS）
國家氣象服務處　National Weather Service
國家海洋測量局　National Ocean Survey
國家海洋暨大氣總署　NOAA
國家海洋漁業服務處　National Marine Fisheries Service
國家莽原保存系統　National Wilderness Preservation System
國家環境政策法　National Environmental Policy Act（NEPA）
國家環境衛星服務處　National Environmental Satellite Service（NESS）
國際生物計畫　International Biological Program（IBP）
國際自然資源保育聯盟　Inter-

national Union for the Conservation of Nature and Natural Resources（IUCN）
國際復興開發銀行　International Bank for the Reconstruction and Development（IBRD）
國際原子能總署　International Atomic Energy Agency（IAEA）
國際開發協會　International Development Association
國際經濟新秩序　New International Economic Order（NIEO）
國營農場　state farm
堆土種植　mound cultivation
基布茲　kibbutz
基因型　genotype
基因庫　gene resource center, gene library, gene bank
基因源　gene pool
基岩　bedrock
基性岩　basic rock
基準面　base level
基質　groundmass（火成岩）
基質　matrix（沈積岩）
基礎設施　infrastructure
執行區　action area
寄生　parasitism
密史脫拉風　Mistral
密西西比紀　Mississippian period
密度制約　density dependence
密閉羣落　closed community
專案援助　project aid
專屬經濟海域　exclusive economic zone
崩移　slump
常綠林　evergreen forest
常綠矮灌木叢　garrigue
帶狀放牧　strip grazing
帶狀耕作　strip farming
帶狀開採　strip mining
控制棒　control rods
接觸變質　contact metamorphism
掩埋　entombment
掩埋場　landfill
掃浪　swash
推移負荷　traction load
採石　quarrying
排放標準　emission standard
教育優先區　educational priority area
斜坡後退　slope retreat
斜溫層　thermocline
旋風　whirlwind
旋風除塵器　cyclone dust scrubber
梯田　terrace
殺菌劑　fungicide
殺蟲劑　insecticide
添加物　additive
淺海區　sublittoral zone
清潔劑　detergent
清潔劑天鵝　detergent swan
淋溶　leaching
淋餘土　pedalfer
淋濾土　latosol

淋濾作用　eluviation
淹水沼澤　fen
混合農業　mixed farming
混作　mixed cropping
淵和淺灘　pools and riffles
深井開採　deep mining
深切曲流　incised meander
深水層　hypolimnion
深成岩　abyssal rock, plutonic rock
深泓線　thalweg
深海平原　deep-sea plain, abyssal plain
深海沈積　deep-sea deposit, abyssal deposit
深海底區　abyssal benthic zone
深海區　deep-sea zone
深海溝　deep-sea trench
深海環境　abyssal environment
淨居住密度　net residential density
淨初級生產力　net primary productivity（NPP）
現行的土地覆蓋　current ground cover
現值　present value
產量　yield
異營生物　heterotroph
疏樹草原　parkland
移棲　migration
移墾　shifting cultivation
第三世界　Third World, the
第三次聯合國海洋法會議　UNCLOS III
第三紀　Tertiary period
第四紀　Quaternary period
粒雪　firn, neve
粗出生率　crude birth rate
粗放農業　extensive agriculture
粗骨土　ranker, regosol, lithic haplumbrept
統一發展規畫　unitary development plan
細菌　bacteria
組合城市　conurbation
終磧　terminal moraine
脫矽作用　desilication
脫葉劑　defoliant
脫險物種　out-of-danger species
莽原區　wilderness area
莫夏夫　moshav
莫荷不連續面　Mohorovicic discontinuity, Moho, M discontinuity
處女地　virgin land
蛇丘　esker
被子植物　angiosperm
規畫許可　planning permission
貫流　throughflow
貨櫃港　container port
貧困區　deprived area
軟土　mollisol
軟木　softwood
軟泥　ooze
軟流圈　asthenosphere
軟鍊　soft chain
通行費　toll
通勤者　commuter
通道　pass

【十一劃】

連作　continuous cropping
連續耕作　successional cropping
逕流　runoff
造山期　orogeny
造山運動　orogenesis
造林　afforestation
造陸運動　epeirogenesis
透光帶　euphotic zone, photic zone
野火頂極羣落　pyroclimax community
野生生物公園　wildlife park
野生生物保留區　wildlife reserve
陸地衛星　Landsat
陸風　land breeze
陸塵旋　land devil
陰離子　anion
陷穴　swallow hole, sink hole
雪　snow
雪原　snowfield
雪崩　avalanche
雪暴　blizzard
雪線　snowline
魚藤　derris
鳥足狀三角洲　bird's foot delta
鹵土　halomorphic soil
類　hydrocarbon
犁磐層　plow pan
頂極羣落　climax community

【十二劃】

最小面積　minimal area
最小整地　minimal tillage
最低因子律　law of the minimum
最適人口　optimum population
最適生長　optimum growth
最適範圍　optimal range
勞亞古陸　Laurasia
喀斯特　karst
喀斯特寬谷　uvala
單子葉植物　monocotyledon
單作　monoculture
單頂極論　monoclimax theory
喬木作物　tree crop
喬木林　high forest
圍岩　country rock, host rock
圍場放牧　paddock grazing
圍網　seine netting
堤防　dike
堰洲島　barrier island
堡礁　barrier reef
寒武紀　Cambrian period
寒漠　cold desert
嵌入曲流　entrenched meander, intrenched meander
復原合同　restoration bond
復原能力　resilience
惡地　badland
揮發物　volatile
援助　aid
斑岩　porphyry
斑晶　phenocryst
斐勒得　veld
替代能源　alternative energy
替換率　replacement rate
期貨契約　forward contract
棕土　sol brun, sol brun acide
棕色森林土　brown forest soil

棕壤　brown earth
森林公園　forest park
森林沼澤　swamp
森林保留區　forest reserve
森林氣候　forest climate
森林經營　forest management
棲止水面　perched water table
棲息地　habitat
棲息地走廊　habitat corridor
植物性藥物　medicine from plants
植物區系　flora
植物量　phytomass
植物羣系　formation
植被　vegetation
植被分類　vegetation classification
欽諾克風　Chinook
殘丘　monadnock
殘存羣體　relic population
殘株覆蓋　stubble mulching
殘留礦床　residual mineral deposit
氮循環　nitrogen cycle
游泳動物　nekton
減速道　deceleration lane
減速劑　moderator
湖泊　lake
湍流　rapid
滋生反應器　breeder reactor
焚風　Fohn
焚燒　fire
焦炭　coke
無性繁殖系　clone
無放牧　zero-grazing
無約束工業　footloose industry
無氧呼吸　anaerobic respiration
無脊椎動物　invertebrate
無煙區　smokeless zone
無煙煤　anthracite
無鉛汽油　unleaded gasoline
無機肥料　inorganic fertilizer
發展　development
發展控制　development control
發展規畫　development plan
短暫河　ephemeral stream
短齡植物　ephemeral
硬木　hardwood
硬木林　hardwood
硬石膏　anhydrite
硬殼　duricrust
硬葉的　sclerophyllous
硬磐　hardpan
硬鍊　hard chain
稀有生物　rare organism
稀樹草原　savanna
等高耕作　contour plowing
等高築壟　contour ridging
等溫線　isotherm
等壓線　isobar
策略投機者　strategic opportunist
結構改革　structural reform
絕對乾旱　absolute drought
絕對溼度　absolute humidity
絕熱風　adiabatic wind
絕熱過程　adiabatic process
絮凝　flocculation
舒適環境　amenity
華萊士線　Wallace line

【十二劃】

萌生　coppicing
裁減核武運動　CND
裂谷　rift valley
裂隙　fissure
超基性岩　ultrabasic rock
鈣化　calcification
鈣成土　calcimorphic soil
鈣層土　pedocal
鈣質結核　calcrete
鈣質層　caliche
開放羣落　open community
開發中國家　developing country
間冰段時期　interstadial period
間冰期　interglacial period
間作　intercropping
間作物　interculture
間熱帶輻合帶　Intertropical Convergence Zone（ITCZ）
間接再循環　indirect recycling
間歇泉　geyser
間隔作物　break crop
陽離子　cation
陽離子交換容量　cation exchange capacity
隆吉爾生活型分類　Raunkiaer's lifeform classification
集水區　catchment area
集約農業　intensive agriculture
集體使用權　collectivist tenure
集體農場　collective farm, kolkhoz
雲　cloud
韌皮部　phloem
順序耕作　sequential cropping
飲食能量供應　dietary energy supply
黃土　loess
黑土　black earth
黑冰　black ice
黑色石灰土　rendzina, calcareous rego black soil, rendoll, derncarbonate soil
黑鈣土　chernozem
馴化動植物　domestication of plants and animals
距今　before present
彭巴草原　pampas

【十三劃】

傳導　conduction
傾斜政策　set aside policy
傾斜頂極　plagioclimax
傾斜演替系列　plagiosere
匯聚區　sink area
園藝　horticulture
塗鴉　graffiti
填充物　matrix
填閒作物　catch crop
塊體運動　mass movement, mass wasting
奧陶紀　Ordovician period
微水層　aquiclude
微氣候　microclimate
微量元素　trace element
微量營養素　micronutrient
搬運　transportation
搖擺石　rocking stone
新月丘　barchan
新生代　Cenozoic era, Cainozoic era, Kainozoic era

新陳代謝　metabolism
新鎮　new town
暗礁　reef
暖囚錮　warm occlusion
暖區　warm sector
暖鋒　warm front
業餘農業　hobby farming
極地東風帶　polar easterlies
極地噴流　polar jet stream
極鋒　polar front
概率論　probabilism
溯源侵蝕　headward erosion
溶解負荷　dissolved load
溶解風化　solution weathering
溝渠　dike
溝蝕　gully erosion
滅絕　extinction
溼地　wetland
溼沼　marsh
溼度　humidity
溼草土　meadow soil
溼草原　meadow
溺谷　drowned river valley
溺河　ria
溫室效應　greenhouse effect
溫室栽培　greenhouse cultivation
溫室氣體　greenhouse gas
溫泉　hot spring, thermal spring
溫帶植被　temperate vegetation
準平原　peneplain
煙煤　bituminous coal
煙霧　smog
煙霧管制區　smoke control zone
煤　coal
煤化作用　coalification
煤焦油　coal tar
當年增長量　current annual increment（CAI）
碎石坡　scree slope
碎石堆　scree
碎屑沈積岩　clastic sedimentary rock
節肢動物　arthropod
經濟公寓　tenement
經濟作物　cash crop
經濟租　economic rent
羣　swarm
羣落　community
羣落生態學　synecology
羣落交會帶　ecotone
羣叢　association
羣體　population
羣體崩潰　population crash
羣體增長　population growth
羣體爆炸　population explosion
聖安德列斯斷層　San Andreas Fault
腹地　hinterland
腺苷三磷酸　ATP
落水洞　doline
落葉林　deciduous forest
落塵　fallout
葉面積指數　leaf area index（LAI）
葡萄栽培　viticulture
裙礁　fringing reef
解理　cleavage

【十三劃】

解壓　unloading
資源　resource
資源管理　resource management
跡地造林　reforestation
跳動搬運　saltation
載溶劑　carrier solvent
農化藥品　agrichemical
農用工業　agro-industry
農作制度分類　classification of farming system
農村發展　rural development
農場企業組合分析　farm enterprise combination analysis
農場租金，契約租金　farm rent, contract rent
農場規模　farm size
農場擴大　farm enlargement
農業　agriculture
農業工業化　agricultural industrialization
農業分類學　agricultural typology
農業合作社　agricultural cooperative
農業企業　agribusiness
農業周期　agricultural cycle
農業林政　agriforestry, farm forestry
農業革命　agricultural revolution
農業區　agricultural region
農業推廣服務　agricultural extension services
農業發源地　agricultural hearth
農業機械化　mechanization of agriculture
農藝學　agronomy
農藥　pesticide
運輸網　transport network
遊牧　nomadism
遊客壓力　visitor pressure
過冷　supercooling
過度捕撈　overfishing
過度擁擠　overcrowding
過氧化乙醯硝酸鹽　peroxyacetyl nitrates（PAN）
過剩　overspill
過渡區　transition zone
過飽和　supersaturation
鉀氬定年　potassium-argon dating
鉀鹼　potash
鉛污染　lead pollution
隕石　meteorite
隕石坑　crater
隕鐵　siderite
雷　thunder
雷姆　rem
雷得　rad
雷暴　thunderstorm
電離　ionization
電離輻射　ionizing radiation
雹　hail
飼料作物　fodder crop
飼養場　feedlot
飽和　saturation
飽和帶　phreatic zone, zone of saturation
飽和絕熱直減率　saturated

adiabatic lapse rate（SALR）
鼓丘　drumlin

【十四劃】

厭氧生物　anaerobe
圖形土　patterned ground
塵暴　dust storm
寡養的　oligotrophic
塵暴區　dust bowl
寡占　oligopoly
實際生活品質指數　physical quality of life index（PQLI）
對外開發援助　overseas development assistance（ODA）
對流　convection
對流雨　convectional rain
對流胞　convection cell
對流層　troposphere
對流層頂　tropopause
截根苗　ratooning
構造作用　tectonism
構造河口灣　tectonic estuary
演替系列　sere
演算法　algorithm
滴滴涕　DDT
滴濾池　trickle filter
漂礫　erratic
滯水層　aquitard
滲入線　percoline
滲流層　vadose zone
滲漏　percolation
滲濾池　percolating filter
熔岩　lava
磁層　magnetosphere
碳14　carbon－14
碳循環　carbon cycle
碳酸鹽化　carbonation
碳質的　carbonaceous
綜合農村發展規畫　integrated rural development planing（IRDP）
綠色休耕　green fallow
綠色和平組織　Greenpeace
綠色政治　green politics
綠色革命　green revolution
綠洲　oasis
綠帶　green belt
綱　class
維管束組織　vascular tissue
聚合型邊界　convergent boundary
聚合體　aggregate
聚居區　ghetto
腐生生物　saprophage
腐生植物　saprophyte
腐屑　detritus
腐屑食物鏈　detrital food chain
腐植作用　humification
腐植酸　humid acids
腐植質　humus
腐熟腐植質　mull
蒲福風級　Beaufort scale
蓋托報告　Gatto report
蓋亞觀念　Gaia concept
蒸汽煤　steam coal
蒸汽霧　steam fog
蒸散　transpiration
蒸發　evaporation
蒸發岩　evaporite
蒸發散　evapotranspiration

【十四劃】

裸子植物　gymnosperm
認知環境　perceived environment
賓夕法尼亞紀　Pennsylvanian period
輕便快捷運輸系統　light rapid transit system（LRT）
遠洋魚　pelagic fish
遙感　remote sensing
酸性岩　acid rock
酸性斐勒得　sourveld
酸性礦水　acid mine drainage
酸雨　acid deposition, acid rain
領海　territorial waters
領域　territory
颱風　typhoon
餌線　snood
種　species
播雲　cloud seeding

【十五劃】

劈理　cleavage
噴出岩　extrusive rock
噴油井　gusher
噴流　jet stream
噴氣孔　fumarole
增強採油法　enhanced oil recovery
層　stratum
層面　bedding plane
層理　stratification
層雲　stratus
層積雲　stratocumulus
廢水　effluent
廢地　derelict land
廢棄物因素　waste factor
廢棄物負荷　waste load
廣適物種　eurytypic species
暴雨　cloudburst
樣區　quadrat
樣帶　belt transect
樣線　line transect
標準人日　standard man−day
標準出生率　standardized birth rate
模型　model
模擬研究　simulation study
潛育土　gley, gleysol
潛育作用　gleization
潛移　creep
潮汐　tide
潮波　tidal wave
潮差　tidal range
潮間帶　intertidal zone
潟湖　lagoon
熱污染　thermal pollution
熱低壓　thermal depression
熱沙漠　hot desert
熱侵蝕　thermal erosion
熱島　heat island
熱氣層　thermosphere
熱帶沙漠植物　tropical desert vegetation
熱帶雨林　tropical rain forest, selva
熱帶氣旋　tropical cyclone
熱帶高山植被　paramo, puna, tropical−alpine
熱帶植被　tropical vegetation
熱脹縮　thermal expansion and contraction

確定的礦物資源　identified mineral resources
穀　paddy
穀類作物　grain crop
線釣捕魚　line fishing
緩衝區　buffer zone
膠結作用　cementation
蔬菜農業　truck farming
衛生掩埋　sanitary landfill
衝擊波　shock wave
褐煤　lignite
複式火山錐　composite cone
複作　multiple cropping
複作指數　multiple cropping index（MCI）
調節生物　regulator organism
輪作　crop rotation
輪作期　rotational period
輪牧　rotational grazing
適用技術　appropriate technology
適應生物　conformer organism
適應輻射　adaptive radiation
鋁土礦　bauxite
鋒　front
鋒面低壓　frontal depression
鋒面雨　frontal rain
震央　epicenter
震源　focus
養分循環　nutrient cycle
養殖業　fish farming
熵　entropy
鋯　zirconium

【十六劃】

凝固點　freezing point
凝結　condensation
劑當量　dose equivalent
噪音及次數指數　noise and number index（NNI）
噪音污染　noise pollution
噪音控制　noise control
擁擠　crowding
整地　tillage
橙色劑　Agent Orange
橫斷面　cross section
樹枝狀水系　dendritic drainage
樹輪年代學　dendrochronology
機械風化　mechanical weathering
機會成本　opportunity cost
歷史建築　historic building, landmark building
澱積作用　illuviation
濁流　turbidity current
熾熱火山雲　nuee ardente
燒墾　swidden
燃油發電廠　oil−fired power station
燃油噴射引擎　fuel injection engine
燃料束　fuel bundle
燃料棒　fuel rod
磨損　attrition
磨蝕　abrasion
磚紅壤　laterite
磚紅壤化　ferralization, latosolization
積雨雲　cumulonimbus
積雲　cumulus
積亂雲　thunderhead

【十六劃】

蕨類植物　pteridophyta
融合反應器　fusion reactor
融凍層　active layer
輻射　radiation
輻射劑量　radiation dose
輻射霧　radiation fog
輸導組織　conducting tissue
選擇育種　selective breeding
選擇性除草劑　selective herbicide
遺傳工程　genetic engineering
遺傳保育　genetic conservation
隨機程序　stochastic process
靜電集塵器　electrostatic precipitator
靜態回春　static rejuvenation
龍卷風　tornado, twister
獨占　monopoly

【十七劃】

優先處理地區　priority treatment area
優勢種　dominant
優養化　eutrophication
儲量　reserve
壓力團體　pressure group
壓水型反應器　pressurized water reactor（PWR）
壓密　compaction
濱外沙洲　offshore bar
濫伐　deforestation
營養不良　malnutrition
營養級　trophic level
環太平洋區　circum-Pacific zone
環境　environment
環境地質學　environmental geology
環境決定論　environmental determinism
環境災變　environmental hazard
環境直減率　environmental lapse rate
環境阻力　environmental resistance
環境保護署　Environmental Protection Agency（EPA）
環境品質　environmental quality
環境品質委員會　Council on Environmental Quality（CEQ）
環境品質標準　environmental quality standard
環境研究實驗室　Environmental Research Laboratory
環境科學　environmental science
環境容量　environmental capacity
環境資料庫　environmental data base
環境資料部門　Environmental Data Service
環境資訊系統　environmental information system（EIS）
環境預報　environmental forecasting
環境認知　environmental perception

環境影響評估　environmental impact assessment（EIA）
環境辯護基金　Environmental Defense Fund（EDF）
環境變化率　environmental gradient
環礁　atoll
磷蝦　krill
糞肥　manure
糞燃料　dung fuel
總有效劑當量　collective effective dose equivalent
總居住密度　gross residential density
總初級生產力　gross primary productivity（GPP）
縱丘　longitudinal dune
繁殖力　fecundity
聯合古陸　Pangaea
聯合國教科文組織　UNESCO
臨界因素　critical factor
薪柴危機　firewood crisis
薄層土　lithic haplumbrept
褶皺　fold
褶皺山脈　fold mountains
謝爾福德耐受度定律　Shelford's law of tolerance
購物中心　shopping mall
避難區　refuge site, refugium
鎂諾克斯反應器　Magnox reactor
隱沒帶　subduction zone
隱沒帶　zone of subduction, subduction zone
隱芽植物　cryptophyte
隱域土　intrazonal soil
霜　frost
顆粒物質　particulate matter
颶風　hurricane
黏土　clay
黏土小窪地　gilgai
黏土腐植質錯合物　clay－humus complex
黏度　consistency
黏磐　claypan
鍶90　strontium－90

【十八劃】

擾動　disturbance
斷面抽樣　transect sampling
斷層　fault
瀑布　waterfall
糧食及農業組織　FAO
糧食平衡表　food balance sheet
糧食供應　food supply
糧食政策　food policy
糧食援助　food aid
薩赫勒　Sahel
覆蓋物　mulch
覆蓋層　overburden
轉移　translocation
離子　ion
雜交　hybrid
雜交種子　hybrid seed
雜食動物　omnivore
雜草　weed
雙子葉植物　dicotyledon
鬆散腐植質　mor

【十九劃】

瀕危物種　endangered species
瀕危物種國際貿易公約　Convention on International Trade in Endangered Species（CITES）
穩定性　stability
羅馬俱樂部　Club of Rome
邊緣地　marginal land
霧　fog
霧凇　rime

【二十劃】

壤土　loam
懸谷　hanging valley
懸浮負荷　suspended load
懸崖　escarpment, scarp
礦　ore
礦床　mineral deposit
礦物　mineral
礦物肥料　mineral fertilizer
礦物資源　mineral resourcet
礦脈　vein, lode, reef
礦渣　tailings
礦層　seam
礫岩　conglomerate
礫狀岩　rudaceous rock
藻花　algal bloom
藻類　algae
觸媒轉化器　catalytic converter
饑荒　famine

【二十一～二十六劃】

屬　genus
灌木作物　shrub crop
灌溉　irrigation
灌叢　scrub
灌叢輪休制　rotational bush fallow
鐵磐　ironpan
鐵質土　ferrisol, sol ferralatique
露　dew
露天開採　opencast mining, open cut mining
露地　open field
露頭　outcrop
露點　dewpoint
疊置水系　superimposed drainage
襲奪彎　elbow of capture
變質作用　metamorphism
變質岩　metamorphic rock
顯域土　zonal soil
霾　haze
靄　mist
鹼土　solonetz
鹼化　alkalization
鹼性狀態　base status
鹽土　solanchak
鹽化　salinization
鹽沼　salt marsh
鹽度　salinity
鹽風化　salt weathering
鹽磐　salt pan
鑽掘作用　quarrying

條目	譯名	英文名
Beaufort scale	蒲福	Beaufort, Sir Francis
becquerel	貝克勒	Becquerel, Antoine Herny
CFC	米奇利	Midgley, Thomas Jr.
climatic classification	科本	Koppen, W.
climatic classification	索恩斯韋特	Thornwaites, C. W.
climatic classification	夫勒恩	Flohn, H.
Club of Rome	貝切伊	Peccei, Aurelio
CND	羅素	Russell, Bertrand
CND	科林斯	Collins, John
coastal classification	約翰遜	Johnson, D. W.
coastal classification	謝發德	Shepard, F. P.
coastal classification	戴維斯	Davie, J. L.
Coriolis force	科里奧利	Coriolis, Gaspard
crop combination analysis	韋弗	Weaver, J. C.
crowding	昂溫	Unwin, Raymond
curie	居里	Curie, Marie
DDT	蔡德勒	Zeidler, O.
DNA	克里克	Crick, Francis
DNA	華生	Watson, James
Gaia	洛夫洛克	Lovelock, James
garden city	霍華德	Howard, Sir Ebenezer
genetic conservation	瓦維洛夫	Vavilov, Nikolay
genetic engineering	孟德爾	Mendel, Gregor
green revolution	博勞格	Borlaug, Norman
high-rise development	柯比意	Le Corbusier
island biogeography	達爾文	Darwin, Charles

人名索引

國家圖書館出版品預行編目資料

環境科學辭典 / 蓋瑞·瓊斯(Gareth Jones)等
著 ; 陳蔭民,宋偉良譯. -- 初版. -- 台北市
: 貓頭鷹出版 : 城邦文化發行, 1998[民87]
面 ; 公分. -- (大學辭典系列 ; 8)
譯自 : Harper Collins directory of
environmental science
ISBN 957-9684-14-6 (平裝)

1. 環境科學 - 字典,辭典

367.04 86006324